Hydro- und Aeromechanik

nach Vorlesungen von L. Prandtl

von

Dr. phil. O. Tietjens
o. Professor an der Technischen Hochschule in Wien

Mit einem Geleitwort von
Professor Dr. L. Prandtl
Direktor des Kaiser-Wilhelm-Institutes für Strömungsforschung in Göttingen

Erster Band

Gleichgewicht und reibungslose Bewegung

Zweite Auflage

Mit 178 Textabbildungen

W0254181

Wien
Springer-Verlag
1944

ISBN 978-3-7091-9781-3 ISBN 978-3-7091-5042-9 (eBook)
DOI 10.1007/978-3-7091-5042-9

Alle Rechte, insbesondere das der Übersetzung
in fremde Sprachen, vorbehalten.

Copyright 1929 by Springer-Verlag OHG. in Berlin.

Steyrermühl, Wien VI.

Geleitwort.

Als mir Herr Dr. Tietjens, damals mein Mitarbeiter am Kaiser-Wilhelm-Institut für Strömungsforschung, seine Absicht mitteilte, an Hand seiner Aufzeichnungen über meine Vorlesungen ein Lehrbuch der Hydrodynamik und Aerodynamik zu schreiben, habe ich ihn gern zur Ausführung dieses Planes ermuntert. Ich hatte mir selbst bereits seit längerer Zeit vorgenommen, diese Vorlesungen später einmal in geeigneter Erweiterung im Druck herauszugeben, war aber meiner sonstigen starken Inanspruchnahme wegen bisher noch nicht dazu gekommen, auch nur mit den Vorbereitungen zu dieser Arbeit zu beginnen. Es war mir deshalb ganz willkommen, daß nun sozusagen als eine Zwischenlösung ein Buch erscheinen sollte, in dem einer meiner früheren Schüler den Inhalt dieser Vorlesungen wiedergibt. Um nun dem Leser auch meinerseits eine Gewähr darüber geben zu können, daß diejenigen Teile des Buches, die meinen Vorlesungen entstammen, auch in der Darstellung als eine treue Wiedergabe dieser Vorlesungen gelten können, bin ich mit Herrn Dr. Tietjens übereingekommen, daß ich die bezüglichen Teile des Manuskripts durchsehen und erforderlichenfalls selbst mit meinen eigenen Ausführungen in der Vorlesung in Übereinstimmung bringen würde. Das ist denn auch geschehen, und ich habe außerdem einige neue Resultate, die erst nach dem Ausscheiden von Herrn Dr. Tietjens in die Vorlesung aufgenommen wurden, selbst noch zugefügt. Im übrigen hat Herr Dr. Tietjens, hauptsächlich im zweiten Band, verschiedene Dinge aus Eigenem hinzugetan, so besonders die Einzelausführungen über Geräte zur Druck- und Geschwindigkeitsmessung und über die Verfahren zur Messung des Luftwiderstandes und zur Sichtbarmachung von Strömungen, ferner auch verschiedene historische Bemerkungen und Ausführungen über die zeitgenössische Literatur über die Strömung in Röhren und die Strömungsverluste in Kanälen veränderlichen Querschnittes, u. a. m.

Das Buch erscheint aus praktischen Gründen in zwei getrennten Teilen, die so abgefaßt sind, daß jeder Teil für sich allein benutzbar ist. Der erste Band enthält die Lehre vom Gleichgewicht der Flüssigkeiten und Gase samt praktischen Anwendungen, besonders auf die gasgefüllten Luftfahrzeuge, und er enthält ferner den Aufbau der Lehre von der strömenden Bewegung einer idealen reibungslosen Flüssigkeit in einer verhältnismäßig strengen Darstellung. Der zweite Band ist vor allem den technischen Anwendungen gewidmet und bevorzugt in seinem überwiegenden Teil Darstellungsweisen, die mehr dem Gedankenkreise des Praktikers angepaßt sind. Bei der Behandlung der Strömungsgesetze der zähen Flüssigkeiten sowie in der Tragflügeltheorie ließen sich allerdings größere mathematische Entwicklungen nicht ganz vermeiden.

Die Einteilung der Strömungslehre in einen mehr theoretischen und einen mehr praktisch gerichteten Teil geht auf den Umstand zurück, daß es sich um zwei verschiedene Vorlesungen handelt, die den überwiegenden Teil des Stoffes des Buches geliefert haben, eine mehr mathematisch gehaltene „Hydrodynamik und Aerodynamik" und eine mehr praktisch auf die Fragen der Luftfahrtechnik gerichtete „Aeromechanik". Die Verteilung auf die zwei Bände des Tietjensschen Buches entspricht im übrigen nicht genau derjenigen in den beiden Vorlesungen. So gehört z. B. von dem ersten Bande die Lehre von den Zuständen der freien Atmosphäre und die von den gasgefüllten Luftfahrzeugen zur Aeromechanik und einige mehr theoretische Kapitel des zweiten Bandes zur Hydrodynamik und Aerodynamik. Der zweite Band geht, wie bereits erwähnt, in verschiedenen Punkten über den in den Vorlesungen behandelten Stoff hinaus, so auch in der Darstellung der Tragflügeltheorie, die sich hauptsächlich an einige Veröffentlichungen von mir anschließt.

Bezüglich der Grundtendenz meiner hier wiedergegebenen Vorlesungen darf ich vielleicht noch kurz das Folgende bemerken. Ich habe mich dabei vor allem bemüht, das Begriffliche deutlich herauszuarbeiten. Die Einzelausführungen, die man auch in anderen Lehrbüchern findet, habe ich dabei entweder ganz übergangen oder nur kurz angedeutet. Auch bei der Darstellung der Versuchsergebnisse habe ich mehr Wert darauf gelegt, durch wenige typische Beispiele eine zutreffende Anschauung über diese Dinge zu vermitteln, als möglichst viel Einzeltatsachen zu bringen, über die man sich ja aus der experimentellen Literatur genügend unterrichten kann. So hoffe ich denn auch, daß das vorliegende Buch durch seine Eigenart sich neben den bisherigen Darstellungen der Strömungslehre einen besonderen Platz erobern wird und gebe ihm hierfür meine besten Wünsche mit auf den Weg.

Göttingen, im Mai 1929.

L. Prandtl.

Vorwort zur zweiten Auflage.

Als sich herausstellte, daß die erste Auflage dieses Werkes vergriffen war, hatte man in Erwägung gezogen, durch einen photomechanischen Neudruck der bestehenden Nachfrage zu begegnen. Eine eingehende Überlegung führte dann aber zu der Ansicht, daß dieses wohl für den ersten Band des vorliegenden Werkes angängig sei, nicht aber für den zweiten Band. Vielmehr erschien es angebracht, ja notwendig, den zweiten Band einer gründlichen Überarbeitung bzw. Neufassdng zu unterziehen.

Der Grund für diese unterschiedliche Behandlung der beiden Bände ist darin zu suchen, daß es sich bei dem ersten Band um die mehr grundlegenden und sozusagen bereits klassisch gewordenen Teile der Strömungslehre handelt, die in den letzten Jahrzehnten keine wesentlichen Änderungen erfahren haben, so daß für diese Teile ein Bedürfnis nach Überarbeitung nicht unbedingt vorliegt. — Anders der zweite Band. Hier werden in erster Linie die auch jetzt noch stark in Fluß befindlichen und keineswegs abgeschlossenen Gebiete der Strömungslehre behandelt — es sei neben den Fortschritten der Tragflügellehre vor allem auf die Theorie der Turbulenz, der Rohr- und Plattenreibung hingewiesen —, die heute, 14 Jahre nach Abfassung der ersten Auflage, eine umfassende Überarbeitung verlangen.

Es bereitet dem Unterzeichneten nun eine besondere Freude, an dieser Stelle mitteilen zu können, daß Herr Professor Dr. L. Prandtl sich bereit erklärt hat, die Bearbeitung des zweiten Bandes selbst zu übernehmen, und zwar nicht in Form einer zweiten Auflage, sondern in Form eines neuen Buches. Wer könnte wohl geeigneter sein als Professor Prandtl selbst, seine eigenen Vorlesungen herauszugeben, zumal wo es sich in erster Linie um solche Gebiete der Strömungslehre handelt, denen er selber den Stempel seiner Eigenart aufgedrückt hat.

So hat denn der vom Unterzeichneten herausgegebene zweite Band der Prandtlschen Vorlesungen über Hydro- und Aeromechanik seine Aufgabe als „Zwischenlösung" erfüllt.

Der vorliegende erste Band, in dem lediglich kleinere Änderungen sowie eine Ausmerzung der Druckfehler vorgenommen wurden, wird somit weiterhin noch als Zwischenlösung dienen müssen, bis Prof.

Prandtl seine Vorlesungen auf diesem Gebiet in erweiterter Form zu einem Gesamtlehrbuch der Strömungslehre zusammengefaßt haben wird.

Was den zweiten Band anbelangt, der als neues Buch erscheinen wird, so gibt der Unterzeichnete im Namen vieler künftiger Leser der Hoffnung Ausdruck, daß es Herrn Prof. Prandtl trotz seiner starken Behinderung durch Kriegsarbeit möglich sein möchte, in nicht allzuferner Zeit die Arbeiten dafür abzuschließen.

Wien, im September 1944.

O. Tietjens.

Inhaltsverzeichnis.

Erster Abschnitt.

Statik der Flüssigkeiten und Gase.

Zweiter Abschnitt.

Kinematik der Flüssigkeiten und Gase.

Dritter Abschnitt.

Dynamik der reibungslosen Flüssigkeiten.

Einleitung.

Begriffsbestimmung. Wollen wir das Gebiet der Hydromechanik, das als einen Spezialfall die Aeromechanik in sich schließt, durch eine Begriffsbestimmung näher kennzeichnen, so können wir sagen, daß die Hydromechanik die Mechanik der nicht festen Körper ist. Dabei lassen sich die nicht festen Körper in drei Gruppen einteilen:

1. zähflüssige Körper,
2. dünnflüssige Körper,
3. gasförmige Körper.

Diese Gruppen weisen jedoch Übergänge ineinander auf und sind nicht streng voneinander zu trennen. Auch der Übergang von den zähen Flüssigkeiten zu den festen Körpern erfolgt allmählich. Sprechen wir z. B. dem Sirup noch eine zähflüssige Eigenschaft zu, so haben wir im Asphalt einen Körper, der im allgemeinen Sprachgebrauch wohl schon als fester Körper bezeichnet wird, der trotzdem aber in gewissen Fällen (auch bei gewöhnlicher Temperatur) sich gleichfalls wie eine zähe Flüssigkeit verhält. Es kommt hierbei im wesentlichen auf die Geschwindigkeit einer etwaigen Deformation an. Zerschlägt man mit einem Hammer Asphalt in Stücke, so verhält er sich dabei wie ein fester Körper; die Deformationsgeschwindigkeit ist in diesem Falle sehr groß. Überläßt man hingegen Asphalt in einer seitlich offenen Tonne genügend lange der Wirkung seines Eigengewichtes, so fließt er allmählich (auch bei derselben Temperatur, bei der er sich zerschlagen läßt) in der gleichen Art wie eine sehr zähe Flüssigkeit aus der Tonne; die Formänderungsgeschwindigkeit ist in diesem Falle sehr klein.

Im Gegensatz zu den festen Körpern, bei denen im allgemeinen die auf sie einwirkenden Kräfte den dadurch bewirkten Formänderungen proportional sind, können wir von den nicht festen Körpern (Flüssigkeiten und Gase) sagen, daß die eine gewisse Formänderung bewirkende Kraft um so kleiner zu sein braucht, je geringer die Formänderungsgeschwindigkeit ist. Es lassen sich also bei den Flüssigkeiten und Gasen beliebig große Formänderungen durch außerordentlich kleine Kräfte herbeiführen, wenn nur die Formänderungsgeschwindigkeit klein genug ist. Wir können geradezu als Definition der nicht festen Körper sagen, daß bei ihnen im Grenzfall einer unendlich kleinen Formänderungsgeschwindigkeit die zur Formänderung erforderliche Kraft gleich Null ist.

Den Unterschied zwischen einem zähflüssigen und einem dünnflüssigen Körper können wir dadurch der Anschauung näher bringen, daß wir in Gedanken einen beliebigen festen Körper einmal in einer zähen Flüssigkeit wie Öl oder Sirup bewegen, ein andermal denselben Körper in Wasser, wobei die Dichte von Öl und Sirup nicht wesentlich verschieden von der des Wassers ist. Im Falle der zähen Flüssigkeit wird die zur Bewegung nötige Kraft beträchtlich größer sein müssen als bei einer dünnflüssigen Flüssigkeit wie es Wasser ist. Die größere innere Reibung der zähen Flüssigkeiten setzt einer Formänderung in einer gegebenen Zeit einen viel größeren Widerstand entgegen als die sehr geringe innere Reibung, wie sie z. B. Wasser, Alkohol oder gar Äther besitzen.

Die beiden letzten Gruppen der dünnflüssigen und der gasförmigen Körper unterscheiden sich hinsichtlich ihrer Bewegungsformen im wesentlichen darin voneinander, daß ein flüssiger Körper einer Volumenverringerung durch äußeren Druck außerordentlichen Widerstand entgegensetzt, d. h. Flüssigkeiten sind gegenüber mäßigen Drucken praktisch inkompressibel, während die gasförmigen Körper schon durch relativ kleine Drucke komprimiert, d. h. verdichtet werden können. In den Fällen jedoch, in denen die Druckänderungen so gering bleiben, daß die dadurch bewirkten Dichteänderungen vernachlässigt werden können, gehorchen die dünnflüssigen und die gasförmigen Körper den gleichen Strömungsgesetzen. Das Gebiet der dünnflüssigen und der gasförmigen Körper, soweit die letzteren gleichfalls als inkompressibel angesehen werden können, bezeichnet man auch wohl als Hydro- und Aeromechanik im engeren Sinne.

Die Ursachen einer wesentlichen Volumenänderung gasförmiger Körper können zweierlei Art sein. Entweder sind die Volumenänderungen durch außerordentlich große Geschwindigkeiten (von der Größenordnung der Schallgeschwindigkeit) bedingt, oder die Volumenänderungen werden bewirkt durch die Druckunterschiede, wie sie bei großen Höhenänderungen (Größenordnung etwa 1 km und mehr) auftreten. Im ersteren Fall handelt es sich z. B. um Erscheinungen bei fliegenden Geschossen — wir bezeichnen dieses Gebiet als Gasdynamik —; im zweiten Fall haben wir es mit Fragen der dynamischen Meteorologie zu tun.

Für das gesamte Gebiet der Mechanik nicht fester Körper können wir demnach folgendes Schema aufstellen:

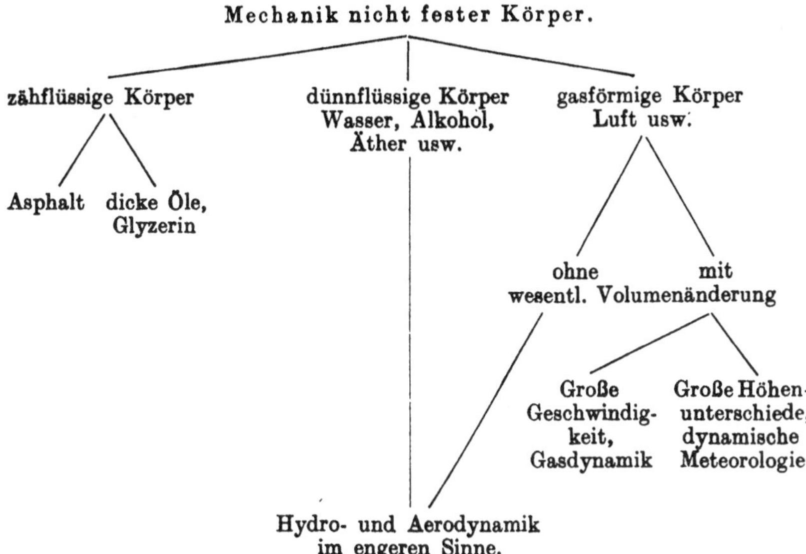

Geschichtliche Bemerkungen. Es mögen hier einige geschichtliche Bemerkungen Platz finden, die zugleich den Standpunkt erläutern werden, welcher in der Behandlung des vorliegenden Stoffes, der Hydro- und Aeromechanik, im engeren Sinne eingenommen wird.

Obwohl schon gewisse Einsichten und Kenntnisse der Hydrodynamik und besonders der Hydrostatik im Altertum und im Mittelalter zu finden sind — stammt doch das berühmte Gesetz vom statischen Auftrieb von Archimedes — und obwohl später von Stevin, Galilei und Newton diese Kenntnisse vertieft und erweitert worden sind, so kann man doch erst Leonhard Euler als den eigentlichen Vater der Hydrodynamik bezeichnen. Von ihm stammt die klare Erfassung des Begriffes des Flüssigkeitsdruckes, und davon ausgehend hat er die später nach ihm benannten grundlegenden Bewegungsgleichungen aufgestellt. Dieser große Mathematiker — obwohl ein hervorragender Theoretiker — brachte in seiner universellen Einstellung auch den technischen Problemen ein großes Verständnis entgegen, hat er doch selber Regeln und Anweisungen zum Bau von Wassermaschinen und Turbinen gegeben.

Später machte sich jedoch mehr und mehr bemerkbar, daß die einsetzende technische Entwicklung des 19. Jahrhunderts den wissenschaftlichen Erkenntnissen vorausgeeilt war. Die vielen neuen Probleme und Fragen der Praxis, wie sie die gewaltige Entwicklung der Technik auch auf hydrodynamischem Gebiet zeitigte, konnten durch die Hydrodynamik, wie sie sich nach Euler weiterentwickelt hatte, nicht beantwortet, ja nicht einmal in Angriff genommen werden. Dieses hatte vor allem seinen Grund darin, daß die Hydrodynamik, ausgehend voı den Eulerschen Bewegungsgleichungen, sich mehr und mehr nach de: theoretischen Seite entwickelt hatte, unter fast ausschließlicher Bevorzugung der reibungslosen Flüssigkeiten. Wir nennen hier die Nameı Helmholtz, Lord Kelvin, Lamb, Lord Rayleigh.

Mit der Praxis ergaben die Resultate dieser sogenannten klassischeı Hydrodynamik wenig oder gar keine Übereinstimmung. So beantwortete die theoretische Hydrodynamik z. B. die überaus wichtige Frag(der Praxis, wie groß der Druckverlust in Rohren oder der Widerstan(eines in einer Flüssigkeit bewegten Körpers sei, dahin, daß sowoh Druckverlust als Widerstand sich nach der Theorie zu Null ergebe. Fü: die Ingenieure hatte also die Hydrodynamik wenig Bedeutung; denı einerseits waren die mathematischen Kenntnisse, die die klassisch(Hydrodynamik erforderte, recht groß, anderseits war die Möglichkei der Anwendung dieser theoretischen Hydrodynamik sehr gering. S(bildeten denn die Ingenieure — wir nennen hier die Namen D. Bernoulli, Hagen, Weißbach, Darcy, Bazin, Boussinesq — gestützt auf eine Unmenge von Versuchsdaten, eine Wissenschaft, di(Hydraulik, aus, die in den Methoden und Zielen sich immer mehr voı denen der Hydrodynamik unterschied.

Während die Methoden der klassischen Hydrodynamik spezifiscl analytischer Natur waren, wurden die der Hydraulik meist synthetische: Art. Die Hydrodynamik ging aus von einfachen Grundvorstellungeı und — indem sie für die Flüssigkeit gewisse mechanische Eigenschafteı annahm — versuchte sie auf rein analytischem Wege von dem Verhalten des Flüssigkeitselementes zum Verhalten von ganzen Flüssigkeitsmassen aufzusteigen. Anders die Hydraulik: sie ging aus von einfachen durch die Erfahrung gegebenen Tatsachen und machte sich zu: Aufgabe, mit diesen Erfahrungselementen kompliziertere Vorgänge zı erklären. Die Hydrodynamik nahm — kurz gesagt — ihren Ausgangspunkt von vereinfachten Naturgesetzen, die Hydraulik von den Naturerscheinungen.

Diese Verschiedenheit in den Methoden und den Ausgangspunkteı der beiden Wissenschaften hing eng zusammen mit ihren Zielen. In de: klassischen Hydrodynamik war die alleinige Richtschnur der logisch(Aufbau, so daß ihr alles entging, was nicht aus den Ausgangsgleichungeı durch Rechnung abzuleiten war. Aufgabe und Ziel der Hydraulik hiı gegen war es, möglichst für jeden Einzelfall der Praxis eine Antwor geben zu können, mochte auch der innere Zusammenhang der Einzelprobleme fehlen. Die theoretische Hydrodynamik schien jedes Verständnis dafür verloren zu haben, daß die Resultate ihrer Rechnungeı in sehr vielen Fällen der Wirklichkeit direkt widersprachen; um mathematisch die Probleme behandeln zu können, wurden Vereinfachungeı angenommen (besonders hinsichtlich der Reibungsfreiheit), die selbst als Näherungen oft nicht statthaft waren. Anderseits war die Hydraulik in eine Wissenschaft von Einzelproblemen zerfallen. Jede der immer häufiger auftretenden Fragen wurde durch besondere Experimente und durch die damit gefundenen Koeffizienten „erledigt". Die Hydraulik schien mehr und mehr eine Wissenschaft von den Koeffizienten zu werden.

Am Ende des 19. und Anfang des 20. Jahrhunderts setzte von beiden Seiten eine kritische Betrachtung und ein Bemühen ein, die auseinander gelaufenen Richtungen einander zu nähern und zu vereinigen. Unter der Einwirkung der schnell aufblühenden Flugtechnik und des Turbinenwesens und nicht zuletzt unter dem Einfluß jener allgemeinen Richtung, die eng mit dem Namen von F. Klein verbunden ist, jener Richtung, die es sich zur Aufgabe machte, die verloren gegangene Verbindung der reinen Wissenschaften mit den angewandten wieder herzustellen, machte die Synthese der Hydrodynamik und der Hydraulik große Fortschritte.

Im Anschluß an diese Bemerkungen über die Entwicklung der Hydrodynamik können wir nun leicht die Art und Weise kennzeichnen, in der versucht werden soll, den Stoff zu behandeln. Eben diese Synthese von Theorie und Praxis soll im Vordergrund stehen. Die theoretischen Betrachtungen und Entwicklungen werden nicht losgelöst von den Erfahrungstatsachen, sondern vielmehr in enge Beziehungen zu ihnen gestellt; anderseits werden die Ergebnisse der Experimente vor allem unter dem Gesichtspunkt betrachtet, aus der Vielgestaltigkeit der Erfahrung das den Erscheinungen zugrunde liegende Gesetz abzuleiten und mit der Theorie in Beziehung zu bringen.

Erster Abschnitt.

Statik der Flüssigkeiten und Gase.

I. Gleichgewicht und Stabilität.

1. Berechtigung zu der Behandlung der Flüssigkeiten und Gase als Kontinua. Wir wollen zunächst einige Betrachtungen darüber anstellen, auf welche Weise es möglich ist, die Bewegungen von Flüssigkeiten und Gasen, sowie die dabei auftretenden Gesetzmäßigkeiten zu beschreiben. Eine sehr allgemeine Beschreibung der Bewegung einer Flüssigkeit — aufgefaßt als Materie von molekularer Struktur — wäre die, daß man für alle einzelnen Moleküle die Bewegungsgleichungen aufstellt. Aber abgesehen davon, daß uns die intermolekularen Kräfte unbekannt sind und wir auch bei Kenntnis dieser Kräfte weit davon entfernt wären, das Problem in dieser Allgemeinheit lösen zu können (Dreikörperproblem!), sind es im allgemeinen gar nicht die Moleküle oder die kleinsten Teilchen einer Flüssigkeit, deren Bewegung uns interessiert. Es handelt sich vielmehr darum: Wie bewegt sich die Flüssigkeit als Ganzes, oder wie verhalten sich solche Teile von ihr, die schon sehr viele Moleküle enthalten? Welche Geschwindigkeiten oder Beschleunigungen treten auf, welche Dichte oder Temperatur besitzt die Flüssigkeit oder das Gas an gewissen Stellen? Wir fragen mit anderen Worten nicht nach den Bewegungszuständen der Moleküle selbst, sondern nach deren räumlichen und zeitlichen Mittelwerten.

Überlegen wir uns jetzt, in welcher Weise es möglich ist, diese Mittelwerte zu bilden und in welchen Fällen die Möglichkeit dazu fehlt, d. h. in welchen Fällen es keinen Sinn mehr hat, nach diesen Mittelwerten, z. B. nach der Dichte oder der Temperatur einer Flüssigkeit, zu fragen. Führen wir beispielsweise diese Betrachtung durch für den Begriff der Dichte:

Wir fassen zu dem Zweck die Flüssigkeit bzw. das Gas auf als ein System diskreter Massenpunkte (Moleküle), dessen räumliches Ausdehnungsgebiet V sein möge. Unter der durchschnittlichen Dichte dieses Systems versteht man dann den Quotienten der Summe m der in V enthaltenen Punktmassen, dividiert durch das Volumen V, d. h. die durchschnittliche Dichte für das Volumen V ist $\frac{m}{V}$.

Wie sollen wir jedoch die Dichte in einem Punkt der Flüssigkeit oder des Gases definieren? Ist A der fragliche Punkt im Innern der Flüssigkeit, für den der Ausdruck der Dichte aufgestellt werden soll, so umgeben wir A durch immer kleinere Volumina $\Delta V_1, \Delta V_2, \ldots$, von denen jedes folgende ganz im vorhergehenden enthalten sein soll ($\Delta V_{i+1} < \Delta V_i$). Bezeichnen wir die Summe der in ΔV_i enthaltenen Massen entsprechend mit Δm_i, so haben wir in $\frac{\Delta m_i}{\Delta V_i}$ eine Folge von Differenzenquotienten.

Während für relativ große ΔV die durchschnittliche Dichte $\frac{\Delta m}{\Delta V}$ im allgemeinen von der Größe ΔV abhängig ist (es sei denn, daß wir ein Gas oder eine Flüssigkeit von überall konstanter Dichte vor uns haben), wird diese Abhängigkeit mit abnehmender Größe von ΔV für gewöhnlich geringer und scheint einem gewissen Grenzwert zuzustreben (da im allgemeinen für genügend kleine Volumina die Dichte als konstant angesehen werden kann), bis bei noch weiterer Verkleinerung immer größere Schwankungen auftreten und bei $\lim \Delta V = 0$ $\frac{\Delta m}{\Delta V}$ selbst gleich Null wird oder über alle Grenzen wächst. Denn entweder trifft A mit einem Massenpunkt zusammen oder nicht. Im ersteren Fall ist wegen des endlichen Abstandes der Massenpunkte von einem bestimmten ΔV_i an der Zähler konstant, nämlich gleich der Masse des Massenpunktes A, während der Nenner im limes Null wird, mithin der Quotient über alle Grenzen wächst. Im andern Fall, daß A nicht mit einem Massenpunkt zusammenfällt, ist von einem gewissen ΔV_i ab kein Massenpunkt im Volumen ΔV, so daß der Quotient $\frac{\Delta m}{\Delta V}$ von da ab Null bleibt und somit Null als Grenzwert hat.

Es kommt nun darauf an, ob die Größe desjenigen Volumens, für das $\frac{\Delta m}{\Delta V}$ von ΔV unabhängig ist, mit genügender Genauigkeit als „physikalischer Punkt" angesehen werden kann, ob also sein Volumen so klein ist, daß seine Größe gegenüber den sonst auftretenden Längenabmessungen vollkommen vernachlässigt werden kann. Da nun z. B. bei normalen Drucken in 1 ccm Luft $2{,}7 \cdot 10^{19}$ Moleküle vorhanden sind, so erkennt man, daß in dieser Hinsicht im allgemeinen praktisch keine Schwierigkeiten auftreten. Denn nehmen wir beispielsweise ein Volumen Luft von 10^{-12} ccm Inhalt oder von $^1/_{1000}$ mm größter Länge — ein Volumen, dessen Größe man im allgemeinen gegenüber den anderen vorkommenden Abmessungen vernachlässigen kann —, so enthält dieser „physikalische Punkt" noch $2{,}7 \cdot 10^7$ Moleküle, eine Anzahl, die eine vernünftige Mittelwertbildung noch sehr gut zuläßt.

Anders werden jedoch die Verhältnisse, wenn man Gase unter sehr geringem Druck, also die Vorgänge im Hochvakuum untersucht. Hier können sehr wohl die Fälle eintreten, in denen wegen des großen mittleren Abstandes der Moleküle die Volumina, die zu einer vernünftigen Mittelwertbildung nötig wären (ΔV^0) so groß sind, daß sie gegenüber den sonstigen Abmessungen nicht mehr vernachlässigt werden können. Hier verliert es jeden Sinn, nach der Dichte des Gases in einem Punkt zu fragen.

Extrapolieren wir nun die Kurve auf Abb. 1, die den Zusammenhang der durchschnittlichen Dichte mit dem Volumen ΔV (auf das sie bezogen ist) angibt, über den Punkt ΔV^0 nach Null, so machen wir damit den Übergang vom Diskontinuum zum Kontinuum und vom Differenzenquotienten zum Differentialquotienten, indem wir formal setzen:

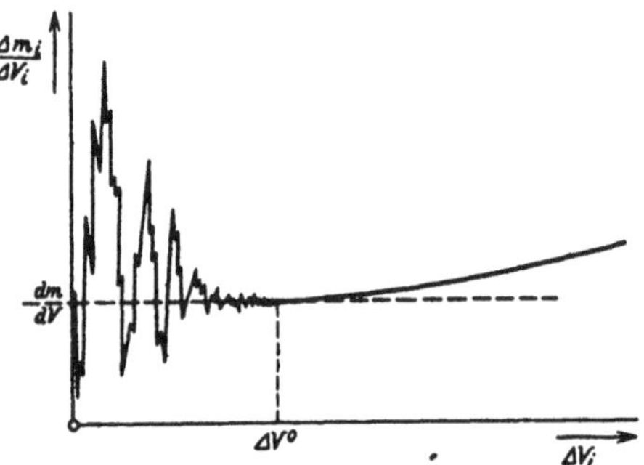

Abb. 1. Zusammenhang der mittleren Dichte mit dem Volumen, auf das sie bezogen ist.

$$\lim_{\Delta V=0} \frac{\Delta m}{\Delta V} = \frac{dm}{dV}.$$

Die hier als ein Beispiel erfolgte Betrachtung über die Dichte eines Gases oder einer Flüssigkeit in einem Punkt läßt sich analog auch auf die anderen in Frage kommenden Mittelwerte anwenden, so z. B. auf die der kinetischen Energie der Moleküle, d. h. auf die Temperatur usw.

Wir haben somit erkannt, daß in allen denjenigen Fällen, in denen jener oben besprochene Grenzwert existiert und das Volumen ΔV^0 mit genügender Genauigkeit als physikalischer Punkt angesehen werden kann, wir von der molekularen Struktur der Materie absehen und an Stelle eines Systems diskreter Massenpunkte ein Kontinuum setzen können. Dieser formale Übergang vom Diskontinuum zum Kontinuum ist also um so mehr berechtigt, je geringer der durchschnittliche Abstand der Moleküle im Verhältnis zu den übrigen vorkommenden Abmessungen ist.

Haben wir bisher lediglich den endlichen Abstand der Moleküle in Betracht gezogen, ohne ihre dauernde Bewegung zu berücksichtigen, so ist zu sagen, daß ohne Berücksichtigung der Molekularbewegung jedes noch so kleine Volumenteilchen dauernd aus denselben Molekülen besteht, d. h. ein physikalisches Individuum bleibt, während man im anderen Falle zu Volumenteilchen gelangen kann, die innerhalb kürzester Zeit immer wieder aus verschiedenen Molekülen bestehen und somit nicht mehr als physikalische Individuen angesehen werden können. Gehen wir beispielsweise in der Teilung des Volumens so weit, daß die Abmessungen des Volumenteilchens ΔV^0 von der Größenordnung der freien Weglänge der Moleküle sind, so würden in ein solches Flüssigkeitsvolumen dauernd Moleküle hinein- und herauskommen und es keineswegs mehr als physikalisches Individuum anzusehen sein. Da es jedoch im allgemeinen genügt, bei solchen Teilchen ΔV^0 stehen zu bleiben, deren Abmessungen noch groß sind im Verhältnis zur freien Weglänge der Moleküle, so können auch im allgemeinen solche Flüssigkeitsvolumina für kürzere Zeiten als physikalische Individuen angesehen werden unter Vernachlässigung, daß an der Begrenzung dieses Volumens allerdings ein Austausch von Molekülen stattfindet.

Daß bei längerer Zeitdauer die Molekularbewegung selbst bei großen Volumenabmessungen nicht vernachlässigt werden darf, tritt in dreifacher Hinsicht in Erscheinung: 1. in der Diffusion, wobei es sich um einen molekularen Austausch von Materie handelt, 2. in der inneren Reibung, bei der ein Austausch von Impuls zwischen aneinander vorbeigleitenden Flüssigkeitsschichten stattfindet, und 3. in der Tatsache der Wärmeleitung, die als ein molekularer Austausch von kinetischer Energie aufzufassen ist.

Sehen wir von der Molekularbewegung ab und machen den oben beschriebenen Grenzübergang, indem wir den für ein bestimmtes Volumen ΔV^0 vorhandenen Grenzwert $\frac{\Delta m}{\Delta V^0}$ für beliebig kleinere Volumenteilchen extrapolieren, entsprechend $\lim\limits_{\Delta V=0} \frac{\Delta m}{\Delta V} = \frac{d m}{d V}$, so haben wir in dem so erhaltenen Kontinuum eine Abstraktion für eine reibungslose Flüssigkeit, bei der jedes noch so kleine Volumen dauernd ein physikalisches Individuum bleibt. Daß ein so gewonnenes Gedankenbild — als eine erste Näherung für die wirkliche Flüssigkeit — nicht ausreichend ist, um die Gesetze der Diffusion, der Reibung und der Wärmeleitung zu untersuchen oder Vorgänge, bei denen diese Erscheinungen von wesentlicher Bedeutung sind, ergibt sich von selbst. Immerhin kann man die Einschränkung machen, daß diese vereinfachte Vorstellung auch für zähe Flüssigkeiten genügt, soweit es sich um Gleichgewichtszustände handelt. In den übrigen Fällen muß man jedoch, wenn man die Erscheinungen der Diffusion, Reibung oder Wärmeleitung berücksichtigen will, die Molekularbewegung in geeigneter Form in Rechnung ziehen.

Da aber die Volumina ΔV^0, die wir zur Mittelwertbildung der uns interessierenden Größen heranziehen, immer noch so viele Moleküle besitzen, daß diese Volumina für kleine Zeiten als physikalische Individuen angesehen werden können, so läßt sich auch die zähe Flüssigkeit als Kontinuum behandeln, solange die freie Weglänge der Moleküle gegen die Abmessungen der zu untersuchenden Flüssigkeitsbereiche vollkommen zu vernachlässigen ist. Allerdings muß man, um der Molekularbewegung Rechnung zu tragen, den funktionellen Zusammenhang der Auswirkung des molekularen Austausches — sei es von Materie, von Impuls oder von Energie — mit dem Ort und der Zeit berücksichtigen.

Befinden sich z. B. am Boden eines mit einer Flüssigkeit gefüllten Gefäßes einige in dieser Flüssigkeit lösliche Kristalle, so diffundieren allmählich die den Kristallen anliegenden Flüssigkeitsteile von großer Konzentration in Bereiche niederer Konzentration, bis schließlich die ganze Flüssigkeit gleiche Konzentration besitzt und sich ein Gleichgewicht eingestellt hat. Bezeichnet nun n das Maß der Konzentration, so lassen sich die Gesetze der Diffusion (und analog die der Reibung und der Wärmeleitung) ableiten, wenn man die Flüssigkeit als Kontinuum voraussetzt, dazu aber n als Funktion von Raum und Zeit gegeben annimmt.

Es kommen jedoch Fälle vor, in denen die Differentialgleichungen unstetige Funktionen als Lösungen besitzen. Dann ist das kritische Zurückgehen auf das Diskontinuum nötig, wenn man Aufschluß über die feineren Einzelheiten der Unstetigkeit haben will. Auch bei stetigen, aber in sehr kleinen Bereichen noch stark veränderlichen Funktionen, bei denen die Funktionswerte (im durchgeführten Beispiel: die Dichte) selbst in den kleinsten Volumina ΔV^0, die gerade noch als physikalische Individuen angesehen werden können, veränderlich sind, ist ein Zurückgehen auf das Diskontinuum notwendig.

Sehen wir jedoch von diesen Ausnahmefällen ab, und setzen wir für die folgenden Betrachtungen voraus, daß bei den von uns behandelten Flüssigkeiten und Gasen die Größe der freien Weglänge der Moleküle gegenüber den Abmessungen der Flüssigkeitsbereiche zu vernachlässigen ist, so können wir im folgenden die Flüssigkeiten und Gase als von Masse stetig erfüllt betrachten. Um anzudeuten, daß in den oben erwähnten Ausnahmefällen Flüssigkeiten und Gase sich in ihrem Verhalten von einem Kontinuum unterscheiden, bezeichnet man sie auch als Quasi-Kontinua.

2. Der Begriff des Flüssigkeitsdruckes. Wir setzen folgenden Satz als eine Art Axiom an die Spitze, indem wir feststellen:

Ein Kontinuum ist dann und nur dann im Gleichgewicht, wenn an jedem beliebig abgegrenzten Teil desselben die Resultierende der sämtlichen an ihm angreifenden Kräfte gleich Null ist.

Die in Frage kommenden Kräfte können wir einteilen in:

1. Oberflächenkräfte, das sind Kräfte, die auf die Oberfläche eines Körpers wirken und der Oberfläche proportional sind,

2. Volumenkräfte oder Massenkräfte, Kräfte, die proportional dem Volumen oder der Masse sind. Beispiele für Volumenkräfte haben wir

in der Erdschwere ϱg, wo ϱ die Masse der Volumeneinheit und g die Erdbeschleunigung ist, ferner in der Zentrifugalkraft.

Betrachtet man irgendeinen sich im Gleichgewicht befindlichen Körper K (Abb. 2), an dem eine Anzahl äußerer Kräfte angreifen, so treten außer diesen Kräften noch innere Kräfte auf. Geht man von einem Diskontinuum aus und macht den Grenzübergang zum Kontinuum, so läßt sich leicht zeigen, daß bei der Summierung über sämtliche an K angreifenden Kräfte die inneren Kräfte herausfallen, da sie immer zweimal mit entgegengesetzter Richtung vorkommen. Als eine Bedingung für das Gleichgewicht eines Kontinuums erhalten wir somit die Forderung, daß die geometrische Summe der äußeren Kräfte gleich Null sein muß.

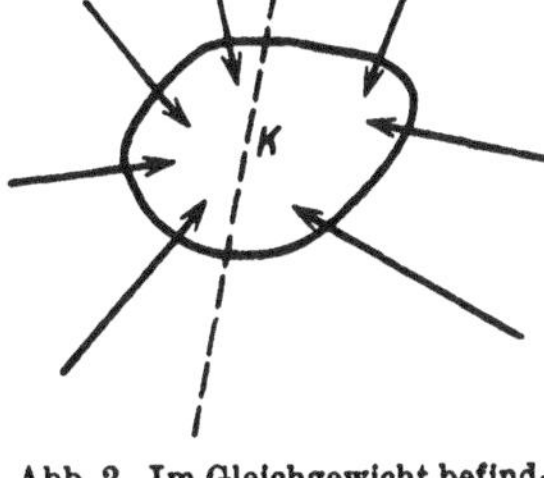

Abb. 2. Im Gleichgewicht befindlicher Körper. Die Resultierende auf einer jeden Schnittfläche muß gleich der Resultierenden der übrigen an dem abgeschnittenen Körper angreifenden äußeren Kräfte sein.

Wollen wir nun doch einen Aufschluß über die inneren Kräfte an irgend einer Stelle des Körpers haben, so können wir das dadurch erreichen, daß wir uns den Körper an eben dieser Stelle zerschnitten denken, und daß wir dadurch die inneren Kräfte zu äußeren machen. Da sich dann auch dieses in Gedanken abgeschnittene Stück im Gleichgewicht befindet, muß die Resultierende auf der Schnittfläche entgegengesetzt gleich der Resultierenden der übrigen an dem abgeschnittenen Körper angreifenden äußeren Kräfte sein. Über die Verteilung der Kräfte in der Schnittfläche erfährt man allerdings durch die Anwendung dieses — besonders in der Festigkeitslehre häufig angewandten — Schnittprinzips nichts.

Noch einen zweiten Satz speziell für ein flüssiges Kontinuum, den wir entweder als einen Erfahrungssatz oder als Definition einer Flüssigkeit auffassen können, wollen wir voraussetzen:

Bei einer Flüssigkeit stehen im Gleichgewichtsfall für jeden beliebig abgegrenzten Teil der Flüssigkeit die Oberflächenkräfte senkrecht auf den Flächen, auf die sie wirken, und zwar sind sie von außen nach innen gerichtet.

Dieses Senkrechtstehen der Oberflächenkräfte bedeutet nichts anderes als die völlige Abwesenheit von irgendwelchen Reibungen.

Diese Oberflächenkräfte pro Flächeneinheit, die wir Spannungen nennen, haben — wie Euler[1] zuerst gezeigt hat — bei im Gleichgewicht sich befindlichen Flüssigkeiten eine besonders einfache Bedeutung. Aus dem obigen Erfahrungssatz bzw. Definition der Flüssigkeit in Ver-

[1] Euler, L.: Principes généraux de l'état de l'équilibre des fluides. Berlin, Hist. de l'Acad. Bd. 11 (1755).

bindung mit dem Axiom über das Gleichgewicht eines Kontinuums wollen wir nun eine fundamentale Aussage über den Spannungszustand in einer Flüssigkeit herleiten. Wir machen bei dieser Gelegenheit zum ersten Male von der in dem Axiom enthaltenen Anweisung Gebrauch, daß wir uns aus der Flüssigkeit irgendein Volumen herauspräparieren, wie es gerade für den vorliegenden Fall praktisch ist. Für dieses Volumen stellen wir dann die Gleichgewichtsbedingungen auf unter Berücksichtigung der Tatsache, daß die Oberflächenkräfte senkrecht auf den Oberflächen stehen.

In diesem Fall betrachten wir ein Flüssigkeitsvolumen von der Form eines Prismas mit rechtwinklig dreieckiger Grundfläche (der Vereinfachung der Rechnung wegen) und der Höhe 1 (Abb. 3). Bezeichnen $\mathfrak{p}_1$, $\mathfrak{p}_2$, $\mathfrak{p}_3$ die Oberflächenkräfte pro Flächeneinheit, d. h. die Spannungen auf den Flächen bzw. $a \cdot 1$, $b \cdot 1$, $c \cdot 1$, so muß für den vorausgesetzten Fall des Gleichgewichtes die Summe der Vertikal- und die Summe der Horizontalkomponenten gleich Null sein. In diesem Fall brauchen wir die senkrecht auf die Basisflächen wirkenden Kräfte nicht zu berücksichtigen, da sie zu den beiden betrachteten Kraftrichtungen keine Komponenten liefern.

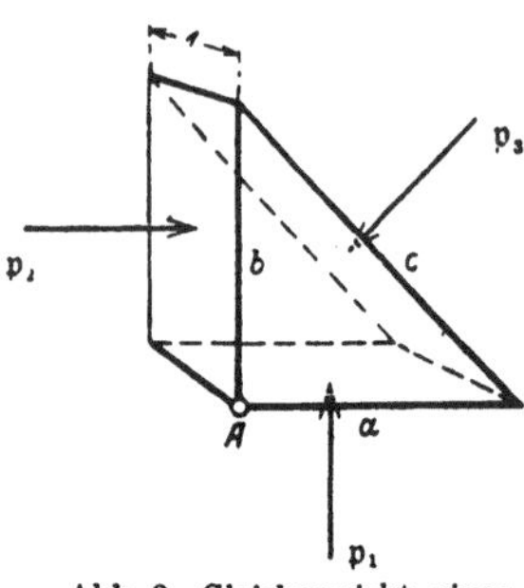

Abb. 3. Gleichgewicht eines Flüssigkeitsprismas; alle drei Druckspannungen sind einander gleich.

Unter Benutzung der sich aus Abb. 3 ergebenden Bezeichnungen ist also, wenn wir zunächst annehmen, daß Volumenkräfte nicht vorhanden sind und wenn wir noch die absoluten Beträge der Vektoren $\mathfrak{p}_1$, $\mathfrak{p}_2$, $\mathfrak{p}_3$ mit p_1, p_2, p_3 bezeichnen,

$$p_1 \cdot a - p_3 \cdot c \cos(a, c) = 0$$

$$p_2 \cdot b - p_3 \cdot c \cos(b, c) = 0.$$

Nun ist aber

$$a = c \cos(a, c)$$

$$b = c \cos(b, c),$$

mithin

$$p_1 - p_3 = 0$$

$$p_2 - p_3 = 0,$$

also

$$p_1 = p_2 = p_3 \,. \tag{1}$$

Die Ableitung dieser letzten Gleichung ist unabhängig von der Größe des Prismas und von seiner Orientierung im Raum. Lassen wir daher das Volumen des Prismas nach Null konvergieren etwa derart, daß sich die Fläche $c \cdot 1$ parallel zu sich selbst nach A verschiebt, so sagt die Gleichung (1) also, daß im Gleichgewichtsfall die Kraft pro Flächeneinheit, die Spannung, im Punkt A unabhängig ist von der Richtung des Flächenelementes, auf das sie wirkt. Diese von der Wirkungsrichtung unabhängige Spannung einer im Gleichgewicht befindlichen Flüssigkeit heißt der Flüssigkeitsdruck im Punkte A.

Während bei einem anderen Kontinuum, einem elastischen Körper oder auch einer zähen, sich nicht im Gleichgewicht befindlichen Flüssigkeit, der Spannungszustand in einem Punkt durch die Form und die Orientierung eines Ellipsoides und damit durch 6 Zahlenangaben gegeben ist, geht dieses Spannungsellipsoid bei einer im Gleichgewicht befindlichen Flüssigkeit in eine Kugel über, die zur eindeutigen Bestimmung nur eine Zahlenangabe erfordert.

Es ist nun eine Erfahrungstatsache, daß die Fähigkeit zäher Flüssigkeiten, tangentielle Oberflächenkräfte (Schubspannungen) aufzunehmen, um so geringer wird, je weniger zähe die Flüssigkeit ist. Machen wir jetzt den Grenzübergang zu Flüssigkeiten ohne jede Zähigkeit, so schreiben wir dieser „ideal reibungslosen Flüssigkeit" die Eigenschaft zu, keine Schubkräfte aufnehmen zu können. Bei reibungslosen Flüssigkeiten stehen somit die Oberflächenkräfte in allen Fällen (nicht nur im Gleichgewichtsfall) senkrecht auf den Oberflächen eines jeden Flüssigkeitsteiles. Der Druck in einem beliebigen Punkt einer ideal reibungslosen Flüssigkeit ist also in jedem Falle unabhängig von der Orientierung des Flächenelementes, auf das er wirkt, d. h. der Flüssigkeitsdruck ist durch eine Zahlenangabe eindeutig bestimmt. Das Spannungsellipsoid geht bei der reibungslosen Flüssigkeit (auch für Nichtgleichgewichtszustände) in eine Kugel über. (Der Spannungszustand in einem Punkt einer reibungslosen Flüssigkeit wird somit durch einen Skalar bestimmt, während der allgemeine Spannungszustand einer zähen Flüssigkeit durch einen symmetrischen Affinor (vgl. Nr. 44) gekennzeichnet wird.) Führen wir in einem Kontinuum (elastischer Körper, Flüssigkeiten) einen beliebigen Schnitt aus, so steht bei einer reibungslosen Flüssigkeit die Resultierende der inneren Kräfte am Orte des Schnittes immer senkrecht zur Schnittfläche, während bei zähen Flüssigkeiten und bei elastischen Körpern die Resultierende der Spannungen im allgemeinen nicht senkrecht zur Schnittfläche steht.

Daß im Gleichgewichtsfall auch für zähe Flüssigkeiten der Druck senkrecht zur Oberfläche des betrachteten Flüssigkeitsteilchens steht, läßt sich auch noch so einsehen: Betrachten wir zunächst einen Körper von dem Gewichte G, der längs einer Ebene E unter Überwindung der Reibungskraft K_r fortbewegt wird (Abb. 4), so ist die Resultierende der von dem Körper auf die Ebene ausgeübten Kräfte (G und K_r) unter einem gewissen Winkel α gegen die Normale von E geneigt. Es ist nun eine wesentliche Eigenschaft jeder Flüssigkeit im

Gegensatz zu den elastischen festen Körpern, daß bei nach Null konvergierender Formänderungsgeschwindigkeit — also im Gleichgewichtsfall — α ebenfalls nach Null konvergiert, d. h. auch die zähen Flüssigkeiten können im Gleichgewichtsfall keine Schubspannungen aufnehmen.

Haben wir den Begriff des Flüssigkeitsdruckes zunächst abgeleitet unter Vernachlässigung von Volumenkräften, so können wir ihn leicht auch für den Fall, daß Volumenkräfte vorhanden sind, erweitern. Da nämlich die Oberflächenkräfte proportional der zweiten Potenz, die Volumenkräfte jedoch proportional der dritten Potenz der linearen Abmessung des betrachteten Flüssigkeitsteilchens sind, so läßt sich der verhältnismäßige Anteil der Volumenkräfte unter jedes beliebige Maß herunterdrücken, wenn das in Frage kommende Flüssigkeitsteilchen nur genügend klein genommen wird. Da aber bei der Ableitung des Flüssigkeitsdruckes das Volumen des Prismas nach Null konvergiert, gilt die obige Ableitung auch streng für den allgemeinen Fall, daß außer den Oberflächenkräften auch Volumenkräfte vorhanden sind.

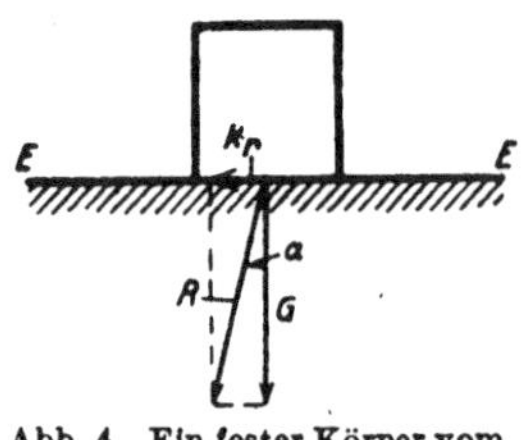

Abb. 4. Ein fester Körper vom Gewicht G bewegt sich unter Überwindung der Reibungskraft K_r längs einer Ebene E; im Gleichgewichtsfall ergibt sich bei festen Körpern (trockene Reibung) ein endlicher Winkel α, bei flüssigen Körpern wird α gleich Null.

3. Zusammenhang der Druckverteilung mit der Volumenkraft. Wir wollen jetzt die Frage behandeln: Wie hängt im Gleichgewichtsfall der Flüssigkeitsdruck mit den Volumen- oder Massenkräften, die wir auch als die (von außen) eingeprägten Kräfte bezeichnen, zusammen? Die Einheit der Kraft $\mathfrak{g}$ sei die Kraft pro Masseneinheit, der Dimension nach also eine Beschleunigung. Wird auch später im allgemeinen als Massenkraft in erster Linie die Erdschwere g in Frage kommen, so gelten die folgenden Überlegungen doch ganz allgemein für beliebige Massenkräfte.

Ein Kraftfeld sei definiert durch die als stetig vorausgesetzte Ortsfunktion des Kraftvektors $\mathfrak{g}$. Wir denken uns nun ein dünnes Zylinderchen, dessen Erzeugende senkrecht zu $\mathfrak{g}$ ist (Abb. 5). Für den vorausgesetzten Fall, daß die Flüssigkeit sich im Gleichgewicht befindet, müssen die Resultierenden in drei aufeinander senkrechten Richtungen gleich Null sein. Betrachten wir hier lediglich die Richtung parallel der Zylinderachse, so stellen wir zunächst fest, daß alle Massenkräfte und auch die Oberflächenkräfte auf dem Zylindermantel senkrecht zur Zylinderachse stehen. Wir haben also nur die Kräfte $\Delta F \cdot p_1$ und $\Delta F \cdot p_2$ zu betrachten. Diese sind entgegengesetzt ge-

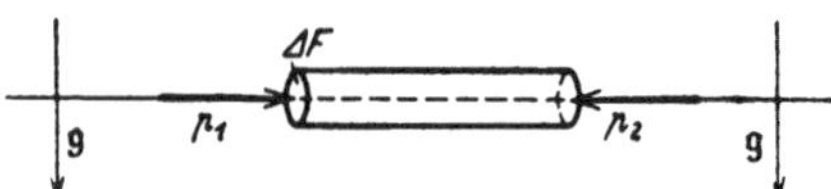

Abb. 5. Gleichgewicht eines Flüssigkeitszylinderchens, dessen Erzeugende senkrecht zur Richtung des Kraftfeldes ist; $p_1 = p_2$.

richtet. Ihr Gleichgewicht liefert daher

$$p_1 = p_2.$$

Da aber die Lage des Zylinders in der zu $\mathfrak{g}$ orthogonalen Fläche beliebig war und wir beliebig viele solche Zylinderchen aneinanderreihen können, so ergibt sich hieraus (wenn man die Querschnittsfläche des Zylinders nach Null konvergieren läßt) der Satz:

In jeder Orthogonalfläche des Kraftfeldes $\mathfrak{g}$ ist der Druck konstant.

Diese Flächen gleichen Druckes werden auch — in Anlehnung an die Wasseroberflächen, in denen auch gleicher Druck, nämlich der Atmosphärendruck, herrscht — Niveauflächen genannt. Ist ein Vektorfeld nicht „flächennormal", d. h. besitzt es keine Orthogonalflächen, so ist auch kein Gleichgewicht möglich. So besitzt z. B. ein Schraubenvektorfeld keine Orthogonalfläche. Eine Flüssigkeitsmasse unter der Einwirkung eines solchen Kraftfeldes würde zu kreisen anfangen und sich nicht in einem Gleichgewicht befinden können.

Ein besonders wichtiges, flächennormales Kraftfeld ist dasjenige, dessen Vektor $\mathfrak{g}$ eine Kräftefunktion U besitzt, d. h. dessen Vektor der Gradient eines Skalars $U = f(x, y, z)$ ist:

$$\mathfrak{g} = \operatorname{grad} U,$$

in Komponenten:

$$\mathfrak{g}_x = \frac{\partial U}{\partial x}$$

$$\mathfrak{g}_y = \frac{\partial U}{\partial y}$$

$$\mathfrak{g}_z = \frac{\partial U}{\partial z},$$

$\mathfrak{g} =$ konst. ist somit gleichbedeutend mit $U =$ konst. Man nennt ein solches Kraftfeld ein Potentialfeld. Da die Flächen $U =$ konst. Orthogonalflächen des Kraftfeldes $\mathfrak{g}$ sind, auf diesen jedoch nach Vorherigem auch der Druck konstant ist, so ist für den Fall eines Potentialfeldes der Druck allein eine Funktion von U:

$$p = f(U). \tag{2}$$

Hat das Vektorfeld $\mathfrak{g}$ keine Kräftefunktion, so ist es im allgemeinen auch nicht flächennormal; es gibt zwar Fälle, in denen ein Vektorfeld kein Potential, aber doch Normalflächen besitzt. Man kann solche Felder immer auf die Form $\mathfrak{g} = \operatorname{grad} U \cdot f(x, y, z)$ bringen. Im allgemeinen ist hier aber kein Gleichgewicht möglich, es sei denn bei sehr speziellen Dichteverteilungen. Das Gleichgewicht ist dabei aber immer instabil.

Wir gehen jetzt dazu über, die Abhängigkeit des Druckes von der Volumenkraft in der Richtung des Kraftvektors zu untersuchen. Zu dem Zweck betrachten wir ein Flüssigkeitszylinderchen, dessen Er-zeugende parallel zu $\mathfrak{g}$ ist, und dessen Grundflächen ΔF sich in zwe Flächen mit dem konstanten Druck p bzw. $p + dp$ befinden (Abb. 6)

Stellen wir für dieses Flüssigkeitszylinderchen die Gleichgewichts-bedingung für die Richtung des Kraftvektors $\mathfrak{g}$ auf, so fallen wieder alle Druckkräfte auf die Mantelfläche des Zy-linderchens fort, da diese sämtlich senkrecht zur Richtung der betrachteten Kraftkomponente stehen. Die Betrachtung der übrigbleibenden Kräfte ergibt, daß das Gewicht des Flüssigkeits-zylinders entgegengesetzt gleich der Differenz der Druckkräfte auf den Grundflächen des Zylin-ders sein muß. Bezeichnen wir mit ϱ die Masse der Volumeneinheit, so ergibt sich mit den Be-zeichnungen der Abb. 6

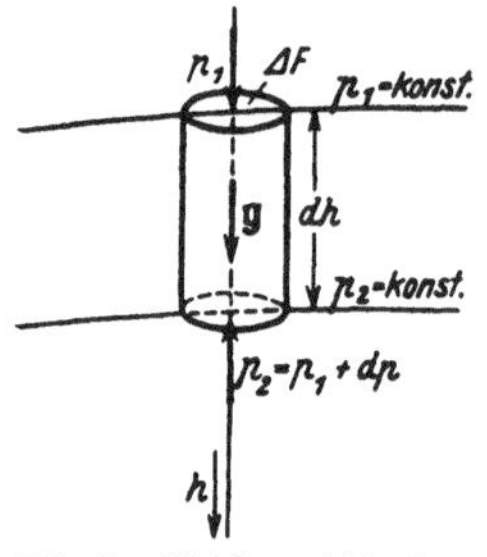

Abb. 6. Gleichgewicht eines Flüssigkeitszylinderchens, dessen Erzeugende parallel zur Richtung des Kraftfeldes ist; $\frac{dp}{dh} = \varrho\,\mathfrak{g}$.

$$\varrho\, dh\, \Delta F\, \mathfrak{g} = (p + dp)\, \Delta F - p\, \Delta F = dp\, \Delta F$$

oder

$$\frac{dp}{dh} = \varrho\,\mathfrak{g}\,. \tag{3}$$

Hiermit haben wir einen für die Statik der Flüssigkeiten ungemein wichtigen Satz gefunden:

Der Druck im Innern einer Flüssigkeit wächst in der Richtung der eingeprägten Kraft derartig, daß seine Zunahme pro Längeneinheit gleich dem Produkt aus Dichte und eingeprägter Kraft ist.

Betrachten wir die Zunahme des Druckes in anderen zu $p =$ konst. nicht senkrechten Richtungen, so erkennt man leicht, daß es sich in $\frac{dp}{dh}$ um den Gradienten von p handelt, so daß wir allgemein schreiben können

$$\operatorname{grad} p = \varrho\,\mathfrak{g} \tag{3a}$$

oder

$$\left.\begin{aligned} \frac{\partial p}{\partial x} &= \varrho\,\mathfrak{g}_x \\ \frac{\partial p}{\partial y} &= \varrho\,\mathfrak{g}_y \\ \frac{\partial p}{\partial z} &= \varrho\,\mathfrak{g}_z\,. \end{aligned}\right\} \tag{3b}$$

Für den Fall, daß $\mathfrak{g}$ die Erdschwere bedeutet, also $\mathfrak{g} = g$ parallel z ist, vereinfachen sich die letzten Gleichungen zu

$$\frac{\partial p}{\partial x} = 0\,, \qquad \frac{\partial p}{\partial y} = 0\,, \qquad \frac{\partial p}{\partial z} = \varrho\, g\,.$$

Dieses Vorzeichen von $\frac{\partial p}{\partial z}$ ist richtig, wenn die positive z-Achse nach unten gerichtet ist. Wird z nach oben positiv gerechnet, so ist

$$\frac{\partial p}{\partial z} = -\varrho g.$$

Setzen wir jetzt voraus, daß das Kraftfeld ein Potential besitzt, so ist, wenn h parallel $\mathfrak{g}$ ist,

$$\frac{dU}{dh} = \mathfrak{g}. \tag{4}$$

In Verbindung mit (3) ergibt das

$$dp = \varrho\, dU; \tag{5}$$

da aber nach (2) der Druck eine Funktion von U allein ist, haben wir

$$\frac{dp}{dU} = \varrho = f'(U)$$

oder

$$f(U) = \int \varrho\, dU + \text{konst.},$$

d. h. bei bekannter Verteilung der Dichte läßt sich $f(U)$ einfach durch Integration bestimmen.

Aus $\varrho = f'(U)$ ergibt sich, daß für $U =$ konst. auch die Dichte konstant ist. Da wir schon weiter oben gefunden haben, daß auf den Flächen konstanten Potentials auch $p =$ konst. ist, so können wir — wenn wir die Zustandsgleichung eines Gases $f(\varrho, p, T) = 0$ heranziehen — sagen, daß unter der Einwirkung einer Potentialkraft der Zustand des Gases auf einer Niveaufläche konstant ist.

In vielen Fällen ist die Abhängigkeit der Dichte vom Druck gegeben, z. B. bei adiabatischen Zustandsänderungen von Gasen; dann haben wir nach (5)

$$\int \frac{dp}{\varrho} = U + \text{konst.} \quad \text{oder} \quad \int_{p_1}^{p_2} \frac{dp}{\varrho} = U_2 - U_1,$$

wo $\int \frac{dp}{\varrho}$ bei Kenntnis der Abhängigkeit zwischen p und ϱ berechnet werden kann. Das Integral $\int \frac{dp}{\varrho}$, das selbst wieder eine Funktion von p bzw. ϱ ist, nennen wir die Druckfunktion und bezeichnen sie mit

$$\int_{p_1}^{p} \frac{dp}{\varrho} = \mathsf{P}(p), \tag{6}$$

wo p_1 einen beliebigen Anfangswert bedeutet.

Mit dieser einfachen linearen Beziehung zwischen Druckfunktion und Kräftefunktion ist die Druckverteilung einer unter dem Einfluß einer Potentialkraft sich im Gleichgewicht befindlichen Flüssigkeit prinzipiell erledigt.

4. Stabilität der Gleichgewichtslagen. Wir nennen ein Gleichgewicht dann stabil, wenn durch jede beliebige kleine Verschiebung ein solcher Zustand geschaffen wird, der danach strebt, den alten Gleichgewichtszustand wieder herzustellen, labil dagegen, wenn das gestörte System sich von der alten Gleichgewichtslage zu entfernen strebt, indifferent schließlich, wenn der Flüssigkeit beliebige Verschiebungen erteilt werden können, ohne daß das Gleichgewicht gestört wird.

Um bei einer Flüssigkeit festzustellen, welcher Gleichgewichtszustand besteht, nehmen wir in Gedanken ein gewisses Quantum der Flüssigkeit und verschieben es um einen passenden Betrag entgegen der Kraftrichtung. Hat es dort nach der Verschiebung eine größere Dichte als die umgebende Flüssigkeit, so wird es offenbar wieder zurücksinken und zur früheren Gleichgewichtslage zurückzukehren streben. Die Flüssigkeit befindet sich in diesem Falle im stabilen Gleichgewicht [1].

Besitzt das verschobene Flüssigkeitsquantum an der neuen Stelle eine geringere Dichte als die umgebende Flüssigkeit, so erfährt es durch sie einen hydrostatischen Auftrieb, d. h. es ist bestrebt, sich noch mehr aus seiner ursprünglichen Gleichgewichtslage zu entfernen; die Flüssigkeit befindet sich im labilen Gleichgewicht.

Findet ein Flüssigkeitsquantum bei jeder beliebigen Verschiebung in seiner Umgebung die gleiche Dichte, die es selbst nach der Verschiebung besitzt, so befindet sich die Flüssigkeit im indifferenten Gleichgewicht.

Ist die Dichte unabhängig vom Druck, d. h. haben wir eine inkompressible Flüssigkeit, und ist die Verschiedenheit der Dichte nur durch die Inhomogenität der Flüssigkeit bedingt (haben wir z. B. in einem Gefäß übereinander gelagerte Salzlösungen von verschiedener Konzentration), so ist — wenn wir die Richtung von h mit der Kraftrichtung zusammenfallen lassen — die Flüssigkeit

im stabilen Gleichgewicht, wenn $\frac{\partial \varrho}{\partial h} > 0$,

im labilen Gleichgewicht, wenn $\frac{\partial \varrho}{\partial h} < 0$,

im indifferenten Gleichgewicht, wenn $\frac{\partial \varrho}{\partial h} = 0$

ist.

Bei kompressiblen Flüssigkeiten, bei Gasen, sind die Vorgänge insofern etwas verwickelter, als das Gasteilchen bei seiner Ortsveränderung auch seine Dichte ändert dadurch, daß es in eine andere Niveaufläche von anderem Druck kommt.

---

[1] Man kann natürlich ebenso auch eine Verschiebung in Richtung der eingeprägten Kraft vornehmen. Im Fall der Stabiliät hat das verschobene Quantum kleinere Dichte als die neue Umgebung und kehrt auch hier zurück.

Im II. Kapitel unter Nr. 15 werden wir die Stabilität von Gasmassen behandeln und die dabei in Rechnung zu ziehende Abhängigkeit der Dichte von dem Druck eingehend berücksichtigen.

5. Hydrostatische Druckgleichung. Haben wir bisher von dem Kraftvektor $\mathfrak{g}$ nur vorausgesetzt, daß er eine stetige Funktion des Ortes ist und nur in gewissen Fällen angenommen, daß dieses Vektorfeld eine Kräftefunktion besitzt, so wollen wir weiterhin den speziellen Fall betrachten, daß $\mathfrak{g}$ die Erdschwere bedeutet. Die Erdschwere ist eine nach dem Mittelpunkt der Erde gerichtete Zentralkraft und besitzt, wie jede Zentralkraft, eine Kräftefunktion, die wir — wie bisher — mit U bezeichnen wollen. $U =$ konst. sind somit, wenn von der Krümmung der Erdoberfläche abgesehen wird, Ebenen parallel der Erdoberfläche. Die Richtung von h wollen wir entgegen der früheren Bezeichnung von der Erdoberfläche nach außen, wie allgemein üblich, positiv rechnen. Dadurch tritt der besprochene Vorzeichenwechsel in (4) ein, so daß wir haben:

$$g = -\frac{dU}{dh} \quad \text{oder} \quad g(h - h_1) = U_1 - U.$$

Da anderseits nach (5)

$$\int_{p_1}^{p} \frac{dp}{\varrho} = U - U_1$$

ist, so ergibt sich

$$h - h_1 = \frac{1}{g}\int_{p}^{p_1} \frac{dp}{\varrho}. \tag{7}$$

Hierin haben wir eine Beziehung, die es ermöglicht — unter Voraussetzung der Kenntnis des Zusammenhanges des Druckes mit der Dichte —, Höhenmessungen auf Druckmessungen zurückzuführen, wozu noch die Messung der Temperatur kommt, um aus dieser und dem Druck nach der Zustandsgleichung die Dichte zu berechnen. Diese Gleichung, in der die barometrische Höhenformel steckt, kommt besonders bei Messungen von Lufthöhen zur Anwendung[1]. Die Abnahme der Erdbeschleunigung mit zunehmender Höhe, die durch die Kugelgestalt der Erde bedingt ist, kann im allgemeinen vernachlässigt werden, da der hierdurch verursachte Fehler bei Höhen von etwa 10 km weniger als $^1/_5$% beträgt. Denn bedeutet R den Erdradius und g_0 die Erdbeschleunigung auf der Erdoberfläche, so ist die Erdbeschleunigung (g) in einer Höhe h gegeben durch

$$g = g_0\left(\frac{R}{R+h}\right)^2 = g_0 \frac{1}{\left(1 + \frac{h}{R}\right)^2}.$$

[1] Im II. Kapitel kommen wir ausführlicher auf diese Gleichung und ihre Anwendung zur Höhenmessung zurück.

Dafür können wir als Näherungsformel schreiben ($h \ll R$):

$$g = g_0\left(1 - \frac{2h}{R}\right).$$

Es ist also:

$$-U = \int g\,dh = g_0 \int \left(1 - \frac{2h}{R}\right) dh$$

$$-U = g_0\left(h - \frac{h^2}{R}\right).$$

Für $R = 6370$ km und z. B. $h = 10$ km ist

$$\frac{h^2}{R} = 16\,\text{m}.$$

Das ist die Korrektionshöhe, um die ein bestimmter Wert von U und damit von p verlegt werden muß, um der Abnahme von g wegen der Kugelgestalt der Erde gerecht zu werden. Wie man erkennt, macht das Korrektionsglied bei einer Höhe von 10 km noch nicht $^1/_5$% aus.

Fassen wir ϱg zu einer Größe zusammen ($\varrho g = \gamma$), so haben wir in dem „Raumgewicht" γ das Gewicht der Volumeneinheit und können (7) schreiben:

$$h - h_1 = \int_p^{p_1} \frac{dp}{\gamma}. \tag{8}$$

Besonders einfach werden die Verhältnisse, wenn ϱ und damit auch γ als konstant angenommen werden kann, wie z. B. bei Wasser von überall gleicher Temperatur. (8) geht dann über in

$$h - h_1 = \frac{1}{\gamma}(p_1 - p)$$

oder

$$p = p_1 - \gamma(h - h_1).$$

Legen wir den Ursprung unseres Bezugssystems noch so, daß $h_1 = 0$ ist, d. h. bezeichnen wir den Druck an der Stelle $h = 0$ mit p_1, so bleibt

$$p = p_1 - \gamma h. \tag{9}$$

(Druckgleichung der Hydrostatik.)

Wir haben in dieser Hauptgleichung der Hydrostatik also den Satz, daß der Druck nach unten zunimmt, und zwar pro Längeneinheit um das Gewicht der Volumeneinheit, was wir in Differentialform auch schreiben können:

$$\frac{dp}{dh} = -\gamma. \tag{9a}$$

6. Anwendungen der hydrostatischen Druckgleichung. Kommunizierende Gefäße. Daß die Flüssigkeitsspiegel zweier kommunizierender Gefäße in derselben Horizontalebene liegen müssen, geht unmittelbar aus der Druckgleichung hervor (da an der Oberfläche der gleiche Atmosphärendruck herrscht), läßt sich jedoch auch direkt einsehen unter Anwendung eines von Stevin[1] zuerst benutzten sogenannten Erstarrungsprinzips. Allgemein ausgedrückt lautet dieses Prinzip: Ein im Gleichgewicht befindliches System (z. B. ein Hebelsystem) bleibt im Gleichgewicht, wenn hinterher beliebige Teile des Systems als starr angenommen werden. Stevin, der dieses Prinzip speziell auf hydrostatische Probleme anwandte, ging davon aus, daß ein beliebiges Quantum Wasser, in Wasser derselben Dichte eingetaucht, an jeder Stelle im Gleichgewicht sich befinden müsse, und daß dieses Gleichgewicht auch dann nicht gestört werden könne, wenn man annimmt, daß einzelne Teile des Wassers — unter Beibehaltung derselben Dichte — erstarren würden.

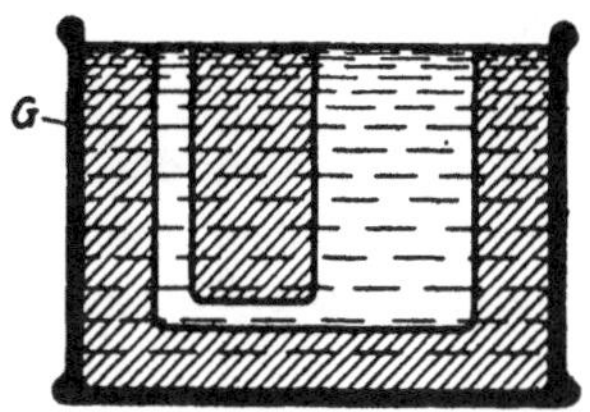

Abb. 7. Ein mit Wasser gefülltes Gefäß; denkt man sich den schräg gestrichelten Teil unter Beibehaltung seiner Dichte erstarrt, so ergibt sich das Gesetz der kommunizierenden Gefäße.

Um dieses Prinzip auf den Fall der verbundenen Gefäße anzuwenden, denken wir uns ein Gefäß G (Abb. 7) mit Wasser gefüllt. Das herrschende Gleichgewicht kann nun offenbar nicht aufhören zu bestehen, wenn man gewisse — an sich beliebige — Teile des Wassers (unter Beibehaltung seiner Dichte) erstarren läßt. Lassen wir jetzt alles Wasser erstarren bis auf das Wasser, das demjenigen in dem kommunizierenden Gefäß entspricht, so erkennt man, daß das flüssig gebliebene Wasser auch in dieser Form sich im Gleichgewicht befindet.

Eine praktische Anwendung der kommunizierenden Röhren hat man in den Flüssigkeitsmanometern, mit denen man vielfach den Druck von Gasen mißt.

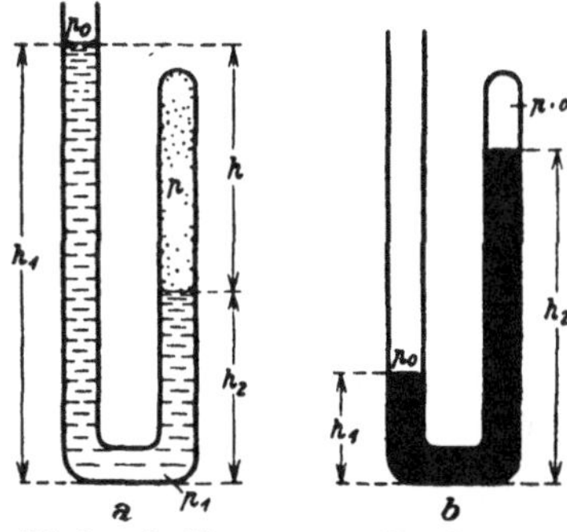

Abb. 8a u. b. Manometer zur Druckmessung von Gasen (8a). Manometer zur Messung des Atmosphärendruckes (8b).

Haben wir in dem rechten Schenkel des in Abb. 8a schematisch gezeichneten Manometers ein Gas eingeschlossen, und hat sich ein Gleichgewicht eingestellt bei einem Wasserspiegel im linken Schenkel von der Höhe h_1, so ist, wenn wir mit p den Druck des Gases, mit p_0 den Atmosphärendruck, mit p_1 den Druck im Manometer an seiner

[1] Stevin, S.: De Beginselen des Waterwichts. Leyden 1586 oder: Oevres mathematiques. Leyden 1634.

tiefsten Stelle und mit γ das Raumgewicht des Wassers bezeichnen,

$$p_1 = p_0 + \gamma h_1$$
$$p_1 = p + \gamma h_2,$$

mithin

$$p = p_0 + \gamma (h_1 - h_2) = p_0 + \gamma h.$$

Man kann auch den Atmosphärendruck selbst zur Messung bringen, wenn man in dem geschlossenen Teil des U-Rohrs eine Luftleere herstellt (vgl. Abb. 8b); es ist dann der Druck $p = 0$ und somit

$$p_0 = \gamma (h_2 - h_1).$$

Ein weiteres Beispiel für die Anwendung der kommunizierenden Gefäße bietet die hydraulische Presse. Abb. 9 zeigt das Prinzip dieser Pressen, mit denen sich beträchtliche Kräfte — bis 300 t und mehr — verhältnismäßig leicht ausüben lassen. Die beiden verschieden großen Öffnungen der kommunizierenden Gefäße sind mit gut gedichteten Kolben versehen, deren Querschnittsflächen F_1 bzw. F_2 sein mögen ($F_1 < F_2$). Wird auf den kleineren Kolben die Kraft P ausgeübt, so ergibt sich daraus an der Berührungsfläche des Kolbens mit dem Wasser ein Flüssigkeitsdruck p, der sich aus der Gleichung

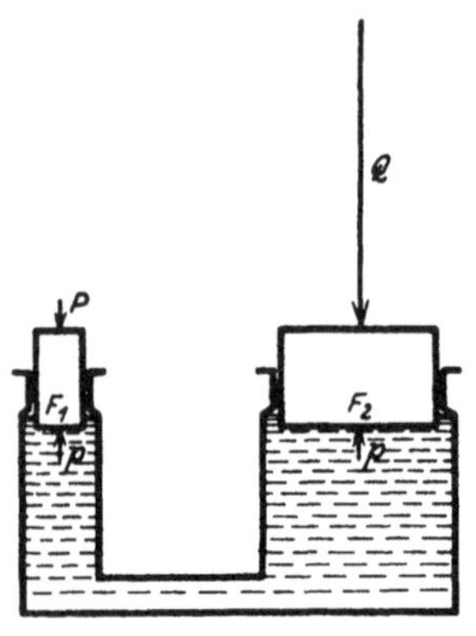

Abb. 9. Prinzip der hydraulischen Presse: $Q = P \cdot \frac{F_2}{F_1}$.

$$P = p \cdot F_1$$

bestimmt. Infolge des Druckausgleiches durch die Flüssigkeit stellt sich auch an der unteren Fläche F_2 des größeren Kolbens der gleiche Druck p ein, der jedoch — da er auf der größeren Fläche F_2 zur Wirkung kommt — die große Kraft

$$Q = p \cdot F_2$$

ausübt.

Es ergibt sich somit

$$Q = P \cdot \frac{F_2}{F_1}.$$

7. Hydrostatischer Druck auf Wände und Böden. Alle hier auftretenden Fragen werden im wesentlichen durch die hydrostatische Grundgleichung $p = p_0 + \gamma h$ gelöst unter Berücksichtigung der Tatsache, daß der Druck in senkrechter Richtung zur Begrenzungsfläche wirkt.

Die auf eine wagerechte Fläche F (Bodenfläche eines Gefäßes) vom Flüssigkeitsdruck ausgeübte Kraft ist somit

$$P = F (p - p_0) = F \gamma h.$$

Der Bodendruck P ist also unabhängig von der Form des Gefäßes und nur abhängig von der Größe der Bodenfläche, der vertikalen Höhe der Flüssigkeitsoberfläche über dem Boden und dem Raumgewicht der Flüssigkeit. Die in Abb. 10a—d dargestellten Gefäße verschiedener Formen besitzen bei gleicher Bodenfläche und bei gleicher Wasserhöhe den gleichen Bodendruck P.

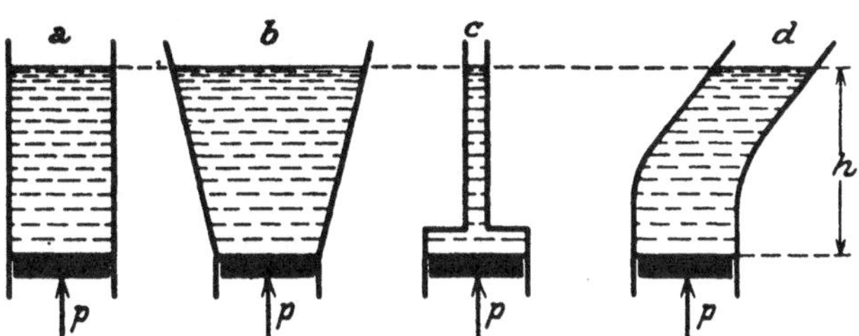

Abb. 10a, b, c u. d. Gefäße verschiedenartiger Form, die bei gleicher Höhe der Flüssigkeit gleichen Bodendruck besitzen.

Diese als hydrostatisches Paradoxon bekannte Tatsache, daß sehr verschiedene Wassermengen denselben Bodendruck ausüben können, daß die auf den Boden ausgeübte Kraft unter Umständen sogar größer sein kann als das Gewicht der gesamten Flüssigkeit (Abb. 10c), läßt sich auch leicht mit Benutzung des Erstarrungsprinzips erklären. Betrachten wir beispielsweise den Fall des in Abb. 10c dargestellten Gefäßes: Wir denken uns zu dem Zweck ein zylindrisches Gefäß mit der Grundfläche F bis zur Höhe h mit Wasser gefüllt (Abb. 11). Diese im Gleichgewicht befindliche Wassersäule übt offenbar auf den Boden eine Kraft

$$P = F\gamma h$$

aus. Nun kann aber das Gleichgewicht und somit die auf den Boden wirkende Kraft sich nicht ändern, wenn man gewisse Teile des Wassers (in der Abb. schraffiert) sich erstarrt denkt, so daß die flüssig gebliebene Wassermasse von der Form Abb. 11 den gleichen Bodendruck ausübt wie die in Abb. 10c dargestellte. Durch zweckentsprechende Wahl der sich erstarrt gedachten Wasserteile läßt sich diese Erscheinung ebenfalls bei den anderen in Abb. 10 angegebenen Gefäßformen erklären.

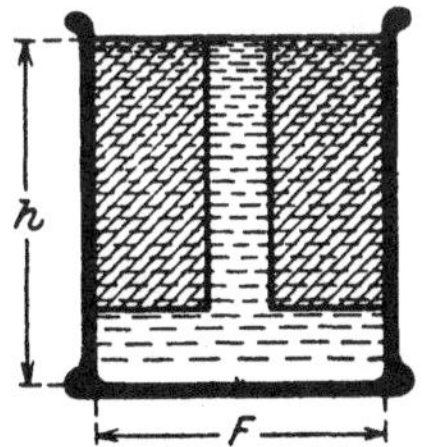

Abb. 11. Ein mit Wasser gefülltes Gefäß; denkt man sich den schräg gestrichelten Teil unter Beibehaltung seiner Dichte erstarrt, so ergibt sich, daß der Bodendruck unabhängig von der Form des Gefäßes und nur abhängig von der Höhe der Flüssigkeit ist.

Der Flüssigkeitsdruck auf eine Wand wird gleichfalls mit der hydrostatischen Hauptgleichung berechnet, nur ist zu berücksichtigen, daß in diesem Fall h und somit p auf der Fläche nicht konstant ist.

Betrachten wir speziell den Fall, daß es sich um eine senkrechte Wand eines Gefäßes handelt und fragen wir, wie groß die Kraft ist, die auf einen Teil dieser Fläche ausgeübt wird, so ergibt sich aus dem linearen Zusammenhang des Druckes mit der Höhe folgende Beziehung: Errichten wir (Abb. 12) über der Fläche F ein gerades Prisma und schneiden von diesem Prisma durch eine unter 45^0 gegen die Wand geneigte Ebene, die den Wasserspiegel in EE schneidet, ein Stück ab, so ist offenbar das Volumen dieses abgeschnittenen Prismas (V), multipliziert mit dem Raumgewicht der Flüssigkeit, gleich dem Druck auf die Fläche F. Die Höhen des Prismas an den verschiedenen Stellen von F entsprechen nach Konstruktion den an diesen Stellen herrschenden Drucken auf die Seitenwand.

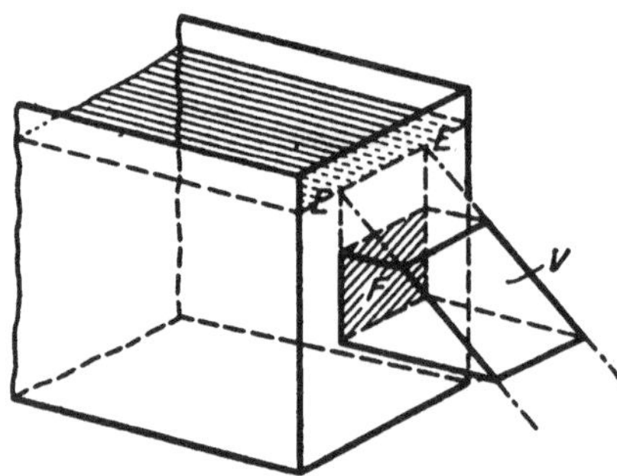

Abb. 12. Hydrostatischer Seitendruck.

Unter Benutzung der hydrostatischen Hauptgleichung erhalten wir für den Druck P auf die Seitenfläche F

$$P = \int^{F} (p - p_0)\, dF,$$

wenn p_0 der Druck für $h = 0$ ist (Atmosphärendruck); oder da

$$p - p_0 = \gamma h$$

ist,

$$P = \gamma \int^{F} h\, dF = \gamma F h_0,$$

wenn h_0 die Entfernung des Schwerpunktes der Fläche F vom Flüssigkeitsspiegel ist.

Fragen wir nach dem Angriffspunkt der resultierenden Kraft P und berücksichtigen wir dabei, daß das Produkt aus Kraft (P) und Hebelarm (h_1) gleich dem resultierenden Moment aus allen einzelnen Kräften sein muß, so haben wir

$$P h_1 = \int^{F} (p - p_0)\, dF\, h$$

oder mit $p - p_0 = h\gamma$

$$P h_1 = \gamma \int^{F} h^2\, dF = \gamma J,$$

wenn J das Trägheitsmoment der Fläche F bedeutet.

Bezeichnen wir mit J_0 das Trägheitsmoment für die Schwerpunktsachse, so ist bekanntlich

$$J = F h_0^2 + J_0,$$

und wenn wir noch setzen (Abb. 13):

$$h_1 = h_0 + a,$$

so ist $$P h_0 + P a = \gamma F h_0^2 + \gamma J_0 = P h_0 + \gamma J_0,$$
mithin $$a = \frac{J_0}{F h_0}.$$

Ist beispielsweise F ein Rechteck, so ist, da das Trägheitsmoment durch die horizontale Schwerpunktsachse $J_0 = \frac{b l^3}{12}$ ist (b die horizontale, l die vertikale Seite des Rechtecks):

$$a = \frac{b l^3}{12 b l h_0} = \frac{l^2}{12 h_0}.$$

Berührt das Rechteck mit seiner oberen Seite den Wasserspiegel, so ist wegen $h_0 = \frac{l}{2}$

$$a = \frac{l}{6}.$$

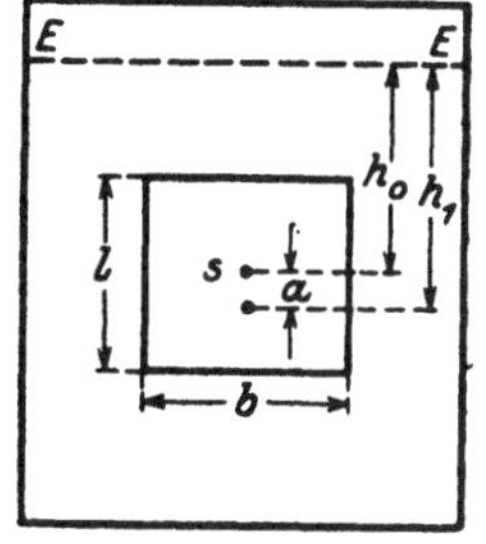

Abb. 13. Angriffspunkt der Seitendruckkraft auf eine Fläche von rechteckiger Gestalt.

8. Hydrostatischer Auftrieb und Stabilität. Die Erklärung der Erscheinung, daß ein in eine Flüssigkeit getauchter Körper scheinbar an Gewicht verliert, läßt sich entweder nach dem Erstarrungsprinzip oder mit Hilfe der hydrostatischen Druckgleichung durchführen.

Wie wir gesehen haben, bleibt eine im Gleichgewicht befindliche Flüssigkeit auch dann noch im Gleichgewicht, wenn ein beliebiger Teil von ihr erstarrt, ohne dabei ein anderes Raumgewicht anzunehmen. Dem Gewicht dieser erstarrten Flüssigkeitsmasse stehen die Druckkräfte gegenüber, die unter der erstarrten Flüssigkeitsmasse größer sind als über derselben. Die Resultierende dieser Druckkräfte muß nun gleich dem Gewicht der erstarrten Flüssigkeitsmasse sein. Ersetzt man den als erstarrt gedachten Flüssigkeitsteil durch einen anderen Körper der gleichen Gestalt, den man künstlich an der betreffenden Stelle gehalten denkt, so bleiben die Kräfte auf diesen Körper, d. i. aber der Auftrieb, die gleichen.

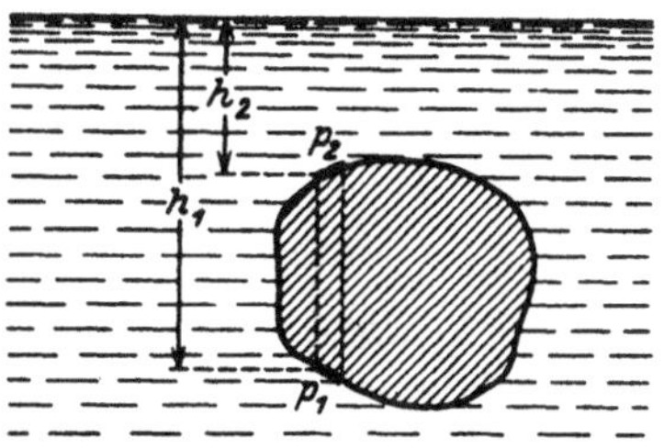

Abb. 14. Hydrostatischer Auftrieb: die Resultierende der Druckkräfte auf der gesamten Oberfläche ist gleich dem Gewicht der verdrängten Flüssigkeitsmasse.

Rechnerisch ergibt sich der Auftrieb so: Nach Abb. 14 ist

$$A = \int^F (p_1 - p_2)\, dF$$
oder mit $$p_1 - p_2 = \gamma (h_2 - h_1)$$
$$A = \gamma \int^F (h_2 - h_1)\, dF$$
oder $$A = \gamma V,$$

wo V das Volumen des Körpers ist. Ein in eine Flüssigkeit vom Raumgewicht γ vollständig eingetauchter Körper erfährt also einen Auftrieb — oder eine scheinbare Gewichtsabnahme — vom Betrage des Gewichtes der von ihm verdrängten Flüssigkeitsmasse, wobei die Auftriebskraft immer im Schwerpunkt der verdrängten Flüssigkeitsmasse angreift. Wir haben also den Satz:

Das Gewicht eines in einer Flüssigkeit im Gleichgewicht schwebenden oder auf einer Flüssigkeit schwimmenden Körpers ist gleich dem Gewicht der von dem Körper verdrängten Flüssigkeit.

Was die Stabilität von festen Körpern in Flüssigkeiten gegen Drehung anbelangt, so läßt sich dieselbe für vollständig untergetauchte Körper durch den Satz erledigen, daß sich der Körper im *stabilen* Gleichgewicht befindet, wenn sich der Schwerpunkt des Körpers *senkrecht unter* dem des verdrängten Wassers befindet; liegt er *senkrecht darüber*, so befindet sich der Körper im *labilen* Gleichgewicht. Das Gleichgewicht ist schließlich indifferent, wenn die beiden Schwerpunkte zusammenfallen.

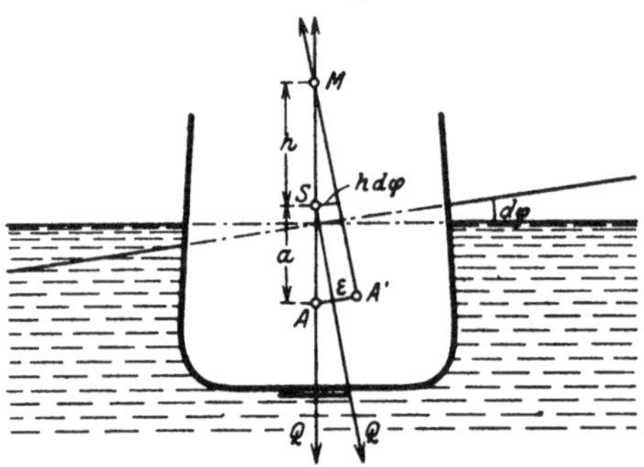

Abb. 15. Querschnitt eines Schiffskörpers; statt der Drehung des Schiffes um seine Schwerpunktachse S um den Winkel $-d\varphi$ wird die Wasserlinie um $d\varphi$ gedreht.

Bei nicht vollständig eingetauchten Körpern (Schiffen) ist die Aufstellung der Stabilitätsbedingung gegen Drehung insofern schwieriger, als bei Drehungen des Körpers die Form des verdrängten Wassers und damit die Lage seines Schwerpunktes sich ändert.

Abb. 15 zeigt schematisch den Querschnitt eines Schiffskörpers. S sei der Schwerpunkt des Schiffes, A der des verdrängten Wassers, also der Angriffspunkt des Auftriebs.

Denken wir uns jetzt eine Drehung des Schiffes um seine Schwerpunktsachse um den kleinen Winkel $-d\varphi$ oder, was auf dasselbe hinauskommt, denken wir uns eine Drehung der Wasserlinie um $d\varphi$, so möge durch diese Drehung der Schwerpunkt der verdrängten Wassermasse von A nach A' rücken. Die in S angreifende Schwerkraft sowie die Auftriebskraft in A' sind dann natürlich senkrecht zur gedrehten Wasserlinie zu nehmen.

Es fragt sich nun: Ist das durch die Drehung des Schiffes auftretende Moment bestrebt, das Schiff in seine erste Lage zurückzudrehen, oder hat es das Bestreben, das Schiff von seiner Anfangslage noch weiter fortzudrehen? Im ersteren Falle haben wir stabiles, im zweiten Falle labiles Gleichgewicht. Tritt bei jeder Drehung des Schiffes *kein* Moment auf — in diesem Fall muß der Schwerpunkt des Schiffes mit dem des verdrängten Wassers immer in eine Senkrechte fallen —, so befindet sich das Schiff im indifferenten Gleichgewicht.

Bringen wir die Wirkungslinien der Auftriebskräfte in A und A' im Punkte M zum Schnitt, und bezeichnen wir den Abstand von M bis S mit h, so ergibt sich nach der Drehung des Schiffes das Moment $Q\,h\,d\varphi$, das im Falle der in Abb. 15 gezeichneten Lagebeziehungen offenbar bestrebt ist, das Schiff wieder aufzurichten. Wir haben somit hier ein stabiles Gleichgewicht.

Wie sich aus geometrischen Gründen ergibt, herrscht stabiles Gleichgewicht, solange sich der Punkt M oberhalb von S befindet. Liegt M unterhalb von S, so herrscht labiles Gleichgewicht. M wird das Metazentrum genannt und h die metazentrische Höhe. Je höher das Metazentrum über dem Schwerpunkt des Körpers sich befindet, um so größer ist die Stabilität.

9. Berechnung der metazentrischen Höhe. Wir knüpfen an die Abb. 15 und an die dort gegebenen Bezeichnungen an.

Beträgt das Gewicht des Schiffes und somit das Gewicht der verdrängten Wassermasse Q, und ist der Angriffspunkt der Auftriebskraft A, so haben wir nach einer Drehung des Schiffes um $-d\varphi$ eine Verschiebung des Auftriebszentrums um ε nach A'. Das Moment $Q\,\varepsilon$ muß nun offenbar gleich der algebraischen Summe der auf der rechten Seite hinzukommenden und auf der linken Seite verschwindenden verdrängten Wasserteilchen, jedes mit seinem Hebelarm multipliziert, sein:

$$Q\,\varepsilon = \int^{F} \gamma\,dF\,y\,d\varphi\,y = \gamma\,d\varphi \int^{F} y^2\,dF$$

$$Q\,\varepsilon = \gamma\,J\,d\varphi\,,$$

wenn J das Trägheitsmoment des Wasserlinienquerschnittes ist; mithin

$$\varepsilon = \gamma \frac{J}{Q}\,d\varphi\,,$$

oder, wenn wir statt des Gewichtes das Volumen der verdrängten Wassermasse $V = \frac{Q}{\gamma}$ (Deplacement) einführen,

$$\varepsilon = \frac{J}{V}\,d\varphi\,.$$

Aus der Abb. 15 ergibt sich

$$\varepsilon = (h + a)\,d\varphi\,,$$

so daß man für die metazentrische Höhe h den Ausdruck hat:

$$h = \frac{\varepsilon}{d\varphi} - a$$

oder

$$h = \frac{J}{V} - a\,.$$

Experimentell läßt sich die metazentrische Höhe bestimmen, wenn man ein großes Gewicht P von der einen Seite des Schiffes vom Gewicht Q auf die um b entfernte andere Seite desselben bringt und dabei den kleinen Winkel $d\varphi$ der Drehung mißt, den das Schiff bei dieser wechselseitigen Belastung ausführt. Wie sich aus Abb. 15 ergibt, muß dann

$$Pb = Qh\,d\varphi$$

oder

$$h = \frac{Pb}{Q\,d\varphi}$$

sein.

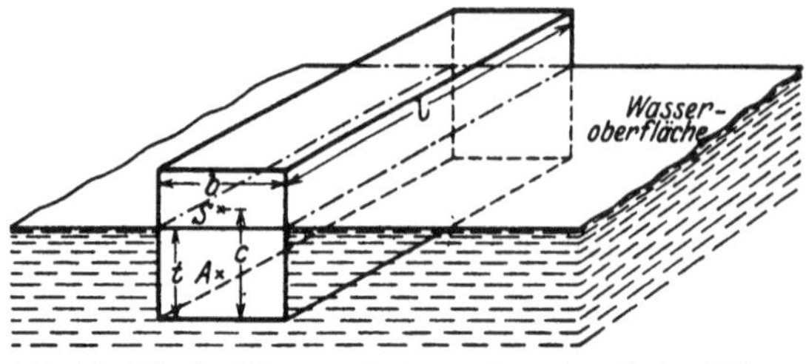

Abb. 16. Ein im Wasser schwimmender prismatischer Körper; seine metazentrische Höhe ist: $h = \frac{b^2}{12\,t} - a$.

Wir wollen noch die metazentrische Höhe eines in Abb. 16 wiedergegebenen Körpers von der Länge l, der Breite b und dem Tiefgang t bestimmen. Die Höhe des Schwerpunktes über der Bodenfläche sei c.

Die Trägheitsmomente der Wasserlinienquerschnitte sind

$J_1 = \frac{l\,b^3}{12}$ bezogen auf die Längsachse des Schiffes durch den Schwerpunkt,

$J_2 = \frac{l^3\,b}{12}$ bezogen auf die Querachse des Schiffes durch den Schwerpunkt.

Wie wir gesehen haben, ist

$$h = \frac{J}{V} - a\,,$$

d. h. die metazentrische Höhe h und damit die Stabilität ist um so kleiner, je kleiner das Trägheitsmoment J ist.

Da wir annehmen, daß $l > b$, also $J_2 > J_1$ ist, so haben wir als Maß der geringsten in unserem Fall vorkommenden Stabilität

$$h = \frac{J_1}{V} - a = \frac{l\,b^3}{12\,V} - a\,.$$

Setzt man $V = lbt$ und berücksichtigt man, daß $a = c - \frac{t}{2}$ ist, so ergibt sich für die metazentrische Höhe:

$$h = \frac{b^2}{12\,t} - a = \frac{b^2}{12\,t} - \left(c - \frac{t}{2}\right).$$

Solange $\frac{b^2}{12\,t} > c - \frac{t}{2}$ ist, haben wir ein positives h und damit Stabilität. Man erkennt, daß bei konstantem Tiefgang und konstanter Höhe des Schwerpunktes über der Bodenfläche die Stabilität wesentlich abhängt von der Breite des Schiffes. Bei einer bestimmten Breite wird $h = 0$, d. h. das Gleichgewicht indifferent, bei weiterer Abnahme der Breite wird h negativ und somit das Gleichgewicht labil.

II. Anwendung der Druckgleichung auf permanente Gase. Stabilität von Luftmassen.

10. Zustandsgleichung für permanente Gase. Wir gehen aus von der Zustandsgleichung für permanente Gase:

$$p \cdot v = B \cdot T.$$

In dieser Gleichung seien alle Größen in technischem Maße genommen, d. h.

$$p \text{ in } \frac{\text{kg}}{\text{m}^2}, \quad v = \frac{1}{\gamma} \text{ in } \frac{\text{m}^3}{\text{kg}}, \quad T = t^0 \text{ Celsius} + 273^0,$$

so daß wir für die Dimension von B haben:

$$[B] = \text{m/Grad Celsius}.$$

Die Größe B ist für verschiedene Gase im allgemeinen verschieden groß;

für mittelfeuchte Luft ist: $B = 29{,}4$ m/Grad Celsius,

für trockene Luft: $B = 29{,}27$ „

Setzen wir in (8) des I. Kapitels (S. 20)

$$\gamma = \frac{1}{v},$$

so ist

$$h_2 - h_1 = \int_{p_2}^{p_1} v\, dp \tag{1}$$

und, wenn man v mit Benutzung der Zustandsgleichung eliminiert:

$$h_2 - h_1 = B \int_{p_2}^{p_1} T \frac{dp}{p}. \tag{2}$$

Man erkennt, daß hier die Temperatur als eine wesentliche Größe hineinkommt.

Für die weitere Berechnung ist es nun notwendig, Annahmen über die Temperaturverteilung zu machen. Wir werden die folgenden Fälle behandeln:

$v = \frac{1}{\gamma} = \text{konst.}$	gleichförmige Atmosphäre,
$T = \text{konst.}$	isotherme Atmosphäre,
$p \cdot v^n = \text{konst.}$	polytropische Atmosphäre.

11. Gleichförmige Atmosphäre. Die Annahme, daß die Dichte der Atmosphäre vom Druck und damit von der Höhe unabhängig sei, hat zunächst nur für Näherungsformeln bei kleinen Höhenunterschieden Wert, da die wirkliche Atmosphäre in keiner Weise mit dieser Annahme übereinstimmt. Eine solche Voraussetzung würde nämlich ein labiles Gleichgewicht der Luft bedeuten.

Unter der Voraussetzung $v = \frac{1}{\gamma} =$ konst. haben wir für (1)

$$h_2 - h_1 = v \int_{p_2}^{p_1} dp$$

oder

$$h_2 - h_1 = v(p_1 - p_2)^* \tag{3}$$

Rechnen wir die Höhe von der Erdoberfläche aus, d. h. setzen wir $h_1 = 0$, und nehmen wir die hier herrschende Dichte $\gamma_1 = \frac{1}{v_1}$ als die konstante Dichte der gleichförmigen Atmosphäre an, so ergibt (3), wenn wir für h_2 und p_2 die variable Höhe h bzw. den dazugehörigen Druck p setzen,

$$h = v_1(p_1 - p)\,. \tag{4}$$

Offenbar bedeutet diejenige Höhe h, für die der Druck p gleich Null ist, die „Höhe der gleichförmigen Atmosphäre". Bezeichnen wir diese Höhe mit h_0, so ist

$$h_0 = p_1 v_1 \tag{5}$$

und unter Berücksichtigung der Zustandsgleichung

$$h_0 = B T_1,$$

wo T_1 die Bodentemperatur bedeutet. Die Höhe der gleichförmigen Atmosphäre wird sich als eine wichtige Rechengröße erweisen. Nennen wir diese Höhe für die Bodentemperatur $t = 0^0$ die Normalhöhe der gleichförmigen Atmosphäre, und bezeichnen wir sie mit h_*, so ist

$$h_* = B \cdot T_0 = 29{,}4 \cdot 273 = 8026 \text{ m oder rd. } 8 \text{ km}\,. \tag{6}$$

Um die Höhe der gleichförmigen Atmosphäre für eine Bodentemperatur von t^0 zu berechnen, können wir setzen:

$$h_0 = h_* \frac{273^0 + t^0}{273^0} = h_* \left(1 + \frac{t^0}{273^0}\right)$$

oder angenähert

$$h_0 = h_*(1 + 0{,}004\, t)\,.$$

* Die Voraussetzung $v =$ konst. ist in weitem Maße bei Flüssigkeiten erfüllt, so daß man dort in Übereinstimmung mit der Wirklichkeit schreiben kann:

$$h_2 - h_1 = \frac{p_1 - p_2}{\gamma} \quad \text{(Hydrostatische Gleichung).}$$

Wir wollen zum Schluß in der Behandlung der gleichförmigen Atmosphäre noch die Frage beantworten, für welche Höhe wir eine Druckabnahme um 1% haben, d. h. für welche Höhe $p_1 - p = \frac{p_1}{100}$ ist. (4) lautete

$$h = v_1 (p_1 - p),$$

also

$$h = v_1 \frac{p_1}{100}$$

und mit Benutzung von (5) und (6)

$$h = \frac{h_0}{100} = 80\,\mathrm{m}.$$

Wir erhalten somit unter Voraussetzung einer gleichförmigen Atmosphäre bei Annahme einer Bodentemperatur von 0° C eine Druckabnahme von 1% bei einer Höhenzunahme von 80 m.

12. Isotherme Atmosphäre. Wir setzen jetzt voraus, daß die Temperatur der gesamten Atmosphäre konstant ist: $T = \text{konst.} = T_1$.

Aus (2) ergibt sich dann:

$$h_2 - h_1 = B T_1 \int_{p_2}^{p_1} \frac{dp}{p},$$

oder

$$h_2 - h_1 = B T_1 \ln \frac{p_1}{p_2},$$

und unter Berücksichtigung von (5)

$$h_2 - h_1 = h_0 \ln \frac{p_1}{p_2} \quad \text{oder} \quad p_2 = p_1 e^{-\frac{h}{BT_1}} = p_1 e^{-\frac{h}{h_0}}. \tag{7}$$

Wir erkennen also, wenn wir $p_2 = 0$ setzen, daß die Höhe der isothermen Atmosphäre logarithmisch unendlich wird. In der andern Form sagt (7) aus, daß die Drucke mit der Höhe exponentiell abnehmen.

Da sich die Barometerstände (b) wie die Drucke verhalten, können wir für (7) auch schreiben:

$$h_2 - h_1 = h_0 \ln \frac{b_1}{b_2} = h_* \left(1 + \frac{t}{273}\right) \ln \frac{b_1}{b_2}$$

(Barometrische Höhenformel).

Bei Emden[1] finden wir die Größe $\frac{b_1}{b_2} = n$ eingeführt und Tabellen für

$$H(n) = h_* \cdot \ln n$$

aufgestellt.

---

[1] Emden, R.: Grundlagen der Ballonführung. Leipzig 1910.

Die ganze Überlegung gilt jedoch nur für $T =$ konst. In Wirklichkeit wird aber im allgemeinen — besonders bei größeren Höhen — eine Temperaturabnahme mit zunehmender Höhe beobachtet. Man kann sich aber dadurch helfen, daß man die Luft in Schichten konstanter Temperatur einteilt und für die einzelnen Schichten Mittelwerte der Temperatur annimmt.

13. Polytropische Atmosphäre. Die polytropische Atmosphäre entspricht einer Gleichung zwischen p und v von der Form

$$p \cdot v^n = \text{konst.}$$

Wie man erkennt, enthält diese Gleichung für $n = 1$ den Spezialfall der isothermen Atmosphäre. Eliminieren wir v unter Benutzung der allgemeinen Zustandsgleichung $p \cdot v = B \cdot T$, so haben wir

$$p\left(\frac{BT}{p}\right)^n = \text{konst.}$$

oder

$$p^{\frac{1}{n}} \frac{BT}{p} = \text{konst.}$$

oder

$$T = \frac{\text{konst.}}{B} p^{\frac{n-1}{n}}.$$

Setzen wir fest, daß für $p = p_1$ die Temperatur $T = T_1$ ist, so ergibt sich für die letzte Gleichung

$$T = T_1 \left(\frac{p}{p_1}\right)^{\frac{n-1}{n}}. \tag{8}$$

Gehen wir mit diesem Ausdruck für T in (2) ein, so ergibt sich

$$h_2 - h_1 = B T_1 p_1^{-\frac{n-1}{n}} \int_{p_2}^{p_1} p^{-\frac{1}{n}} dp$$

oder

$$h_2 - h_1 = h_0 \frac{n}{n-1} \left(\frac{p}{p_1}\right)^{\frac{n-1}{n}} \Bigg|_{p_2}^{p_1}$$

oder

$$h_2 - h_1 = \frac{n}{n-1} h_0 \left\{1 - \left(\frac{p_2}{p_1}\right)^{\frac{n-1}{n}}\right\}. \tag{9}$$

Wir haben in dieser Höhenformel die Abhängigkeit der Höhe vom Druck.

Eine analoge Beziehung der Höhe mit der Temperatur bekommen wir, wenn wir

$$\left(\frac{p_2}{p_1}\right)^{\frac{n-1}{n}} = \frac{T_2}{T_1}$$

in die Gleichung (9) einsetzen. Dann ist:

$$h_2 - h_1 = \frac{n}{n-1} h_0 \left(1 - \frac{T_2}{T_1}\right)$$

oder

$$h_2 - h_1 = \frac{n}{n-1} B (T_1 - T_2) . \qquad (10)$$

Diese Gleichung sagt also aus, daß unter der Voraussetzung einer polytropen Atmosphäre die Höhe eine lineare Funktion der Temperatur ist.

Rechnen wir wieder die Höhe von der Erdoberfläche aus, d. h. setzen wir $h_1 = 0$ und schreiben wir für h_2 die variable Höhe h, so ergeben die Gleichungen (9) bzw. (10) nach p bzw. T aufgelöst:

$$p = p_1 \left(1 - \frac{n-1}{n} \frac{h}{h_0}\right)^{\frac{n}{n-1}} .$$

$$T = T_1 \left(1 - \frac{n-1}{n} \frac{h}{h_0}\right) . \qquad (11)$$

Während in der letzten Gleichung wieder die lineare Abhängigkeit der Temperatur von der Höhe zum Ausdruck kommt, erkennen wir aus der vorletzten Gleichung, daß der Zusammenhang des Druckes mit der Höhe gegeben ist durch eine höhere Parabel. Für $p = 0$, d. h. für den Scheitel der Parabel, ergibt sich eine Höhe $h = h'$ aus der Beziehung:

$$\frac{n-1}{n} \cdot \frac{h'}{h_0} = 1$$

oder

$$h' = \frac{n}{n-1} \cdot h_0 .$$

Setzt man für n einen der Beobachtung entnommenen Wert, etwa

$$n = 1{,}2 ,$$

so erhält man als Höhe der polytropen Atmosphäre

$$h' = 6\, h_0 = 48 \text{ km} .$$

Die Frage nach der wirklichen Beschaffenheit der Atmosphäre läßt sich dahin beantworten, daß man im wesentlichen zwei voneinander verschiedene Gebiete der Atmosphäre unterscheiden kann.

Der untere Teil der Atmosphäre, der in unseren Breiten sich bis zu einer Höhe von etwa 11 km erstreckt, heißt Troposphäre. Es ist dieses ein Gebiet, in dem dauernd beträchtliche Umwälzungen vorkommen, und zwar kann man große und kleine Zirkulationen unterscheiden. Während die großen Zirkulationen Luftströmungen vom Pol bis zum Äquator und zurück darstellen, sind die kleinen Zirkulationen durch Tief- und Hochdruckgebiete bedingt und örtlich beschränkt. Die Troposphäre erhöht sich am Äquator bis zu 14 km, während sie am Pol nur bis etwa 7 km reicht. In diesem Gebiet kann man im Mittel für n den Wert 1,2 setzen.

Über der Troposphäre erhebt sich als zweiter Teil der Atmosphäre die sogenannte Stratosphäre (ausgebreitete Atmosphäre). Unter der Stratosphäre haben wir eine geschichtete Luftmasse zu verstehen, in der — im Gegensatz zur Troposphäre — keine Umwälzungen stattfinden, sondern die sich im wesentlichen im Strahlungsgleichgewicht befindet. Es ist dieses ein Gebiet von nahezu konstanter Temperatur von etwa $t = -50^0$ C. Dieses würde einer Annahme von $n = 1$ entsprechen. Wir wollen noch bemerken, daß zwischen der Troposphäre und Stratosphäre keine scharfe Grenze, sondern ein allmählicher Übergang anzunehmen ist.

14. Bestimmung des Exponenten n der Polytrope. Man kann einerseits ausgehen von dem Zusammenhang zwischen Temperatur und Druck und anderseits von der Beziehung zwischen Höhe und Temperatur.

Aus (8) erhält man

$$\frac{T_2}{T_1} = \left(\frac{p_2}{p_1}\right)^{\frac{n-1}{n}}$$

oder

$$\log \frac{T_2}{T_1} = \frac{n-1}{n} \log \frac{p_2}{p_1},$$

nach n aufgelöst:

$$n = \frac{\log \frac{p_2}{p_1}}{\log \frac{p_2}{p_1} - \log \frac{T_2}{T_1}}.$$

Statt der Drucke kann man wieder die Barometerstände nehmen.

Die zweite Möglichkeit zur Berechnung von n aus der Beziehung zwischen Höhe und Temperatur gestaltet sich folgendermaßen:

(10) ergibt nach n aufgelöst:

$$n = \frac{h_2 - h_1}{h_2 - h_1 - B(T_1 - T_2)}$$

und durch $h_2 - h_1$ dividiert:

$$n = \frac{1}{1 - B\frac{T_1 - T_2}{h_2 - h_1}} = \frac{1}{1 + B\frac{T_2 - T_1}{h_2 - h_1}},$$

oder in Differentialform

$$n = \frac{1}{1 + B\frac{dT}{dh}}, \tag{12}$$

nach $\frac{dT}{dh}$ aufgelöst

$$\frac{dT}{dh} = -\frac{n-1}{n} \cdot \frac{1}{B}.$$

Es ist nun in der Meteorologie üblich, die Änderung der Temperatur mit der Höhe oder den Temperaturgradienten auf eine Höhenänderung von 100 m zu beziehen, da dann gerade der Temperaturgradient — wir bezeichnen ihn mit Δ — von der Größenordnung 1^0 ist. Also

$$\Delta = \text{Temperaturänderung in } {}^0\text{C für } 100\text{ m}$$

oder, da mit zunehmender Höhe eine Abnahme der Temperatur stattfindet,

$$\Delta = 100\left(-\frac{dT}{dh}\right).$$

Führen wir den Temperaturgradienten Δ in Gleichung (12) ein, so ergibt sich, wenn wir noch für die Konstante B ihren Wert 29,4 einsetzen,

$$n = \frac{1}{1 - \frac{B}{100}\Delta} = \frac{1}{1 - 0{,}294\Delta} = \frac{3{,}40}{3{,}40 - \Delta}, \tag{13}$$

oder nach Δ aufgelöst

$$\Delta = 3{,}40\,\frac{n-1}{n}. \tag{13a}$$

Diese Gleichungen liefern, wenn der Temperaturgradient experimentell bestimmt ist, den gesuchten Wert von n.

Einen wichtigen Spezialfall wollen wir im folgenden noch erwähnen: Da es sich im allgemeinen um große Luftmassen handelt, die bei raschen Bewegungsvorgängen keine Gelegenheit haben werden, Wärme zu empfangen oder abzugeben (wenn es sich nicht gerade um Mischvorgänge oder besondere Strahlungsvorgänge handelt), müssen wir solche Vorgänge als adiabatisch betrachten.

Hierfür gilt nun die Beziehung:

$$p \cdot v^{\varkappa} = \text{konst.},$$

wo $\varkappa = \frac{c_p}{c_v} = 1{,}405$ ist, oder in unserer Schreibweise (da die Adiabate ein Spezialfall der Polytrope ist)

$$n = 1{,}405.$$

Setzen wir diesen Wert in die letzte Gleichung für Δ ein, so ergibt sich für den adiabatischen Temperaturgradienten:

$$\Delta = 0{,}98\,{}^0\text{C}/100\text{ m}.$$

Für eine adiabatische Schichtung ergibt sich also ein Temperaturgradient von etwa $1\,{}^0$ C/100 m.

15. Bedeutung des Temperaturgradienten für die Stabilität von Luftmassen. Durch die adiabatischen Schichtungen von Luftmassen werden wir auf eine neue wichtige Fragestellung hingewiesen, nämlich auf di Stabilität und Labilität von Luftmassen, wobei die adiabatisch Schichtung — wie wir sehen werden — gerade dem indifferenten Gleich gewichtszustand entspricht. Wir verstehen unter einer stabilen Schich tung von Luftmassen eine solche, bei der ein gewisses Luftquantum das aus einer Schicht in eine andere gebracht ist, wieder in seine ur sprüngliche Schicht zurückstrebt; hat es das entgegengesetzte Be streben, sich von seiner Schicht weiter fortzubewegen, so bezeichne man eine solche Schichtung als im labilen Gleichgewicht befindlich Von einem indifferenten Gleichgewicht spricht man dann, wenn be jeder Verschiebung eines Luftquantums weder das Bestreben besteht zur ursprünglichen Lage sich hinzubewegen, noch von der ursprüng lichen Lage sich weiter fortzubewegen.

Um die Frage zu beantworten, ob eine Luftmasse sich im stabile oder im labilen Gleichgewicht befindet, denkt man sich ein Luft quantum von einer Schicht in eine höhere gebracht. Hierbei expandier diese Luft adiabatisch. Es fragt sich nun: Wie paßt das Luftquantun in seine neue Umgebung? Ist die Dichte der umgebenden Luft geringe als die durch die adiabatische Expansion auch geringer gewordene Dichte des Luftquantums, oder ist sie größer oder gleich? Der erst Fall entspricht einem stabilen Gleichgewicht, der zweite einem labile und der letzte Fall einem indifferenten Gleichgewicht. Man erkenn hieraus, daß eine adiabatische Schichtung im indifferenten Gleichgewich ist; denn jedes Luftquantum, das aus seiner Lage in eine andere gebrach wird und dabei sich adiabatisch ändert, findet in seiner neuen Lag — wegen der vorausgesetzten adiabatischen Schichtung — die gleich Dichte vor.

Es genügt also für die Stabilität einer Luftmasse nicht, daß di oberen Schichten geringere Dichte haben als die unteren, sondern da Maß der Abnahme der Dichte muß wenigstens ein solches sein, wie e das adiabatische Gesetz ergibt.

Wir wollen nun die Rolle des Temperaturgradienten bei den ver schiedenen Gleichgewichtszuständen untersuchen, wobei es sich zeige wird, daß man in dem Temperaturgradienten ein bequemes Kriterium für die Stabilität oder Labilität einer Luftmasse hat.

Wie wir soeben gesehen haben, entspricht die adiabatische Schichtung dem indifferenten Gleichgewicht. Für die adiabatische Schichtung habe wir aber als Temperaturgradienten: $\Delta = 0{,}98^0/100\,\mathrm{m}$ entsprechend einem $n = \varkappa = 1{,}405$. Da einerseits einem $n < \varkappa$ Stabilität entspricht und anderseits für $n < \varkappa$ nach (13a) $\Delta < 0{,}98^0/100\,\mathrm{m}$ wird, so ha man also für

$$\Delta < 0{,}98^0\,\mathrm{C}/100\,\mathrm{m}$$

ein stabiles Gleichgewicht.

Da ferner einem $n > \varkappa$ Labilität entspricht, und man für $n > \varkappa$ einen Temperaturgradienten $\Delta > 0{,}98\,^0/100$ m erhält, so ist bei

$$\Delta > 0{,}98\,^0\,\mathrm{C}/100\ \mathrm{m}$$

die Luftmasse im labilen Gleichgewicht.

Man sieht daraus, daß ein Temperaturgradient von etwa 1^0 C/100 m der größte zu beobachtende Temperaturgradient in einer im Gleichgewicht befindlichen Luftmasse ist, da jeder größere Temperaturgradient Labilität der Luftmasse zur Folge haben würde.

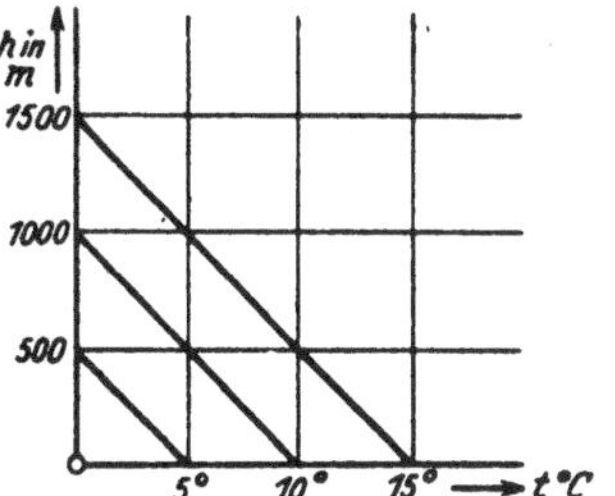

Abb. 17. Abhängigkeit der Temperatur von der Höhe bei verschiedenen Bodentemperaturen unter Annahme einer adiabatischen Luftschichtung ($\Delta = 1^\circ$ C/100 m).

Setzen wir für adiabatische Schichtungen als ungefähren Wert des Temperaturgradienten

$$\Delta = 1^0\,\mathrm{C}/100\ \mathrm{m}\,,$$

und tragen wir in einem rechtwinkligen Koordinatensystem die Höhe h als Funktion von der Temperatur t auf, und zwar in einem derartigen Maßstab, daß eine Abszissendifferenz von 10^0 C gleich einer Ordinatendifferenz von 1000 m ist, so ist der Zusammenhang zwischen h und t dargestellt durch Geraden, die die Abszissenachse unter 45^0 schneiden (Abb. 17). Für jede Bodentemperatur ergibt eine derartige Gerade die zugehörige adiabatische Schichtung.

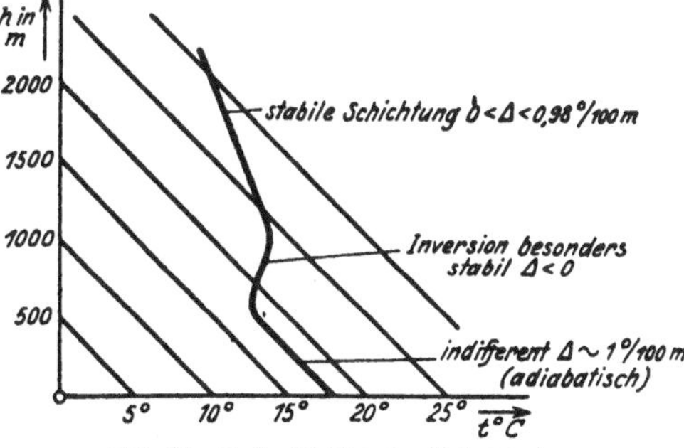

Abb. 18. Luftschichtung mit Inversion.

Wie wir sahen, stellt ein Temperaturgradient von 1^0 C/100 m, d. h. im Diagramm eine Neigung von 45^0 die Grenze einer stabilen Luftmasse dar. Je kleiner Δ ist, d. h. je steiler die Geraden, um so stabiler die Luftmasse.

Beobachtungen zeigen, daß Δ auch negativ sein kann, d. h. daß bei zunehmender Höhe die Temperatur auch wachsen kann. Ein derartiger Fall bedeutet eine besonders stabile Schichtung. Die Meteorologen nennen eine derartige Schichtung eine „Inversion" (Abb. 18).

Die Inversionen wird man im allgemeinen erklären können als Grenzen von Luftströmungen verschiedener Herkunft. Die wärmere Luftschicht schiebt sich dabei über die kältere Schicht hinüber (der umgekehrte Fall wäre labil).

16. Einfluß der Feuchtigkeit. Der Luft ist im allgemeinen Wasser dampf beigemischt. Bei einer vorgegebenen Temperatur kann i 1 cbm Luft nur eine bestimmte Maximalmenge Wasser in Dampfforn enthalten sein. Sobald diese Menge (Sättigungsmenge) überschritte wird, kondensiert ein Teil des Wasserdampfes und scheidet sich i Tropfenform (Nebel) ab.

Die Sättigungsmenge in einem Kubikmeter ist abhängig von de Temperatur, aber unabhängig vom Luftdruck. Die folgende Tabell gibt die Sättigungsmenge in g/cbm für eine Anzahl Temperaturen

bei t^0	-10^0	0^0	10^0	20^0	30^0
g/cbm	2,1	4,9	9,4	17,3	30,4.

Solange der Wasserdampf in gasförmigem Zustand ist, bringt sei Vorhandensein in diesen geringen Mengen wenig Änderung in den Verhalten der Luft hinsichtlich ihrer Stabilität hervor. Große Ände rungen aber ergeben sich, wenn der Wasserdampf kondensiert, infolg der sehr großen dabei frei werdenden Kondensationswärme (rd 600 cal/g bei 20° C). Die Kondensation kann z. B. eintreten, wenn feucht Luft adiabatisch expandiert. Ungesättigte Luft wird durch adiabatisch Abkühlung schnell gesättigt, da bei adiabatischer Expansion die Tem peratur sinkt, und dabei die Sättigungsmenge schneller abnimmt al die in der Volumeneinheit enthaltene Wassermenge, die wegen de Volumenzunahme der Luft auch abnimmt. Überschreitet die in de Volumeneinheit enthaltene Wassermenge die Sättigungsmenge, so trit Kondensation ein, und ein Teil des Wassers schlägt sich an vorhan denen Staubteilchen (Kondensationskernen) in Tropfenform nieder Dabei ist nun von Bedeutung, daß bei weiterer adiabatischer Expan sion die Lufttemperatur durch die frei werdende Kondensationswärm langsamer sinkt als sie es ohne Kondensation tun würde.

Für feuchte Luft (100% rel. Feuchtigkeit) läßt sich der Temperatur gradient bei adiabatischer Schichtung berechnen, und zwar ergibt sich für die bodennahen Schichten ein etwa halb so großer Wert wie fü trockene Luft; für die höheren Schichten ergibt sich wegen des be der tieferen Temperatur geringeren Wasserdampfgehaltes ein kleinere Unterschied gegen die trockene Adiabate.

Wir betrachten als ein Beispie der „feuchten Adiabate" folgen den Vorgang: Eine gesättigte Luft masse wird aus irgendwelche Gründen (Bergrücken) in die Höh gehoben (Abb. 19, von A nach B) mit zunehmender Höhe nimmt di Kondensation dauernd zu. Die ein

Höhe in m	Bodentemperatur $t = 0^0$ C		Bodentemperatur $t = 20^0$ C	
	Δ	n	Δ	n
0	0,62	1,22	0,44	1,15
2000	0,75	1,28	0,49	1,17
4000	0,88	1,35	0,56	1,20
6000	—	—	0,63	1,23

zelnen Nebeltropfen werden dabei unter Umständen so groß, daß sie als Regen zu Boden fallen. Bewegt sich die Luftmasse dann über den Bergrücken hinweg und wieder ins Tal, so erwärmt sie sich, zunächst wieder nach der feuchten Adiabate, da ein Teil der Wärme bei der Verdampfung des noch vorhandenen Nebels wieder gebunden wird. Von dem Augenblick (C) an, wo die letzten Nebeltropfen in den gasförmigen Zustand übergeführt sind, erfolgt die Erwärmung nach der trockenen Adiabate, so daß die Luft, wenn sie ihre ursprüngliche Höhe (D) wieder erreicht hat, eine beträchtliche Erwärmung erfahren haben wird. Der hier skizzierte Vorgang liegt der Erscheinung des sogenannten „Föhn“ zugrunde. Große Kettengebirge können auf diese Weise zu Wetterscheiden werden. Regengebiete sind immer Gebiete aufsteigender feuchter Luftströme, während die Gebiete hinter einem Bergrücken, wo die an Feuchtigkeit ärmer gewordene Luft wieder absteigt, regenarm und trocken sind. Man vergleiche z. B. die Regenverhältnisse an der Westküste Südamerikas, wo bei durchschnittlich westlichem Wind (feucht, da über den Stillen Ozean geweht) das schmale, den gewaltigen Kordilleren westlich vorgelagerte Gebiet äußerst regenreich und fruchtbar ist, während das Hinterland wüstenähnlichen Charakter hat.

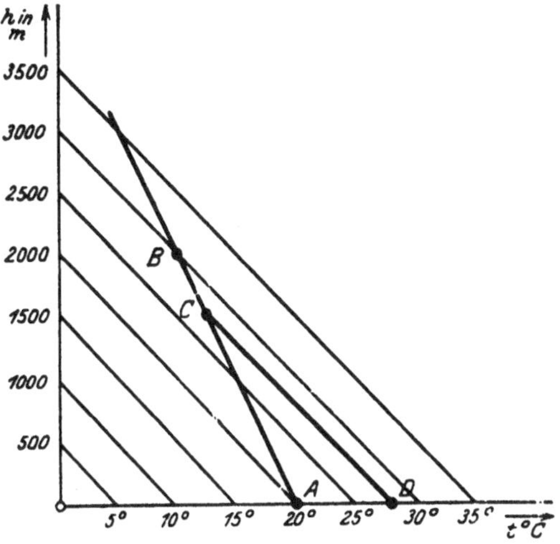

Abb. 19. Beispiel einer Luftbewegung bei „feuchter Adiabate“. Die Luftmasse steigt (Bergrücken) von A bis B bei zunehmender Kondensation; von B nach C fällt sie bei Verdunstung des noch vorhandenen Nebels, von C nach D nach der „trockenen Adiabate“.

17. Begriff der potentiellen Temperatur. Die Temperatur, die eine Luftmasse durch adiabatische Verdichtung annehmen würde, wenn sie auf ein vereinbartes Normalniveau (Meeresoberfläche) herabgeführt bzw. auf den dort herrschenden Normaldruck gebracht würde, wird mit potentieller Temperatur bezeichnet. Eine adiabatisch geschichtete Luftmasse besitzt demnach konstante potentielle Temperatur.

Wie wir in Nr. 15 gesehen haben, entspricht einem Temperaturgradienten $\varDelta \lesseqgtr 1$ (genauer $\lesseqgtr 0{,}98$) ein $\begin{Bmatrix}\text{stabiles}\\ \text{labiles}\end{Bmatrix}$ Gleichgewicht, so daß in Abb. 20 die Kurve I einer labilen, die Kurve II einer stabilen und die Kurve *III* einer indifferenten Schichtung der Atmosphäre entspricht.

Überträgt man diese Temperaturverteilungen sinngemäß auf die potentielle Temperatur, so gehen die in Abb. 20 dargestellten Kurven in die von Abb. 21 über. Man kann somit sagen, daß in einer (nicht mit Wasserdampf gesättigten) Luftmasse $\left\{\begin{matrix}\text{stabiles}\\ \text{labiles}\end{matrix}\right\}$ Gleichgewicht herrscht, wenn die potentielle Temperatur nach oben $\left\{\begin{matrix}\text{zunimmt}\\ \text{abnimmt}\end{matrix}\right\}$ (Abb. 21).

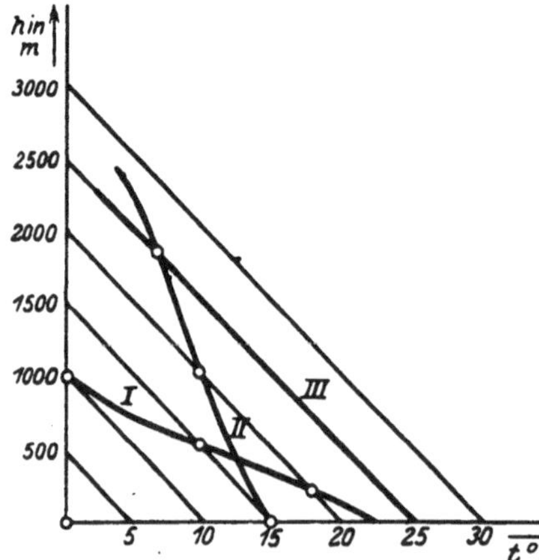

Abb. 20. Kurve *I* labile Schichtung, Kurve *II* stabile Schichtung, Kurve *III* indifferente Schichtung.

Die potentielle Temperatur spielt also dieselbe Rolle wie die gewöhnliche Temperatur in einer volumenbeständigen Flüssigkeit mit positiver Wärmeausdehnung (z. B. Wasser oberhalb 4^0 C).

Tragen wir die Höhe h als Funktion der potentiellen Temperatur auf, so entsprechen die Parallelen zur h-Achse den verschiedenen adiabatischen Schichtungen mit verschiedenen Bodentemperaturen (indifferentes Gleichgewicht). Nimmt mit zunehmender Höhe die potentielle Temperatur $\left\{\begin{matrix}\text{zu}\\ \text{ab}\end{matrix}\right\}$, so haben wir — wie wir gesehen haben — ein $\left\{\begin{matrix}\text{stabiles}\\ \text{labiles}\end{matrix}\right\}$ Gleichgewicht, entsprechend einer Kurve, deren Tangenten die Abszissenachse unter $\left\{\begin{matrix}\text{spitzen}\\ \text{stumpfen}\end{matrix}\right\}$ Winkeln $\left\{\begin{matrix}\alpha\\ \beta\end{matrix}\right.$ schneiden, und zwar ist die Schichtung um so $\left\{\begin{matrix}\text{stabiler}\\ \text{labiler}\end{matrix}\right\}$, je $\left\{\begin{matrix}\text{kleiner } \alpha\\ \text{größer } \beta\end{matrix}\right\}$ ist (Abb. 22).

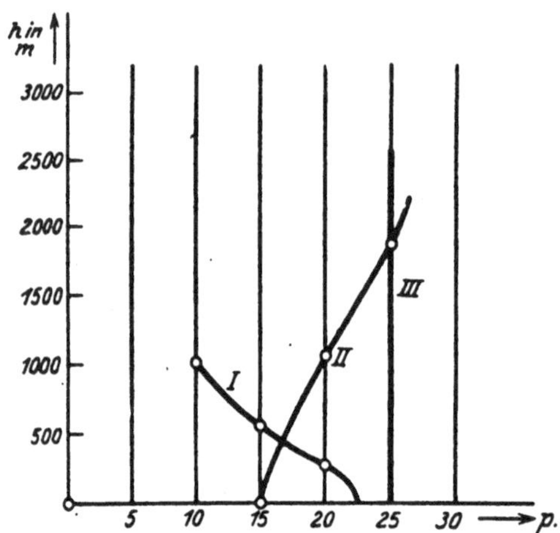

Abb. 21. Die der Abb. 20 entsprechenden Kurven unter Zugrundelegung der potentiellen Temperatur.

Übertragen wir die eine Luftschichtung charakterisierende (h, t)-Kurve in ein (Höhen-potentielle Temperatur-) Diagramm, $(h,$ p. T.) Kurve, so ergibt sich für ungesättigte Luft beispielsweise folgende Gegenüberstellung (Abb. 23a, b).

Wir gehen jetzt dazu über, Mischungsvorgänge von stabilen

Luftschichten zu betrachten. Durch die in Abb. 24 stark ausgezogene Linie sei eine stabile Luftschichtung charakterisiert.

Will man z. B. eine Luftmasse A_1 in der Höhe h_1 mit einer anderen in der Höhe h_2 befindlichen Luftmasse A_2 mischen, so müssen beide Luftmassen in gleiche Höhe gebracht werden, z. B. die Luftmasse A_1 von der Höhe h_1 nach der Höhe h_2. Die Temperatur dieser Luftmasse steigt bei dieser adiabatischen Höhenänderung von t_1 auf t_1'. Die in h_2 befindliche Luftmasse A_2 von der Temperatur t_2 und die nach h_2 gebrachte Luftmasse A_1 von der Temperatur t_1' mischen sich nun zu einem Luftgemisch von der Temperatur t_3.

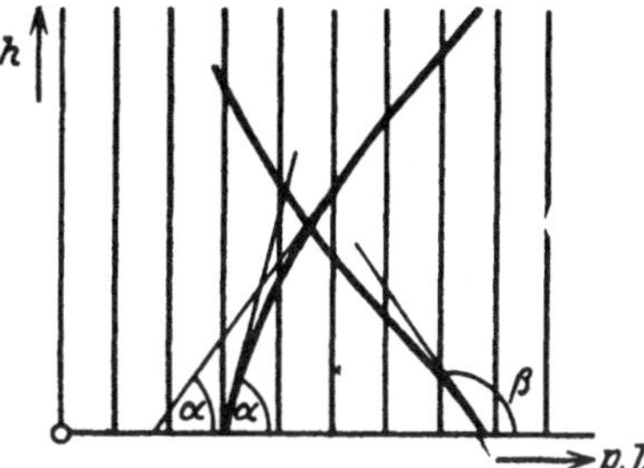

Abb. 22. Stabile und labile Schichtungen je nachdem der Neigungswinkel kleiner oder größer als ein rechter ist.

Wird umgekehrt eine Luftmasse A_2 von der Höhe h_2 nach h_1 verschoben, so wird ihre Temperatur t_2'; durch Mischung mit der neuen Umgebung entstehe die Temperatur t_4. Man erkennt, daß der Temperaturgradient sich durch die Mischungsvorgänge dem adiabatischen nähert.

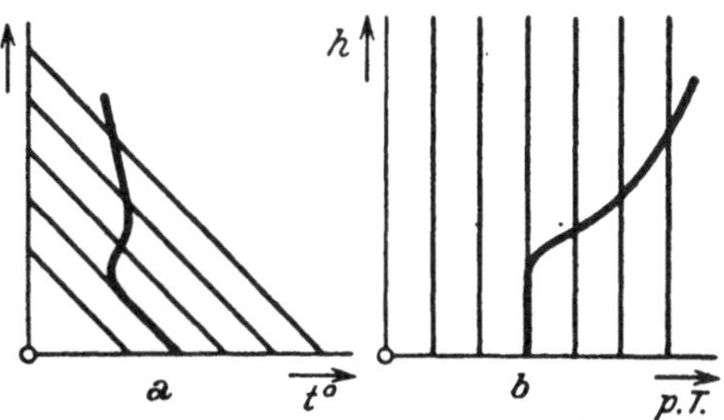

Abb. 23a u. b. Übertragung der für eine Luftschichtung charakteristischen (h, t)-Kurve (Abb. 23a) in ein (h, p.T.)-Diagramm (Abb. 23b).

Da die Temperaturen der Luftmassen am Mischungsort (h_2) sich von den potentiellen Temperaturen nur um eine vom Druck abhängige additive Größe unterscheiden, und da die potentielle Temperatur der nach h_2 gebrachten Luftmasse A_1 dieselbe ist wie in h_1 (adiabatische Veränderung), so läßt sich die Mischungsregel für in verschiedenen Höhen befindliche Luftmassen anwenden unter Verwendung der potentiellen Temperaturen dieser Luftmassen.

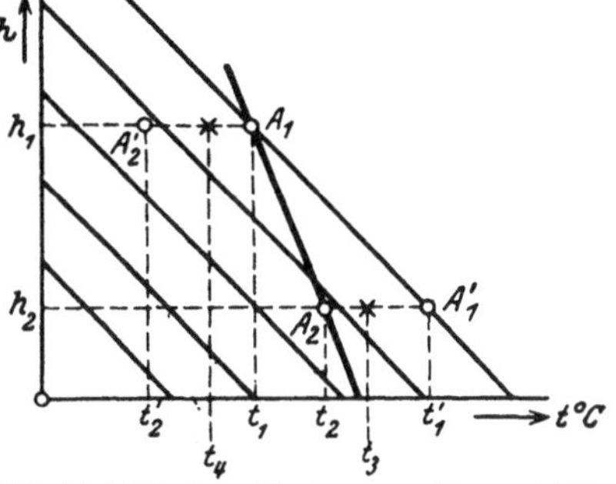

Abb. 24. Einfluß von Mischungsvorgängen stabiler Luftschichtungen auf den Temperaturgradienten.

Diese Regel ist allerdings nur angenähert richtig, da die Druckverteilung von der Art der Schichtung nicht unabhängig ist. Die Fehler sind aber nur von der zweiten Ordnung in

$$\frac{h_1 - h_2}{h_0}.$$

Bei wiederholtem Mischen muß die potentielle Temperatur immer mehr sich einem konstanten Werte nähern und damit die Schichtung adiabatisch werden, d. h. in den indifferenten Gleichgewichtszustand kommen. (Diesem Vorgang entspricht, daß bei Wasser mit nach oben zunehmender Temperatur durch wiederholtes Mischen die Temperatur sich ausgleicht und einem konstanten Werte zustrebt.)

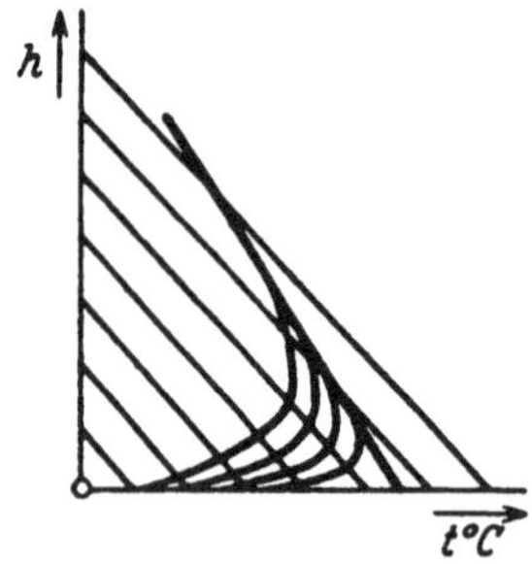

Abb. 25. Bodenabkühlung, durch die eine sehr stabile Schichtung bewirkt wird (abends u. nachts).

18. Entstehung von Wolken. Die Änderungen der potentiellen Temperatur in einer geschichteten Luftmasse erfolgen größtenteils durch Einwirkung vom Boden her, dann aber auch durch Kondensation und Verdunstung. Ferner kommt Ein- und Ausstrahlung des in der Luft vorhandenen Staubes in Frage, weniger eine Strahlung der Luft selbst, von der hauptsächlich Wasserdampf und Kohlensäure absorbieren.

Eine Abkühlung vom Boden her gibt immer eine sehr stabile Schichtung (Inversion). Abb. 25 zeigt den Vorgang der Bodenabkühlung, wie er sich des Abends und nachts an der Erdoberfläche abspielt: Man sieht, wie mit zunehmender Bodenabkühlung immer höhere Luftschichten von der Abkühlung ergriffen werden (hauptsächlich durch langwellige Strahlung im Wasserdampf). Wir haben hier den Fall, daß mit zunehmender Höhe die Temperatur zunimmt, d. h. wir haben eine Inversion, von der wir schon erwähnten, daß sie besonders stabil ist. In bergiger Gegend füllen sich häufig die Täler des Abends mit kalter Luft, die von den Abhängen herabströmt und dann weiter talabwärts fließt (Talwind).

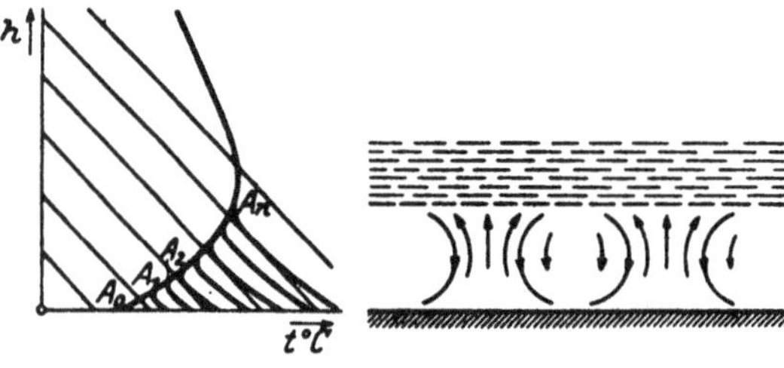

Abb. 26. Bodenerwärmung, durch die eine labile Schichtung hervorgerufen wird (morgens).

Eine Erwärmung vom Boden her ergibt eine instabile Schichtung, aus der aufsteigende Luftströmungen und zum Massenausgleich entsprechende absteigende Strömungen resultieren (Abb. 26). Dadurch wird die nächtliche Inversion (A_0 bis A_n) immer mehr ausgeglichen, wobei die Erwärmungsgrenze A_1, A_2, . . . allmählich höher rückt. Jeder folgende aufsteigende Luftstrom steigt etwas höher als der vorige und breitet sich dort, wo er ins Gleichgewicht kommt, flach aus. Die zwischen diesen aufsteigenden Strömungen liegende Luft sinkt nach unten nach, um die entstandenen Lücken auszufüllen. Die ganze indifferente Luftschicht wird fortwährend umgewälzt. Durch die Wärmeausdehnung der unteren Luftschichten werden die oberen Luftschichten dabei im ganzen etwas nach oben geschoben (in Abb. 26 ist diese Verschiebung zur Vereinfachung fortgelassen).

Bei genügender Höhe der aufsteigenden Luftströme erfolgt Kondensation, d. h. es treten Nebel oder Wolken auf, und damit vollzieht sich der weitere Verlauf der Schichtungskurve nach der feuchten Adiabate. Bei gleichmäßiger Feuchtigkeit und gleicher Ausgangstemperatur ergibt sich gleichzeitige Kondensation und damit eine horizontale Basis der Wolken; die Wolken scheinen auf einer horizontalen Luftmasse zu schwimmen (Abb. 27). Wir können also sagen, daß Wolken aufsteigende Luftströmungen sind, bei denen infolge von Übersättigung Kondensation eintritt. Da — wie früher schon erwähnt —

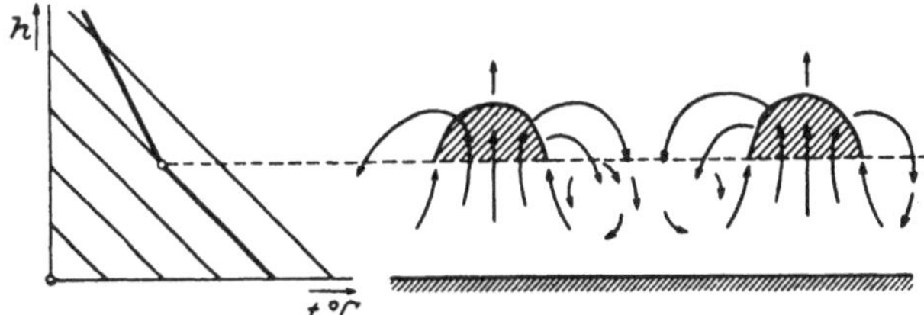

Abb. 27. Entstehung von Wolken infolge von Kondensation aufsteigender Luftströmungen.

die Luft immer eine gewisse Menge Wasser in Dampfform enthält, wird die rel. Feuchtigkeit bei wachsender Höhe, d. h. abnehmender Temperatur, dauernd zunehmen, bis bei einer bestimmten Höhe der Sättigungsgrad erreicht ist und Kondensation eintritt. Bis zu dieser Höhe sind die aufsteigenden Luftmassen unsichtbar, während sie oberhalb dieser Höhe als Wolken in Erscheinung treten.

Bei genügend geringer Stabilität der oberen Luftschichten erhalten die Wolken eigenen Auftrieb, dann nämlich, wenn der Temperaturgradient der oberen Luftschichten größer ist als der Temperaturgradient der feuchten Adiabate, die in den Wolken herrscht.

Um diese Erscheinung noch etwas zu erläutern, betrachten wir in Abb. 28 eine nahezu adiabatische Schichtung. Nehmen wir nun an, daß an einem heißen Sommertag durch Sonnenbestrahlung der Erdboden stark erwärmt wurde, so wird — wie bei jeder Bodenerwärmung — die darüber lagernde Luftschicht instabil (gestrichelte Kurve) und geht in auf- und absteigende Luftströme über. Für den Fall, daß die Luft eine relativ große Feuchtigkeit besitzt (schwül), werden die aufsteigenden Luftströme bald die Kondensationshöhe erreichen (K). Ist die dort befindliche trockene Luftschicht wenig stabil, so daß die trockene Luft kälter, also spezifisch schwerer ist als die ankommende feuchte Luft, so steigt die Wolke unter immer weiterer Kondensation (nach der feuchten Adiabate) bis zu einer sehr stabilen Luftschicht (J) (wärmere Luftschicht, Inversion). Aus dynamischen Gründen schießt die aufsteigende Wolke ab und zu über die Inversionsschicht hinweg.

Findet genügend Zufuhr feuchter Luft statt, so kann der eben beschriebene Vorgang lange andauern und große Dimensionen annehmen. Wir haben dann die Erscheinung eines Wärmegewitters. Bei genügend starker Kondensation fällt das ausgeschiedene Wasser als Regen nieder. Wenn die Zufuhr von feuchter Luft aufhört, so löst

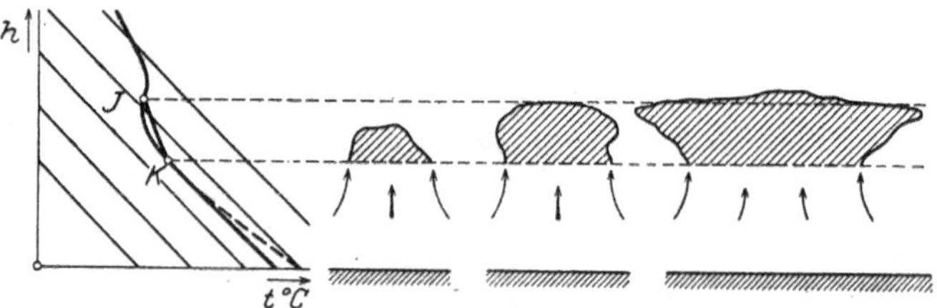

Abb. 28. Die in (K) entstehende Wolke kommt in eine Schichtung von größerem Temperaturgradienten als demjenigen der feuchten Adiabate, die in der Wolke herrscht; sie erfährt dadurch solange einen Auftrieb, bis sie an eine Inversionsschicht (J) gelangt.

sich die Wolke von der Wolkenbasis los und breitet sich unterhalb der Inversion zu einer Schichtwolke aus. Die Haufen- oder Kumuluswolke ist zu einer Schicht- oder Stratuswolke geworden.

Wir fragen uns jetzt nach der Entstehungsmöglichkeit von Wolken in ausgedehnten ebenen Gebieten. Haben wir über ein ausgedehntes Gebiet hin einen barometrischen Tiefstand, so ist die Folge ein konzentrisches Zusammenströmen der Luft in dieses Tiefdruckgebiet. Dadurch wird die Höhe der Luftmasse dieses Gebietes anwachsen, und da von den Seiten warme Luft zuströmt, nähert sich der Temperaturgradient mehr und mehr der adiabatischen Schichtung. Durch das Eintreten der Kondensation in einer bestimmten Höhe kann dann leicht Labilität der feuchten Luft eintreten. Beim weiteren Aufsteigen nimmt die Kondensation beträchtlich zu, was lang andauernde Regenfälle zur Folge haben kann. Der entstehende Auftrieb kann die Bewegung viele Tage in Gang halten (Regenwettergebiete).

Abb. 29. Einbruch einer kalten Luftmasse längs einer langen Front; die warme Luft wird unter Kondensationserscheinungen in die Höhe gehoben (Kältegewitter).

Den entgegengesetzten Fall haben wir in einem Hochdruckgebiet. Die Luft strömt radial fort, die Höhe der Luftschicht wird geringer, der Temperaturgradient kleiner, d. h. die Schichtung nimmt an Stabilität zu. Durch die absteigende Bewegung der ganzen Luftmasse werden die durch die Bodenerwärmung bedingten aufwärts steigenden Strömungen stark gehemmt, so daß die Kondensation unbedeutend bleibt (Schönwettergebiet). Auf den fundamentalen Einfluß, den die Rotation der Erde auf diese meteorologischen Vorgänge hat, wollen wir hier nicht eingehen.

Zum Schluß dieses Abschnittes behandeln wir noch kurz eine zweite Art der Gewitterbildung, die wir Wetterumsturzgewitter nennen können. Hier handelt es sich um einen Einbruch von kalter Luft, die die warme Luft unter Kondensationserscheinung vor sich in die Höhe hebt (Abb. 29). Diese Erscheinung tritt fast immer längs einer ausgedehnten Front auf (Frontgewitter). Nach dem Gewitter hat man eine beträchtlich tiefere Temperatur, und zwar ist das so zu erklären, daß nicht das Gewitter die Abkühlung, sondern umgekehrt der Einbruch der kalten Luft das Gewitter verursacht. Das Gewitter ist als eine Folgeerscheinung dieses Einbruches der kalten Luft anzusehen, verstärkt aber allerdings durch seinen thermischen Auftrieb infolge Kondensation die Heftigkeit der Luftbewegung.

III. Statischer Auftrieb gasgefüllter Luftfahrzeuge.

19. Der Druck auf die Ballonwand. Als gasgefüllte Luftfahrzeuge kommen in Betracht: Freiballons und Luftschiffe. Da für diese die statischen Auftriebsgesetze dieselben sind, werden wir uns auf die Vorgänge beim Freiballon beschränken.

Ein Ballon besteht im wesentlichen aus einer kugelförmigen, gasundurchlässigen Hülle, die unten mit einem Ansatz zum Einfüllen des Gases in den Ballon (dem sogenannten Füllansatz) und dem zur Aufnahme von Menschen, Apparaten und Ballast dienenden Korbe versehen ist (Abb. 30).

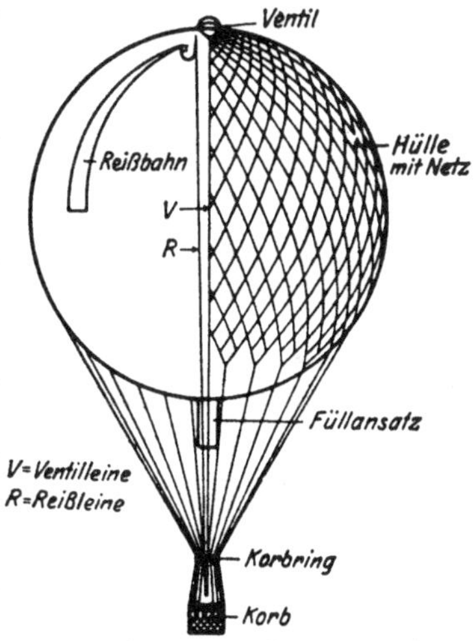

Abb. 30. Schematische Darstellung eines Freiballons.

Da das Gas sich bei zunehmender Höhe ausdehnt (auf etwa 100 m um 1 % seines Volumens) und die Stoffhülle die bei dieser Ausdehnung auftretenden beträchtlichen Kräfte keineswegs aufnehmen kann, ist es notwendig, daß der Füllansatz während der Fahrt offen bleibt, um ein Austreten des Gases bei zunehmender Ausdehnung zu ermöglichen.

Wir gehen jetzt dazu über, das Gleichgewicht eines Ballons zu betrachten, der ganz mit Gas gefüllt ist. Die Druckverteilung mit der

Höhe ergibt sich, wenn wir die z-Richtung senkrecht nach oben positiv rechnen, nach (9a auf S. 20) zu:

$$\frac{dp}{dz} = -\gamma\,,$$

wo γ das Gewicht der Raumeinheit ist.

Wir haben zwischen zwei verschiedenen Raumgewichten zu unterscheiden: dem Raumgewicht der Luft (γ_L), die den Ballon umgibt, und dem Raumgewicht des Gases (γ_G). Die Unterschiede des Raumgewichtes der Luft am obersten Teile des Ballons und am unteren Rande des Füllansatzes sind von der Größenordnung: Ballonhöhe dividiert durch Höhe der gleichförmigen Atmosphäre; bei einer Ballonhöhe von z. B. 20 m und einer gleichförmigen Atmosphäre von 8 km ergibt sich daraus ein Unterschied von etwa $^1/_4$ %, kann also bei unserer Betrachtung vernachlässigt werden. Wir nehmen daher im folgenden für das Raumgewicht einen Mittelwert; das gleiche gilt für das Raumgewicht des Gases.

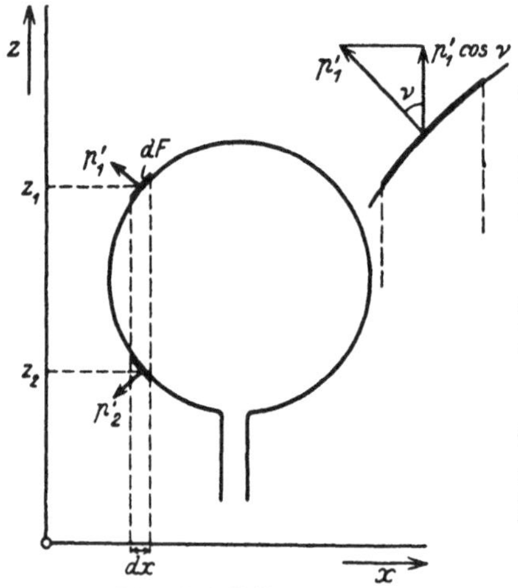

Abb. 31. Die auf die Ballonwandung wirkenden Kräfte.

Die Druckgleichung integriert, ergibt:

$$p_L = -\gamma_L z + \text{konst.}$$

Für $z = 0$ möge sein: $p = p_0$, so daß wir haben:

$$p_L = p_0 - \gamma_L z\,.$$

Analog ergibt die Integration der Druckgleichung für das Ballongas

$$p_G = p_0 - \gamma_G z\,,$$

da an der Stelle, an der die Luft mit dem Ballongas in Berührung kommt, d. i. für $z = 0$,

$$p_G = p_L = p_0$$

ist. (Bei Luftschiffen haben wir im Inneren einen Überdruck, so daß zu p_G also auch zu p_0 des Gases eine additive Konstante kommt.)

Für den Druckunterschied auf die Ballonwandung erhalten wir somit den Ausdruck:

$$p' = p_G - p_L = (\gamma_L - \gamma_G)\,z\,. \tag{1}$$

Die resultierende Kraft, die auf die Fläche dF des Ballons wirkt (Abb. 31), ist also:

$$p'\,dF$$

und ihre Vertikalkomponente:

$$p'\,dF \cos\nu\,.$$

wobei $dF \cos \nu$ die Vertikalprojektion auf die Horizontalebene ist, d. i. $= dx \cdot dy$.

20. Auftrieb eines gasgefüllten Ballons. Für die Vertikalkomponente der auf die Fläche dF wirkenden Kraft hatten wir gefunden: $p' dx\, dy$. Die gesamte resultierende Kraft — d. i. aber der Auftrieb — ergibt sich dann durch Integration über die ganze Oberfläche des Ballons:

$$A = \int\int (p_1' - p_2')\, dx\, dy\,,$$

oder nach (1)

$$A = (\gamma_L - \gamma_G) \int\int (z_1 - z_2)\, dx\, dy\,;$$

mithin

$$A = (\gamma_L - \gamma_G)\, V = Q_L - Q_G \tag{2}$$

(Archimedischer Auftrieb),

wenn wir mit: $\gamma_G V = Q_G$ das Gasgewicht und mit: $\gamma_L V = Q_L$ das Gewicht der verdrängten Luftmasse bezeichnen.

Die Formel $A = Q_L - Q_G$ gilt auch für nicht homogene Gasfüllung. Denn, ist γ_G eine Funktion von z, so wird

$$p_G = p_0 - \int_0^z \gamma_G\, dz\,,$$

also

$$p' = \gamma_L z - \int_0^z \gamma_G\, dz\,.$$

Mithin:

$$A = \int\int p'\, dx\, dy = \gamma_L V - \int\int\int \gamma_G\, dx\, dy\, dz\,,$$

$$A = Q_L - Q_G\,.$$

21. Bedeutung der Temperaturen für den Auftrieb. Eine andere Form für den Auftrieb bekommen wir durch Einführung der Temperatur. Es ist nach Nr. 10

$$\gamma = \frac{1}{v}$$

und mit Berücksichtigung der Zustandsgleichung

$$\gamma = \frac{p}{B\,T}\,.$$

Wir bekommen somit zwei entsprechende Ausdrücke für γ_L und γ_G:

$$\gamma_L = \frac{p}{B_L\, T_L}\,, \qquad \gamma_G = \frac{p}{B_G\, T_G}\,. \tag{3}$$

Für den Auftrieb ergibt sich also nach (2):

$$A = p\, V \left(\frac{1}{B_L\, T_L} - \frac{1}{B_G\, T_G} \right).$$

Wir können auch statt der Gaskonstanten das spezifische Gewicht des Gases (bezogen auf Luft) einführen: Nehmen wir gleiche Temperaturen der Luft und des Gases an, also $T_L = T_G$, so ist das spezifische Gewicht des Gases (σ) bezogen auf Luft von gleicher Temperatur

$$\sigma = \frac{\gamma_G}{\gamma_L} = \frac{\frac{p}{B_G T_G}}{\frac{p}{B_L T_L}} = \frac{B_L}{B_G}.$$

Die Gaskonstanten verhalten sich also umgekehrt wie die Raumgewichte. Haben Füllgas und Luft verschiedene Temperaturen, so ist

$$\frac{\gamma_G}{\gamma_L} = \frac{B_L}{B_G} \cdot \frac{T_L}{T_G} = \sigma \frac{T_L}{T_G}. \tag{4}$$

Setzen wir in dem letzten Ausdruck für den Auftrieb

$$B_G = \frac{B_L}{\sigma},$$

so ist:

$$A = \frac{pV}{B_L}\left(\frac{1}{T_L} - \frac{\sigma}{T_G}\right),$$

oder:

$$A = \gamma_L V\left(1 - \sigma \frac{T_L}{T_G}\right),$$

oder:

$$A = Q_L\left(1 - \sigma \frac{T_L}{T_G}\right)$$

Hauptformel für den Auftrieb gasgefüllter Luftfahrzeuge.

22. Gleichgewicht der Kräfte am Ballon. Außer der sich aus den Druckdifferenzen ergebenden Auftriebskraft haben wir noch eine Reihe weiterer Kräfte in Rechnung zu ziehen:

1. das Gewicht des Ballons
2. das Gewicht der Insassen

} Konstantes Gewicht Q_1

und

3. Ballast (meist in Form von Sandsäcken, die ein Gewicht von je etwa 15 kg haben) } Veränderliches Gewicht Q_2.

Für den Fall, daß die Auftriebskraft sich mit diesen Kräften im Gleichgewicht befindet, muß somit sein:

$$A = Q_1 + Q_2.$$

Ändert sich der Auftrieb (Sonnenbestrahlung des Ballons) oder der Ballast (durch Abwerfen von Sand), so erhalten wir eine Resultierende, die eine Beschleunigung des Ballons bewirkt und die den bei der Bewegung vorhandenen Luftwiderstand überwindet. Es ist dann:

$$R = A - (Q_1 + Q_2). \tag{5}$$

Bei Luftschiffen tritt noch zu dem statischen Auftrieb der dynamische hinzu, der durch die Ruder und die dadurch bedingte Schräglage des Luftschiffes bedingt wird.

Es wird nun unsere Aufgabe sein, die Änderung der Resultierenden bzw. der Höhenlage zu untersuchen, die durch eine Änderung der in Frage kommenden Größen bewirkt wird. Es kommen hier als Ursachen in Betracht:

1. Abgabe von Füllgas,
2. Abgabe von Ballast,
3. Temperaturänderung der Luft,
4. Temperaturänderung des Füllgases.

Zur weiteren Untersuchung ist es von Wichtigkeit, zwischen zwei prinzipiell verschiedenen Zuständen des Ballons zu unterscheiden:

a) Prallzustand,
b) Schlaffzustand.

Bei dem Prallzustand ist der Ballon vollständig mit Gas gefüllt, so daß bei allen Lageänderungen des Ballons das Gasvolumen stets konstant ist.

Für den Schlaffzustand ist es wesentlich, daß nur ein Teil des Volumens mit Gas, der übrige mit Luft gefüllt ist, sei es, daß sich die Hülle in Falten legt oder daß durch den Füllansatz Luft eindringt und den unteren Teil des Innenraumes einnimmt; in diesem Zustand ist immer das Gasgewicht konstant.

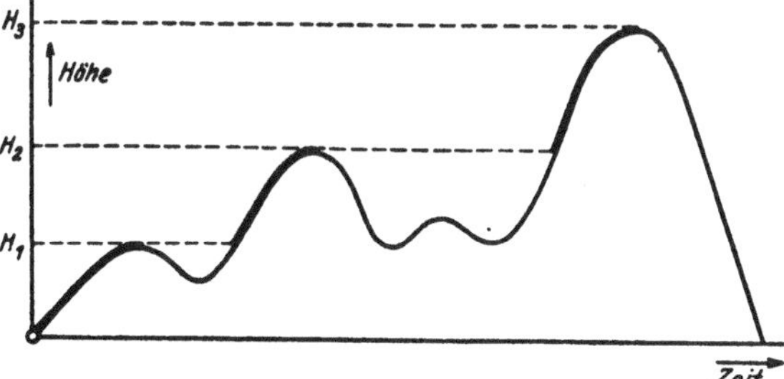

Abb. 32. Höhenänderungen eines Ballons; die stark ausgezogenen Teile der Kurve entsprechen dem Prallzustand, die anderen Teile dem Schlaffzustand.

Während im Prallzustand ein Ballon nur unter Gasabgabe steigen kann, ist es einem Ballon im Schlaffzustand möglich zu steigen, ohne Gas abzugeben. Steigt ein Ballon im Prallzustand bis zu einer max. Höhe (H_1, H_2, H_3 der Abb. 32), so bezeichnet man diese Höhe als „Prallhöhe". Trägt man die Höhe als Funktion der Zeit auf, so kann sich beispielsweise ein Bild wie in Abb. 32 ergeben. Die stark ausgezogenen Kurvenstücke bezeichnen den Prallzustand, während für den übrigen Teil der Kurve der Ballon sich im Schlaffzustand befindet.

23. Stabilität eines im Prallzustand befindlichen Ballons bei adiabatischen Zustandsänderungen. Wir werden zunächst die Stabilität untersuchen bei Annahme von adiabatischen Zustandsänderungen (keine Temperaturänderung durch Bestrahlung) und danach den Einfluß feststellen, den die durch Wärmezufuhr oder Wärmeabfuhr bedingten Temperaturänderungen auf die Stabilität ausüben.

In beiden Fällen betrachten wir zuerst den
a) Prallzustand, darauf den
b) Schlaffzustand.

Wir gehen aus von der Gleichung (5) in Verbindung mit (2)

$$R = V(\gamma_L - \gamma_G) - Q, \tag{6}$$

wo Q das Gesamtgewicht ($Q = Q_1 + Q_2$) bezeichnet.

Um die Änderung der Resultierenden bei Änderung der Höhe zu berechnen, bilden wir $\frac{dR}{dh}$ bei konstantem Volumen (da Prallzustand vorausgesetzt); das Gesamtgewicht Q nehmen wir zunächst als konstant an. Es ist dann

$$\frac{dR}{dh} = V \frac{d}{dh}(\gamma_L - \gamma_G),$$

oder

$$\frac{dR}{dh} = V \frac{dp}{dh} \frac{d}{dp}(\gamma_L - \gamma_G),$$

oder, da

$$\frac{dp}{dh} = -\gamma_L$$

ist,

$$-\frac{dR}{dh} = V \gamma_L \frac{d}{dp}(\gamma_L - \gamma_G). \tag{7}$$

Nehmen wir jetzt für die Luftschichtung eine Polytrope von der Form

$$p\, v^{n_L} = \text{konst.},$$

oder

$$p\left(\frac{1}{\gamma_L}\right)^{n_L} = \text{konst.},$$

oder

$$\gamma_L = \text{konst.}\, p^{\frac{1}{n_L}},$$

oder logarithmiert und dann differenziert:

$$d \log \gamma_L = \frac{d\gamma_L}{\gamma_L} = \frac{1}{n_L} \frac{dp}{p},$$

so ergibt sich

$$\frac{d\gamma_L}{dp} = \frac{\gamma_L}{n_L p}.$$

Dem Ausdruck $\frac{d\gamma_G}{dp}$ legen wir nach Voraussetzung die Adiabatengleichung

$$p \cdot v^{\varkappa_G} = \text{konst.}$$

zugrunde, wobei $\varkappa_G$ für Leuchtgas etwa gleich 1,35 und $\varkappa_G$ für Wasserstoff gleich 1,40 ist (wir nehmen also an, daß eine Wärmezu- oder -abfuhr durch Strahlung nicht in Frage kommt). Analog wie oben für $\frac{d\gamma_L}{dp}$

bekommen wir dann:

$$\frac{d\gamma_G}{dp} = \frac{\gamma_G}{\varkappa_G\, p}.$$

Setzen wir die gefundenen Ausdrücke für $\frac{d\gamma_L}{dp}$ und $\frac{d\gamma_G}{dp}$ in (7) ein, so ergibt sich:

$$-\frac{dR}{dh} = \frac{V}{p}\gamma_L\left(\frac{\gamma_L}{n_L} - \frac{\gamma_G}{\varkappa_G}\right).$$

Die Formel wird sehr einfach und für Überschlagsrechnungen besonders geeignet, wenn

$$n_L = \varkappa_G = n$$

gesetzt wird. Dann geht die Gleichung über in:

$$-\frac{dR}{dh} = \frac{V\gamma_L}{pn}(\gamma_L - \gamma_G).$$

Unter Einführung der Rechengröße $p/\gamma_L = h_0$ (Höhe der gleichf. Atmosphäre) ergibt sich

$$-\frac{dR}{dh} = \frac{V(\gamma_L - \gamma_G)}{h_0 \cdot n} = \frac{Q}{h_0\, n}. \tag{8}$$

Als ein Beispiel für die praktische Anwendbarkeit dieser Formel fragen wir uns: Wie hoch steigt ein Ballon im Prallzustand, wenn eine gewisse Ballastmenge abgeworfen wird? Im Gleichgewichtsfall ist $R = 0$. Wird eine Ballastmenge $-\Delta Q$ abgeworfen, so entspricht das in diesem Augenblick einem $\Delta R = -\Delta Q$. Wir fragen uns nun: Welche Höhenänderung entspricht diesem ΔR? Entwickeln wir h als Funktion von R in eine Taylorsche Reihe und benutzen wir nur das erste Glied, so haben wir

$$\Delta h = \frac{dh}{dR}\Delta R,$$

oder, da im Augenblick des Ballastgebens $\Delta R = -\Delta Q$ ist, und da wir nach (8) schreiben können

$$\frac{dh}{dR} = -\frac{n h_0}{Q},$$

wird

$$\Delta h = \frac{h_0 n}{Q}\Delta Q \quad \text{(Ballastformel)}. \tag{9}$$

Setzen wir z. B. $Q = 1000$ kg und den Ballastabwurf $\Delta Q = 10$ kg, d. h. 1% von dem Gesamtgewicht, und nehmen wir an, daß die Temperatur $t = 0^\circ$C und $n = 1{,}40$ (Ballon mit Wasserstoff gefüllt) ist, so ist, wenn wir nach S. 30 $h_0 = 8000$ m setzen,

$$\Delta h = \frac{1{,}4 \cdot 8000 \cdot 10}{1000} = 112\,\text{m}.$$

Man sieht, daß ein verhältnismäßig großer Ballastverlust nur eine geringe Höhenänderung bewirkt, d. h. dem Prallzustand kommt eine große Stabilität zu.

24. Stabilität eines im Schlaffzustand befindlichen Ballons bei adiabatischen Zustandsänderungen. Da beim Schlaffzustand das verfügbare Ballonvolumen nur zu einem Teil mit Gas gefüllt ist, kann sich dieses bei Aufwärtsbewegungen des Ballons ausdehnen, ohne aus dem Füllansatz auszutreten. Das Gesamtgewicht des Füllgases Q_G bleibt somit konstant, solange sich der Ballon im Schlaffzustand befindet.

Setzen wir in (6) $V = \frac{Q_G}{\gamma_G}$, so haben wir

$$R = \frac{Q_G}{\gamma_G}(\gamma_L - \gamma_G) - Q\,,$$

oder

$$R = Q_G\left(\frac{\gamma_L}{\gamma_G} - 1\right) - Q\,.$$

Bilden wir jetzt $\frac{dR}{dh}$ für Q_G = konst., so erhalten wir

$$\frac{dR}{dh} = Q_G \frac{dp}{dh} \cdot \frac{d}{dp}\left(\frac{\gamma_L}{\gamma_G} - 1\right)$$

und mit $\frac{dp}{dh} = -\gamma_L$

$$\frac{dR}{dh} = -\frac{Q_G \cdot \gamma_L}{\gamma_G^2}\left(\gamma_G \frac{d\gamma_L}{dp} - \gamma_L \frac{d\gamma_G}{dp}\right).$$

Diese Gleichung läßt sich analog wie in Nr. 23 umformen in

$$\frac{dR}{dh} = -\frac{Q_G \gamma_L^2}{\gamma_G\, p}\left(\frac{1}{n_L} - \frac{1}{\varkappa_G}\right),$$

oder mit Berücksichtigung von $\frac{p}{\gamma_L} = h_0$

$$\frac{dR}{dh} = -\frac{V\gamma_L}{h_0}\left(\frac{1}{n_L} - \frac{1}{\varkappa_G}\right).$$

Da nun im Gleichgewichtszustand

$$Q = V(\gamma_L - \gamma_G)$$

ist, so ergibt sich

$$-\frac{dR}{dh} = \frac{Q\gamma_L}{h_0(\gamma_L - \gamma_G)} \cdot \left(\frac{1}{n_L} - \frac{1}{\varkappa_G}\right),$$

oder, da nach (4)

$$\frac{\gamma_L}{\gamma_L - \gamma_G} = \frac{1}{1 - \frac{\gamma_G}{\gamma_L}} = \frac{1}{1 - \sigma \frac{T_L}{T_G}}$$

ist,

$$-\frac{dR}{dh} = \frac{Q}{h_0\left(1 - \sigma \frac{T_L}{T_G}\right)} \cdot \left(\frac{1}{n_L} - \frac{1}{\varkappa_G}\right). \tag{10}$$

Man erkennt, daß $\frac{dR}{dh} = 0$ ist für $n_L = \varkappa_G$, d. h. einer Änderung von h entspricht für diesen Fall keine Änderung von R; wir haben also den indifferenten Gleichgewichtszustand.

Für $n_L = 1{,}40$ (adiabatische Schichtung)

und $\varkappa_G = 1{,}35$ (Leuchtgasfüllung),

oder überhaupt für $n_L > \varkappa_G$ erhalten wir $\frac{dR}{dh} > 0$, d. h. bei wachsender Höhe nimmt die resultierende Kraft zu; wir haben ein labiles Gleichgewicht. Nur für $n_L < \varkappa_G$ haben wir also stabiles Gleichgewicht.

Bisher haben wir die Stabilität eines Ballons bei adiabatischen Zustandsänderungen untersucht. Jetzt wollen wir dazu übergehen, den Einfluß der Temperaturänderungen zu betrachten, die durch Wärmezu- bzw. -abfuhr bewirkt werden, d. h. der Temperaturänderungen bei konstantem Druck, wie sie besonders durch Bestrahlung und Ausstrahlung entstehen.

25. Einfluß der Temperaturänderungen bei konstantem Druck auf einen Ballon im Prallzustand. Wir gehen von (6) aus und können unter Berücksichtigung von (3) und (4) diese Gleichung auch schreiben

$$R = \frac{Vp}{B_L}\left(\frac{1}{T_L} - \frac{\sigma}{T_G}\right) - Q.$$

Differenzieren wir jetzt R partiell nach der Temperatur des Füllgases T_G, wobei nach Voraussetzung sowohl V konstant zu setzen ist (Prallzustand) als auch p (Zustandsänderung konstanten Drucks), so erhalten wir

$$\frac{\partial R}{\partial T_G} = \frac{V \cdot p}{B_L} \cdot \frac{\sigma}{T_G^2}$$

oder mit Benutzung von (3) und (4)

$$\frac{\partial R}{\partial T_G} = \frac{V\gamma_G}{T_G}.$$

Da

$$V\gamma_G = \frac{V(\gamma_L - \gamma_G)}{\gamma_L - \gamma_G} \cdot \gamma_G = \frac{Q}{\frac{\gamma_L}{\gamma_G} - 1} = \frac{Q\frac{\gamma_G}{\gamma_L}}{1 - \frac{\gamma_G}{\gamma_L}} = \frac{Q\sigma\frac{T_L}{T_G}}{1 - \sigma\frac{T_L}{T_G}} \tag{11}$$

ist, können wir auch schreiben

$$\frac{\partial R}{\partial T_G} = \frac{Q}{T_G} \cdot \frac{\sigma\frac{T_L}{T_G}}{1 - \sigma\frac{T_L}{T_G}}.$$

Nach T_L differenziert, ergibt sich in ähnlicher Weise

$$\frac{\partial R}{\partial T_L} = -\frac{Vp}{B_L T_L^2} = -\frac{V\gamma_L}{T_L} = -\frac{Q}{T_L\left(1 - \sigma\frac{T_L}{T_G}\right)}.$$

Für endliche (kleine) Differenzen der Temperatur des Füllgases (ΔT_G) und der Luft (ΔT_L) erhält man, da

$$\Delta R = \frac{\partial R}{\partial T_G} \Delta T_G + \frac{\partial R}{\partial T_L} \Delta T_L$$

ist,

$$\frac{\Delta R}{Q} = \frac{\sigma \frac{\Delta T_G}{T_G} \cdot \frac{T_L}{T_G} - \frac{\Delta T_L}{T_L}}{1 - \sigma \frac{T_L}{T_G}} . \tag{12}$$

Eine Überschlagsformel erhalten wir wieder, wenn wir die Temperatur der Luft gleich der des Füllgases annehmen $T_L = T_G = T$. Wir erhalten dann

$$\frac{\Delta R}{Q} = \frac{\sigma \Delta T_G - \Delta T_L}{T(1-\sigma)}$$

und unter Benutzung der Ballastformel (9)

$$\Delta h = n h_0 \left(\frac{\sigma}{1-\sigma} \cdot \frac{\Delta T_G}{T} - \frac{1}{1-\sigma} \frac{\Delta T_L}{T} \right).$$

In dieser Gleichung haben wir den Zusammenhang der Höhenänderung eines Ballons im Prallzustand mit der Temperaturänderung bei konstantem Druck. Das erste Glied ist hierin das wichtigste, da $\frac{\sigma}{1-\sigma}$ für verschiedene σ sich stark ändert; wir haben z. B.

für Leuchtgas: $\frac{\sigma}{1-\sigma} = \frac{0{,}42}{0{,}58} = 0{,}73$,

während

für Wasserstoff: $\frac{\sigma}{1-\sigma} = \frac{0{,}07}{0{,}93} = 0{,}075$,

d. h. fast $^1/_{10}$ des Wertes für Leuchtgas ist.

Berechnen wir beispielsweise die Höhenänderung bei einer Temperaturerhöhung von 1^0. Es sei

$$T = 290^0 \qquad (t = 17^0\,\text{C})$$
$$h_0 = 8500\ \text{m}$$
$$n_L = \varkappa_G = 1{,}35 \quad \text{(Leuchtgas)}.$$

Setzen wir diese Werte in die Überschlagsformel ein, so ergibt sich eine Höhenänderung von

$$\Delta h = 34\ \text{m}$$

für 1^0 Temperaturerhöhung.

Die gleiche Rechnung für Wasserstoff liefert für 1^0 Temperaturerhöhung ein Aufsteigen des Ballons um

$$\Delta h = 3{,}5\ \text{m}.$$

Wir erkennen also, daß ein mit Wasserstoff gefüllter praller Ballon — soweit Temperaturerhöhungen durch Wärmezufuhr in Frage kommen

— wesentlich stabiler ist als ein solcher mit Leuchtgasfüllung. Der große Unterschied kann so verständlich gemacht werden, daß das Ausstoßen des verhältnismäßig schweren Leuchtgases bei Erwärmung einer erheblichen Ballastausgabe gleichkommt, während bei dem leichten Wasserstoff eine solche Wirkung nur in sehr geringem Maße eintritt.

26. Einfluß der Temperaturänderung bei konstantem Druck auf einen Ballon im Schlaffzustand. Setzen wir in (6) $V = \frac{Q_G}{\gamma_G}$, so haben wir

$$R = Q_G\left(\frac{\gamma_L}{\gamma_G} - 1\right) - Q$$

oder nach (4)

$$R = Q_G\left(\frac{T_G}{\sigma T_L} - 1\right) - Q.$$

Um die Abhängigkeit der Resultierenden bei Temperaturänderungen des Gases zu berechnen, bilden wir wiederum die partiellen Ableitungen von R nach T_G bzw. T_L, wobei das Gewicht des Füllgases Q_G wegen des Schlaffzustandes als konstant zu betrachten ist:

$$\frac{\partial R}{\partial T_G} = \frac{Q_G}{\sigma T_L},$$

oder bei Berücksichtigung von (11)

$$\frac{\partial R}{\partial T_G} = \frac{Q}{\left(1 - \sigma\frac{T_L}{T_G}\right) T_G}.$$

Ebenso ergibt sich unter Benutzung von (4) wie in Nr. 25

$$\frac{\partial R}{\partial T_L} = -\frac{Q_G \cdot T_G}{\sigma T_L^2} = -V\gamma_G \frac{\gamma_L}{\gamma_G T_L} = -\frac{Q_L}{T_L} = -\frac{Q}{\left(1 - \sigma\frac{T_L}{T_G}\right) T_L}.$$

Für endliche Differenzen der Temperaturen des Füllgases und der Luft erhalten wir dann in ähnlicher Weise wie in Nr. 25

$$\frac{\varDelta R}{Q} = \frac{\frac{\varDelta T_G}{T_G} - \frac{\varDelta T_L}{T_L}}{1 - \sigma\frac{T_L}{T_G}}. \tag{13}$$

Hier verhält sich also — im Gegensatz zu dem analogen Ausdruck (12) — Leuchtgas und Wasserstoff bis auf den Faktor $\left(\frac{\sigma}{1-\sigma}\right)$ gleich. Die Änderung der Gastemperatur wirkt hier eben nur durch Veränderung von V.

Durch Kombination von (10) mit (13) erhalten wir

$$\varDelta h = h_0 \frac{\frac{\varDelta T_G}{T_G} - \frac{\varDelta T_L}{T_L}}{\frac{1}{n_L} - \frac{1}{\varkappa_G}}. \tag{14}$$

Wir haben hiermit für den schlaffen Ballon die Beziehung zwischen den Änderungen der Temperatur zu den dadurch bewirkten Höhenänderungen. Es ist hier zu bemerken, daß die Höhenänderung unabhängig von σ ist.

Als ein Beispiel wollen wir den Fall betrachten, daß die Temperatur des Füllgases (Leuchtgas) sich um 1° C erhöhe, während die Lufttemperatur ($T_L = 290°$) konstant bleiben möge, also

$$\Delta T_G = 1°\mathrm{C}, \qquad \varkappa_G = 1{,}35,$$
$$\Delta T_L = 0,$$
$$T_G = T_L = 290° \text{ entsprechend } h_0 = 8500\,\mathrm{m}.$$

Setzt man diese Größen für verschiedene n_L (d. h. verschiedene Luftschichtungen) in (14) ein, so ergeben sich die in der folgenden Tabelle angegebenen Werte der Höhenänderung Δh.

$\varkappa_G = 1{,}35$	$\frac{1}{n_L} - \frac{1}{\varkappa_G}$	Δh in m
$n_L = 1{,}35$	0	∞
$n_L = 1{,}20$	0,092	320
$n_L = 1{,}00$	0,259	113

27. Ursachen der Wärmezu- bzw. -abfuhr; Verhalten des Ballons während der Fahrt. Es fragt sich nun: Durch welche Ursache ist eine Temperaturänderung bei konstantem Druck, d. h. bei Wärmezu- oder -abfuhr bedingt? Es kommt einerseits die Sonnenbestrahlung bei Tag und die Wärmeausstrahlung des Ballons bei Nacht in Frage, andererseits die Abkühlung durch „Aspiration“ bei Vertikalbewegungen (ca. 1 bis 4 m pro Sek.; Horizontalbewegungen relativ zur umgebenden Luft kommen so gut wie nicht vor). Zu erwähnen ist hier, daß die Wärmeabgabe ungefähr proportional der Geschwindigkeit ist, während der Widerstand mit dem Quadrat der Geschwindigkeit wächst.

Da der Ballon bei Tag überhitzt ist, wird jede Aufwärtsbewegung wegen der Abkühlung durch Aspiration verringert, während eine Abwärtsbewegung beschleunigt wird. Er steigt daher im schlaffen Zustand langsam und gleichmäßig bei zunehmender Bestrahlung, fällt dagegen beschleunigt bei abnehmender Bestrahlung (Wolken). Des Nachts liegen die Verhältnisse umgekehrt: der Ballon ist hier kälter als die Luft und daher steigt er schnell und fällt langsam.

Es mag noch erwähnt werden, daß es für Dauerfahrten richtig ist, bei Tag an der Prallhöhe zu bleiben und des Nachts eine Stabilitätsschicht (Bodeninversion, vgl. Nr. 18) aufzusuchen.

Wie wir schon erwähnten, ist für den Widerstand bei Vertikalbewegung die Proportionalität mit der zweiten Potenz der Geschwindigkeit anzusetzen. Benutzen wir für die Vertikalbewegung die Sätze der Punktmechanik, so haben wir unter Vernachlässigung der Wirkung der Aspiration:

$$m \frac{d^2 h}{dt^2} = R(h) \mp W ,$$

wobei

$$W = \text{konst.} \cdot \frac{\gamma_L}{g} \cdot F \left(\frac{dh}{dt}\right)^2$$

ist; das negative Vorzeichen ist für den Aufstieg, das positive Vorzeichen für den Abstieg zu nehmen.

Diese Differentialgleichung zweiter Ordnung und zweiten Grades läßt sich auf eine solche erster Ordnung zurückführen, wenn R von h unabhängig ist, durch Einführung der Variablen $\frac{dh}{dt}$. Schwieriger wird die Aufgabe, wenn Aspiration in Frage kommt, da R dann nicht nur von h abhängig, sondern durch eine Differentialgleichung gegeben ist. Zu berücksichtigen ist noch die vom Ballon mitgeführte Luftmasse, was auf eine Massenvermehrung des Ballons hinauskommt, so daß man etwa setzen kann: $m = 1{,}5 \frac{Q}{g}$.

Beim Aufstieg nach Ballastabgabe schießt der Ballon durch seine Trägheit etwas über die Gleichgewichtslage hinaus und würde mit dem entstandenen Abtrieb wieder bis zum Boden durchfallen, wenn die Luft nicht stabil genug ist (Abb. 33). Man muß daher nach beendigtem

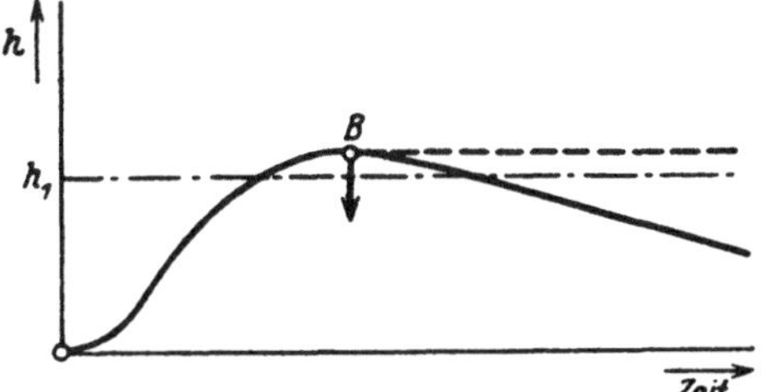

Abb. 33. Der Ballon steigt infolge der Trägheit über seine Gleichgewichtslage h_1 hinaus und sackt (ohne Ballastabgabe) wieder langsam zu Boden.

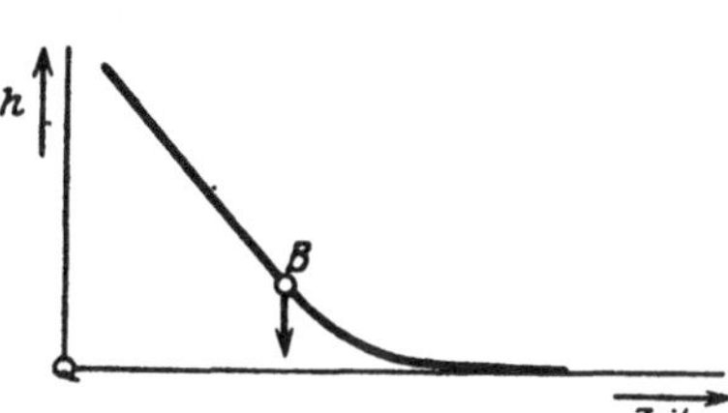

Abb. 34. Die Wirkung des Gebens von Ballast kurz vor der Landung.

Aufstieg (bei B) ein wenig Ballast geben (etwa $^1/_2$ kg), um den Ballon ins Gleichgewicht zu bringen.

Vor der Landung ist „Bremsballast" zu geben. Ein Teil des Bremsballasts wird in Form eines Schleppseils mitgenommen. Eine weitere Aufgabe dieses Schleppseils ist die, den Ballon so zu drehen, daß vor der Landung die „Reißbahn", die zum endgültigen Öffnen des Ballons vorgesehen ist, nach hinten oben gelangt. Das Geben von Ballast kurz vor der Landung (Punkt B in Abb. 34) hat den Zweck, den sonst zu erwartenden Stoß auf den Erdboden abzufangen. Kurz vor dem Aufsetzen hat dann das Aufreißen der (geklebten) Reißbahn zu geschehen. Durch die entstandene große Öffnung entweicht das Gas schnell. Damit ist die Landung beendet.

IV. Oberflächenspannung.

28. Physikalische Feststellungen. Die freien Flüssigkeitsoberflächen zeigen eine Reihe von Erscheinungen, die alle aus einer gemeinsamen Ursache erklärt werden können, nämlich aus dem Bestreben dieser Oberflächen, sich möglichst zu verkleinern. Diese Tatsache, die offenbar auf das Vorhandensein von Zugspannungen in der Oberflächenhaut ähnlich den Spannungen in einer dünnen biegsamen Membran schließen läßt, kann man durch folgendes sehr einfaches Experiment besonders anschaulich beweisen (Abb. 35). Zieht man einen Drahtring, an dem an einer Stelle ein in sich geschlossener dünner Faden befestigt ist, durch eine Seifenlösung (der man, um das schnelle Verdunsten zu verhüten, einige Tropfen Glyzerin beimischt), so überzieht er sich mit einer sehr dünnen Lamelle; der in sich geschlossene dünne Faden hat dabei eine beliebige zufällige Gestalt. Durchstößt man nun die Oberfläche an einer Stelle im Innern des in sich geschlossenen Fadens, so weitet sich die Schlinge unter dem Einfluß der Oberflächenspannungen zu einem Kreise auf. Die dünne Flüssigkeitsschicht hat damit ihre kleinstmögliche Oberfläche erhalten.

Abb. 35. Wirkungsweise der Oberflächenspannung einer dünnen Flüssigkeitshaut.

Daß eine Flüssigkeit, die keinen äußeren Kräften unterworfen ist, die Gestalt einer Kugel annimmt, ist gleichfalls der Eigenschaft der Flüssigkeitsoberfläche zuzuschreiben, für ein gegebenes Volumen diejenige Gestalt anzunehmen, für die die Oberfläche ein Minimum ist.

Dieses besondere Verhalten der Flüssigkeitsoberfläche hängt damit zusammen, daß die molekularen Kräfte derjenigen Flüssigkeitsmoleküle, deren Wirkungssphäre die Flüssigkeitsoberfläche schneidet, die also um weniger als den Radius der Wirkungssphäre von der Oberfläche entfernt sind, eine einseitige Anziehung nach innen erfahren. Während im Innern der Flüssigkeit die molekularen Kohäsionskräfte sich am einzelnen Teilchen gegenseitig aufheben, ergibt sich daher für die Teilchen an der Oberfläche eine senkrecht nach dem Innern der Flüssigkeit gerichtete Resultierende der Kohäsionskräfte, durch die diese Teilchen gewissermaßen nach dem Innern der Flüssigkeit gezogen und daran gehindert werden, sich von der übrigen Flüssigkeit loszulösen. Daraus resultiert das Bestreben, die Oberfläche möglichst zu verkleinern.

Die Erscheinungen der Oberflächenwirkungen treten nicht nur an freien Oberflächen auf, sondern auch an den Begrenzungsflächen von verschiedenen Flüssigkeiten, z. B. von Wasser und Öl. Hier führen die in der Berührungsfläche der beiden Medien auftretenden Spannungen zu ähnlichen Erscheinungen wie die Oberflächenspannungen an der Begrenzungsfläche von Flüssigkeit und Gas.

In gewissen Fällen (wenn es sich um mischbare Flüssigkeiten wie Wasser und Alkohol handelt) treten jedoch statt der Zugspannungen Drucke auf. Derartige Oberflächenhäute sind aber im labilen Gleichgewicht und im allgemeinen nicht zu beobachten; nur bei besonderer Vorsicht gelingt es, z. B. beim Eingießen von Alkohol in Wasser, die Oberflächenhaut, die ein gekräuseltes Aussehen hat, für Augenblicke zu beobachten.

29. Zusammenhang der Oberflächenspannung mit dem Druckunterschied an beiden Seiten einer Flüssigkeitsoberfläche. Betrachten wir ein beliebiges Stück einer Flüssigkeitsoberfläche, so ist die Oberflächenspannung an allen Stellen dieser Flüssigkeitshaut gleich groß, und auch an jeder Stelle in allen Richtungen der Tangentialebene der Oberfläche die gleiche. Wir bezeichnen dabei als Oberflächenspannung die Tangentialkraft pro Längeneinheit eines durch die „Flüssigkeitshaut" beliebig gelegten Schnittes. Bei Wasser ist die Oberflächenspannung — auch Kapillaritätskonstante genannt — gleich $C = 74\,\frac{\text{dyn}}{\text{cm}} = 0{,}075\,\frac{\text{g}}{\text{cm}}$.

Um die Beziehung zwischen der Oberflächenspannung und der durch sie bewirkten Resultierenden senkrecht zur Oberfläche abzuleiten, betrachten wir ein rechteckiges Element der Oberfläche (Abb. 36) und bestimmen die Radien r_1 und r_2 der Krümmungskreise für zwei aufeinander senkrechte Schnittlinien des Oberflächenelementes. Ist C die Kapillaritätskonstante, so greifen an den Seiten des Oberflächenelementes die Kräfte $C\,ds_1$ und $C\,ds_2$ an, wenn ds_1 bzw. ds_2 die Seiten des Elementes sind. Bilden wir den Kräfteplan der den Winkel $d\alpha$ einschließenden Kräfte senkrecht zu ds_2, so ergibt sich, wenn man berücksichtigt, daß $ds_1 = r_1 d\alpha$ ist, als Resultierende:

$$C\,ds_2\,d\alpha = C\,ds_2\,\frac{ds_1}{r_1},$$

analog für die Kräfte senkrecht zu ds_1

$$C\,ds_1\,\frac{ds_2}{r_2}.$$

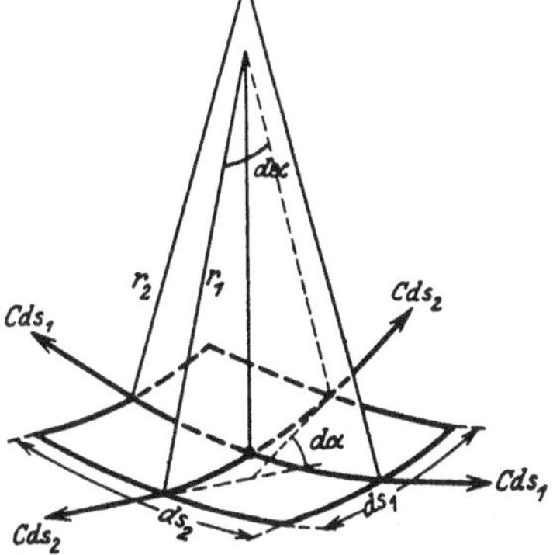

Abb. 36. Die an eine gekrümmte Oberfläche angreifenden Oberflächenspannungen.

Der Summe dieser beiden Kräfte muß offenbar ein Druckunterschied das Gleichgewicht halten: die Druckkraft auf die Fläche $ds_1\,ds_2$ ist offenbar $\varDelta P = \varDelta p \cdot ds_1\,ds_2$. Hieraus ergibt sich für die Druckdifferenz pro Flächeneinheit der Oberfläche die Beziehung

$$\Delta p = C\left(\frac{1}{r_1} + \frac{1}{r_2}\right). \tag{1}$$

Der Druckunterschied an beiden Seiten einer Flüssigkeitsoberfläche ist somit der Summe der reziproken Krümmungsradien zweier aufeinander senkrechter Krümmungskreise proportional, also um so größer, je gekrümmter die Oberfläche ist, wobei der größere Druck immer auf der hohlen Seite der Flüssigkeitsoberfläche ist. Wir wollen noch bemerken, daß der Ausdruck $\frac{1}{r_1} + \frac{1}{r_2}$ Koordinatendrehungen gegenüber invariant ist, so daß die Formel (1) die aus physikalischen Gründen zu fordernde Unabhängigkeit von den gewählten Rechteckrichtungen auch wirklich besitzt.

30. Oberflächenspannung bei Berührung mehrerer Medien. Bisher haben wir im wesentlichen nur das Verhalten der freien Flüssigkeitsoberfläche behandelt, d. h. derjenigen Oberfläche einer Flüssigkeit, die von einem Gas begrenzt wird. Zur Erklärung der dabei auftretenden Erscheinungen hatten wir die Vorstellung herangezogen, daß die Flüssigkeitsmoleküle, deren Wirkungssphäre in das begrenzende Gas hineinragt, im wesentlichen nur von den Kohäsionskräften der Flüssigkeit beeinflußt werden, da die entsprechenden Kräfte des Gases auf diese Flüssigkeitsmoleküle vernachlässigt werden konnten. Die dadurch bedingte einseitig nach innen gerichtete Kraftresultierende auf die Teile der Flüssigkeitsoberfläche sahen wir als Ursache der spezifischen Oberflächenerscheinungen an.

Anders werden jedoch diese Verhältnisse, wenn wir uns die betrachtete Flüssigkeit von anderen Flüssigkeiten oder von festen Körpern begrenzt denken. In diesem Fall werden auf die Oberfläche der Flüssigkeit Kräfte ausgeübt, die von den berührenden Medien ausgehen, und die eine Abnahme der Oberflächenspannungen verursachen. Dabei ist zu bemerken, daß die Oberflächenspannung zwischen zwei Körpern *1* und *2*, die wir mit $C_{1,2}$ bezeichnen wollen, keineswegs gleich der Differenz der Oberflächenspannungen beider Körper gegen Luft $C_1 - C_2$ ist.

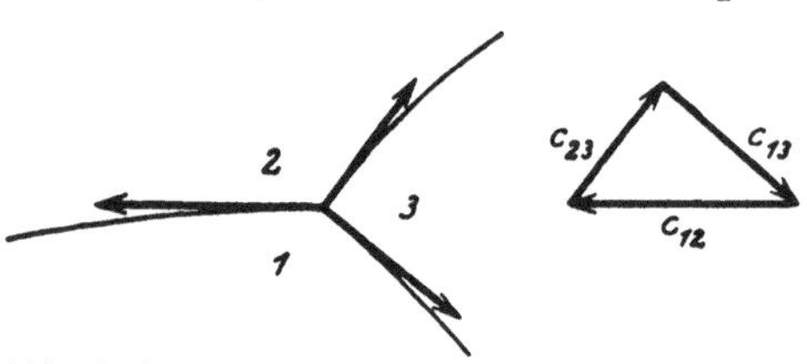

Abb. 37. Oberflächenspannungen an der Berührungsstelle dreier Flüssigkeiten; die Winkel sind durch die Dreieckseiten völlig bestimmt.

Für den Fall, daß drei Flüssigkeiten (von denen eine Luft sein kann) zusammentreffen, ergibt sich aus Abb. 37 der Zusammenhang der in Frage kommenden Oberflächenspannungen.

Betrachten wir jetzt den Fall, daß zwei Flüssigkeiten *1* und *2* (von denen die eine wieder Luft sein kann) an einem festen Körper *3* zusammenstoßen, so bilden die beiden Flüssigkeiten, wie die Erfahrung zeigt, an der Berührungstelle P mit der Wand einen gewissen Randwinkel α (Abb. 38). Da das Gleichgewicht in der vertikalen Richtung durch das Vorhandensein des festen Körpers gegeben ist, bleibt hier als Gleichgewichtsbedingung nur das Verschwinden der Horizontalkomponenten der auftretenden Oberflächenspannungen im Punkte P

$$C_{1,2}\cos\alpha = C_{2,3} - C_{1,3}\,.$$

Hieraus läßt sich bei bekannten Kapillaritätskonstanten der Randwinkel berechnen, oder aus der Messung des Randwinkels die eine der drei Kapillaritätskonstanten bestimmen.

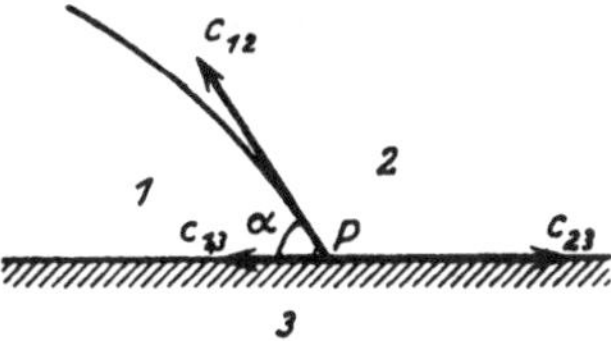

Abb. 38. Oberflächenspannungen an der Stelle, an welcher 2 Flüssigkeiten (von denen die eine auch Luft sein kann) mit einem festen Körper zusammenstoßen.

Ist $C_{2,3} - C_{1,3} < 0$, so ergibt sich aus der obigen Gleichung $\alpha > \frac{\pi}{2}$; wir bezeichnen in diesem Fall die Flüssigkeit *1* als nicht netzend (Quecksilber auf Glas, Abb. 39a); ist $0 < C_{2,3} - C_{1,3} < C_{1,2}$, so nennen wir die Flüssigkeit netzend (Wasser auf Glas, Abb. 39b); ist $C_{2,3} - C_{1,3} > C_{1,2}$, so ist die obige Gleichung für keinen Randwinkel zu befriedigen, es ist daher kein Gleichgewicht vorhanden, und der Punkt P rückt nach rechts, d. h. die Flüssigkeit kriecht dauernd weiter. Diese Erscheinung haben wir bei gewissen Ölen auf Glas oder Metall, oder bei einem auf Wasser gefallenen Öltropfen, der mit einer dünnen Haut schließlich die ganze Oberfläche überzieht.

31. Oberflächenwirkung unter dem Einfluß der Schwerkraft. Haben wir bisher die Erscheinungen der Oberflächenwirkung von Flüssigkeiten betrachtet, soweit äußere Kräfte, insbesondere die Schwerkraft, nicht zur Wirkung kamen, so fragen wir uns jetzt: Welche Gestalt nimmt die Berührungsfläche zweier Flüssigkeiten (von denen die eine wieder Luft sein kann) unter der Einwirkung der Schwerkraft an? Legen wir ein rechtwinkliges Koordinatensystem zugrunde mit der positiven z-Richtung nach oben, so ist, wenn der mit der Höhe variable Druck der Flüssigkeit *1* (mit dem Raumgewicht γ_1) mit p_1 und der Druck der Flüssigkeit *2* mit dem Raumgewicht (γ_2) mit p_2 bezeichnet wird, nach S. 20

$$p_1 = p_0 - \gamma_1 z$$

$$p_2 = p_0 - \gamma_2 z\,,$$

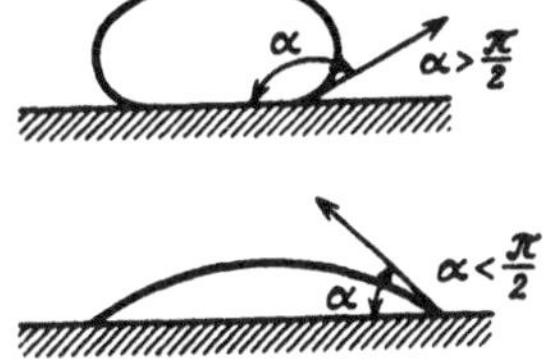

Abb. 39 a und b. Tropfen einer nicht netzenden $\left(\alpha > \frac{\pi}{2}\right)$ und einer netzenden $\left(\alpha < \frac{\pi}{2}\right)$ Flüssigkeit.

wo p_0 eine Integrationskonstante ist, die wir als gleich annehmen wollen. Das bedeutet, daß für $z = 0$ auch die Druckdifferenz $p_2 - p_1 = 0$ ist,

d. h. wir haben den Koordinatenursprung in die Ebene gelegt, in der $p_1 = p_2$ ist

Als Druckdifferenz $p_2 - p_1 = \Delta p$ haben wir somit an der Berührungsfläche beider Flüssigkeiten

$$\Delta p = (\gamma_1 - \gamma_2)\, z.$$

Da anderseits der Zusammenhang der Druckdifferenz mit der Krümmung der Begrenzungsfläche gegeben ist durch Gleichung (1), so haben wir

$$\frac{1}{r_1} + \frac{1}{r_2} = \frac{\gamma_1 - \gamma_2}{C_{1,2}}\, z. \tag{2}$$

Die Radien sind dabei positiv zu rechnen, wenn die Begrenzungsfläche nach oben hohl ist, wobei die Flüssigkeit *2* über der Flüssigkeit *1* liegen möge. Der Quotient $\frac{\gamma_1 - \gamma_2}{C_{1,2}}$ ist eine Konstante von geometrischer Bedeutung mit der Dimension einer reziproken Fläche:

$$\left[\frac{\text{Kraft}}{\text{Volumen}} : \frac{\text{Kraft}}{\text{Länge}}\right] = \frac{1}{\text{Länge}^2}.$$

Drückt man in obiger Gleichung die Krümmungsradien r_1 und r_2 in den Ableitungen von z nach x und y aus, so erhält man eine Differentialgleichung für z als Funktion von x, y, deren Lösung die Gleichung der Begrenzungsfläche darstellt, wobei die auftretenden Integrationskonstanten durch die Randbedingungen bestimmt sind. Das Problem vereinfacht sich beträchtlich, wenn $\frac{1}{r_2} = 0$ ist, wie es bei der Berührung zweier Flüssigkeiten längs einer ebenen Wand der Fall ist. Die Lösung der Differentialgleichung führt hier auf dieselben elliptischen Funktionen, die bei der endlichen Verbiegung dünner Drähte auftreten (Beispiele hierfür haben wir in den Abb. 40a und b). Bei rotationssymmetrischen Begrenzungsflächen, z. B. der Begrenzungsfläche in einem Zylinder, läßt sich die Lösung der Differentialgleichung nicht mehr in geschlossener Form angeben.

32. Kapillarität. Zum Schluß dieses Kapitels wollen wir noch kurz auf die Erscheinung der Kapillarität eingehen.

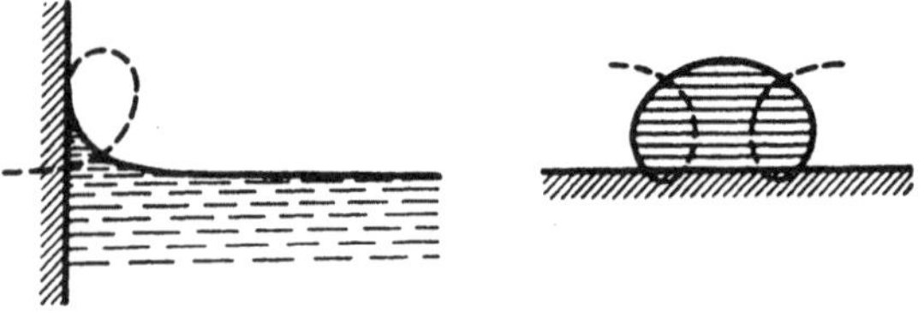

Abb. 40. Analogie zwischen den Formen von verbogenen dünnen elastischen Drähten und den unter der Einwirkung von Oberflächenspannungen sich ausbildenden Formen von Flüssigkeitsoberflächen.

Tauchen wir beispielsweise ein enges Glasrohr in Wasser, so wissen wir nach dem Vorhergehenden, daß das Wasser — da es in bezug auf Glas gut netzend ist — einen sehr spitzen Randwinkel bildet, so daß der Meniskus bei genügend kleinem Durchmesser des Rohres eine sehr stark gekrümmte Wasseroberfläche bildet. Die Folge davon ist aber —

wie wir in Nr. 29 gesehen haben — eine Druckresultierende ΔP nach oben, derzufolge das Wasser so lange in dem Glasrohr steigt, bis das Gewicht der über der umgebenden Flüssigkeit befindlichen Flüssigkeitssäule im Glasrohr gleich ΔP ist (Abb. 41).

Nehmen wir den Fall, daß das Innere des Glasrohres von Wasser benetzt ist, so daß also der Randwinkel $\alpha = 0$ ist, so haben wir nach (2), wenn a der Radius des Rohres ist, unter der Näherungsannahme, daß die Oberfläche die Form einer Halbkugel hat,

$$\frac{2}{a} = \frac{\gamma_1 - \gamma_2}{C_{1,2}} z$$

also

$$z = \frac{2\,C_{1,2}}{(\gamma_1 - \gamma_2)\,a}.$$

Man erhält diese Beziehung auch direkt, wenn man bedenkt, daß an der Oberflächenhaut im Innern der Kapillarröhre vom Umfang $2\pi a$ gleichsam die Flüssigkeitssäule $\pi a^2 z\,(\gamma_1 - \gamma_2)$ von der Kraft $2\pi a C_{1,2}$ in der Oberflächenhaut getragen wird. Es ist somit

$$2\pi a C_{1,2} = \pi a^2 z\,(\gamma_1 - \gamma_2),$$

also

$$z = \frac{2\,C_{1,2}}{(\gamma_1 - \gamma_2)\,a}.$$

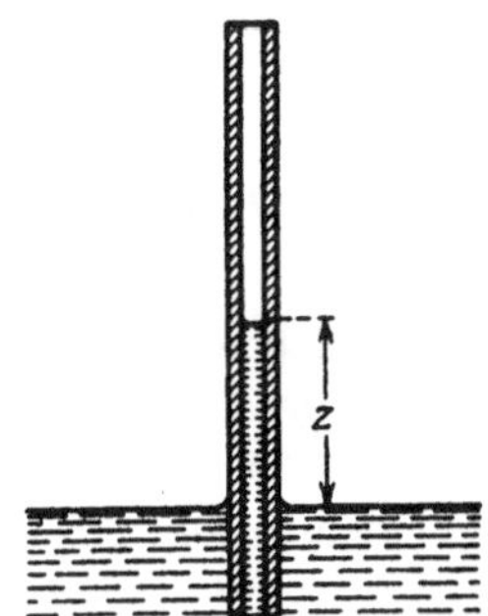

Abb. 41. Kapillarröhre.

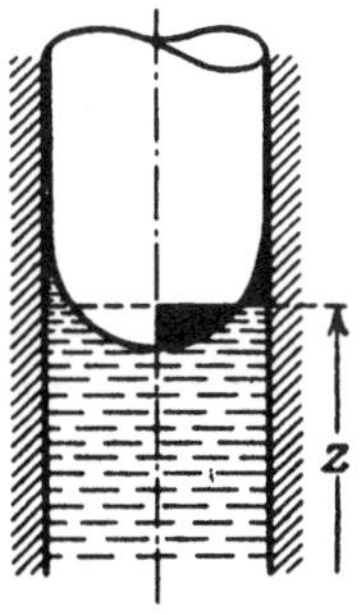

Abb. 42. Meniskus einer Kapillarröhre.

Diese Betrachtung läßt uns auch gleich eine Verfeinerung unserer Formel erkennen. Für z ist genauer die Höhe zu nehmen, die — wie in Abb. 42 angedeutet — das Volumen ausgleicht.

Handelt es sich nicht um eine vorher benetzte Kapillarröhre, so ergibt sich — wenn α der Randwinkel der Flüssigkeit gegen Glas ist —

$$2\pi\, a\, C_{1,2} \cos\alpha = \pi a^2 z\,(\gamma_1 - \gamma_2)$$

oder

$$z = \frac{2\,C_{1,2}\cos\alpha}{(\gamma_1 - \gamma_2)\,a}.$$

Nehmen wir als ein Beispiel den Fall, daß $a = 0{,}05$ cm ist, so haben wir, da $C_{1,2} = 0{,}075\,\frac{\mathrm{g}}{\mathrm{cm}}$ ist, für die Höhe, die das Wasser emporsteigt:

$$z = \frac{2 \cdot 0{,}075}{1 \cdot 0{,}05} = 3\,\mathrm{cm}.$$

Zweiter Abschnitt.

Kinematik der Flüssigkeiten und Gase.

V. Darstellungsmethoden.

33. Lagrangesche Darstellung. Es handelt sich in diesem Abschnitt um die Verknüpfung der geometrischen Lagenbeziehungen von Flüssigkeitsteilchen mit der Zeit, wobei wir die Flüssigkeit als einen von Masse stetig erfüllten Raum, d. h. als ein Kontinuum, ansehen wollen. Daß wir das tun dürfen in unserem Falle, wo die Volumenabmessungen der betrachteten Flüssigkeitsteilchen immer groß gegenüber der durchschnittlichen freien Weglänge der Moleküle sein werden, haben wir in Nr. 1 ausführlich dargelegt.

Es sind zwei Methoden zur Behandlung von Flüssigkeitsbewegungen ausgearbeitet. In der einen handelt es sich darum: Was geschieht mit den einzelnen Flüssigkeitsteilchen im Verlaufe der Zeit, welche Bahnen beschreiben sie, welche Geschwindigkeiten oder Beschleunigungen besitzen sie usw.? Die andere Methode will die Frage beantworten: Was geschieht an gewissen Punkten eines von einer Flüssigkeit ausgefüllten Raumes, z. B. welche Geschwindigkeiten usw. herrschen in den einzelnen Raumpunkten?

Wir gehen zunächst auf die erstere Methode ein und müssen — um die einzelnen Flüssigkeitsteilchen voneinander zu unterscheiden — diese bezeichnen, gleichsam numerieren oder mit Namen versehen. Wir tun das dadurch, daß wir zu einer beliebigen Zeit $t = t_0$ (einem wirklichen oder fingierten Anfangszustand) das Kontinuum auf ein beliebiges Koordinatensystem beziehen. Dadurch wird jedem Punkt des Kontinuums umkehrbar eindeutig ein Zahlentripel (a, b, c) zugeordnet. Dieses Zahlentripel soll der Name des betreffenden Flüssigkeitsteilchens sein, den es während der ganzen Untersuchung behält.

Die Flüssigkeit, deren sämtliche Teile auf diese Art durch je ein Zahlentripel gekennzeichnet sind, beziehen wir jetzt auf ein rechtwinkliges Koordinatensystem. Die Bewegung der Flüssigkeit ist dann vollständig gegeben, wenn für jedes Teilchen der Ortsvektor $\mathfrak{r}$ oder seine drei Komponenten x, y, z abhängig von der Zeit gegeben ist. Dies wird ausgedrückt durch die Gleichung

$$\mathfrak{r} = \mathfrak{F}(a, b, c, t) \quad \text{oder} \quad \begin{aligned} x &= F_1(a, b, c, t) \\ y &= F_2(a, b, c, t) \\ z &= F_3(a, b, c, t). \end{aligned} \tag{1}$$

Ohne die Allgemeinheit dieser Methode einzuschränken, kann man auch das Zahlentripel (a, b, c), das den Namen eines Flüssigkeitsteilchens bezeichnet, auffassen als kartesische Koordinaten. Jedem Flüssigkeitsteilchen wird dann eindeutig ein Vektor $\mathfrak{s} = \mathfrak{i}\,a + \mathfrak{j}\,b + \mathfrak{k}\,c$ zugeordnet, wo $\mathfrak{i}$, $\mathfrak{j}$, $\mathfrak{k}$ die Einheitsvektoren in drei aufeinander senkrechten Richtungen bedeuten. Es kommt also diese Auffassung darauf hinaus, daß man das x, y, z-System oder — wie wir sagen wollen — den $\mathfrak{r}$-Raum zu einem beliebigen Zeitpunkt $t = t_0$ fixiert und ausmacht, daß jedes Flüssigkeitsteilchen gekennzeichnet sein soll durch den Raumvektor $\mathfrak{s}$, den es in diesem Zeitpunkt $t = t_0$ gerade hat. Diesen willkürlich fingierten Raum, der nur zur Benennung der einzelnen Teile dient, nennen wir den $\mathfrak{s}$-Raum; er wird im allgemeinen nur zur Zeit $t = t_0$ mit dem $\mathfrak{r}$-Raum übereinstimmen.

Die obige Gleichung (1) erhält also die Form

$$\mathfrak{r} = \mathfrak{F}(\mathfrak{s}, t),$$

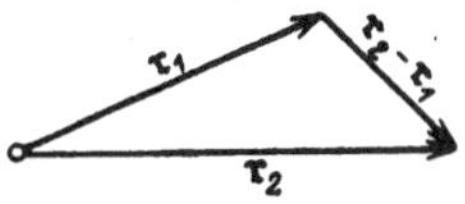

wobei $\mathfrak{s}$ (der Name des einzelnen Flüssigkeitsteilchens) für jedes betrachtete Teilchen konstant ist.

Abb. 43. Vektorielles Wegdiagramm.

Es ergibt sich also in dieser Darstellungsmethode für die Geschwindigkeit des Flüssigkeitsteilchens $\mathfrak{s}$ (Abb. 43)

$$\mathfrak{w} = \lim_{t_2 - t_1 \to 0} \frac{\mathfrak{r}_2 - \mathfrak{r}_1}{t_2 - t_1} = \left(\frac{\partial \mathfrak{r}}{\partial t}\right)_{\mathfrak{s}} = \dot{\mathfrak{r}}_{\mathfrak{s}}$$

oder

$$u = \left(\frac{\partial x}{\partial t}\right)_{\mathfrak{s}} = \dot{x}_{\mathfrak{s}}$$

$$v = \left(\frac{\partial y}{\partial t}\right)_{\mathfrak{s}} = \dot{y}_{\mathfrak{s}}$$

$$w = \left(\frac{\partial z}{\partial t}\right)_{\mathfrak{s}} = \dot{z}_{\mathfrak{s}}.$$

Der Index $\mathfrak{s}$ soll dabei bedeuten, daß die Differentiationen bei konstantem $\mathfrak{s}$ vorgenommen werden müssen.

Entsprechend für die Beschleunigung

$$\mathfrak{b} = \left(\frac{\partial^2 \mathfrak{r}}{\partial t^2}\right)_{\mathfrak{s}} = \ddot{\mathfrak{r}}_{\mathfrak{s}}$$

oder

$$b_x = \left(\frac{\partial^2 x}{\partial t^2}\right)_{\mathfrak{s}} = \ddot{x}_{\mathfrak{s}}$$

$$b_y = \left(\frac{\partial^2 y}{\partial t^2}\right)_{\mathfrak{s}} = \ddot{y}_{\mathfrak{s}}$$

$$b_z = \left(\frac{\partial^2 z}{\partial t^2}\right)_{\mathfrak{s}} = \ddot{z}_{\mathfrak{s}}.$$

Diese scheinbar sehr bequeme Methode erweist sich in praktischen Fällen, wo es sich darum handelt, Formeln für bestimmte Aufgaben zu finden, als sehr umständlich und schwierig. Sie leistet zwar — wenn sie durchführbar ist — sehr viel. Man nennt diese Darstellungsweise die Lagrangesche Darstellung, weil besonders Lagrange die zugehörigen Rechenmethoden ausgearbeitet hat; indes hat schon Euler die Darstellung gekannt.

Im allgemeinen jedoch will man soviel, wie diese Methode ergibt, nicht einmal wissen. In den meisten Fällen — wenigstens bei homogenen Flüssigkeiten — hat das Schicksal des einzelnen Flüssigkeitsteilchens, das sich als solches durch nichts von den übrigen unterscheidet, kein besonderes Interesse. Vielmehr genügt es in den weitaus meisten Fällen, auf die individuelle Behandlung der einzelnen Flüssigkeitsteilchen zu verzichten. Man will nur den Strömungszustand und seine Veränderung in der Zeit an jedem Raumpunkt kennen. Wir kommen hiermit zur zweiten Methode, die zwar weniger weitreichende Resultate ergibt, dafür aber wesentlich leichter bis zum Zahlenresultat durchgeführt werden kann.

34. Eulersche Darstellung und ihr Zusammenhang mit der Lagrangeschen Methode. Diese nach dem Begründer der Hydrodynamik benannte Eulersche Methode beantwortet die Frage: Was geschieht zu bestimmten Zeiten t an den einzelnen Punkten $(\mathfrak{r})$ des von einer Flüssigkeit erfüllten Raumes? Für die Geschwindigkeit in den einzelnen Raumpunkten können wir die Gleichung schreiben:

$$\mathfrak{w} = \mathfrak{f}(\mathfrak{r}, t)$$

oder

$$\begin{aligned} u &= f_1(x, y, z, t) \\ v &= f_2(x, y, z, t) \\ w &= f_3(x, y, z, t) \,. \end{aligned} \tag{2}$$

Will man nachträglich zur Lagrangeschen Darstellung aufsteigen und die Schicksale der einzelnen Flüssigkeitsteilchen bestimmen, so hat man für jedes einzelne Teilchen in

$$\begin{aligned} \frac{dx}{dt} &= u \\ \frac{dy}{dt} &= v \\ \frac{dz}{dt} &= w \,, \end{aligned} \tag{3}$$

verknüpft mit dem Gleichungssystem (2), ein System von drei simultanen Differentialgleichungen erster Ordnung für x, y, z in ihrer Abhängigkeit von t: Die Lösung dieses Systems simultaner Differentialgleichungen enthält drei Integrationskonstanten, die auch dazu nötig sind, um zu erreichen, daß für eine gegebene Zeit $t = t_1$ die Koordinaten des Teilchens $x = x_1$, $y = y_1$, $z = z_1$ werden. Man kann die drei Integrationskonstanten oder auch die von ihnen abhängigen Werte x_1, y_1, z_1 als Flüssigkeitskoordinaten a, b, c auffassen und kommt so auf die Lagrangesche Darstellung

$$\begin{aligned} x &= F_1(a, b, c, t) \\ y &= F_2(a, b, c, t) \\ z &= F_3(a, b, c, t) \end{aligned}$$

zurück. Die Lagrangesche Darstellung läßt sich also im Prinzip immer auf Grund der Gleichung (3) aus der Eulerschen Darstellung gewinnen.

Die Schwierigkeiten, die die Lösung der drei simultanen Differentialgleichungen bietet, sind allerdings meist so groß, daß von dieser Möglichkeit nicht viele Anwendungen bekannt sind.

35. Stromlinie und Bahnlinie; stationäre Bewegungsvorgänge. Wir wollen jetzt — um die Anschauung zu beleben — einige zur Darstellung von Flüssigkeitsbewegungen besonders geeignete Linien betrachten.

Gehen wir von der Eulerschen Darstellungsweise aus, so haben wir ein der Gleichung $\mathfrak{w} = \mathfrak{f}(\mathfrak{r}, t)$ entsprechendes Geschwindigkeitsfeld, d. h. in jedem Punkt des betrachteten Raumes ist die Geschwindigkeit nach Größe und Richtung gegeben, wobei dieses Geschwindigkeitsfeld sich im allgemeinen mit der Zeit ändert. Fixieren wir es für einen beliebigen Zeitpunkt $t = t_1$ und ziehen diejenigen Kurven, deren Richtung in jedem Kurvenpunkt mit der Richtung der Geschwindigkeit in dem betreffenden Punkte übereinstimmt, so geben diese Linien uns über die Geschwindigkeitsrichtung in jedem Punkte des Raumes Aufschluß. Diese Kurven heißen Stromlinien.

Während man durch die Lagrangesche Methode Kenntnis erhält über die Bahn der einzelnen Flüssigkeitsteilchen im Verlauf der Zeit (Bahnlinien), gibt die Eulersche Darstellung gleichsam in Momentbildern augenblickliche Strömungszustände in einzelnen Zeitpunkten (Stromlinienbildern), wobei die Beziehung der einzelnen Flüssigkeitsteilchen zu den Stromlinien fehlt, da im allgemeinen die Stromlinien zu verschiedenen Zeitpunkten aus anderen Flüssigkeitsteilchen gebildet werden.

Die Gleichung der Stromlinien für einen bestimmten Zeitpunkt $t = t_1$ lautet (nach Definition)

$$\left.\begin{array}{l} \text{vektoriell geschrieben: } d\mathfrak{r} \parallel \mathfrak{w} \quad \text{oder} \quad d\mathfrak{r} \times \mathfrak{w} = 0,^{1} \\ \text{in Koordinaten: } dx : dy : dz = u : v : w. \end{array}\right\} \tag{4}$$

[1] $d\mathfrak{r} \times \mathfrak{w}$ (gelesen: $d\mathfrak{r}$ an $\mathfrak{w}$) ist das vektorielle Produkt der beiden Vektoren $d\mathfrak{r}$ und $\mathfrak{w}$.

Diese Gleichung unterscheidet sich für einen bestimmten Zeitpunkt $t = t_1$ nicht vom Gleichungssystem (3) für diesen Zeitpunkt, d. h. die Bahnlinie berührt für $t = t_1$ die Stromlinie an dem Ort, wo das Teilchen sich gerade befindet.

Ein besonders wichtiger Fall ist der, daß t in (2) nicht explizit vorkommt $\mathfrak{w} = \mathfrak{f}(\mathfrak{r})$; es sind dies offenbar Bewegungen, bei denen in den einzelnen Raumpunkten die Geschwindigkeiten von der Zeit unabhängig sind, d. h. zeitlich unverändert andauern; man nennt solche Bewegungen stationäre Bewegungen. In diesem Fall ist (3) identisch mit (4) (t tritt als Parameter auf), so daß wir sagen können:

Im stationären Bewegungszustand sind die Bahnlinien mit den Stromlinien identisch.

36. Streichlinie. Neben diesen beiden wichtigsten Linien wollen wir noch eine dritte Art betrachten, die besonders von experimenteller Bedeutung ist. Wir fragen uns, welche Flüssigkeitsteilchen, d. h. welche $\mathfrak{s}$ passieren im Laufe der Zeit einen gewissen Raumpunkt $\mathfrak{r}_1$ des $\mathfrak{r}$-Raumes? Die Flüssigkeitsteilchen, die dieser Bedingung unterworfen werden, müssen also nach der Lagrangeschen Darstellung der Gleichung

$$\mathfrak{F}(\mathfrak{s}, t) = \mathfrak{r}_1 = \text{konst.}$$

genügen, oder nach $\mathfrak{s}$ aufgelöst

$$\mathfrak{s} = \mathfrak{G}(\mathfrak{r}_1, t).$$

Für jeden Zeitpunkt t gibt es somit ein $\mathfrak{s}$, das für diesen Zeitpunkt die Lage von $\mathfrak{r}_1$ einnimmt, d. h. für ein kontinuierliches Zeitintervall eine Kurve im $\mathfrak{s}$-Raum. Bezieht man jetzt diese $\mathfrak{s}$-Kurve auf den $\mathfrak{r}$-Raum, d. h. fragt man sich, welche Lage im $\mathfrak{r}$-Raum diejenigen Punkte in einem gewissen Zeitpunkt einnehmen, die den festen Punkt $\mathfrak{r}_1$ passiert haben, so ergeben sich Punkte einer Kurve, die man Streichlinie nennt. Es ist somit zu bilden

$$\mathfrak{r} = \mathfrak{F}(\mathfrak{s}, t), \quad \text{wo} \quad \mathfrak{s} = \mathfrak{G}(t, \mathfrak{r}_1) \quad \text{ist,}$$

mithin

$$\mathfrak{r} = \mathfrak{F}[\mathfrak{G}(t, \mathfrak{r}_1), t].$$

Will man also eine Streichlinie für den Zeitpunkt t_1 konstruieren, so hat man zunächst für $t = 0$ (dieses möge der Beginn der Strömungsbewegung sein) aus der vorausgesetzten Kenntnis der Lagrangeschen Gleichung $\mathfrak{r} = \mathfrak{F}(\mathfrak{s}, t)$ das Flüssigkeitsteilchen $\mathfrak{s}_1$ zu bestimmen, das zur Zeit $t = 0$ die Koordinaten von $\mathfrak{r}_1$ hat, d. h. in diesem Augenblick an $\mathfrak{r}_1$ vorbeistreicht. Dann handelt es sich darum, den Raumpunkt $\mathfrak{r}$ zu bestimmen, in dem dieses Flüssigkeitsteilchen $\mathfrak{s}_1 = \mathfrak{G}(0, \mathfrak{r}_1)$ sich zur Zeit t_1 befindet, d. i. aber nach der Lagrangeschen Gleichung

$$\mathfrak{r} = \mathfrak{F}(\mathfrak{s}_1, t_1) = \mathfrak{F}[\mathfrak{G}(0, \mathfrak{r}_1), t_1].$$

Damit haben wir einen Punkt der Streichlinie. In der gleichen Weise sind nun für eine genügend große Anzahl von Zeitpunkten zwischen $t = 0$ und $t = t_1$ die verschiedenen $\mathfrak{z}_i$ zu bestimmen, die in den betreffenden Zeitpunkten die Koordinaten von $\mathfrak{r}_1$ gehabt haben, und schließlich deren Lage zur Zeit $t = t_1$. Wie man erkennt, ist die Konstruktion von Streichlinien recht umständlich und schwierig, besonders auch deshalb, weil sie die Lagrangesche Darstellung voraussetzt.

Als Beispiel für eine Streichlinie kann man das Momentbild einer sich im Winde bildenden Rauchfahne an einem Schornstein ansehen (dies gilt jedoch nur, sofern man davon absehen kann, daß der Rauch durch seine Wärme usw. der an der Schornsteinöffnung vorbeistreichenden Luft zusätzliche Geschwindigkeiten erteilt).

Man benutzt die Streichlinien gelegentlich zur experimentellen Erforschung von Strömungserscheinungen. Dies geschieht dadurch, daß man durch ein Röhrchen oder auch eine Anzahl von solchen Farbe in die Flüssigkeit austreten läßt und damit sozusagen einzelne Flüssigkeitsteilchen färbt. Die hierdurch sichtbar gemachten Linien gefärbter Flüssigkeit sind Streichlinien. Ihr Charakteristikum ist offenbar, daß auf jeder solchen Linie lauter Flüssigkeitsteilchen vorhanden sind, die an der Röhrchenmündung vorbeigestrichen sind. Auch bei Untersuchungen von Luftbewegungen wird diese Methode häufig angewandt.

Da die Streichlinien nach vorherigem gebildet werden aus den jeweiligen Endpunkten von Bahnlinien, diese aber im stationären Zustand mit den Stromlinien identisch sind, so fallen für stationäre Bewegungen auch die Streichlinien mit den Stromlinien zusammen. Da die eben erwähnte experimentelle Anwendung der Streichlinien sich meistens auf stationäre Vorgänge beschränkt, so gibt diese Methode hier zugleich Aufschluß über die Formen der Bahn- und Stromlinien.

37. Bedeutung des Bezugssystems für die Bewegungsform. Von besonderer Bedeutung ist die Wahl des Koordinatensystems, auf das die Flüssigkeitsbewegung bezogen wird. Wie wir sehen werden, ist es nämlich möglich, durch Änderung des Bezugssystems unter Umständen eine nichtstationäre Bewegung zu einer stationären zu machen und umgekehrt. Wir wollen dieses an einem Beispiel erklären.

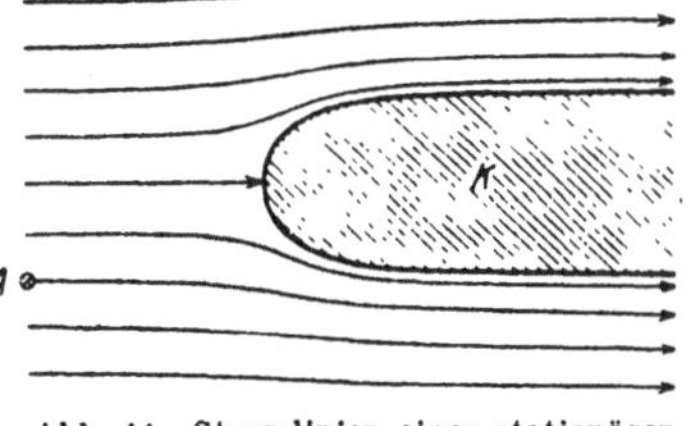

Abb. 44. Stromlinien einer stationären Strömung.

Wir betrachten z. B. die Strömung um einen Brückenpfeiler, wobei das Bezugssystem oder — anders gesagt — der Beobachter in Ruhe ist, oder auch die Strömung um den vorderen Teil eines Luftschiffes, wie sie dem mitfahrenden Beobachter erscheint. Hier haben wir den stationären Zustand. Abb. 44 zeigt die Stromlinien, die in diesem Fall zugleich Bahn- und Streichlinien sind (bemerkt sei noch, daß wir den Körper so lang annehmen, daß Rückwirkungen auf die betrachtete Strömung um den Vorderteil des Körpers durch Störungen, die am Ende des Körpers auftreten können, vernachlässigt werden dürfen). Würde man im Punkt A durch eine kleine Sonde der an diesem Punkt vorbeistreichenden Flüssigkeit (oder Luft) etwas Farbstoff (oder Rauch) beimischen, so würde sich der Farbfaden in der gezeichneten Art längs einer Stromlinie legen.

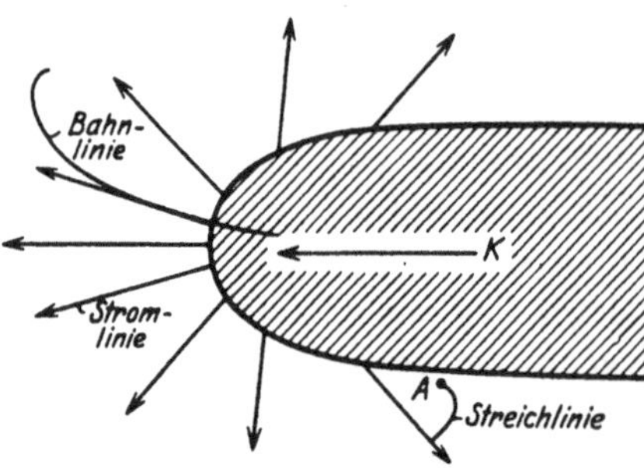

Abb. 45. Stromlinie, Bahnlinie und Streichlinie einer nicht stationären Bewegung.

Ganz anders werden jedoch die Verhältnisse, wenn wir eine nichtstationäre Strömung haben. Dieser Fall tritt z. B. ein, wenn wir die vorige Strömung um einen Luftschiffkörper auf ein relativ zur ungestörten Flüssigkeit ruhendes Koordinatensystem beziehen. Jetzt haben Stromlinie, Bahnlinie und Streichlinie vollkommen voneinander verschiedene Gestalt. Abb. 45 zeigt die einzelnen Linien. Der Körper verdrängt bei seiner Bewegung die Flüssigkeitsteilchen und zwar so, daß das vor der Mitte des Körpers befindliche Teilchen dauernd nach vorn geschoben wird, während die etwas von der Mitte des Körpers entfernten Teilchen nach vorn und zugleich seitwärts ausweichen. Das Stromlinienbild wird dabei vom Körper mitgenommen.

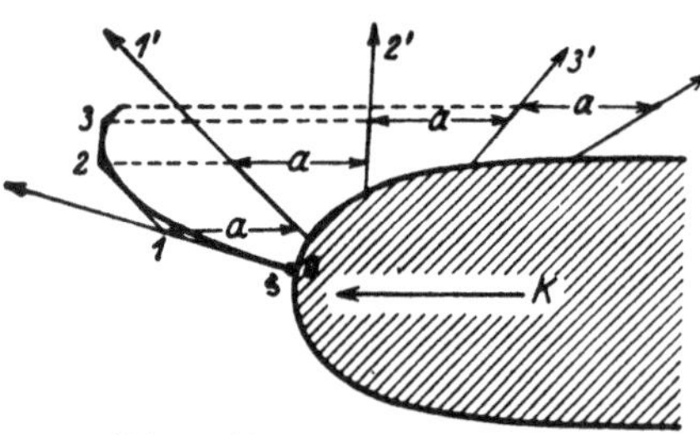

Abb. 46. Konstruktion einer Bahnlinie.

38. Konstruktion von Bahn- und Streichlinien. Um die Bahnlinie eines Flüssigkeitsteilchens zu konstruieren, betrachten wir die Bewegung des in der Abb. 46 mit $\mathfrak{s}$ bezeichneten Flüssigkeitsteilchens. Nehmen wir an, daß die Bewegung des Körpers mit gleichförmiger Geschwindigkeit erfolgt, so daß der Körper K nach einem kleinen Zeitintervall sich um a verschoben hat, so möge sich das Flüssigkeitsteilchen $\mathfrak{s}$ in dieser Zeit — entsprechend der Größe der Geschwindigkeit, die dem Punkt 0 zukommt — ungefähr nach dem Raumpunkt 1 bewegt haben. Da sich das Stromlinienbild mit dem Körper bewegt, so befindet sich das Teilchen $\mathfrak{s}$ nach dem betrachteten Zeitintervall auf einer neuen Stromlinie $1'$, die in der Bewegungsrichtung um a von der alten entfernt ist. Auf dieser möge sich das Flüssigkeitsteilchen in einem gleichen kleinen Zeitraum nach *2* bewegt haben, wobei es sich am Ende dieser Bewegung wieder auf einer neuen Stromlinie *2'*, die von der vorherigen in der Bewegungsrichtung des Körpers wieder um a entfernt ist, befindet usw. Dabei werden die einzelnen Bahnelemente, den geringen Geschwindigkeiten der in Frage kommenden Stromlinien (*4'*, *5'*, ...) entsprechend, immer geringer, so daß das Flüssigkeitsteilchen schließlich praktisch zur Ruhe kommt.

Wir gehen jetzt dazu über, eine Streichlinie zu konstruieren (Abb. 47). Um die Gestalt einer Streichlinie für den Zeitpunkt $t = t_1$ zu bekommen, haben wir die Endpunkte der Bahnlinien zur Zeit t_1 aller derjenigen Flüssigkeitsteilchen ($\mathfrak{s}$) zu bestimmen, die früher einmal, d. h. für $t \leqq t_1$, an einem ortsfesten Punkt $\mathfrak{r}_1$ vorbeigestrichen sind. Im Augenblick $t = t_1$ streicht offenbar gerade das in $\mathfrak{r}_1$ befindliche Flüssigkeitsteilchen $\mathfrak{s}_0$ an dem festen Raumpunkt $\mathfrak{r}_1$ vorbei (Abb. 48). Setzen wir der Einfachheit wegen wiederum voraus, daß es sich um eine gleichförmige Bewegung des Körpers K handelt, so war zu einem Zeitpunkt $t_1 - \Delta t$ der Körper in der gestrichelten Lage und damit das Stromlinienbild um den Betrag a nach rechts verschoben, so daß die Stromlinie *1'* durch $\mathfrak{r}_1$ ging. Das Flüssigkeitsteilchen $\mathfrak{s}_1$ dieser Stromlinie, das in diesem Augenblick gerade an $\mathfrak{r}_1$ vorbeistrich, möge sich im Verlauf der Zeit Δt in der Richtung der Stromlinie *1'* nach *1* bewegt haben. Zur Zeit $t_1 - 2\,\Delta t$ bewegte sich das Flüssigkeitsteilchen $\mathfrak{s}_2$ der Stromlinie *2'* an $\mathfrak{r}_1$ vorbei und legte bis zur Zeit $t_1 - \Delta t$ einen Weg auf der Stromlinie *2'* und von da ab bis zum Zeitpunkt t_1 einen Weg auf der Stromlinie *1'* zurück bis etwa zum Punkte *2* usw. Die Endpunkte der so konstruierten Bahnlinien sind alle im Laufe der Zeit an dem festen Punkt $\mathfrak{r}_1$ vorbeigestrichen; die Verbindungslinie dieser Punkte ergibt somit die gesuchte Streichlinie durch $\mathfrak{r}_1$.

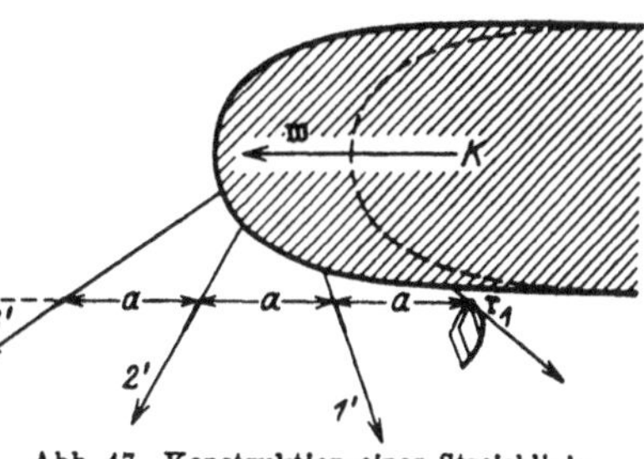

Abb. 47. Konstruktion einer Streichlinie.

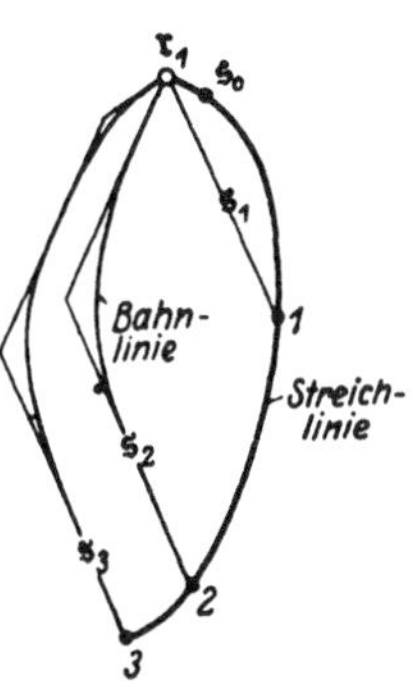

Abb. 48. Einzelheiten zur Konstruktion einer Streichlinie.

39. Stromröhre. Zum Schluß dieses Kapitels wollen wir noch den Begriff der Stromröhre einführen, der zur anschaulichen Ableitung der einfacheren Gesetze der Flüssigkeitsbewegungen sehr brauchbar ist.

Konstruiert man nämlich sämtliche Stromlinien, die durch eine kleine geschlossene Kurve gehen, so bilden diese bei der angenommenen Stetigkeit des Geschwindigkeitsfeldes eine Röhre, die man Stromröhre nennt. Da die Stromlinien überall die Richtungen der Geschwindigkeiten haben, verhält sich die Stromröhre also wie eine Röhre mit dichten Wänden, innerhalb der die Flüssigkeit strömt. Im allgemeinen wird die Gestalt der Stromlinie sich zeitlich dauernd ändern, so daß auch immer wieder andere Flüssigkeitsteilchen zu einer Röhre zusammengefaßt werden. Haben wir es jedoch mit einer stationären Strömung zu tun, bei der also in einem beliebigen Punkt der Flüssigkeitszustand dauernd derselbe ist, so verhält sich die Stromröhre wie eine feste Röhre. Den Inhalt der Stromröhre nennt man auch den Stromfaden.

VI. Geometrie der Vektorfelder.

40. Lineare Vektorfunktion des Ortes. A mit den Koordinaten x_0, y_0, z_0 sei ein fester Raumpunkt; ferner sei angenommen, daß in dem betrachteten Flüssigkeitsbereich die Geschwindigkeit eine reguläre Funktion des Ortes ist.

Hat man dann im Punkte A die Geschwindigkeit

$$\mathfrak{w}_0 = \mathfrak{i}\, u_0 + \mathfrak{j}\, v_0 + \mathfrak{k}\, w_0$$

(wo $\mathfrak{i}$, $\mathfrak{j}$, $\mathfrak{k}$ bzw. die Einheitsvektoren in den x, y, z-Richtungen sind), so können wir die Geschwindigkeit $\mathfrak{w}$ in der Nähe von A darstellen durch die Taylorsche Entwicklung

$$\mathfrak{w} = \mathfrak{w}_0 + \frac{\mathfrak{r}_1 - \mathfrak{r}_2}{1!} \circ \nabla \mathfrak{w} + \frac{(\mathfrak{r}_1 - \mathfrak{r}_2)^2}{2!} \circ \nabla \nabla \mathfrak{w} + \cdots \; *$$

wo ∇ den Operator $\mathfrak{i}\frac{\partial}{\partial x} + \mathfrak{j}\frac{\partial}{\partial y} + \mathfrak{k}\frac{\partial}{\partial z}$ bezeichnet, oder in Koordinaten:

$$u = u_0 + (x - x_0)\frac{\partial u}{\partial x} + (y - y_0)\frac{\partial u}{\partial y} + (z - z_0)\frac{\partial u}{\partial z} + \frac{(x - x_0)^2}{2!}\frac{\partial^2 u}{\partial x^2} + \cdots$$

$$v = v_0 + (x - x_0)\frac{\partial v}{\partial x} + (y - y_0)\frac{\partial v}{\partial y} + (z - z_0)\frac{\partial v}{\partial z} + \frac{(x - x_0)^2}{2!}\frac{\partial^2 v}{\partial x^2} + \cdots$$

$$w = w_0 + (x - x_0)\frac{\partial w}{\partial x} + (y - y_0)\frac{\partial w}{\partial y} + (z - z_0)\frac{\partial w}{\partial z} + \frac{(x - x_0)^2}{2!}\frac{\partial^2 w}{\partial x^2} + \cdots$$

Beschränken wir nun unsere Betrachtung auf die nächste Umgebung des Punktes A, so können wir die quadratischen und folgenden Glieder der Entwicklung vernachlässigen, sofern wir das Gebiet um A klein genug wählen. Wir haben dann in $\mathfrak{w}$ eine lineare Vektorfunktion des Ortes, d. h. also, es läßt sich immer um A ein Gebiet angeben, in welchem wir die Geschwindigkeiten als linear abhängig von den Abständen von A annehmen können, ohne daß der dadurch bedingte Fehler einen beliebig vorgegebenen kleinen Betrag überschreitet. Man nennt solche Geschwindigkeitsfelder, bei denen die Komponenten

* $\circ$ bezeichnet die skalare Vektoroperation, so daß also $\mathfrak{a} \circ \mathfrak{b}$ (gelesen $\mathfrak{a}$ mit $\mathfrak{b}$) das skalare Produkt der beiden Vektoren $\mathfrak{a}$ und $\mathfrak{b}$ ist.

der Geschwindigkeit eines Punktes lineare Funktionen seiner Koordinaten sind, Felder homogener Deformation.

Wie sich aus der Taylorschen Entwicklung ergibt, ist innerhalb des betrachteten Bereiches um A der Unterschied der Geschwindigkeiten gegenüber der Geschwindigkeit im Punkte A charakterisiert durch neun Zahlenangaben, nämlich durch die partiellen Ableitungen der drei Geschwindigkeitskomponenten u, v, w nach den drei Richtungen x, y, z:

$$\left|\begin{matrix} \frac{\partial u}{\partial x} & \frac{\partial v}{\partial x} & \frac{\partial w}{\partial x} \\ \frac{\partial u}{\partial y} & \frac{\partial v}{\partial y} & \frac{\partial w}{\partial y} \\ \frac{\partial u}{\partial z} & \frac{\partial v}{\partial z} & \frac{\partial w}{\partial z} \end{matrix}\right| \tag{1}$$

Es bedeutet nun keine Einschränkung der Allgemeinheit der folgenden Betrachtung, wenn wir — durch eine entsprechende Wahl unseres Bezugssystems — den Punkt A in den Ursprung des Koordinatensystems verlegen und seine Geschwindigkeit gleich Null setzen. Durch die Angabe der obigen neun Größen ist dann die Geschwindigkeit in jedem Punkt des in Frage kommenden Gebietes um A bestimmt.

41. Geometrische Deutung der Einzelgrößen der ein Geschwindigkeitsfeld charakterisierenden Matrix. Welche Vorstellung können wir uns nun von den einzelnen Größen der obigen sogenannten Matrix machen? Um von den einfachsten Vorgängen zu komplizierteren aufzusteigen, nehmen wir zunächst einmal an, daß alle Glieder der Matrix bis auf das erste $\frac{\partial u}{\partial x}$, das wir > 0 annehmen wollen, identisch gleich Null sind.

Es ist dann nach der oben angegebenen Taylorschen Entwicklung also:

$$\mathfrak{w} = x\,\mathfrak{i}\,\frac{\partial u}{\partial x}$$

oder

$$u = x\,\frac{\partial u}{\partial x}, \quad v = 0, \quad w = 0.$$

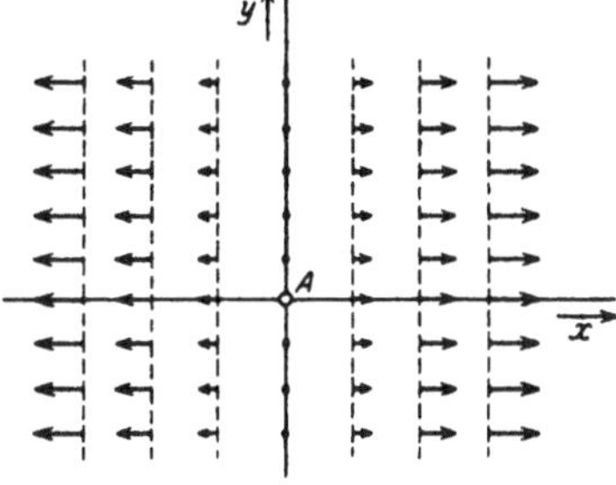

Abb. 49. Dehnungsgeschwindigkeit nach der x-Richtung $\mathfrak{w} = x\,\mathfrak{i}\,\frac{\partial u}{\partial x} = \mathfrak{r} \circ \mathfrak{i}\;\mathfrak{i}\,\frac{\partial u}{\partial x}$.

Da die Gleichung für die Ebenen parallel zur y, z-Ebene $x =$ konst. ist, so haben die Ebenen parallel zur y, z-Ebene konstante Geschwindigkeiten, und zwar der Größe nach proportional dem Abstand vom Punkt A, der Richtung nach parallel zur x-Achse (Abb. 49). Da wir ferner für $x =$ konst. vektoriell auch $\mathfrak{r} \circ \mathfrak{i} =$ konst. schreiben können, so haben wir als Ausdruck für das Geschwindigkeitsfeld oder

— wie wir es auch auffassen können — als Gleichung für die Verschiebung der erwähnten Ebenen in einem Zeitelement, bezogen auf die Zeiteinheit:

$$\mathfrak{w} = x\,\mathfrak{i}\,\frac{\partial u}{\partial x} = \mathfrak{r} \circ \mathfrak{i}\;\mathfrak{i}\,\frac{\partial u}{\partial x}.$$

Die analogen Ausdrücke, die wir erhalten, wenn wir alle Größen der Matrix bis auf $\frac{\partial v}{\partial y}$ oder bis auf $\frac{\partial w}{\partial z}$ identisch gleich Null setzen, haben die Form

$$\mathfrak{w} = y\,\mathfrak{j}\,\frac{\partial v}{\partial y} = \mathfrak{r} \circ \mathfrak{j}\;\mathfrak{j}\,\frac{\partial v}{\partial y}$$

bzw.

$$\mathfrak{w} = z\,\mathfrak{k}\,\frac{\partial w}{\partial z} = \mathfrak{r} \circ \mathfrak{k}\;\mathfrak{k}\,\frac{\partial w}{\partial z}.$$

Dem Ausdruck $\mathfrak{w} = y\,\mathfrak{j}\,\frac{\partial v}{\partial y} = \mathfrak{r} \circ \mathfrak{j}\;\mathfrak{j}\,\frac{\partial v}{\partial y}$ entspricht eine Geschwindigkeitsverteilung, bei der in Ebenen parallel zur z, x-Ebene die Geschwindigkeiten konstant und zwar parallel zur y-Achse gerichtet und der Größe nach der Entfernung der Ebenen vom Punkt A proportional sind.

Wenn $\mathfrak{w} = z\,\mathfrak{k}\,\frac{\partial w}{\partial z} = \mathfrak{r} \circ \mathfrak{k}\;\mathfrak{k}\,\frac{\partial w}{\partial z}$ ist, so entspricht das einem Geschwindigkeitsfeld mit konstanten Geschwindigkeiten in Ebenen parallel zur x, y-Ebene, und zwar ist die Richtung der Geschwindigkeit parallel der z-Richtung und die Größe wieder proportional dem Abstande vom Punkte A. Die drei Ausdrücke stellen also Dehnungsgeschwindigkeiten nach der x-, y- und z-Richtung dar.

Eine andere Art von Geschwindigkeitsverteilung bekommen wir, wenn wir alle Größen der Matrix bis auf $\frac{\partial u}{\partial y}$ (> 0) gleich Null annehmen.

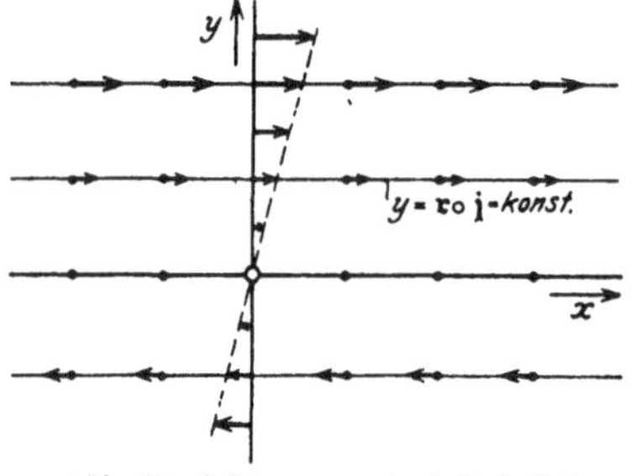

Abb. 50. Scherungsgeschwindigkeit in der x-Richtung $\mathfrak{w} = y\,\mathfrak{i}\,\frac{\partial u}{\partial y} = \mathfrak{r} \circ \mathfrak{j}\;\mathfrak{i}\,\frac{\partial u}{\partial y}$.

Es ist dann:

$$\mathfrak{w} = y\,\mathfrak{i}\,\frac{\partial u}{\partial y}$$

oder

$$u = y\,\frac{\partial u}{\partial y}, \quad v = 0, \quad w = 0,$$

d. h. die Geschwindigkeiten sind in Ebenen parallel zur z, x-Ebene konstant und um so größer, je weiter diese Ebenen von der z, x-Ebene entfernt sind (Abb. 50). Da wir wieder für

$$y = \text{konst.} \quad \text{auch} \quad \mathfrak{r} \circ \mathfrak{j} = \text{konst.}$$

schreiben können, so ergibt sich für dieses Geschwindigkeitsfeld der Ausdruck:

$$\mathfrak{w} = y\,\mathfrak{i}\,\frac{\partial u}{\partial y} = \mathfrak{r} \circ \mathfrak{j}\;\mathfrak{i}\,\frac{\partial u}{\partial y}.$$

Ganz entsprechende Geschwindigkeitsfelder mit analog gebildeten Ausdrücken erhält man, wenn die übrigen Größen der Matrix einzeln als von Null verschieden angenommen werden. Läßt man z. B. alle Glieder außer $\frac{\partial v}{\partial x}$ identisch verschwinden, so erhält man ein Geschwindigkeitsfeld, bei dem die zur y, z-Ebene parallelen Ebenen konstante Geschwindigkeiten besitzen, die dem Betrage nach proportional sind dem Abstand von der y, z-Ebene und die Richtung der y-Achse besitzen (Abb. 51).

Diese soeben besprochenen Geschwindigkeitsfelder oder — wie wir auch sagen können — Deformations-Zustandsänderungen in der Zeiteinheit sind gleichsam die Bausteine, aus denen wir durch Superposition (wegen der linearen Abhängigkeit von den Koordinaten) zu den

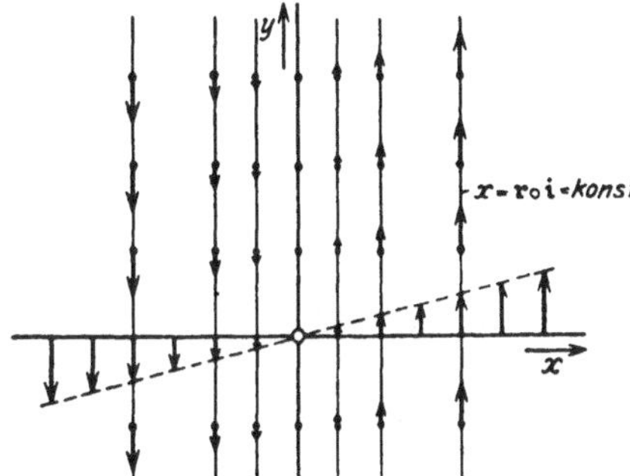

Abb. 51. Scherungsgeschwindigkeit in der y-Richtung

$$\mathfrak{w} = x\mathfrak{j}\frac{\partial v}{\partial x} = \mathfrak{r}\circ\mathfrak{i}\,\mathfrak{j}\frac{\partial v}{\partial x}.$$

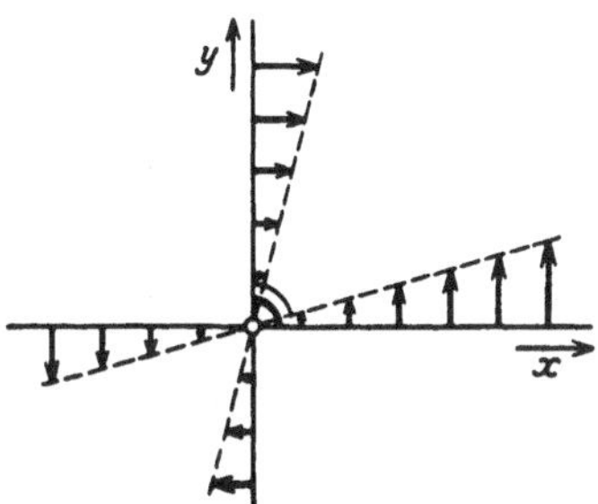

Abb. 52. Scherungsgeschwindigkeit

$$\mathfrak{w} = x\mathfrak{j}\frac{\partial v}{\partial x} + y\mathfrak{i}\frac{\partial u}{\partial y} = \mathfrak{r}\circ\left(\mathfrak{i}\mathfrak{j}\frac{\partial v}{\partial x} + \mathfrak{j}\mathfrak{i}\frac{\partial u}{\partial y}\right).$$

allgemeinsten (homogenen) Geschwindigkeitsfeldern oder Deformationsänderungen aufsteigen können.

42. Scherungs- und Drehungsgeschwindigkeit. Zunächst wollen wir — auf unserem Wege vom Einfacheren zum Komplizierteren — zwei besonders wichtige Fälle betrachten, die wir durch Zusammenfügen von zwei der oben erwähnten Bausteine erhalten:

Wir betrachten die lineare Kombination:

$$\mathfrak{w} = x\mathfrak{j}\frac{\partial v}{\partial x} + y\mathfrak{i}\frac{\partial u}{\partial y} = \mathfrak{r}\circ\mathfrak{i}\;\mathfrak{j}\frac{\partial v}{\partial x} + \mathfrak{r}\circ\mathfrak{j}\;\mathfrak{i}\frac{\partial u}{\partial y} = \mathfrak{r}\circ\left(\mathfrak{i}\mathfrak{j}\frac{\partial v}{\partial x} + \mathfrak{j}\mathfrak{i}\frac{\partial u}{\partial y}\right)$$

und wollen dabei zunächst $\frac{\partial v}{\partial x}$ und $\frac{\partial u}{\partial y}$ beide gleich groß (positiv oder negativ) annehmen.

Wie aus dem Vorhergehenden und aus der Abb. 52 hervorgeht, handelt es sich hier um eine Änderungsgeschwindigkeit eines ursprünglich rechten Winkels in einen spitzen bzw. stumpfen Winkel oder — wie man diese Erscheinung auch nennt — um eine Scherungsgeschwindigkeit.

Ein wesentlich anderes Geschwindigkeitsfeld erhalten wir im anderen Fall, wenn wir $\frac{\partial v}{\partial x}$ positiv, aber $\frac{\partial u}{\partial y}$ negativ und absolut genommen gleich groß wie $\frac{\partial v}{\partial x}$ voraussetzen; sowohl $\frac{\partial v}{\partial x}$ als auch $-\frac{\partial u}{\partial y}$ wirkt im Sinne einer positiven Drehgeschwindigkeit, wenn wir die Drehung entgegen dem Uhrzeigersinn als positiv rechnen (Abb. 53).

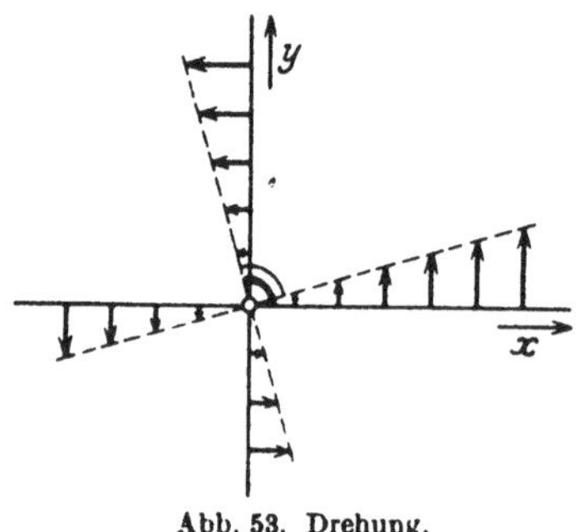

Abb. 53. Drehung.

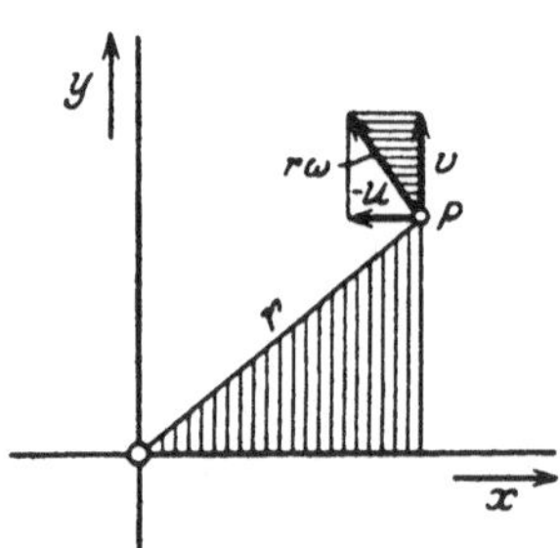

Abb. 54. Zusammenhang der mittleren Drehung mit der Winkelgeschwindigkeit.

Betrachten wir einen mit der Winkelgeschwindigkeit ω um die z-Achse rotierenden starren Körper, so ergibt sich aus Abb. 54, wenn P ein Punkt des Körpers ist, wegen der Ähnlichkeit der schraffierten Dreiecke

$$v : -u : r\,\omega = x : y : r\,.$$

Mithin:

$$u = -y\,\omega\,; \quad v = x\,\omega\,; \quad w = 0\,.$$

Hier ist $\frac{\partial v}{\partial x} = \omega$ und $\frac{\partial u}{\partial y} = -\omega$, die anderen 7 Differentialquotienten sind $= 0$; wir erkennen also die völlige Übereinstimmung mit dem Fall von Abb. 53.

Geht man von den beiden hier betrachteten Spezialfällen zu dem etwas allgemeineren über, daß $\frac{\partial u}{\partial y}$ und $\frac{\partial v}{\partial x}$ beliebige Werte haben, so wird auch hier die Scherungsgeschwindigkeit durch die algebraische Summe

$$\frac{\partial u}{\partial y} + \frac{\partial v}{\partial u}$$

gemessen; aus dem Mittelwert der beiden Winkelgeschwindigkeiten $\frac{\partial v}{\partial x}$ und $-\frac{\partial u}{\partial y}$ können wir die „mittlere Drehung"

$$\frac{1}{2}\left(\frac{\partial v}{\partial x} - \frac{\partial u}{\partial y}\right)$$

bilden (für die obige starre Drehung wird diese $= \frac{1}{2}[\omega - (-\omega)] = \omega)$.

43. Der Begriff des Affinors. In der gleichen Weise wie in den beiden letzten Fällen können wir nun zu immer allgemeineren Geschwindigkeitsfeldern aufsteigen, wenn wir die verschiedenen Größen der Matrix als von Null verschieden annehmen. Für das allgemeinste (homogene) Geschwindigkeitsfeld hat man dann offenbar den Ausdruck:

$$\begin{aligned}\mathfrak{w} = \mathfrak{r} \circ \Big\{ & \mathfrak{i}\,\mathfrak{i}\frac{\partial u}{\partial x} + \mathfrak{i}\,\mathfrak{j}\frac{\partial v}{\partial x} + \mathfrak{i}\,\mathfrak{k}\frac{\partial w}{\partial x} \\ & + \mathfrak{j}\,\mathfrak{i}\frac{\partial u}{\partial y} + \mathfrak{j}\,\mathfrak{j}\frac{\partial v}{\partial y} + \mathfrak{j}\,\mathfrak{k}\frac{\partial w}{\partial y} \\ & + \mathfrak{k}\,\mathfrak{i}\frac{\partial u}{\partial z} + \mathfrak{k}\,\mathfrak{j}\frac{\partial v}{\partial z} + \mathfrak{k}\,\mathfrak{k}\frac{\partial w}{\partial z} \Big\},\end{aligned} \tag{2}$$

oder

$$\begin{aligned}\mathfrak{w} = \mathfrak{r} \circ \Big\{ & \mathfrak{i}\left(\mathfrak{i}\frac{\partial u}{\partial x} + \mathfrak{j}\frac{\partial v}{\partial x} + \mathfrak{k}\frac{\partial w}{\partial x}\right) \\ & + \mathfrak{j}\left(\mathfrak{i}\frac{\partial u}{\partial y} + \mathfrak{j}\frac{\partial v}{\partial y} + \mathfrak{k}\frac{\partial w}{\partial y}\right) \\ & + \mathfrak{k}\left(\mathfrak{i}\frac{\partial u}{\partial z} + \mathfrak{j}\frac{\partial v}{\partial z} + \mathfrak{k}\frac{\partial w}{\partial z}\right)\Big\}.\end{aligned}$$

Berücksichtigen wir, daß $\mathfrak{i}u + \mathfrak{j}v + \mathfrak{k}w = \mathfrak{w}$ ist, so können wir setzen:

$$\mathfrak{i}\frac{\partial u}{\partial x} + \mathfrak{j}\frac{\partial v}{\partial x} + \mathfrak{k}\frac{\partial w}{\partial x} = \frac{\partial \mathfrak{w}}{\partial x}.$$

Das entsprechende gilt für die Ausdrücke $\frac{\partial \mathfrak{w}}{\partial y}$ und $\frac{\partial \mathfrak{w}}{\partial z}$, so daß wir schreiben können:

$$\mathfrak{w} = \mathfrak{r} \circ \left(\mathfrak{i}\frac{\partial \mathfrak{w}}{\partial x} + \mathfrak{j}\frac{\partial \mathfrak{w}}{\partial y} + \mathfrak{k}\frac{\partial \mathfrak{w}}{\partial z}\right).$$

Die Größen $\mathfrak{i}\frac{\partial \mathfrak{w}}{\partial x}$, $\mathfrak{j}\frac{\partial \mathfrak{w}}{\partial y}$, $\mathfrak{k}\frac{\partial \mathfrak{w}}{\partial z}$ werden Dyaden genannt. Die Regeln, nach denen mit diesen Größen gerechnet werden muß, sind im wesentlichen dieselben wie bei gewöhnlichen Zahlen, nur sei bemerkt, daß beim Rechnen mit Dyaden das kommutative Gesetz n i c h t gilt $\left(\mathfrak{i}\frac{\partial \mathfrak{w}}{\partial x} \neq \frac{\partial \mathfrak{w}}{\partial x}\mathfrak{i}\right)$.

Wir gehen in der Zusammenfassung des obigen Ausdruckes für das allgemeinste homogene Geschwindigkeitsfeld noch einen Schritt weiter, indem wir setzen:

$$\mathfrak{i}\frac{\partial \mathfrak{w}}{\partial x} + \mathfrak{j}\frac{\partial \mathfrak{w}}{\partial y} + \mathfrak{k}\frac{\partial \mathfrak{w}}{\partial z} = \Phi.$$

Die Größe Φ, die wir nach Gibbs einen Affinor nennen wollen, ist also eine Größe, die in der gleichen Art aus drei Vektoren $\left(\frac{\partial \mathfrak{w}}{\partial x}, \frac{\partial \mathfrak{w}}{\partial y}, \frac{\partial \mathfrak{w}}{\partial z}\right)$ gebildet wird, wie ein Vektor sich aus drei Skalaren zusammensetzt.

Das allgemeinste lineare Geschwindigkeitsfeld ist also gekennzeichnet durch

$$\mathfrak{w} = \mathfrak{r} \circ \Phi .$$

Da dem Affinor Φ die besondere Bedeutung zukommt, daß durch ihn das lineare Geschwindigkeitsfeld vollkommen bestimmt ist, wollen wir noch auf einige Eigenschaften und Besonderheiten dieser Größe eingehen.

44. Zerlegung eines Affinors in einen symmetrischen und einen antisymmetrischen Teil. Vertauscht man in der obigen Matrix (1), die auch die Neunerform des Affinors genannt wird, die Kolonnen mit den Reihen, so ergibt sich

$$\frac{\partial \mathfrak{w}}{\partial x}\mathfrak{i} + \frac{\partial \mathfrak{w}}{\partial y}\mathfrak{j} + \frac{\partial \mathfrak{w}}{\partial z}\mathfrak{k} = \Phi_c .$$

Einen derartigen Affinor nennen wir einen zu Φ konjugierten Affinor und bezeichnen ihn mit Φ_c.

Sind speziell in der Neunerform eines Affinors die durch Pfeile verbundenen Glieder einander gleich

$$\begin{Bmatrix} \frac{\partial u}{\partial x} & \frac{\partial v}{\partial x} & \frac{\partial w}{\partial x} \\ \frac{\partial u}{\partial y} & \frac{\partial v}{\partial y} & \frac{\partial w}{\partial y} \\ \frac{\partial u}{\partial z} & \frac{\partial v}{\partial z} & \frac{\partial w}{\partial z} \end{Bmatrix},$$

d. h. ist

$$\frac{\partial u}{\partial y} = \frac{\partial v}{\partial x}, \quad \frac{\partial u}{\partial z} = \frac{\partial w}{\partial x}, \quad \frac{\partial v}{\partial z} = \frac{\partial w}{\partial y},$$

so nennen wir diesen durch sechs Größen eindeutig bestimmten Affinor einen symmetrischen Affinor; man erkennt sofort, daß ein symmetrischer Affinor sich selbst konjugiert ist $\Phi = \Phi_c$.

Hat ein Affinor die Neunerform:

$$\begin{Bmatrix} 0 & \frac{\partial v}{\partial x} & \frac{\partial w}{\partial x} \\ \frac{\partial u}{\partial y} & 0 & \frac{\partial w}{\partial y} \\ \frac{\partial u}{\partial z} & \frac{\partial v}{\partial z} & 0 \end{Bmatrix}$$

und sind die durch Pfeile verbundenen Glieder entgegengesetzt gleich, d. h. ist

$$\frac{\partial u}{\partial y} = -\frac{\partial v}{\partial x}, \quad \frac{\partial u}{\partial z} = -\frac{\partial w}{\partial x}, \quad \frac{\partial v}{\partial z} = -\frac{\partial w}{\partial y},$$

so nennt man einen solchen durch drei Größen bestimmten Affinor antisymmetrisch. In diesem Falle ist $\Phi = -\Phi_c$.

Es läßt sich nun zeigen, daß jeder Affinor (charakterisiert durch neun Zahlenangaben) sich in einen durch sechs Größen bestimmten symmetrischen und in einen durch drei Größen bestimmten antisymmetrischen Affinor zerlegen läßt, wobei der symmetrische Affinor der Ausdruck für eine reine Dehnungsgeschwindigkeit nach drei Hauptachsen ist, während der antisymmetrische die Bedeutung einer Drehungsgeschwindigkeit besitzt. Ist Φ_c der zu Φ konjugierte Affinor, so ist — wie man durch Ausführen der Operation sofort sieht —

$$\frac{1}{2}(\Phi + \Phi_c) \text{ der symmetrische Teil}$$

und

$$\frac{1}{2}(\Phi - \Phi_c) \text{ der antisymmetrische Teil des Affinors } \Phi.$$

In diesem Zusammenhang wollen wir erwähnen, daß die Bezeichnung „Affinor" zum Ausdruck bringen soll, daß jede durch ihn charakterisierte Transformation eine affine Transformation darstellt. Bei einem durch einen Affinor gekennzeichneten Geschwindigkeitsfeld wird also ein in einem bestimmten Augenblick kugelförmig abgegrenztes Flüssigkeitsgebiet ein Zeitelement später in ein Ellipsoid übergegangen sein. Die zur Bestimmung dieses Ellipsoids notwendigen sechs Größenangaben: drei Richtungsangaben und drei Hauptdehnungsgeschwindigkeiten liefert der symmetrische Teil des Affinors, der auch wohl Tensor genannt wird. Die übrigen drei Zahlenangaben des antisymmetrischen Teiles des Affinors werden sich — wie wir in Nr. **45** sehen werden — als die Komponenten eines Vektors erweisen, durch den die Drehung oder Rotation eines Flüssigkeitselementes gegeben ist.

Was die Beziehung des Affinors zur Koordinatentransformation anbelangt, so ist noch zu sagen, daß die Komponenten des symmetrischen Teils sich wie Quadrate und Produkte von Punktkoordinaten transformieren, während die Komponenten des antisymmetrischen Teils — gemäß seiner Bedeutung als Vektor — sich wie Punktkoordinaten transformieren.

45. Der Stokessche Satz. Wir gehen jetzt kurz auf den Stokesschen und in Nr. **46** auf den Gaußschen Satz ein und werden dabei zugleich zwei für die Hydrodynamik wichtige Begriffe erläutern.

Der Stokessche Satz wird den Begriff der Rotation der Anschauung näherbringen und (in Nr. **47**) zeigen, daß der die Rotation bestimmende Vektor der antisymmetrische Teil eines Affinors ist. Der Gaußsche Satz wird den neuen Begriff der Divergenz bringen.

Um den Stokesschen Satz abzuleiten, betrachten wir eine beliebige geschlossene Kurve $\mathfrak{C}$ in einem solchen Bereich, in welchem wir mit genügender Genauigkeit — wie schon früher — die quadratischen und höheren Glieder in $\mathfrak{r}$ der Taylorentwicklung für $\mathfrak{w}$ vernachlässigen dürfen. In diesem Bereich ist dann also der das Geschwindigkeitsfeld eindeutig bestimmende Affinor Φ praktisch konstant.

Ist $d\mathfrak{r}$ ein Kurvenelement von $\mathfrak{C}$, so ist das skalare Produkt $\mathfrak{w} \circ d\mathfrak{r}$ gleich der Projektion der Geschwindigkeit in einem Punkt $\mathfrak{r}$ der Kurve $\mathfrak{C}$ auf die Kurventangente in diesem Punkt. Nimmt man das Integral von diesem skalaren Produkt über die geschlossene Linie $\mathfrak{C}$, so hat man ein sogenanntes Linienintegral

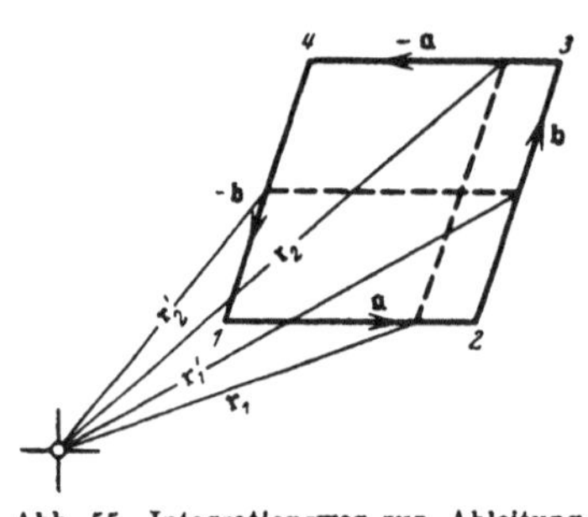

Abb. 55. Integrationsweg zur Ableitung des Stokesschen Satzes.

$$\oint^{\mathfrak{C}} \mathfrak{w} \circ d\mathfrak{r}.$$

Setzen wir $\mathfrak{w} = \mathfrak{r} \circ \Phi$, so haben wir also zu bilden:

$$\oint^{\mathfrak{C}} \mathfrak{r} \circ \Phi \circ d\mathfrak{r}.$$

Wir nehmen zunächst als Integrationsweg $\mathfrak{C}$ ein Parallelogramm 1, 2, 3, 4 der Abb. 55. (Daß das keine wesentliche Einschränkung der Allgemeingültigkeit ist, werden wir später sehen.)

Die Integration über $\overline{1-2}$ und $\overline{3-4}$ ergibt, da die beiden Integrationswege entgegengesetzt gleich sind, nach Umkehrung des Integrationsweges $\overline{3-4}$ wegen $\mathfrak{r}_1 - \mathfrak{r}_2 = \text{konst.} = -\mathfrak{b}$

$$\int_1^2 \mathfrak{r}_1 \circ \Phi \circ d\mathfrak{r} - \int_4^3 \mathfrak{r}_2 \circ \Phi \circ d\mathfrak{r} = (\mathfrak{r}_1 - \mathfrak{r}_2) \circ \Phi \circ \int_1^2 d\mathfrak{r} = -\mathfrak{b} \circ \Phi \circ \mathfrak{a}.$$

Entsprechend ergibt sich, da $\mathfrak{r}_1' - \mathfrak{r}_2' = \text{konst.} = \mathfrak{a}$ ist,

$$\int_2^3 \mathfrak{r}_1' \circ \Phi \circ d\mathfrak{r} - \int_1^4 \mathfrak{r}_2' \circ \Phi \circ d\mathfrak{r} = (\mathfrak{r}_1' - \mathfrak{r}_2') \circ \Phi \circ \int_2^3 d\mathfrak{r} = \mathfrak{a} \circ \Phi \circ \mathfrak{b}.$$

Als Linienintegral erhält man somit:

$$\oint^{1\,2\,3\,4\,1} \mathfrak{r} \circ \Phi \circ d\mathfrak{r} = \mathfrak{a} \circ \Phi \circ \mathfrak{b} - \mathfrak{b} \circ \Phi \circ \mathfrak{a}.$$

Setzen wir, wie in Nr. 43,

$$\Phi = \mathfrak{i}\,\frac{\partial \mathfrak{w}}{\partial x} + \mathfrak{j}\,\frac{\partial \mathfrak{w}}{\partial y} + \mathfrak{k}\,\frac{\partial \mathfrak{w}}{\partial z},$$

so ergibt sich, wenn wir zunächst den ersten Summanden $\Phi_1 = \mathfrak{i}\,\frac{\partial \mathfrak{w}}{\partial x}$ berücksichtigen,

$$\oint^{1\,2\,3\,4} \mathfrak{r} \circ \Phi_1 \circ d\mathfrak{r} = \mathfrak{a} \times \mathfrak{b} \circ \mathfrak{i} \times \frac{\partial \mathfrak{w}}{\partial x} \; *$$

* Sind $\mathfrak{a}$, $\mathfrak{b}$, $\mathfrak{c}$, $\mathfrak{d}$ vier Vektoren, so ist

$$\begin{aligned}\mathfrak{a} \times \mathfrak{b} \circ \mathfrak{c} \times \mathfrak{d} &= \mathfrak{a} \circ \mathfrak{c}\; \mathfrak{b} \circ \mathfrak{d} - \mathfrak{b} \circ \mathfrak{c}\; \mathfrak{a} \circ \mathfrak{d} \\ &= \mathfrak{a} \circ \mathfrak{c}\; \mathfrak{b} \circ \mathfrak{d} - \mathfrak{b} \circ \mathfrak{c}\; \mathfrak{d} \circ \mathfrak{a}.\end{aligned}$$

und bei Berücksichtigung der beiden übrigen Summanden des Affinors

$$\overset{12341}{\oint} \mathfrak{w} \circ d\mathfrak{r} = \overset{12341}{\oint} \mathfrak{r} \circ \Phi \circ d\mathfrak{r} = \mathfrak{a} \times \mathfrak{b} \circ \left(\mathfrak{i} \times \frac{\partial \mathfrak{w}}{\partial x} + \mathfrak{j} \times \frac{\partial \mathfrak{w}}{\partial y} + \mathfrak{k} \times \frac{\partial \mathfrak{w}}{\partial z}\right).$$

$\mathfrak{a} \times \mathfrak{b} = \mathfrak{F}$ ist ein Vektor der Richtung nach senkrecht zur Fläche $\mathfrak{F}$, um die herum das Linienintegral gebildet ist und dem Betrage nach gleich der Maßzahl des Flächeninhalts.

$$\mathfrak{i} \times \frac{\partial \mathfrak{w}}{\partial x} + \mathfrak{j} \times \frac{\partial \mathfrak{w}}{\partial y} + \mathfrak{k} \times \frac{\partial \mathfrak{w}}{\partial z} = \mathfrak{i}\left(\frac{\partial w}{\partial y} - \frac{\partial v}{\partial z}\right) + \mathfrak{i}\left(\frac{\partial u}{\partial z} - \frac{\partial w}{\partial x}\right) + \mathfrak{k}\left(\frac{\partial v}{\partial x} - \frac{\partial u}{\partial y}\right)$$

ist ein Vektor, der —wie aus der geometrischen Bedeutung des Linienintegrals hervorgeht — ein Maß der Drehgeschwindigkeit bedeutet. Wir bezeichnen ihn mit $\mathfrak{R}$ oder auch mit $\operatorname{rot} \mathfrak{w}$ und nennen ihn die Rotation von $\mathfrak{w}$.

Wie sich aus der Ableitung ergibt, ist die Rotation unabhängig vom Koordinatensystem. Nimmt man statt des Parallelogramms eine beliebige geschlossene Kurve $\mathfrak{C}$, so läßt sich leicht zeigen, daß das abgeleitete Resultat auch hierfür gilt. Man kann zu diesem Zweck die Fläche $\mathfrak{F}$ in ein Netz von Parallelogrammen zerlegen (Abb. 56) und um alle diese Parallelogramme integrieren, wobei sämtliche Integrale fortfallen (wegen der paarweise entgegengesetzt gerichteten Integrationswege) bis auf diejenigen, deren Integrationsweg zur äußeren Begrenzung des Parallelogrammnetzes gehört. Denkt man sich das Parallelogrammnetz mehr und mehr verfeinert, so daß die Seite der Parallelogramme nach Null konvergiert, so geht im Grenzfall das Integral längs der äußeren Begrenzungsfläche des Netzes über in das Integral längs der vorgegebenen geschlossenen Kurve $\mathfrak{C}$.

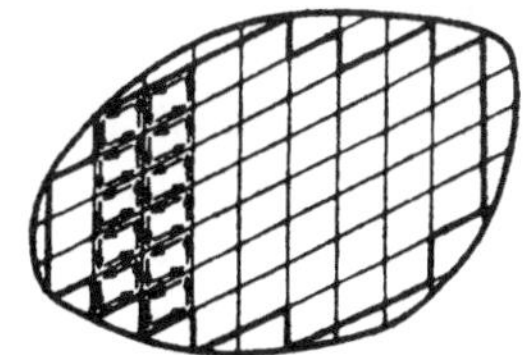

Abb. 56. Aufteilung einer gegebenen Fläche in (infinitesimale) Parallelogramme.

Es ist also für jede in sich geschlossene Kurve $\mathfrak{C}$ des betrachteten Gebietes das Linienintegral über $\mathfrak{C}$ gleich dem skalaren Produkt aus dem Flächenvektor $\mathfrak{F}$ und der Rotation $\mathfrak{R}$:

$$\overset{\mathfrak{C}}{\oint} \mathfrak{w} \circ d\mathfrak{r} = \mathfrak{F} \circ \mathfrak{R} = \mathfrak{F} \circ \operatorname{rot} \mathfrak{w} . \tag{3}$$

Wie wir schon früher bemerkten, ist die Annahme, daß das Geschwindigkeitsfeld in einem kleinen, aber endlichen Gebiet um den Punkt A eine lineare Vektorfunktion ist, im allgemeinen nicht genau zutreffend, sondern nur als Näherung aufzufassen, die allerdings um so mehr der Wirklichkeit entspricht, je kleiner das betreffende Gebiet ist.

Streng genommen gilt die Annahme einer linearen Ortsabhängigkeit der Geschwindigkeitsvektoren nur für einen infinitesimalen Bereich ($d\mathfrak{F}$), so daß wir exakt schreiben können:

$$\lim_{dF\to 0} \oint \mathfrak{w} \circ d\mathfrak{r} = \lim_{dF\to 0} d\mathfrak{F} \circ \mathfrak{R} = \lim_{dF\to 0} d\mathfrak{F} \circ \operatorname{rot} \mathfrak{w} . \tag{4}$$

Bezeichnen wir mit $\mathfrak{f}$ die Richtung von $d\,\mathfrak{F}$ ($|\mathfrak{f}| = 1$) (normal zum Flächenelement) und mit dF dessen Betrag, so haben wir $d\mathfrak{F} = \mathfrak{f}\,dF$ und daher

$$\operatorname{rot} \mathfrak{w} \circ \mathfrak{f} = \mathfrak{R} \circ \mathfrak{f} = \lim_{dF\to 0} \frac{\oint \mathfrak{w} \circ d\mathfrak{r}}{dF}, \tag{3a}$$

$\mathfrak{R} \circ \mathfrak{f}$ ist die Komponente von $\mathfrak{R}$ in Richtung $\mathfrak{f}$. Durch die Komponenten nach drei aufeinander senkrechten Richtungen $\mathfrak{f}_1$, $\mathfrak{f}_2$, $\mathfrak{f}_3$ ist also $\mathfrak{R}$ völlig gegeben. Gleichung (3a) ist also als Definition für $\mathfrak{R}$ in einem inhomogenen Geschwindigkeitsfelde verwendbar.

Wenn $\mathfrak{f} \| \mathfrak{R}$ gewählt wird, so ist $\mathfrak{R} \circ \mathfrak{f} = |\mathfrak{R}|$, also ergibt sich auch die folgende Beziehung:

Die Rotation eines Geschwindigkeitsfeldes in einem Punkte A ist gleich dem Grenzwert, dem sich das durch Division mit dem Betrag des Flächenelementes auf die Flächeneinheit bezogene Linienintegral über dem Geschwindigkeitsvektor längs einer Kurve nähert, die ein zur Richtung der Rotation senkrechtes infinitesimales Flächenelement umschließt.

Haben wir eine endliche Fläche $\mathfrak{F}$ (in welcher Φ und damit $\mathfrak{R}$ im allgemeinen nicht mehr als konstant angesehen werden können), so denken wir sie uns in infinitesimale Flächenelemente $d\mathfrak{F}$ zerlegt, in denen (4) gilt. Bei der Integration dieser infinitesimalen Flächen sind die Linienintegrale, deren Integrationsweg ganz im Innern der betrachteten Fläche liegt, wieder identisch gleich Null (die Integrationswege werden paarweise in entgegengesetzter Richtung durchlaufen), und es bleiben nur die Anteile, deren Integrationsweg Teile der Umrandung der Fläche $\mathfrak{F}$ sind, so daß man erhält:

$$\oint^{\mathfrak{C}} \mathfrak{w} \circ d\mathfrak{r} = \iint^{\mathfrak{F}} \mathfrak{R} \circ d\mathfrak{F} = \iint^{\mathfrak{F}} \operatorname{rot} \mathfrak{w} \circ d\mathfrak{F}.$$

Hiermit haben wir den Stokesschen Satz in seiner allgemeinen Form: das Linienintegral längs $\mathfrak{C}$ wird in ein Flächenintegral über $\mathfrak{F}$ transformiert, wobei $\mathfrak{C}$ die Umrandung von $\mathfrak{F}$ bedeutet. Als wichtige Folgerung aus dem Stokesschen Satz wollen wir noch bemerken, daß das rechte Integral $\iint^{\mathfrak{F}} \operatorname{rot} \mathfrak{w} \circ d\mathfrak{F}$ für den Fall, daß $\mathfrak{F}$ eine geschlossene Oberfläche bedeutet, gleich Null ist, da der Integrationsweg $\mathfrak{C}$ und damit das linke Integral für diesen Fall identisch verschwindet.

46. Der Gaußsche Satz. Wir untersuchen jetzt das zu $\oint^{\mathfrak{C}} \mathfrak{w} \circ d\mathfrak{r}$ analoge Integral über eine geschlossene Fläche $\mathfrak{F}$

$$\oiint^{\mathfrak{F}} \mathfrak{w} \circ d\mathfrak{F} = \oiint^{\mathfrak{F}} \mathfrak{r} \circ \Phi \circ d\mathfrak{F},$$

wobei wir wieder annehmen, daß in dem von $\mathfrak{F}$ eingeschlossenen Bereich die Geschwindigkeit eine lineare Vektorfunktion, d. h. Φ konstant ist. Geometrisch bedeutet dieses Integral das in einem Zeitelement durch die geschlossene Oberfläche geschobene Volumen, bezogen auf die Zeiteinheit; man spricht in diesem Fall von einem Vektorfluß durch die geschlossene Fläche $\mathfrak{F}$.

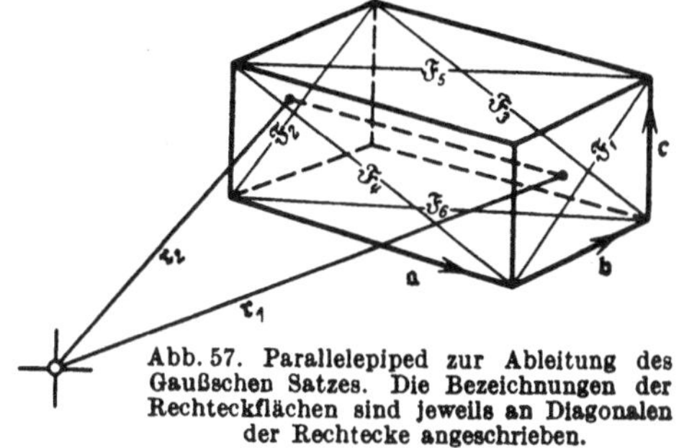

Abb. 57. Parallelepiped zur Ableitung des Gaußschen Satzes. Die Bezeichnungen der Rechteckflächen sind jeweils an Diagonalen der Rechtecke angeschrieben.

Nehmen wir zunächst an, daß $\mathfrak{F}$ die Oberfläche eines Parallelepipeds mit Kantenrichtungen parallel den Koordinatenachsen ist[1], so erhalten wir unter Berücksichtigung von $\mathfrak{F}_1 = -\mathfrak{F}_2$, $\mathfrak{F}_3 = -\mathfrak{F}_4$, $\mathfrak{F}_5 = -\mathfrak{F}_6$ (Abb. 57)

$$\oint^{\mathfrak{F}_1} \mathfrak{r}_1 \circ \Phi \circ d\mathfrak{F} + \oint^{\mathfrak{F}_2} \mathfrak{r}_2 \circ \Phi \circ d\mathfrak{F} = \oint^{\mathfrak{F}_1} (\mathfrak{r}_1 - \mathfrak{r}_2) \circ \Phi \circ d\mathfrak{F}$$
$$= \mathfrak{a} \circ \Phi \circ \mathfrak{F}_1 = \mathfrak{a} \circ \Phi \circ \mathfrak{b} \times \mathfrak{c}\,,$$

da $\mathfrak{F}_1 = \mathfrak{b} \times \mathfrak{c}$ ist.

Setzen wir $\Phi = \mathfrak{i}\,\frac{\partial \mathfrak{w}}{\partial x} + \mathfrak{j}\,\frac{\partial \mathfrak{w}}{\partial y} + \mathfrak{k}\,\frac{\partial \mathfrak{w}}{\partial z}$, so ergibt sich, da $\mathfrak{a}$ parallel zu $\mathfrak{i}$ und senkrecht zu $\mathfrak{j}$ und $\mathfrak{k}$ ist, also $\mathfrak{a} \circ \mathfrak{i} = a$, $\mathfrak{a} \circ \mathfrak{j} = \mathfrak{a} \circ \mathfrak{k} = 0$,

$$\mathfrak{a} \circ \Phi \circ \mathfrak{b} \times \mathfrak{c} = a\,\frac{\partial \mathfrak{w}}{\partial x} \circ \mathfrak{b} \times \mathfrak{c}$$
$$= a\left(\mathfrak{i}\,\frac{\partial u}{\partial x} + \mathfrak{j}\,\frac{\partial v}{\partial x} + \mathfrak{k}\,\frac{\partial w}{\partial x}\right) \circ \mathfrak{b} \times \mathfrak{c}$$

und, da $\mathfrak{j}$ und $\mathfrak{k} \perp \mathfrak{b} \times \mathfrak{c}$ und $a\,\mathfrak{i} = \mathfrak{a}$ ist,

$$= \frac{\partial u}{\partial x}\,\mathfrak{a} \circ \mathfrak{b} \times \mathfrak{c}\,,$$
$$= \frac{\partial u}{\partial x}\,V\,,$$

wo V das Volumen des Parallelepipeds bezeichnet.

In der gleichen Weise erhält man für die entsprechenden Integrale über die beiden anderen Flächenpaare $\mathfrak{F}_{3,\,4}$ und $\mathfrak{F}_{5,\,6}$ die Ausdrücke:

$$\frac{\partial v}{\partial y}\,V \quad \text{bzw.} \quad \frac{\partial w}{\partial z}\,V\,,$$

---

[1] Diese spezielle Annahme ist nicht unbedingt nötig; man kann den Beweis auch für ein beliebig orientiertes Parallelepiped führen, der dann allerdings etwas umständlicher wird, dafür aber zeigt, daß die nachfolgende Definition der Divergenz Θ ebenfalls vom Koordinatensystem unabhängig ist.

so daß man für das Integral über die geschlossene Oberfläche erhält:

$$\oint^{\mathfrak{F}} \mathfrak{w} \circ d\mathfrak{F} = \oint^{\mathfrak{F}} \mathfrak{r} \circ \Phi \circ d\mathfrak{F} = \left(\frac{\partial u}{\partial x} + \frac{\partial v}{\partial y} + \frac{\partial w}{\partial z}\right) V,$$

oder

$$\oint^{\mathfrak{F}} \mathfrak{w} \circ d\mathfrak{F} = \left(\mathfrak{i} \circ \frac{\partial \mathfrak{w}}{\partial x} + \mathfrak{j} \circ \frac{\partial \mathfrak{w}}{\partial y} + \mathfrak{k} \circ \frac{\partial \mathfrak{w}}{\partial z}\right) V.$$

Der Ausdruck $\mathfrak{i} \circ \frac{\partial \mathfrak{w}}{\partial x} + \mathfrak{j} \circ \frac{\partial \mathfrak{w}}{\partial y} + \mathfrak{k} \circ \frac{\partial \mathfrak{w}}{\partial z} = \frac{\partial u}{\partial x} + \frac{\partial v}{\partial y} + \frac{\partial w}{\partial z}$ ist ein Skalar und heißt die Divergenz des Vektors $\mathfrak{w}$. Wir bezeichnen die Divergenz mit Θ oder mit div $\mathfrak{w}$. Die Divergenz ist also das in einem Zeitelement durch die Begrenzungsfläche geschobene Volumen der Volumeneinheit, bezogen auf die Zeiteinheit.

In analoger Weise wie beim Stokesschen Satz läßt sich das für ein Parallelepiped abgeleitete Resultat auch für beliebige Volumina ableiten, solange die Geschwindigkeitsverteilung in diesem Volumen genügend genau durch eine lineare Vektorfunktion angenähert werden kann. Streng genommen gilt die Ableitung nur für ein Volumenelement dV, so daß die Divergenz in einem Punkte eines beliebigen Geschwindigkeitsfeldes definiert ist durch

$$\operatorname{div} \mathfrak{w} = \Theta = \lim_{dV \to 0} \frac{\oint^{\mathfrak{F}} \mathfrak{w} \circ d\mathfrak{F}}{dV}.$$

In Worten:

Die Divergenz in einem Punkt eines Geschwindigkeitsfeldes ist der Fluß des Vektors $\mathfrak{w}$ durch die Oberfläche eines infinitesimalen Volumenelements bezogen auf die Volumeneinheit.

Geht man zu endlichen Flüssigkeitsbereichen mit vom Ort abhängigem Affinor über, so erhält man aus der letzten Gleichung die von Gauß aufgestellte Beziehung, durch die ein Oberflächenintegral in ein Volumenintegral transformiert wird,

$$\oint^{\mathfrak{F}} \mathfrak{w} \circ d\mathfrak{F} = \iiint^{V} \operatorname{div} \mathfrak{w} \, dV.$$

Es ist also der Vektorfluß des Vektors $\mathfrak{w}$ durch eine geschlossene Oberfläche gleich dem Volumenintegral der Divergenz dieses Vektors genommen über das von der Oberfläche eingeschlossene Volumen (Gaußscher Satz).

47. Einführung des Operators ∇. Unter Benutzung des Hamiltonschen Operators $\nabla = \mathfrak{i} \frac{\partial}{\partial x} + \mathfrak{j} \frac{\partial}{\partial y} + \mathfrak{k} \frac{\partial}{\partial z}$, mit dem wie mit einem Vektor zu rechnen ist, läßt sich der Affinor

$$\Phi = \mathfrak{i} \frac{\partial \mathfrak{w}}{\partial x} + \mathfrak{j} \frac{\partial \mathfrak{w}}{\partial y} + \mathfrak{k} \frac{\partial \mathfrak{w}}{\partial z}$$

auch schreiben

$$\Phi = \nabla \mathfrak{w}.$$

Für den zu Φ konjugierten Affinor, den man durch Vertauschen der Kolonnen mit den Reihen der Neunerform des Affinors erhält, schreiben wir sinngemäß:

$$\Phi_c = \frac{\partial \mathfrak{w}}{\partial x}\mathfrak{i} + \frac{\partial \mathfrak{w}}{\partial y}\mathfrak{j} + \frac{\partial \mathfrak{w}}{\partial z}\mathfrak{k} = \mathfrak{w}\nabla .$$

Es ist offenbar $\nabla\mathfrak{w} \equiv \frac{1}{2}(\nabla\mathfrak{w} + \mathfrak{w}\nabla) + \frac{1}{2}(\nabla\mathfrak{w} - \mathfrak{w}\nabla)$. Hierin ist nun, wie sich sofort ergibt, wenn man die Neunerform der beiden Affinoren $\frac{1}{2}(\nabla\mathfrak{w} + \mathfrak{w}\nabla)$ bzw. $\frac{1}{2}(\nabla\mathfrak{w} - \mathfrak{w}\nabla)$ bildet,

$\frac{1}{2}(\nabla\mathfrak{w} + \mathfrak{w}\nabla)$ der symmetrische Teil des Affinors $\Phi = \nabla\mathfrak{w}$

und $\frac{1}{2}(\nabla\mathfrak{w} - \mathfrak{w}\nabla)$ der antisymmetrische Teil des Affinors $\Phi = \nabla\mathfrak{w}$.

Wir wollen jetzt noch eine andere Schreibweise für die Rotation $\mathfrak{R}$ und die Divergenz Θ einführen:

Für die Rotation $\mathfrak{R}$ hatten wir in Nr. 45 den Ausdruck gefunden:

$$\operatorname{rot}\mathfrak{w} = \mathfrak{R} = \mathfrak{i}\times\frac{\partial \mathfrak{w}}{\partial x} + \mathfrak{j}\times\frac{\partial \mathfrak{w}}{\partial y} + \mathfrak{k}\times\frac{\partial \mathfrak{w}}{\partial z}.$$

Dafür läßt sich auch schreiben

$$\begin{aligned}\operatorname{rot}\mathfrak{w} &= \mathfrak{i}\frac{\partial}{\partial x}\times\mathfrak{w} + \mathfrak{j}\frac{\partial}{\partial y}\times\mathfrak{w} + \mathfrak{k}\frac{\partial}{\partial z}\times\mathfrak{w}\\ &= \nabla\times\mathfrak{w}.\end{aligned}$$

In Koordinaten ergibt sich für $\operatorname{rot}\mathfrak{w}$:

$$\begin{aligned}\operatorname{rot}\mathfrak{w} = \nabla\times\mathfrak{w} &= \left(\mathfrak{i}\frac{\partial}{\partial x} + \mathfrak{j}\frac{\partial}{\partial y} + \mathfrak{k}\frac{\partial}{\partial z}\right)\times(\mathfrak{i}\,u + \mathfrak{j}\,v + \mathfrak{k}\,w)\\ &= \mathfrak{i}\left(\frac{\partial w}{\partial y} - \frac{\partial v}{\partial z}\right)\\ &+ \mathfrak{j}\left(\frac{\partial u}{\partial z} - \frac{\partial w}{\partial x}\right)\\ &+ \mathfrak{k}\left(\frac{\partial v}{\partial x} - \frac{\partial u}{\partial y}\right),\end{aligned}$$

oder in Determinantenform

$$\operatorname{rot}\mathfrak{w} = \begin{vmatrix}\mathfrak{i} & \mathfrak{j} & \mathfrak{k}\\ \frac{\partial}{\partial x} & \frac{\partial}{\partial y} & \frac{\partial}{\partial z}\\ u & v & w\end{vmatrix}.$$

Ebenso ergibt sich für die Divergenz:

$$\begin{aligned}\operatorname{div}\mathfrak{w} = \Theta &= \mathfrak{i}\circ\frac{\partial \mathfrak{w}}{\partial x} + \mathfrak{j}\circ\frac{\partial \mathfrak{w}}{\partial y} + \mathfrak{k}\circ\frac{\partial \mathfrak{w}}{\partial z}\\ &= \mathfrak{i}\frac{\partial}{\partial x}\circ\mathfrak{w} + \mathfrak{j}\frac{\partial}{\partial y}\circ\mathfrak{w} + \mathfrak{k}\frac{\partial}{\partial z}\circ\mathfrak{w}\\ &= \nabla\circ\mathfrak{w}.\end{aligned}$$

In Koordinaten

$$\operatorname{div}\mathfrak{w} = \nabla \circ \mathfrak{w} = \left(\mathfrak{i}\frac{\partial}{\partial x} + \mathfrak{j}\frac{\partial}{\partial y} + \mathfrak{k}\frac{\partial}{\partial z}\right) \circ (\mathfrak{i}\,u + \mathfrak{j}\,v + \mathfrak{k}\,w)$$
$$= \frac{\partial u}{\partial x} + \frac{\partial v}{\partial y} + \frac{\partial w}{\partial z}\,.$$

Zusammenfassend haben wir also in der neuen Schreibweise

$$\Phi = \nabla\mathfrak{w} \ldots\ldots\ldots\ldots \text{Affinor}$$
$$\mathfrak{R} = \nabla \times \mathfrak{w} = \operatorname{rot}\mathfrak{w} \ldots \text{Vektor}$$
$$\Theta = \nabla \circ \mathfrak{w} = \operatorname{div}\mathfrak{w} \ldots \text{Skalar.}$$

Wir wollen zum Schluß dieses Abschnittes noch an zwei Beispielen die Zweckmäßigkeit der neuen symbolischen Bezeichnung erläutern:

1. Gegeben sei ein Vektorfeld, dessen Vektor $\mathfrak{w}$ selbst wieder der Gradient eines skalaren Feldes φ ist; also

$$\mathfrak{w} = \operatorname{grad}\varphi = \nabla\varphi\,.$$

Bilden wir zunächst die Divergenz dieses Vektorfeldes:

$$\operatorname{div}\mathfrak{w} = \operatorname{div}\operatorname{grad}\varphi = \nabla \circ \nabla\,\varphi = \nabla^2\varphi$$
$$= \frac{\partial^2\varphi}{\partial x^2} + \frac{\partial^2\varphi}{\partial y^2} + \frac{\partial^2\varphi}{\partial z^2} = \Delta\varphi\,,$$

wo $\Delta = \frac{\partial^2}{\partial x^2} + \frac{\partial^2}{\partial y^2} + \frac{\partial^2}{\partial z^2}$ den Laplaceschen Operator bedeutet.

Bilden wir dann die Rotation, so erkennen wir sofort, daß

$$\operatorname{rot}\operatorname{grad}\varphi = \nabla \times \nabla\varphi = 0$$

ist, da das Vektorprodukt jedes Vektors mit sich selbst gleich 0 ist. (In Koordinatendarstellung ergibt sich auf etwas umständlicherem Wege natürlich dasselbe Resultat; man erhält dabei Ausdrücke von der Form $\frac{\partial^2\varphi}{\partial x\,\partial y} - \frac{\partial^2\varphi}{\partial y\,\partial x} = 0$ usw.)

2. Ist hingegen ein Vektorfeld gegeben, dessen Vektor die Rotation eines anderen Vektorfeldes $\mathfrak{A}$ ist:

$$\mathfrak{w} = \operatorname{rot}\mathfrak{A}\,,$$

so ergibt sich für die Divergenz:

$$\operatorname{div}\mathfrak{w} = \operatorname{div}\operatorname{rot}\mathfrak{A} = \nabla \circ \nabla \times \mathfrak{A} = 0,$$

da $\nabla \times \mathfrak{A}$ ein Vektor mit der Richtung senkrecht zu ∇ und $\mathfrak{A}$ ist, und daher dieser Vektor mit ∇ skalar multipliziert verschwindet; für die Rotation des Vektorfeldes $\mathfrak{w}$ erhält man

$$\operatorname{rot}\mathfrak{w} = \operatorname{rot}\operatorname{rot}\mathfrak{A} = \nabla \times (\nabla \times \mathfrak{A})$$
$$= \nabla \circ (\mathfrak{A}\,\nabla - \nabla\,\mathfrak{A})$$
$$= \nabla \circ \mathfrak{A}\;\nabla - \nabla \circ \nabla\;\mathfrak{A}\,*,$$

* Sind $\mathfrak{a}$, $\mathfrak{b}$, $\mathfrak{c}$ drei Vektoren, so ist

$$\mathfrak{a} \times (\mathfrak{b} \times \mathfrak{c}) = \mathfrak{a} \circ (\mathfrak{c}\,\mathfrak{b} - \mathfrak{b}\,\mathfrak{c})$$
$$= \mathfrak{a} \circ \mathfrak{c}\;\mathfrak{b} - \mathfrak{a} \circ \mathfrak{b}\;\mathfrak{c}\,.$$

also

$$\operatorname{rot} \mathfrak{w} = \operatorname{rot} \operatorname{rot} \mathfrak{A} = \operatorname{grad} \operatorname{div} \mathfrak{A} - \Delta \mathfrak{A} .$$

Wir haben somit gefunden, daß ein Vektorfeld, das durch Bildung des Gradienten eines Skalars hervorgegangen ist, keine Rotation besitzt (drehungsfreies Feld), daß hingegen ein Vektorfeld, das man durch Bildung der Rotation eines Vektors erhält, ohne Divergenz ist (quellenfreies Feld).

Man könnte noch die umgekehrte Frage stellen, ein Vektorfeld zu finden, dessen Rotation überall verschwindet, und dessen Divergenz überall vorgegeben ist bzw. ein Vektorfeld, dessen Divergenz überall verschwindet und dessen Rotation überall vorgegeben ist. Beides ist wegen des Auftretens des Laplaceschen Operators mit den Methoden der Potentialtheorie durchführbar. Ist ein allgemeines Vektorfeld gegeben, so wird es stets möglich sein, es so in zwei Teile zu zerlegen, daß für den ersten Anteil die Rotation gleich Null ist und für den zweiten die Divergenz identisch verschwindet.

VII. Beschleunigung eines Flüssigkeitsteilchens und kinematische Grenzbedingungen.

48. Abhängigkeit der Änderung der Zustandsgrößen eines Flüssigkeitsteilchens von der Zeit und dem Geschwindigkeitsfeld. Bei der Berechnung der Beschleunigung eines Flüssigkeitsteilchens handelt es sich um die Aufgabe, die Geschwindigkeitsänderung eines festgehaltenen Teilchens zu ermitteln. Als Vorbereitung mag hier die allgemeinere Aufgabe behandelt werden, die zeitliche Änderung irgend einer skalaren oder gerichteten Größe (z. B. Dichte, Temperatur, Geschwindigkeit, Rotation, auch Deformation) zu bestimmen.

Bei dieser Fragestellung ergibt sich nun sofort eine Zweiteilung, die ganz den beiden Darstellungsmethoden von Euler und Lagrange entspricht. Man kann entweder danach fragen: Wie ändert sich die betreffende Größe, z. B. die Geschwindigkeit, in einem bestimmten Punkt ($\mathfrak{r}$) des von der Flüssigkeit ausgefüllten Raumes, oder man kann die Frage stellen: Wie ändert sich die Geschwindigkeit eines gewissen sich im Raume bewegenden Teilchens ($\mathfrak{s}$)? Im ersten Fall (bei festgehaltenem Raumpunkt $\mathfrak{r}$) sprechen wir vom lokalen Differentialquotienten, im zweiten Fall (bei festgehaltenem Flüssigkeitsteilchen $\mathfrak{s}$) vom substantiellen Differentialquotienten. Nehmen wir z. B. als die von der Zeit (und im allgemeinen auch vom Ort) abhängige Größe die Temperatur T an, so ergibt sich in der Eulerschen Darstellung für den lokalen Differentialquotienten:

$$\left(\frac{\partial T}{\partial t}\right)_{\mathfrak{r}} \quad \text{oder} \quad \frac{\partial T}{\partial t}$$

schlechthin, da dies ein gewöhnlicher partieller Differentialquotient ist.

Den substantiellen Differentialquotienten $\left(\frac{\partial T}{\partial t}\right)_{\mathfrak{s}}$ wollen wir in der Eulerschen Darstellungsweise zum Unterschied vom lokalen Differentialquotienten mit $\frac{DT}{dt}$ (gesprochen T substantiell nach t) bezeichnen.

49. Substantieller Differentialquotient = lokaler Differentialquotient + konvektiver Differentialquotient. Wir werden nun sehen, daß der substantielle Differentialquotient sich in zwei Teile zerlegen läßt. Wir fragen uns zu dem Zweck: Wodurch ist die zeitliche Änderung der betreffenden Größe — im betrachteten Fall der Temperatur — bei festgehaltenem Flüssigkeitsteilchen bedingt? In einem gewissen Zeitpunkt $t = t_1$ möge das in Frage kommende Flüssigkeitsteilchen den Ortsvektor $\mathfrak{r}_1$ besitzen. Denken wir uns nun, daß in irgendeiner Weise die Temperaturverteilung des Raumes sich zeitlich ändert, so kann man an jedem festgehaltenen Ort $\mathfrak{r}_1$ eine Temperaturänderung feststellen. Wenn das Flüssigkeitsteilchen ruht, ist dies die ganze Änderung. Lassen wir jetzt das Flüssigkeitsteilchen eine Bewegung ausführen, so wird im allgemeinen die Temperatur des Flüssigkeitsteilchens durch diese Ortsveränderung beeinflußt. Diese durch die Bewegung des Flüssigkeitsteilchens bedingte Temperaturänderung bezeichnet man auch als Temperaturänderung durch Konvektion.

Die konvektive Änderung hängt ab:

1. von der Bewegungsrichtung und dem Betrag der Geschwindigkeit des Teilchens, also dem Geschwindigkeitsvektor $\mathfrak{w}$ und

2. von der Temperaturverteilung bzw. dem Temperaturgradienten.

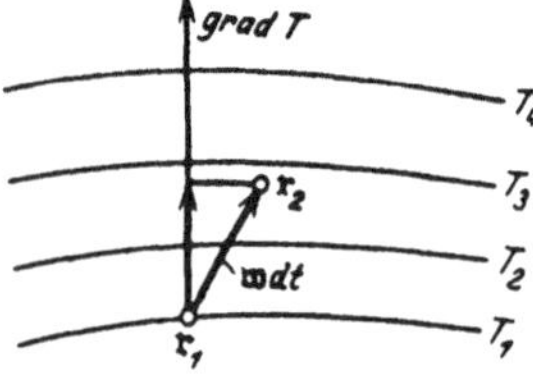

Abb. 58. Bewegung eines Flüssigkeitsteilchens von $\mathfrak{r}_1$ nach $\mathfrak{r}_2$ in einem örtlich veränderlichen Temperaturfelde. Die konvektive Änderung der Temperatur des Teilchens ist dann $\mathfrak{w} \circ \operatorname{grad} T$.

Wir betrachten in Abb. 58 eine Schar Kurven $T =$ konst. Bei der angenommenen Bewegung des Teilchens im Zeitelement dt von $\mathfrak{r}_1$ nach $\mathfrak{r}_2$ ändert sich also die Temperatur um einen Betrag gleich der Projektion des Vektors $\mathfrak{w}\,dt$ auf den durch $\mathfrak{r}_1$ gehenden Gradienten multipliziert mit dem Betrag von grad T, mithin gleich dem skalaren Produkt von $\mathfrak{w}\,dt$ und grad T. Für die konvektive Änderung in der Zeiteinheit, d. h. für den konvektiven Differentialquotienten erhalten wir somit den Ausdruck

$$\mathfrak{w} \circ \operatorname{grad} T\,.$$

Nehmen wir statt des Beispiels der Temperatur eine beliebige Größe ω, die ein Skalar, ein Vektor oder auch ein Affinor sein kann, so ergibt eine leichte Nachprüfung, daß auch hier der substantielle Differentialquotient nach der Zeit

$$\frac{D\omega}{dt} = \frac{\partial \omega}{\partial t} + \mathfrak{w} \circ \operatorname{grad} \omega \tag{1}$$

ist.

Für den besonders wichtigen substantiellen Differentialquotienten der Geschwindigkeit $\mathfrak{w}$ ergibt sich also

$$\frac{D\mathfrak{w}}{dt} = \frac{\partial \mathfrak{w}}{\partial t} + \mathfrak{w} \circ \operatorname{grad} \mathfrak{w}\,. \tag{2}$$

In Koordinaten erhält man für diesen Ausdruck, wenn man berücksichtigt, daß

$$\begin{aligned}
\mathfrak{w} \circ \operatorname{grad} \mathfrak{w} = \mathfrak{w} \circ \nabla \mathfrak{w} = (\mathfrak{i}\,u + \mathfrak{j}\,v + \mathfrak{k}\,w) \circ \left(\mathfrak{i}\frac{\partial \mathfrak{w}}{\partial x} + \mathfrak{j}\frac{\partial \mathfrak{w}}{\partial y} + \mathfrak{k}\frac{\partial \mathfrak{w}}{\partial z}\right) \\
= u\frac{\partial \mathfrak{w}}{\partial x} + v\frac{\partial \mathfrak{w}}{\partial y} + w\frac{\partial \mathfrak{w}}{\partial z} \\
= \mathfrak{i}\,u\frac{\partial u}{\partial x} + \mathfrak{i}\,v\frac{\partial u}{\partial y} + \mathfrak{i}\,w\frac{\partial u}{\partial z} \\
+ \mathfrak{j}\,u\frac{\partial v}{\partial x} + \mathfrak{j}\,v\frac{\partial v}{\partial y} + \mathfrak{j}\,w\frac{\partial v}{\partial z} \\
+ \mathfrak{k}\,u\frac{\partial w}{\partial x} + \mathfrak{k}\,v\frac{\partial w}{\partial y} + \mathfrak{k}\,w\frac{\partial w}{\partial z}
\end{aligned}$$

ist,

$$\left.\begin{aligned}
&\frac{\partial u}{\partial t} + u\frac{\partial u}{\partial x} + v\frac{\partial u}{\partial y} + w\frac{\partial u}{\partial z} \quad (x\text{-Komponente}) \\
&\frac{\partial v}{\partial t} + u\frac{\partial v}{\partial x} + v\frac{\partial v}{\partial y} + w\frac{\partial v}{\partial z} \quad (y\text{-Komponente}) \\
&\frac{\partial w}{\partial t} + u\frac{\partial w}{\partial x} + v\frac{\partial w}{\partial y} + w\frac{\partial w}{\partial z} \quad (z\text{-Komponente})\,.
\end{aligned}\right\} \tag{2a}$$

In der Lagrangeschen Darstellungsweise, die allerdings — wie früher schon erwähnt — praktisch von geringer Bedeutung ist, hat man für den substantiellen Differentialquotienten der Größe $\mathfrak{w}$ zwar den einfachen Ausdruck

$$\left(\frac{\partial \mathfrak{w}}{\partial t}\right)_{\mathfrak{r}}\,,$$

die Schreibweise für den lokalen Differentialquotienten ist aber um so komplizierter, da der Raumvektor $\mathfrak{r}$ als abhängige Größe erscheint.

Für eindimensionale Probleme läßt sich in gewissen Fällen die Lagrangesche Methode — wie Riemann[1] gezeigt hat — mit Vorteil anwenden.

50. Kinematische Grenzbedingungen; Lagrangesches Theorem. Die kinematische Grenzbedingung an den Berührungsflächen von Flüssig-

[1] Riemann-Weber, 2. Bd. S. 507, 5. Aufl. (1912), Braunschweig.

keiten und festen Körpern sowie zwischen zwei nicht miteinander mischbaren Flüssigkeiten (Wasser und Öl, Wasser und Luft usw.) muß offenbar die sein, daß einerseits nirgends eine Lücke, ein Vakuum, anderseits auch kein Ineinanderdringen auftreten kann. Daraus ergibt sich aber die Forderung, daß die Normalkomponenten der Geschwindigkeiten für beide Medien diesseits und jenseits der gegenseitigen Berührungsfläche gleich sind, d. h.

$$|\mathfrak{w}_\mathfrak{n}| = w_\mathfrak{n} = u \cos(\mathfrak{n}, x) + v \cos(\mathfrak{n}, y) + w \cos(\mathfrak{n}, z)$$

muß auf beiden Seiten der Berührungsfläche gleich sein.

Bei dieser Gelegenheit wollen wir kurz auf ein merkwürdiges — von Lagrange aufgestelltes — Theorem eingehen, welches besagt, daß die Grenzfläche einer Flüssigkeit dauernd aus denselben Flüssigkeitsteilchen gebildet wird. In dieser Allgemeinheit ist allerdings dieser Satz, wie wir noch sehen werden, nicht ganz richtig. Wohl aber läßt sich leicht beweisen, daß ein Flüssigkeitsteilchen, das nicht von jeher an der Grenzfläche war, in endlichen Zeiten auch nicht an die Grenzfläche kommt. Daß allerdings Teilchen, die einmal an der Grenzfläche waren, nicht in das Innere der Flüssigkeit gelangen könnten, erweist sich als irrig.

Wir betrachten in Abb. 59 einen Punkt A, der von der Begrenzungsfläche um die kleine Größe h entfernt sein möge. Ist h klein genug, so können wir ein Gebiet um A abgrenzen, von dem wir mit genügender Genauigkeit annehmen dürfen, daß es sich im Laufe der Zeit affin deformiert, so daß also in dem betrachteten Gebiet z. B. Gerade bei der Deformation wieder in Gerade übergehen, Schnittpunkte in Schnittpunkte, gleichmäßige Teilungen wieder in ebensolche Teilungen usw. Der die Deformation charakterisierende Affinor wird somit in dem um A abgegrenzten Gebiet konstant angenommen.

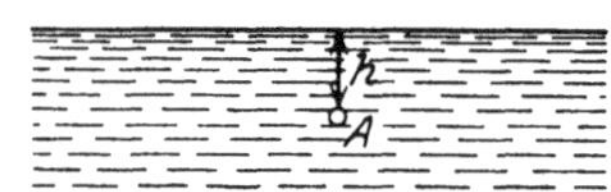

Abb. 59. Ein im Innern der Flüssigkeit befindliches Flüssigkeitsteilchen kann in endlichen Zeiten nicht an die Grenzfläche gelangen (Lagrangesches Theorem).

Nehmen wir an, daß sich das Flüssigkeitsteilchen in A zur Grenze hinbewegt, so würde also die zeitliche Abnahme von h proportional h sein, wobei wir voraussetzen dürfen, daß dieser Proportionalitätsfaktor, der eine Funktion der Zeit sein kann, immer endlich bleibt, also $\frac{dh}{dt} = g(t) \cdot h$ oder, wenn wir mit h_0 eine Integrationskonstante bezeichnen:

$$\ln \frac{h}{h_0} = \int_0^t g(t)\, dt .$$

Da der Integrand als endlich vorausgesetzt werden konnte, bleibt für endliche Zeiten auch das Integral, d. h. $\ln \frac{h}{h_0}$, also auch h endlich.

Während das Integral positiv wie negativ sein kann, muß h dauernd positiv und, wie wir gesehen haben, endlich bleiben (allerdings nimmt h bei negativem $g(t)$ unbegrenzt ab, wird aber in endlicher Zeit nicht Null).

Damit ist der obige Satz bewiesen, daß ein Flüssigkeitsteilchen, das zu einem bestimmten Zeitpunkt nicht auf der Begrenzungsfläche sich befindet, in endlichen Zeiten auch nicht dorthin kommen kann. Dabei setzen wir allerdings voraus, daß das Geschwindigkeitsfeld oder die Begrenzungsfläche keine Unstetigkeiten aufweist, da für diesen Fall für das betrachtete Gebiet die Voraussetzung, daß die Deformation affin sei, nicht zutrifft.

Betrachten wir z. B. eine Strömung gegen eine scharfe Schneide vom Winkel Null, so wird die Flüssigkeit durch diese Schneide gleichsam aufgespalten, wobei Flüssigkeitsteilchen aus dem Innern an die Begrenzungsfläche gelangen.

51. Die Flüssigkeiten und Gase sind nicht als ideale, sondern als Quasi-Kontinua aufzufassen. Daß diejenigen Flüssigkeitsteilchen, die einer Grenzfläche angehören, unter gewissen Bedingungen doch in das Innere der Flüssigkeit gelangen können, rührt davon her, daß die Flüssigkeiten und Gase nicht als ideale Kontinua, sondern als Quasi-Kontinua aufgefaßt werden müssen. Betrachten wir die Strömung einer reibungslosen Flüssigkeit um einen Zylinder oder um eine Kugel. so verlaufen die Stromlinien, wie wir später sehen werden, in der in Abb. 60 angegebenen Form, und zwar ist an den Punkten A und B, wo die Stromlinien den Körper treffen, die Geschwindigkeit gleich Null; in der nächsten Umgebung beider Punkte ist das Geschwindigkeitsfeld durch einen konstanten Affinor darstellbar. Bei A verkürzen sich die Strecken senkrecht zur Oberfläche dauernd, die Strecken parallel zur Oberfläche verlängern sich dauernd; bei B ist es gerade umgekehrt: Ein Teilchen in einem kleinen Abstand von der Kugel in der Nähe des linken Punktes rückt der Oberfläche immer näher; der Abstand nimmt nach einem Exponentialgesetz ab, er wird nie Null, geht aber sehr bald unter jede praktisch angebbare Grenze.

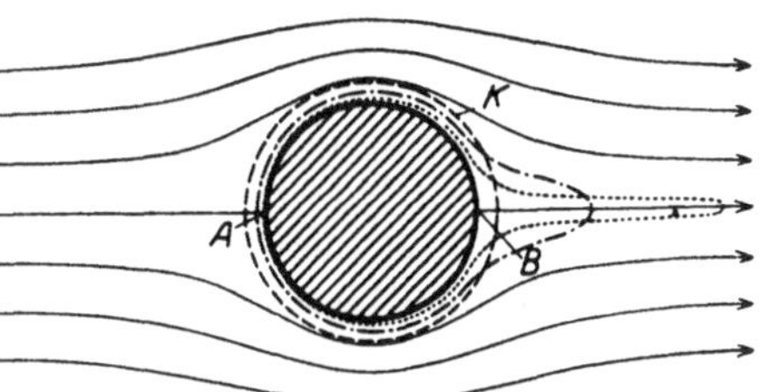

Abb. 60. Strömung um einen Zylinder im ersten Augenblick der Bewegung aus der Ruhe. Die „flüssige Fläche“ K (gekennzeichnet durch den gestrichelten Kreis) geht in die strichpunktierte und darauf in die punktierte Kurve über.

Anderseits werden die ursprünglich bei A befindlichen Teilchen immer weniger; ihre Zahl nimmt exponentiell ab, so daß unbeschadet der Richtigkeit des mathematischen Satzes für das echte Kontinuum nach gar nicht sehr langer Zeit von den ursprünglich bei A Staupunkt befindlichen Flüssigkeitsteilchen kaum noch welche übrig sind.

Eine andere Betrachtung ist die folgende: Wir wollen unter einer flüssigen Fläche eine Fläche verstehen, die dauernd aus denselben Flüssigkeitsteilchen besteht. Eine solche flüssige Fläche soll sich zu einer gewissen Zeit in einem geringen Abstand von der Kugeloberfläche befinden (in Abb. 60 als gestrichelte Linie (K) gekennzeichnet). Durch die Flüssigkeitsbewegung befindet sie sich nach einer gewissen Zeit in der Lage, wie sie in derselben Abbildung durch eine strichpunktierte Linie angegeben ist, noch später geht sie über in die punktierte Linie usw. Sie rückt also vorn immer näher an den Körper heran, während sie sich hinter dem Körper zu einem immer länger werdenden Gebilde auseinderzieht; alles natürlich unter der Annahme des angegebenen Geschwindigkeitsfeldes, das — wie bemerkt werden möge — nicht dasjenige einer wirklichen (reibenden) Flüssigkeit ist.

VIII. Kontinuitätsgleichung.

52. Volumenbeständige homogene Flüssigkeiten. Wir haben im VI. Kapitel Geschwindigkeitsfelder von großer Allgemeinheit behandelt, müssen jedoch jetzt die einschränkende Bemerkung machen, daß nicht jede beliebige Vektorverteilung eine mögliche Flüssigkeitsbewegung ergibt. Eine der Einschränkungen folgt aus der notwendigen Forderung der Konstanz der Materie. Solange freilich über die Abhängigkeit der Dichte der Flüssigkeit von Raum und Zeit keine Angaben vorliegen, läßt sich diese Forderung auch für beliebige Vektorfelder erfüllen. Da diese Abhängigkeit jedoch nicht willkürlich angenommen werden kann, sondern aus physikalischen Gegebenheiten eindeutig bestimmt ist, werden durch die Notwendigkeit, daß weder Materie entstehen noch vergehen kann, gewisse Vektorfelder, die dieser Forderung nicht genügen, weiterhin außerhalb unserer Betrachtung bleiben.

Wenn wir zunächst den wichtigsten Fall behandeln, daß die Dichte ϱ zeitlich und räumlich konstant ist, so haben wir — wenn wir der Eulerschen Methode folgen — den mathematischen Ausdruck dafür zu bilden, daß in jedem beliebigen von Flüssigkeit erfüllten Volumen nur so viel Flüssigkeit austreten kann als zugleich eintritt, d. h. wir haben eine quellenfreie Strömung. In Nr. 46 haben wir als analytischen Ausdruck dafür gefunden:

$$\nabla \circ \mathfrak{w} = \operatorname{div} \mathfrak{w} = 0$$

oder

$$\frac{\partial u}{\partial x} + \frac{\partial v}{\partial y} + \frac{\partial w}{\partial z} = 0 .$$

Diese Gleichung bezeichnen wir als Kontinuitätsgleichung für eine volumenbeständige homogene Flüssigkeit. Für den stationären Fall ergibt sich mit Hilfe der Stromröhren noch eine andere Möglichkeit, die Kontinuität auszudrücken. Bei einer Stromröhre, die sich in diesem Fall wie eine feste Röhre verhält, fließt nämlich durch irgendeine Querschnittsfläche ebensoviel Flüssigkeit wie durch eine beliebige andere Querschnittsfläche der Stromröhre. Ist das Stromlinienbild bekannt — wie z. B. bei Strömungen in Röhren, wo angenähert die ganze Röhre als eine Stromröhre behandelt werden kann —, so gilt mithin für jeden Rohrquerschnitt

$$F_1 w_1 = F_2 w_2 = F w = \text{konst.}$$

53. Kompressible Flüssigkeiten (Gase), Ableitung in der Eulerschen Methode. Betrachten wir jetzt den allgemeinen Fall, daß ϱ eine beliebige (analytische) Funktion des Raumes und der Zeit ist, so können wir die Kontinuitätsgleichung ableiten entweder bei festgehaltenem Volumen ΔV des $\mathfrak{r}$-Raumes oder für eine bestimmte Flüssigkeitsmasse im $\mathfrak{s}$-Raum. Bei festgehaltenem Volumen ΔV haben wir den Ausdruck dafür aufzustellen, daß in demselben Verhältnis, in dem mehr Masse in das betrachtete Volumen ein- als ausgeflossen ist, die Masse dieses Volumens (durch Änderung der Dichte) zugenommen hat.

Die Flüssigkeitsmasse, die in ein Volumen ΔV in der Zeiteinheit mehr (oder weniger) ein- als austritt (der Massenfluß), ist gegeben durch das Integral

$$\oint^{\mathfrak{F}} \varrho\, \mathfrak{w} \circ d\mathfrak{F}\,,$$

wo $\mathfrak{F}$ die Oberfläche des Volumens bedeutet (die Richtung der Außennormale sei positiv gerechnet). Das Integral ist also bei einer Massenzunahme negativ, bei einer Massenabnahme positiv. Transformieren wir dieses Oberflächenintegral nach dem Gaußschen Satz (Nr. 46) in ein Volumenintegral, so haben wir für den Massenfluß den Ausdruck

$$\int^{\Delta V} \operatorname{div}(\varrho\, \mathfrak{w})\, d V\,.$$

Berücksichtigen wir jetzt, daß wir jedes beliebige Vektorfeld angenähert als lineares Vektorfeld betrachten können, wenn wir nur das Volumen ΔV klein genug wählen, so erhalten wir in diesem Fall für den Massenfluß:

$$\oint^{\mathfrak{F}} \varrho\, \mathfrak{w} \circ d\mathfrak{F} = \Delta V \operatorname{div}(\varrho\, \mathfrak{w})\,.$$

Dieser Ausdruck muß nun wegen der Konstanz der Materie gleich der zeitlichen Zu- bzw. Abnahme der Masse des konstanten Volumens ΔV sein. Mithin

$$-\Delta V \operatorname{div}(\varrho\, \mathfrak{w}) = \Delta V \frac{\partial \varrho}{\partial t}\,,$$

oder

$$\frac{\partial \varrho}{\partial t} + \operatorname{div}(\varrho \mathfrak{w}) = 0\,. \tag{1}$$

Wir können dieser allgemeinsten Kontinuitätsgleichung noch eine etwas andere Form geben:

Da

$$\operatorname{div}(\varrho \mathfrak{w}) = \nabla \circ (\varrho \mathfrak{w}) = \nabla \varrho \circ \mathfrak{w} + \varrho \nabla \circ \mathfrak{w} = \mathfrak{w} \circ \operatorname{grad} \varrho + \varrho \operatorname{div} \mathfrak{w}$$

ist, haben wir

$$\frac{\partial \varrho}{\partial t} + \mathfrak{w} \circ \operatorname{grad} \varrho + \varrho \operatorname{div} \mathfrak{w} = 0 \tag{1a}$$

oder in Koordinatendarstellung

$$\frac{\partial \varrho}{\partial t} + u \frac{\partial \varrho}{\partial x} + v \frac{\partial \varrho}{\partial y} + w \frac{\partial \varrho}{\partial z} + \varrho \left(\frac{\partial u}{\partial x} + \frac{\partial v}{\partial y} + \frac{\partial w}{\partial z} \right) = 0\,. \tag{1b}$$

Wollen wir jetzt die Kontinuitätsgleichung ableiten für eine bestimmte Flüssigkeitsmasse, so ist der Ausdruck für die Konstanz der Materie offenbar

$$\varrho \Delta V = \text{konst.},$$

also, da es sich um die zeitliche Änderung einer bestimmten Flüssigkeitsmasse, d. h. um den substantiellen Differentialquotienten handelt,

$$\frac{D}{dt}(\varrho \Delta V) = 0$$

oder

$$\varrho \frac{D}{dt} \Delta V + \Delta V \frac{D\varrho}{dt} = 0\,.$$

Bedenken wir, daß $\frac{D \Delta V}{dt}$ die Änderung des Volumens ΔV in der Zeiteinheit ist und $\operatorname{div} \mathfrak{w}$ diejenige der Volumeneinheit, so ist

$$\frac{D}{dt} \Delta V = \Delta V \operatorname{div} \mathfrak{w}\,.$$

Da ferner nach S. 89 $\frac{D\varrho}{dt} = \frac{\partial \varrho}{dt} + \mathfrak{w} \circ \operatorname{grad} \varrho$ ist, so haben wir, wenn wir durch ΔV kürzen,

$$\varrho \operatorname{div} \mathfrak{w} + \frac{\partial \varrho}{dt} + \mathfrak{w} \circ \operatorname{grad} \varrho = 0\,;$$

wir erhalten also auch auf diesem Wege unsere Gl. (1a) wieder. Handelt es sich um eine stationäre Flüssigkeitsströmung, ist also ϱ von t unabhängig, so bleibt als Kontinuitätsgleichung

$$\operatorname{div}(\varrho \mathfrak{w}) = \mathfrak{w} \circ \operatorname{grad} \varrho + \varrho \operatorname{div} \mathfrak{w} = 0. \tag{2}$$

Ist außerdem ϱ räumlich konstant, so ist $\varrho \operatorname{div} \mathfrak{w} = 0$, also

$$\operatorname{div} \mathfrak{w} = 0. \tag{3}$$

Betrachten wir die Flüssigkeitsbewegung durch eine Stromröhre mit veränderlichen Querschnitten, so muß — da der Massenfluß durch die Begrenzungsfläche einer jeden Stromröhre gleich Null ist — für stationäre Bewegungen gelten

$$F_1 w_1 \varrho_1 = F_2 w_2 \varrho_2 = \text{konst.} = F w \varrho.$$

Diese Gleichung hat allerdings nur Bedeutung in dem Fall, daß wir über die Form der Stromlinien Aussagen machen können (z. B. bei Strömungen durch Rohre).

Für raumbeständige Flüssigkeiten ($\varrho = \text{konst.}$) haben wir wieder die Gleichung, die man vorzugsweise in der Hydraulik als Kontinuitätsgleichung betrachtet:

$$F \cdot w = \text{konst.} \tag{4}$$

54. Die allgemeine Kontinuitätsgleichung in der Lagrangeschen Darstellung. Wir wollen der Vollständigkeit wegen noch die Kontinuitätsgleichung in der Lagrangeschen Darstellung ableiten.

Ist dV ein bestimmtes im $\mathfrak{s}$-Raum abgegrenztes Volumenelement mit den Kanten da, db, dc (Abb. 61) und der Dichte ϱ_0, so ist die Masse dieses Flüssigkeitselementes $\varrho_0 \, da \, db \, dc$. Fragen wir, welche Gestalt dieses Flüssigkeitsvolumen dV zu irgend einem Zeitpunkt t im $\mathfrak{r}$-Raum

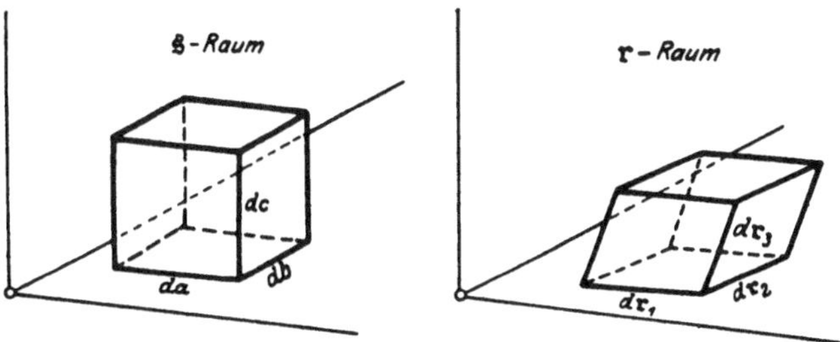

Abb. 61. Die Gestalt eines im $\mathfrak{s}$-Raum abgegrenzten Volumenelementes nach einer infinitesimalen Deformation im $\mathfrak{r}$-Raum.

besitzt, so ist — wenn $d\mathfrak{r}_1 \, d\mathfrak{r}_2 \, d\mathfrak{r}_3$ die Kanten des deformierten Volumenelementes bezeichnen —

$$d\mathfrak{r}_1 = \frac{\partial \mathfrak{r}}{\partial a} da$$

$$d\mathfrak{r}_2 = \frac{\partial \mathfrak{r}}{\partial b} db$$

$$d\mathfrak{r}_3 = \frac{\partial \mathfrak{r}}{\partial c} dc\,.$$

Das Volumen dieses deformierten Volumenelementes ist nun

$$d\mathfrak{r}_1 \circ d\mathfrak{r}_2 \times d\mathfrak{r}_3\,.$$

Ist dann die Dichte des deformierten Volumenelementes gleich ϱ so ergibt die Forderung der Konstanz der Materie

$$\varrho_0 \, da \, db \, dc = \varrho \, d\mathfrak{r}_1 \circ d\mathfrak{r}_2 \times d\mathfrak{r}_3$$

oder

$$\varrho_0 \, da \, db \, dc = \varrho \, da \, db \, dc \frac{\partial \mathfrak{r}}{\partial a} \circ \frac{\partial \mathfrak{r}}{\partial b} \times \frac{\partial \mathfrak{r}}{\partial c}.$$

Mithin erhalten wir als Kontinuitätsgleichung in der Lagrangeschen Darstellung:

$$\varrho_0 = \varrho \frac{\partial \mathfrak{r}}{\partial a} \circ \frac{\partial \mathfrak{r}}{\partial b} \times \frac{\partial \mathfrak{r}}{\partial c},$$

oder in Koordinaten

$$\varrho_0 = \varrho \begin{vmatrix} \frac{\partial x}{\partial a} & \frac{\partial y}{\partial a} & \frac{\partial z}{\partial a} \\ \frac{\partial x}{\partial b} & \frac{\partial y}{\partial b} & \frac{\partial z}{\partial b} \\ \frac{\partial x}{\partial c} & \frac{\partial y}{\partial c} & \frac{\partial z}{\partial c} \end{vmatrix}.$$

Dritter Abschnitt.

Dynamik der reibungslosen Flüssigkeiten.

IX. Eulersche Gleichung und ihre Integration auf der Stromlinie.

55. Allgemeine Bemerkungen über die Wirkung der Zähigkeit von Flüssigkeiten. Wir gehen aus von der Grundgleichung der Dynamik eines Massenpunktes: Kraft gleich Masse mal Beschleunigung. Diese Gleichung muß für jedes Flüssigkeitsteilchen erfüllt sein.

Was die Kräfte anbelangt, so tritt im allgemeinen außer den uns schon aus der Hydrostatik bekannten Kräften:

1. der Massenkraft pro Volumeneinheit $\mathfrak{g}\varrho = \gamma$ und
2. dem Druckgefälle pro Volumeneinheit $-\operatorname{grad} p$ noch
3. die Reibungskraft auf.

Die innere Reibung oder die Zähigkeit einer Flüssigkeit ist etwas verwickelter Natur. Sie hängt ebenso wie der Spannungszustand eines elastischen Körpers von einem symmetrischen Affinor oder Tensor ab; nur daß bei den zähen Flüssigkeiten nicht die Formänderungen selbst, sondern die Formänderungs*geschwindigkeiten* den Spannungen proportional sind.

Es seien an dieser Stelle einige allgemeine Bemerkungen über die Wirkung der Zähigkeit in Flüssigkeiten gemacht:

Die Bewegung einer Flüssigkeit ist — abgesehen von Schwerkräften, die bei kompressiblen, homogenen Flüssigkeiten sich nur in der Dichteverteilung bemerkbar machen — wesentlich beeinflußt durch die *Trägheit* und die *Reibung*. Die Erfahrung lehrt nun, daß bei vielen Flüssigkeiten (z. B. Wasser) und bei den Gasen — sobald es sich um große und mäßig große Abmessungen handelt — die Wirkung der Reibung im Innern der Flüssigkeit gegenüber den Trägheitswirkungen sehr zurücktritt. Die hier vorkommenden Druckdifferenzen werden fast ausschließlich durch die Trägheitskräfte aufgenommen. Bei kleinen Flüssigkeitsmassen jedoch (bei denen dann auch meistens die Beschleunigungen klein sind), z. B. bei Nebeltröpfchen oder Strömungen in Kapillarröhren, stehen den Druckdifferenzen im wesentlichen nur die Reibungskräfte gegenüber, während die Trägheitswirkungen vernachlässigt werden können.

Es ist nun lediglich in der Schwierigkeit der mathematischen Behandlung des Stoffes begründet, daß bis vor noch nicht langer Zeit das allgemeine Problem der Flüssigkeitsbewegung — von einigen besonders einfachen Fällen abgesehen — nicht behandelt werden konnte.

Nur unter Annahme von gewissen extremen Voraussetzungen war es gelungen, hydrodynamische Vorgänge theoretisch zu verfolgen. Einerseits vereinfachen sich nämlich die Differentialgleichungen so sehr, daß sie in vielen Fällen integriert werden können, wenn man die Reibungskräfte vollständig vernachlässigt. Hier handelt es sich um die sogenannte klassische Hydrodynamik, die ihrer Betrachtung also eine idealisierte vollständig reibungslose Flüssigkeit zugrunde legt. Dieses Gebiet ist — besonders von seiten der Mathematiker — so eingehend durchforscht, daß man es im wesentlichen als abgeschlossen betrachten kann. Anderseits läßt auch diejenige Vereinfachung, die sich aus der Vernachlässigung der Trägheitswirkungen ergibt, eine mathematische Behandlung zu.

Wir können somit ein Schema von drei Gebieten aufstellen:

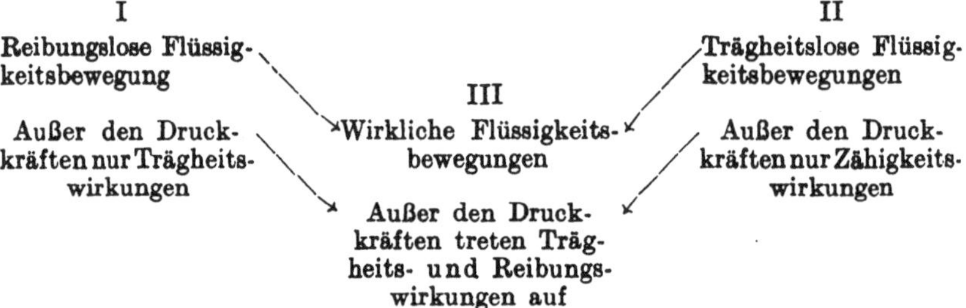

Vor etwa 20 Jahren sind nun von den Gebieten I und II Vorstöße in das Gebiet III unternommen insofern nämlich, als man einerseits versucht hat, im Gebiet II — also bei Berücksichtigung der Zähigkeitskräfte — das erste Glied der in eine Reihe entwickelten Trägheitskräfte zu berücksichtigen und anderseits, indem man es unternommen hat, Flüssigkeiten sehr geringer Zähigkeit mathematisch zu behandeln. Der Vorstoß von den zähen Flüssigkeiten geht zurück auf den Namen Oseen[1], während der Vorstoß von der Seite der reibungslosen Flüssigkeiten von Prandtl[2] ausgeht, der 1904 in einem Vortrag auf dem Heidelberger Mathematiker-Kongreß den Weg zur Behandlung von Flüssigkeiten sehr geringer Zähigkeit gewiesen hat, wodurch der gesamten Hydrodynamik ein Impuls erteilt worden ist, der sich als außer-

[1] Oseen, C. W.: Zur Theorie des Flüssigkeitswiderstandes. Nov. Acta R. Soc. Scient. Ups. Ser. IV, Bd. 4. 1914.

[2] Prandtl, L.: Über Flüssigkeitsbewegung bei sehr kleiner Reibung. Verh d. III. Int. Math. Kongresses in Heidelberg 1904. Leipzig 1905.

ordentlich fruchtbar erwiesen hat und dessen Auswirkungen noch nicht abzusehen sind.

Die Strömungsvorgänge, bei denen die Reibungskräfte von derselben Größenordnung wie die Trägheitskräfte sind, hat man auch bis jetzt noch nicht der mathematischen Behandlung zugängig machen können. In einigen wenigen Fällen allerdings hat man Lösungen der allgemeinen Differentialgleichungen zäher Flüssigkeiten gefunden, so z. B. für eine bestimmte einfache Strömung gegen eine unendlich ausgedehnte Platte oder für die Strömung in Kanälen von besonderen Formen.

Fragen wir uns jetzt, inwiefern sich die wirklich eintretende Strömung einer Flüssigkeit mit sehr geringer Zähigkeit — wie sie die Gase oder Wasser usw. besitzen — von derjenigen unterscheidet, die wir bei Annahme einer vollständig reibungslosen Flüssigkeit erhalten, so können wir sagen, daß die Wirkung der Zähigkeit bei Flüssigkeiten sehr geringer Reibung nur wesentlich zur Geltung kommt in einer im allgemeinen sehr dünnen Schicht an der Begrenzungsfläche von Flüssigkeit und festem Körper. Das kommt daher, daß in dieser Schicht — der sogenannten Prandtlschen Grenzschicht — ein sehr starker Anstieg der Geschwindigkeit stattfindet, dem die Reibungskraft proportional ist (vgl. Kapitel XVI des II. Bandes). Während die ideal-reibungslose Flüssigkeit ein Gleiten der Flüssigkeit an der Begrenzungsfläche ergibt, haftet jede wirkliche auch noch so wenig zähe Flüssigkeit mit ihren Berührungsteilchen an dem festen Körper. Da nun aber bei einer um einen Körper strömenden Flüssigkeit von geringer innerer Reibung (z. B. bei Wasser, im Gegensatz zu Glyzerin) schon in sehr geringer Entfernung vom Körper beträchtliche Geschwindigkeiten auftreten (Geschwindigkeiten, wie sie einer reibungslosen Flüssigkeit entsprechen würden), so hat der Übergang der Geschwindigkeit auf Null am Körper selbst in einer sehr dünnen Schicht stattzufinden; dies läßt aber — wie gesagt — auf das Vorhandensein von großen Reibungskräften schließen, die in dieser Schicht von der Größenordnung der Druckgradienten sind.

Solange nun diese dünne Schicht, in der die Zähigkeit wesentlich zur Wirkung kommt, am umflossenen Körper bleibt, wird das Stromlinienbild der wirklichen Strömung sich nicht wesentlich von demjenigen unterscheiden, das sich aus der Annahme einer ideal-reibungslosen Flüssigkeit ergibt. Wenn aber der Fall eintritt — den man meistens beobachtet —, daß die Strömung sich vom Körper loslöst, so wird dadurch das gesamte Stromlinienbild wesentlich verändert. Die sich hierbei ausbildende Grenzschicht zerfällt nämlich in Wirbel, die der Strömung ein ganz neues Gepräge geben. In diesem Falle führt die Annahme einer ideal-reibungslosen Flüssigkeit zu keinem praktisch verwertbaren Ergebnis.

Denken wir uns beispielsweise eine Strömung um einen schlanken Luftschiffkörper oder um einen Tragflügel, so kommen zwar auch hier die Reibungskräfte in der Grenzschicht zur Wirkung, insofern als hier die Strömungsgeschwindigkeit bis auf Null unmittelbar am Körper abgebremst wird; da aber die Grenzschicht bei diesen Strömungsformen gewöhnlich am Körper bleibt und die Strömung nicht von ihm „abreißt", so wird durch die Grenzschicht das gesamte Stromlinienbild nicht wesentlich beeinflußt. Bei einer Strömung um eine Kugel oder um eine senkrecht zur Strömung gestellte Platte jedoch bleibt diese Grenzschicht nicht am Körper, sondern löst sich an bestimmten Stellen von ihm ab, um sich weiterhin in Wirbel aufzulösen. Von wesentlicher Bedeutung ist es nun, daß man weiß, unter welchen Bedingungen eine Ablösung der Grenzschicht eintritt bzw. nicht eintritt.

Es hat somit in manchen Fällen einen guten Sinn, die Flüssigkeit als reibungslos zu betrachten, dann nämlich, wenn ein Ablösen der Strömung vom Körper nicht stattfindet. Läßt man in diesem Fall die Zähigkeit mehr und mehr abnehmen, so wird die Grenzschicht dünner und dünner, bis sie schließlich beim Grenzübergang zur Zähigkeit gleich Null verschwindet und das Strömungsbild in dasjenige der idealreibungslosen Flüssigkeit übergeht.

In dem anderen Falle jedoch, in dem eine Ablösung stattfindet, bekommen wir beim Übergang zur Reibung Null nicht das Bild der von vornherein als reibungslos angesehenen Flüssigkeit, sondern — sofern man der Auswirkung der nach Null konvergierenden Zähigkeit genügend Zeit läßt — Ablösung und Wirbelbildung.

In Anbetracht dessen also, daß man in manchen Fällen die Flüssigkeit als reibungslos betrachten kann, ohne sich in den Resultaten dadurch von den wirklichen Verhältnissen sehr zu entfernen, wollen wir im folgenden zunächst die Reibung vollständig vernachlässigen. Es bleibt uns dann immer noch unbenommen, nachträglich zu untersuchen, ob die Bedingungen der Ablösung der Grenzschicht vorhanden sind oder nicht, d. h. ob die unter der Annahme der Reibungslosigkeit erhaltenen Strömungsformen sich von den wirklich eintretenden wesentlich unterscheiden, oder ob man sie als eine gute Näherung an die wirkliche Strömung gelten lassen kann. Wir beenden hiermit die allgemeinen Bemerkungen über die Zähigkeitswirkungen und fahren in der Aufstellung der hydrodynamischen Grundgleichung fort.

56. Die Eulersche Gleichung. Die Masse eines Volumenteilchens ΔV mit der Dichte ϱ ist

$$\varrho \Delta V.$$

Für die Beschleunigung haben wir, weil es sich um die Beschleunigung eines Flüssigkeitsteilchens handelt, den substantiellen Differentialquotienten der Geschwindigkeit nach der Zeit zu nehmen. Da wir unsere Betrachtungen in diesem Abschnitt auf reibungslose Flüssigkeiten beschränken wollen, bleiben als Kräfte die im Anfang von Nr. 55 angeführte Volumenkraft $\gamma \Delta V = \varrho \mathfrak{g} \Delta V$ und das Druckgefälle grad $p \Delta V$.

Wir haben somit für das Grundgesetz der Mechanik (angewandt auf ein Flüssigkeitsteilchen) in der Eulerschen Darstellungsweise:

$$\varrho \Delta V \frac{D\mathfrak{w}}{dt} = \mathfrak{g} \varrho \Delta V - \operatorname{grad} p \Delta V$$

oder unter Benutzung von (2) auf S. 89 und nach Division mit $\varrho \Delta V$

$$\frac{D\mathfrak{w}}{dt} = \frac{\partial \mathfrak{w}}{\partial t} + \mathfrak{w} \circ \operatorname{grad} \mathfrak{w} = \mathfrak{g} - \frac{1}{\varrho} \operatorname{grad} p. \qquad (1)$$

Diese Grundgleichung der klassischen Hydrodynamik führt den Namen „Eulersche Gleichung“, da Euler zuerst von dieser Gleichung ausgegangen ist und sie seinen Arbeiten über Hydrodynamik zugrunde gelegt hat.

In Koordinaten erhalten wir unter Berücksichtigung von (2a) auf S. 89 für die Eulersche Gleichung

$$\begin{aligned}
\frac{\partial u}{\partial t} + u \frac{\partial u}{\partial x} + v \frac{\partial u}{\partial y} + w \frac{\partial u}{\partial z} &= g_x - \frac{1}{\varrho} \frac{\partial p}{\partial x} \\
\frac{\partial v}{\partial t} + u \frac{\partial v}{\partial x} + v \frac{\partial v}{\partial y} + w \frac{\partial v}{\partial z} &= g_y - \frac{1}{\varrho} \frac{\partial p}{\partial y} \qquad (1a) \\
\frac{\partial w}{\partial t} + u \frac{\partial w}{\partial x} + v \frac{\partial w}{\partial y} + w \frac{\partial w}{\partial z} &= g_z - \frac{1}{\varrho} \frac{\partial p}{\partial z}.
\end{aligned}$$

In der Eulerschen Gleichung haben wir somit drei Gleichungen für die fünf unbekannten Größen u, v, w, ϱ und p. Eine weitere Bestimmungsgleichung liefert die Kontinuitätsgleichung

$$\frac{\partial \varrho}{\partial t} + \mathfrak{w} \circ \operatorname{grad} \varrho + \varrho \operatorname{div} \mathfrak{w} = 0.$$

Es fehlt also noch eine Bestimmungsgleichung. Wie wir in der Kontinuitätsgleichung die Aussage der Konstanz der Materie benutzt haben, so müssen wir jetzt noch eine Gleichung berücksichtigen, die die Konstanz der Energie ausdrückt. Wir erhalten sie in der Aussage des ersten Hauptsatzes der Thermodynamik: Es ist die Vermehrung der inneren Energie (dU) eines Systems gleich der zugeführten Wärme (dQ) vermehrt um die gesamte äußere Arbeit ($-p\,dV$); also, wenn A das mechanische Wärmeäquivalent ist:

$$dU = dQ + A\,(-p\,dV + \text{Reibungsarbeit}).$$

Sehen wir von der Reibung und der Wärmeleitung ab, so erhalten wir

$$dU = -A p\,dV.$$

Diese Bedingung entspricht nach den Lehren der Thermodynamik einer adiabatischen Zustandsänderung, die irgendeine Beziehung von der Form

$$\varrho = f(p).$$

liefert. Nehmen wir an, daß unsere Flüssigkeit ein ideales („permanentes") Gas ist, dann ergibt sich für diese adiabatische Zustandsänderung die Gleichung

$$p \cdot v^{\varkappa} = \text{konst.},$$

oder, da $v = \frac{1}{\varrho}$ ist,

$$p = \varrho^{\varkappa} \cdot \text{konst.}$$

Dabei ist $\varkappa = \frac{c_p}{c_v}$ (bei Luft $\varkappa = 1{,}405$).

Wenn wir es mit einer volumenbeständigen Flüssigkeit zu tun haben, so tritt an Stelle von $\varrho = f(p)$ die Gleichung $\varrho = \text{konst.}$

Wir haben also gesehen, daß die Bewegung einer reibungslosen Flüssigkeit vollständig bestimmt ist durch die Eulersche Gleichung, die Kontinuitätsgleichung und eine Aussage über die Dichte, die gegebenenfalls dem ersten Hauptsatz der Thermodynamik zu entnehmen ist.

Wesentlich komplizierter werden die Verhältnisse bei inhomogenen Flüssigkeiten (z. B. Schwingungsvorgängen von übereinander geschichteten Salzlösungen). Hier kommt als neue Variable noch das Maß der Konzentration hinzu, die überdies an ein bestimmtes Teilchen gebunden ist: $\varrho = f(\varrho_0, a, b, c)$. Die Behandlung derartiger Flüssigkeitsbewegungen führt auf die hydrodynamische Grundgleichung in der Lagrangeschen Darstellung, die wir der Vollständigkeit wegen noch ableiten wollen. Berücksichtigen wir, daß der substantielle Differentialquotient der Geschwindigkeit in dieser Darstellungsweise $\left(\frac{\partial^2 \mathfrak{r}}{\partial t^2}\right)_{\mathfrak{s}}$ lautet, so haben wir nach Division mit $\varrho\,\Delta V$

$$\left(\frac{\partial^2 \mathfrak{r}}{\partial t^2}\right)_{\mathfrak{s}} = \mathfrak{g} - \frac{1}{\varrho}\,\text{grad}_{\mathfrak{r}}\, p\,,$$

wobei die beiden im $\mathfrak{r}$-Raum gebildeten Glieder der rechten Seite noch auf den $\mathfrak{s}$-Raum zu transformieren sind. Es ist nun

$$\text{grad}_{\mathfrak{s}}\, p = \text{grad}_{\mathfrak{r}}\, p \circ \nabla_{\mathfrak{s}}\, \mathfrak{r}\,,$$

entsprechend $\frac{dp}{ds} = \frac{dp}{dx} \cdot \frac{dx}{ds}$ für eine unabhängige Veränderliche; setzen wir noch die Existenz einer Kräftefunktion von $\mathfrak{g}$ voraus,

$$\mathfrak{g} = \text{grad}_{\mathfrak{r}}\, U$$

so ist

$$\text{grad}_{\mathfrak{s}}\, U = \text{grad}_{\mathfrak{r}}\, U \circ \nabla_{\mathfrak{s}}\, \mathfrak{r}\,.$$

Setzt man in die obige Gleichung, nachdem man sie mit $\nabla_{\mathfrak{s}}\mathfrak{r}$ skalar multipliziert hat, diese beiden Größen ein, so erhält man die Grundgleichung der Hydrodynamik reibungsloser Flüssigkeiten in der Lagrangeschen Form:

$$\nabla \mathfrak{r} \circ \frac{\partial^2 \mathfrak{r}}{\partial t^2} = \operatorname{grad} U - \frac{1}{\varrho} \operatorname{grad} p,$$

wo alle Ableitungen im $\mathfrak{s}$-Raum genommen sind.

57. Integration der Eulerschen Gleichung auf der Stromlinie. Ein für die praktische Anwendung ungemein wichtiges Integral der Eulerschen Gleichung haben wir in dem Linienintegral für stationäre Zustände längs einer Stromlinie.

Bilden wir das Linienintegral der Eulerschen Gleichung für eine Stromlinie $\mathfrak{C}$, und setzen wir voraus, daß die Massenkraft $\mathfrak{g}$ eine Kräftefunktion $\mathfrak{g} = \operatorname{grad} U$ besitzt, so haben wir:

$$\int^{\mathfrak{C}} \frac{\partial \mathfrak{w}}{\partial t} \circ d\mathfrak{r} + \int^{\mathfrak{C}} (\mathfrak{w} \circ \nabla \mathfrak{w}) \circ d\mathfrak{r} = \int^{\mathfrak{C}} \operatorname{grad} U \circ d\mathfrak{r} - \int^{\mathfrak{C}} \frac{\operatorname{grad} p}{\varrho} \circ d\mathfrak{r} + \text{konst.}$$

Für die beiden Integrale der rechten Seite können wir schreiben:

$$\int^{\mathfrak{C}} \operatorname{grad} U \circ d\mathfrak{r} = \int^{\mathfrak{C}} dU = U + \text{konst.}$$

$$\int^{\mathfrak{C}} \frac{\operatorname{grad} p}{\varrho} \circ d\mathfrak{r} = \int^{\mathfrak{C}} \frac{dp}{\varrho} = \mathsf{P}(p) + \text{konst.}$$

Der Integrand $(\mathfrak{w} \circ \nabla \mathfrak{w}) \circ d\mathfrak{r} = d\mathfrak{r} \circ (\mathfrak{w} \circ \nabla \mathfrak{w})$ läßt sich, da $\mathfrak{w} \,/\!/\, d\mathfrak{r}$ ist (Integration auf der Stromlinie!),

$$\mathfrak{w} \circ (d\mathfrak{r} \circ \nabla \mathfrak{w}) = \mathfrak{w} \circ d\mathfrak{w} = d\,\frac{\mathfrak{w}^2}{2}$$

schreiben. Wegen der Wichtigkeit dieses Schrittes wollen wir dieselbe Umformung noch in Koordinatendarstellung durchführen:

$$\begin{aligned}
\mathfrak{w} \circ \nabla \mathfrak{w} \circ d\mathfrak{r} &= (\mathfrak{i}u + \mathfrak{j}v + \mathfrak{k}w) \circ \left(\mathfrak{i}\frac{\partial \mathfrak{w}}{\partial x} + \mathfrak{j}\frac{\partial \mathfrak{w}}{\partial y} + \mathfrak{k}\frac{\partial \mathfrak{w}}{\partial z}\right) \circ (\mathfrak{i}\,dx + \mathfrak{j}\,dy + \mathfrak{k}\,dz) \\
&= \left(u\frac{\partial \mathfrak{w}}{\partial x} + v\frac{\partial \mathfrak{w}}{\partial y} + w\frac{\partial \mathfrak{w}}{\partial z}\right) \circ (\mathfrak{i}\,dx + \mathfrak{j}\,dy + \mathfrak{k}\,dz) \\
&= u\frac{\partial u}{\partial x}dx + v\frac{\partial u}{\partial y}dx + w\frac{\partial u}{\partial z}dx \\
&\quad + u\frac{\partial v}{\partial x}dy + v\frac{\partial v}{\partial y}dy + w\frac{\partial v}{\partial z}dy \\
&\quad + u\frac{\partial w}{\partial x}dz + v\frac{\partial w}{\partial y}dz + w\frac{\partial w}{\partial z}dz.
\end{aligned}$$

Berücksichtigen wir jetzt, daß die Integration auf einer Stromlinie erfolgt, d. h. daß $dx:dy:dz = u:v:w$ oder

$$\begin{aligned}
v\,dx &= u\,dy \\
w\,dx &= u\,dz \\
w\,dy &= v\,dz,
\end{aligned}$$

ist, so erhalten wir für den obigen Ausdruck:

$$u\frac{\partial u}{\partial x}dx + u\frac{\partial u}{\partial y}dy + u\frac{\partial u}{\partial z}dz$$
$$+ v\frac{\partial v}{\partial x}dx + v\frac{\partial v}{\partial y}dy + v\frac{\partial v}{\partial z}dz$$
$$+ w\frac{\partial w}{\partial x}dx + w\frac{\partial w}{\partial y}dy + w\frac{\partial w}{\partial z}dz = u\,du + v\,dv + w\,dw$$
$$= d\left(\frac{u^2 + v^2 + w^2}{2}\right) = d\frac{\mathfrak{w}^2}{2}.$$

Bei dieser Gelegenheit erkennt man so recht, wieviel umständlicher das Zurückgehen auf Koordinaten ist.

Wir bekommen somit als Linienintegral der Eulerschen Gleichung längs einer Stromlinie:

$$\int^{\mathfrak{C}} \frac{\partial \mathfrak{w}}{\partial t} \circ d\mathfrak{r} + \frac{\mathfrak{w}^2}{2} + \mathsf{P} - U = \text{konst.} \qquad (2)$$

Diese Gleichung gilt ganz allgemein auch für nicht stationäre Bewegungen, wobei jedoch zu bemerken ist, daß sie in diesem Fall nur für einen bestimmten Zeitpunkt gilt, da im nächsten Augenblick andere Flüssigkeitsteilchen zu einer Stromlinie zusammengefaßt werden. Aber auch in dem Fall, daß die Stromlinien ihrer Gestalt nach bestehen bleiben, die Geschwindigkeitsbeträge jedoch zeitlichen Änderungen unterworfen sind, wird die Konstante im allgemeinen für verschiedene Zeiten verschiedene Werte annehmen, d. h. durch eine Funktion der Zeit zu ersetzen sein. Physikalisch bedeutet das, daß der Druck in dem Raum, in dem die Bewegung stattfindet, durch äußere Einwirkungen noch beliebig variiert werden kann.

58. Die Bernoullische Gleichung. Für stationäre Bewegungen, für die also $\frac{\partial \mathfrak{w}}{\partial t} = 0$ ist, vereinfacht sich die obige Gleichung zu

$$\frac{\mathfrak{w}^2}{2} + \mathsf{P} - U = \text{konst.} \qquad (3)$$

Diese für die gesamte Hydrodynamik reibungsloser Flüssigkeiten außerordentlich wichtige Gleichung hat schon Daniel Bernoulli in seiner Hydrodynamica 1738 aufgestellt. Man hat sie ihm zu Ehren die „Bernoullische Gleichung" genannt. (Der in Nr. 3, Gleichung (6) gefundene Ausdruck für das Gleichgewicht einer homogenen Gasmasse $\mathsf{P} = U +$ konst. ist somit als spezieller Fall für $\mathfrak{w} = 0$ in der Bernoullischen Gleichung enthalten.)

Betrachten wir den besonderen Fall der volumenbeständigen Flüssigkeiten ($\varrho =$ konst.)[1], und nehmen wir als Volumenkraft die Erdschwere

[1] Gase können wir — wie im XIII. Kapitel gezeigt wird — ebenfalls als volumenbeständig auffassen, sofern die auftretenden Geschwindigkeiten klein gegen die Schallgeschwindigkeiten sind.

(U = konst. $- gz$), so geht die Bernoullische Gleichung über in:

$$\frac{\mathfrak{w}^2}{2} + \frac{p}{\varrho} + gz = \text{konst.}, \tag{3a}$$

oder, wenn man durch g dividiert und $\varrho g = \gamma$ setzt,

$$\frac{\mathfrak{w}^2}{2g} + \frac{p}{\gamma} + z = \text{konst} \tag{3b}$$

In dieser Form, die eine besonders einfache geometrische Deutung der einzelnen Größen der Gleichung zuläßt, wird die Bernoullische Gleichung besonders von den Ingenieuren verwendet. Da z eine Länge — in unserem Fall eine Höhe — bedeutet, müssen die übrigen Größen der Gleichung auch die Dimension einer Länge haben und zwar kann $\frac{\mathfrak{w}^2}{2g}$ als die Höhe aufgefaßt werden, von der aus ein Flüssigkeitsteilchen aus der Ruhe heraus unter der Einwirkung der Schwerkraft frei fallen muß, um die Geschwindigkeit $\mathfrak{w}$ zu erhalten $\left(\text{man spricht von der Geschwindigkeitshöhe } \frac{\mathfrak{w}^2}{2g}\right)$; $\frac{p}{\gamma}$ können wir als die Höhe ansehen, bis zu der eine Flüssigkeitssäule unter der Einwirkung von p entgegen der Erdschwere aufsteigt (man bezeichnet $\frac{p}{\gamma}$ als Druckhöhe); z ist die Höhe des gerade betrachteten Punktes einer Stromlinie über einer gewissen Niveaufläche (sie wird die Ortshöhe genannt).

Die Bernoullische Gleichung in der Form (3b) sagt also aus, daß bei einer stationären Bewegung einer volumenbeständigen reibungslosen Flüssigkeit unter der Einwirkung einer Kräftefunktion in jedem Punkt einer bestimmten Stromlinie die Summe aus Geschwindigkeitshöhe, Druckhöhe und Ortshöhe konstant ist.

Diese Konstante (die sogenannte Bernoullische Konstante) ist dabei im allgemeinen auf den einzelnen Stromlinien verschieden und nur in dem Fall, daß es sich um eine drehungsfreie Flüssigkeitsbewegung handelt, ist — wie wir in Nr. 61 sehen werden — die Konstante auf allen Stromlinien dieselbe. Eine solche drehungsfreie Flüssigkeitsbewegung haben wir z. B. dann, wenn alle Stromlinien aus einem großen Flüssigkeitsbereich kommen, in dem die Geschwindigkeiten klein genug sind, um ihre Quadrate vernachlässigen zu können (z. B. der Ausfluß durch eine kleine Öffnung am unteren Teil eines großen Gefäßes). In diesem Gebiet, das praktisch in Ruhe ist ($\mathfrak{w} = 0$), gilt also die Beziehung für ruhende homogene Flüssigkeiten $\mathsf{P} - U$ = konst. oder bei Erdschwere und ϱ = konst.:

$$\frac{p}{\gamma} + z = \text{konst.},$$

wobei die Konstante in jedem Punkt der ruhenden Flüssigkeit dieselbe ist. Da — wie wir gesehen haben — die Bernoullische Konstante auf einer bestimmten Stromlinie die gleiche ist, alle Stromlinien jedoch in diesem Fall aus einem Gebiet kommen, in dem überall dieselbe Konstante gilt, so folgt daraus, daß diese für sämtliche aus dem in Ruhe befindlichen Gebiet kommenden Stromlinien die gleiche ist. Den Fall, daß die Bernoullische Konstante auf den Stromlinien verschieden ist, haben wir z. B., wenn zwei Flüssigkeitsmassen, die aus verschiedenen Räumen kommen, zusammentreffen.

Unter der angenommenen Voraussetzung, daß ϱ in der ganzen Flüssigkeit konstant ist, können wir der Bernoullischen Gleichung noch eine besonders einfache Form geben. In dem Fall ist es möglich, den gesamten Druck (p) in den durch das Eigengewicht der Flüssigkeit verursachten sogenannten Schweredruck ($\bar{p}$) und in einen durch die dynamischen Wirkungen bedingten Anteil (p^*) zu trennen. Dieser Druck p^* stimmt dann überein mit dem Druck in der strömenden Flüssigkeit bei Abwesenheit von Schwerkräften. Uns interessieren vor allem die durch die dynamischen Wirkungen, d. h. die durch die Bewegung hervorgerufenen Druckunterschiede, während die Druckverteilung in der Ruhe im allgemeinen von geringerer Wichtigkeit ist. Wir wollen deshalb die Bernoullische Gleichung in der Form haben, wo der in ihr auftretende Druck der Druckunterschied, gerechnet vom Schweredruck aus, ist. Die durch das Eigengewicht bedingte Druckverteilung ist gegeben durch

$$\bar{p} = \text{konst.} - \gamma h\,.$$

Der an einem Punkt der bewegten Flüssigkeit herrschende Druck ist also

$$p = \bar{p} + p^* = \text{konst.} - \gamma h + p^*\,.$$

Setzen wir diesen Ausdruck in die Bernoullische Gleichung (3a) ein, so erhalten wir:

$$\frac{\mathfrak{w}^2}{2} + \frac{p^*}{\varrho} = \text{konst.}$$

Die Drucke p^* sind also um so kleiner, je größer die Geschwindigkeiten sind, und umgekehrt.

Wir erkennen also, daß — wegen der Unabhängigkeit der Dichte von der Höhe — die Wirkung der Schwerkraft auf die Flüssigkeitsteile im Innern der Flüssigkeit durch den Auftrieb, den jedes Flüssigkeitsteilchen von seiner Nachbarschaft erfährt, eliminiert wird. Es läßt sich somit die Bewegung einer schweren volumenbeständigen Flüssigkeit behandeln, ohne daß die Schwerkraft selbst berücksichtigt wird. Die Schwerkraft erlangt erst wieder ihre Bedeutung an den Begrenzungsflächen der Flüssigkeit, wo der gesamte Druck p und nicht der Druck p^* gewisse Grenzbedingungen erfüllen muß.

Diese Vereinfachung der Bernoullischen Gleichung läßt sich auf Gase, sobald deren Kompressibilität berücksichtigt werden muß, nicht übertragen, da hier die Dichte ϱ durch statische und dynamische Wirkungen gleichzeitig geändert wird. Die Schwerewirkung und die Trägheitswirkung jedes Elementes hängt aber von dem wirklichen ϱ ab, so daß also eine derartige Trennung des Druckes nicht möglich ist.

59. Beispiele für die Anwendung der Bernoullischen Gleichung. 1. Überfall einer Flüssigkeit über ein Wehr (Abb. 62). Da die Oberfläche der Flüssigkeit eine Fläche gleichen Druckes ist, so hat man nach der Bernoullischen Gleichung (3b)

$$\frac{\mathfrak{w}^2}{2g} + z = \text{konst.}$$

Ist die Gestalt der Oberfläche bekannt — z. B durch Photographie —, so läßt sich ohne weiteres die Geschwindigkeit für jeden Punkt der Oberfläche ablesen, wenn die Geschwindigkeit des zuströmenden Wassers bekannt ist.

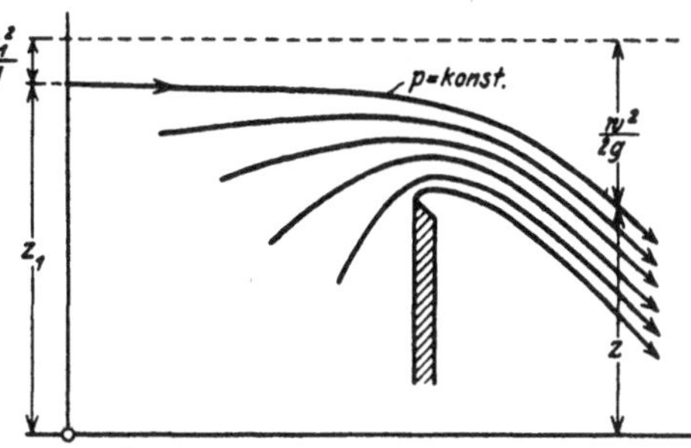

Abb. 62. Überfall einer Flüssigkeit über ein Wehr.

Hat man überhaupt irgendwelche Aussagen geometrischer Art über Flüssigkeitsbewegungen, so kann man häufig mit Erfolg die Bernoullische Gleichung benutzen, um weitere Schlüsse zu ziehen.

2. Ausflußgeschwindigkeit aus einer kleinen Öffnung eines offenen Gefäßes (Abb. 63). Als geometrische Aussage nehmen wir in diesem Fall die der Beobachtung entnommene Tatsache, daß die ausfließende Flüssigkeit einen Strahl bildet.

An der freien Oberfläche der Flüssigkeit sowohl wie an der Oberfläche des Strahles herrscht der gleiche Atmosphärendruck p_0; wir nehmen an, daß dieser Druck auch im Innern des freien Strahles vorhanden ist. An der freien Oberfläche der Flüssigkeit (A) kann man mit genügender Genauigkeit die Geschwindigkeit $\mathfrak{w}_A$ gleich Null setzen; die Höhe der Oberfläche über einer gewissen Niveaufläche sei z_A. Die Geschwindigkeit im Strahl an einer Stelle, die um z_B über der Niveaufläche liegt, sei $\mathfrak{w}_B$.

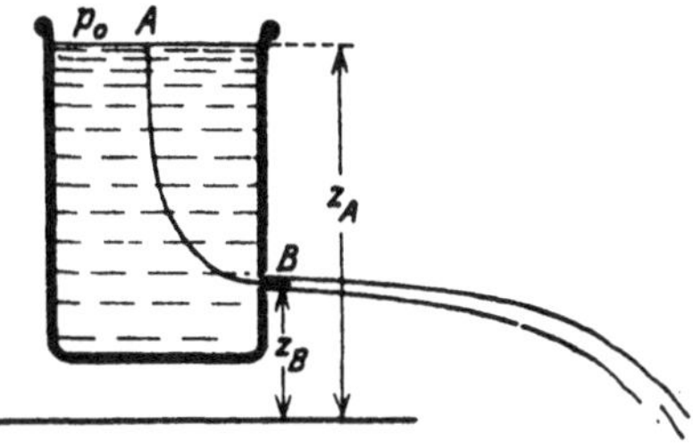

Abb. 63. Ausfluß aus einer kleinen Öffnung eines offenen Gefäßes.

Es ist somit:

$$\frac{\mathfrak{w}_B^2}{2g} + z_B = 0 + z_A,$$

also

$$\frac{\mathfrak{w}_B^2}{2g} = z_A - z_B = h$$

oder

$$\mathfrak{w}_B = \sqrt{2gh}.$$

Diese Beziehung hat schon Torricelli (Schüler von Galilei) rund 100 Jahre vor Aufstellung der Bernoullischen Gleichung gefunden; man nennt sie das Torricellische Theorem.

3. Ausflußgeschwindigkeit aus einem Druckkessel. Unter Benutzung der aus Abb. 64 ersichtlichen Bezeichnungen liefert die Bernoullische Gleichung

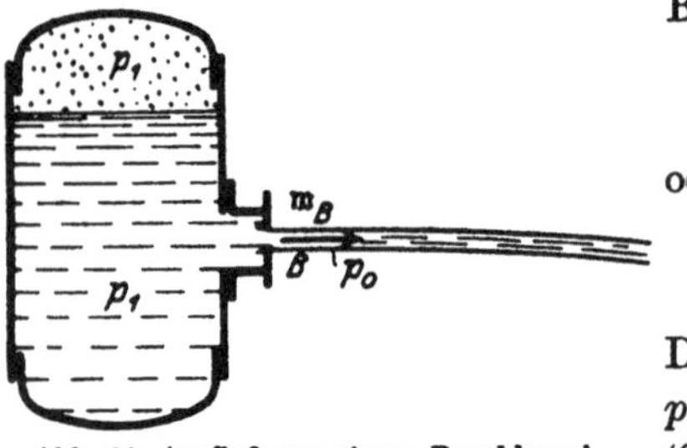

Abb. 64. Ausfluß aus einem Druckkessel.

$$\frac{\mathfrak{w}_B^2}{2} + \frac{p_0}{\varrho} = 0 + \frac{p_1}{\varrho}$$

oder

$$|\mathfrak{w}_B| = \sqrt{2\frac{p_1 - p_0}{\varrho}}.$$

Die Druckhöhe, die der Differenz $p_1 - p_0$ entsprechen würde, ist nach (9) S. 20

$$h = \frac{p_1 - p_0}{\gamma} = \frac{p_1 - p_0}{\varrho g}.$$

Dieser Ausdruck, in die obige Gleichung für $|\mathfrak{w}_B|$ eingesetzt, ergibt wieder

$$|\mathfrak{w}_B| = \sqrt{2gh}.$$

4. Zeitlicher Verlauf der Ausflußgeschwindigkeit durch ein Ansatzrohr (Abb. 65). Wir wollen die folgende Überlegung wieder unter Vernachlässigung der Reibung anstellen, obwohl besonders bei längeren Ansatzrohren die Reibung wesentlich zur Wirkung kommt.

Wir denken uns das zunächst geschlossene Rohr plötzlich geöffnet und fragen nach der zeitlichen Entwicklung der Ausflußgeschwindigkeit am Ende des Ansatzrohres. Da wir es offenbar mit einer nicht stationären Bewegung zu tun haben, müssen wir die erweiterte Bernoullische Gleichung S. 104 benutzen mit dem Glied $\int \frac{\partial \mathfrak{w}}{\partial t} \circ d\mathfrak{r}$, das wir, da es sich hier im wesentlichen um einen eindimensionalen Vorgang handelt, schreiben können $\int \frac{\partial w}{\partial t} ds$ (ds sei ein Stromlinienelement). Wir nehmen an, daß die Flüssigkeit volumenbeständig ist.

F_1 sei der Querschnitt des Ansatzrohres am Ende, F der Querschnitt an einer beliebigen Stelle des Ansatzrohres, der nicht konstant zu sein braucht.

Nach der Kontinuitätsgleichung ist, wenn wir den absoluten Betrag von $\mathfrak{w}$ mit w bezeichnen,

$$F w = F_1 w_1$$

oder

$$w = \frac{F_1}{F} w_1 .$$

Der Quotient $\frac{F_1}{F}$ ist eine Funktion von s, also $w = \varphi(s) w_1$; mithin

$$\frac{\partial w}{\partial t} = \frac{d w_1}{d t} \varphi(s) ,$$

also

$$\int \frac{\partial w}{\partial t} d s = \frac{d w_1}{d t} \int \varphi(s) \, d s .$$

Die Querschnittsflächen F zeichnen wir gefühlsmäßig (senkrecht zu den Stromlinien) so weit in das Innere des Gefäßes hinein, bis $\frac{F_1}{F}$ klein gegen 1 ist. Dann hat $\varphi(s)$ etwa den in der Abb. 65 gezeichneten

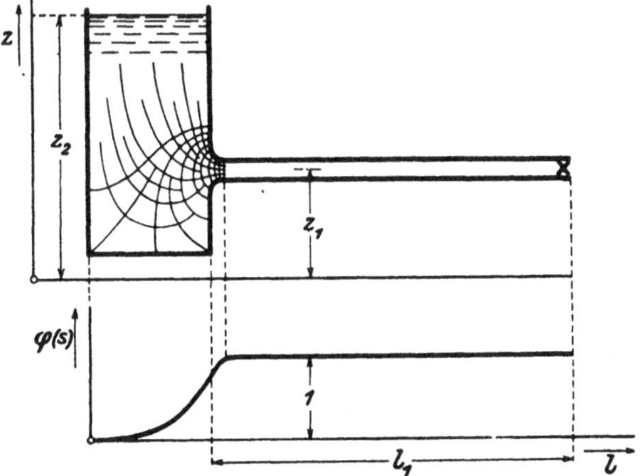

Abb. 65. Ausfluß durch ein Ansatzrohr.

Verlauf (für konstanten Querschnitt des Ansatzrohres). Durch graphische Integration erhält man hieraus das Integral $\int \varphi(s) d s$, das die Dimension einer Länge hat: $\int \varphi(s) d s = l_1$, mithin

$$\int \frac{\partial w}{\partial t} d s = l_1 \frac{d w_1}{d t} .$$

Bei konstantem Querschnitt des Ansatzrohres ist l_1 die um einen durch die Zuströmung bedingten Zuschlag vermehrte Rohrlänge.

Am Rohrende herrscht der Atmosphärendruck p_0, dort liefert die Bernoullische Gleichung also

$$l_1 \frac{d w_1}{d t} + \frac{w_1^2}{2} + \frac{p_0}{\varrho} + g z_1 = C .$$

Für einen Punkt der freien Oberfläche der Flüssigkeit im Gefäß hat man

$$\frac{p_0}{\varrho} + g z_2 = C ;$$

mithin, da die Konstanten gleich sind:

$$l_1 \frac{d w_1}{d t} + \frac{w_1^2}{2} = g (z_2 - z_1) = g h .$$

Dies ist die Differentialgleichung für w_1. Zu Beginn der Strömung, wenn die Geschwindigkeit w_1 noch klein ist, ist der Quotient $\frac{d w_1}{d t}$ groß, bis er mit wachsendem w_1 immer kleiner wird. Es sei nun angenommen, daß durch einen Zufluß dafür gesorgt ist, daß die Flüssigkeitshöhe im Gefäß konstant bleibt; dann ist die Differentialgleichung von der ersten Ordnung.

Wir können sie noch etwas anders schreiben, indem wir berücksichtigen, daß nach genügend langer Zeit (theoretisch für $t = \infty$) sich der stationäre Zustand mit der Geschwindigkeit $w_\infty = \sqrt{2 g h}$ eingestellt hat. $g h = \frac{w_\infty^2}{2}$ in die obige Gleichung eingesetzt, ergibt:

$$\frac{d w_1}{d t} = \frac{w_\infty^2 - w_1^2}{2 l_1}$$

oder

$$\frac{d w_1}{w_\infty^2 - w_1^2} = \frac{d t}{2 l_1} ,$$

mithin

$$w_1 = w_\infty \operatorname{\mathfrak{Tg}} \frac{w_\infty t}{2 l_1} .$$

Die Geschwindigkeit am Ende des Ansatzrohres wächst also wie der hyperbolische Tangens, d. h. zunächst fast linear, bis sie kurz vor Erreichen der Endgeschwindigkeit langsamer wächst und diesem Endwert asymptotisch zustrebt.

Bei fehlendem Zufluß sinkt der Wasserspiegel, und zwar ist offenbar mit F_0 = Fläche des Wasserspiegels und F_1 = Rohrquerschnitt: $F_0 \frac{d h}{d t} = - F_1 w_1$. Die Verbindung dieser Gleichung mit der obigen gibt eine Differentialgleichung zweiter Ordnung, deren Behandlung hier aber übergangen werden mag.

5. Horizontaler Flüssigkeitsstrahl gegen eine senkrechte Platte. Aus Symmetriegründen muß der mittelste Stromfaden an der Platte zur Ruhe kommen. Benutzen wir die Bezeichnungen aus Abb. 66, so lautet die Bernoullische Gleichung für zwei Punkte der mittelsten Stromlinie

$$\frac{w^2}{2} + \frac{p_0}{\varrho} = C$$

$$0 + \frac{p_1}{\varrho} = C$$

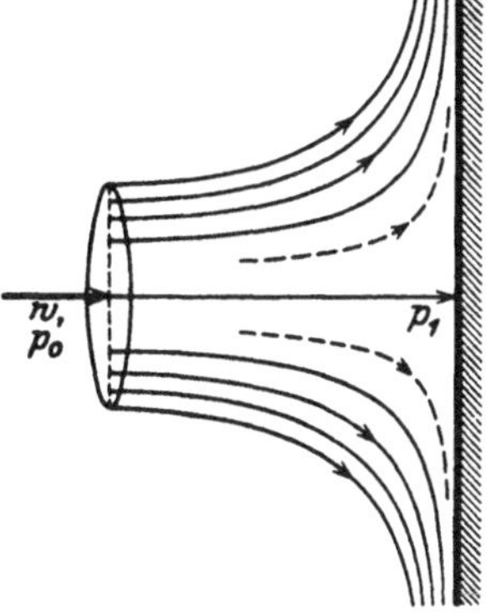

Abb. 66. Horizontaler Flüssigkeitsstrahl (rotationssymmetrisch) gegen eine senkrechte Platte.

Da die Konstanten wiederum gleich sind, haben wir

$$\frac{w^2}{2} + \frac{p_0}{\varrho} = \frac{p_1}{\varrho}$$

oder

$$p_1 = p_0 + \frac{\varrho\, w^2}{2},$$

oder mit $\varrho\, g = \gamma$ geschrieben

$$p_1 = p_0 + \frac{\gamma\, w^2}{2g}\,.$$

Den Punkt an der Platte, an dem der mittelste Stromfaden zur Ruhe kommt, an dem er sich gleichsam staut, nennt man den Staupunkt; die durch diese Stauung hervorgerufene Druckerhöhung

$$p_1 - p_0 = \frac{\varrho\, w^2}{2} = \frac{\gamma\, w^2}{2g}$$

heißt der Staudruck oder auch der dynamische Druck. Für den Flüssigkeitsdruck p_0 ist in der technischen Literatur die Bezeichnung „statischer Druck" üblich geworden. Es ist dies diejenige Kraft pro Flächeneinheit, mit der an dem betrachteten Punkt der strömenden Flüssigkeit die Grenzflächen zweier nebeneinander befindlicher Flüssigkeitsteilchen aneinandergepreßt werden. Dieser Druck würde somit von einem mit den Flüssigkeitsteilchen mitbewegten Druckmeßgerät angezeigt werden. Für die Summe von statischem und dynamischem Druck ist die Bezeichnung „Gesamtdruck" gebräuchlich.

Zu berücksichtigen ist dabei, daß die obige Gleichung allgemein nur gültig ist für homogene volumenbeständige Flüssigkeiten (ϱ = konst.), für die wir auf S. 106 die aus dem Eigengewicht der Flüssigkeit resultierende Druckverteilung eliminieren konnten. Zerlegt man für diesen Fall den in der allgemeinen Bernoullischen Gleichung auftretenden Druck p

$$p + \frac{\varrho}{2}\, w^2 + \gamma\, h = \text{konst.}$$

in den durch das Eigengewicht bedingten sogenannten Schweredruck (Hydrostatischer Druck) $\overline{p}$ — entsprechend der hydrostatischen Druckverteilung $\bar{p} + \gamma h =$ konst. — und in den mit dem Bewegungsvorgang der Flüssigkeit zusammenhängenden und durch dynamische Wirkungen bedingten Anteil p^*, so erkennt man, daß die Bezeichnung „statischer Druck" für diesen von der Bewegung der Flüssigkeit abhängigen Anteil nicht sehr glücklich ist. Es wäre deshalb besser, diesen Druck p^* etwa Bewegungsdruck zu nennen.

X. Potentialbewegung.

60. Vereinfachung der Eulerschen Gleichung und Integration bei Annahme eines Geschwindigkeitspotentials. Wir gehen jetzt dazu über, ein wesentlich allgemeineres Integral der Eulerschen Differentialgleichung aufzustellen. Es läßt sich nämlich die Eulersche Gleichung in einer ohne weiteres integrierbaren Form schreiben, wenn wir (außer einigen speziellen Annahmen über die Dichte ϱ und das Kraftfeld $\mathfrak{g}$) voraussetzen, daß die Flüssigkeitsbewegung in jedem Punkte drehungsfrei ist; und zwar braucht diese Voraussetzung der Drehungsfreiheit nur angenommen werden für einen bestimmten Zeitpunkt.

Für diesen Augenblick ist also

$$\operatorname{rot} \mathfrak{w} = 0,$$

oder in Koordinaten

$$\frac{\partial w}{\partial y} - \frac{\partial v}{\partial z} = 0$$

$$\frac{\partial u}{\partial z} - \frac{\partial w}{\partial x} = 0$$

$$\frac{\partial v}{\partial x} - \frac{\partial u}{\partial y} = 0 .$$

Wir werden später sehen, daß die Voraussetzung der Drehungsfreiheit keineswegs eine so starke Beschränkung der möglichen Bewegungen ist, wie es auf den ersten Blick zu sein scheint, sondern daß bei sehr vielen Bewegungen reibungsloser Flüssigkeiten die Voraussetzung der Drehungsfreiheit wirklich gegeben ist.

Wie wir in Nr. 47 gesehen haben, können wir eine Geschwindigkeit $\mathfrak{w}$, deren Rotation überall verschwindet, auffassen als Gradient eines Skalars Φ

$$\mathfrak{w} = \operatorname{grad} \Phi ,$$

d. h. es läßt sich also in diesem Fall immer eine skalare Ortsfunktion $\Phi(x, y, z)$ angeben, so daß

$$u = \frac{\partial \Phi}{\partial x}, \quad v = \frac{\partial \Phi}{\partial y}, \quad w = \frac{\partial \Phi}{\partial z}$$

ist. Φ nennen wir die Potentialfunktion oder kurz das Potential des Geschwindigkeitsfeldes und die Bewegung der Flüssigkeit eine Potentialbewegung. Wir werden später sehen, daß den Potentialbewegungen eine fundamentale Bedeutung in der gesamten Hydrodynamik zukommt.

Mathematisch bedeutet die Annahme einer Potentialfunktion eine ganz wesentliche Vereinfachung, da wir statt der drei Funktionen der Geschwindigkeitskomponenten $u(x, y, z)$, $v(x\ y, z)$, $w(x, y, z)$ lediglich eine Funktion $\Phi(x, y, z)$ zu bestimmen haben.

Wir fragen uns jetzt: Was ergibt sich aus der Voraussetzung der Drehungsfreiheit in einem Zeitpunkt $t = t_1$ für die Eulersche Gleichung? Da wir die Voraussetzung $\mathfrak{w} = \operatorname{grad} \Phi$ nur für einen bestimmten Zeitpunkt t_1 machen, dürfen wir in dem ersten Glied der Eulerschen Gleichung $\frac{\partial \mathfrak{w}}{\partial t}$ nicht ohne weiteres $\mathfrak{w}$ durch $\operatorname{grad} \Phi$ ersetzen. Das zweite Glied $\mathfrak{w} \circ \operatorname{grad} \mathfrak{w}$ formen wir folgendermaßen um:

Wir gehen aus von der bekannten Vektorbeziehung von drei beliebigen nicht komplanaren Vektoren $\mathfrak{a}$, $\mathfrak{b}$, $\mathfrak{c}$

$$\mathfrak{a} \times (\mathfrak{b} \times \mathfrak{c}) = \mathfrak{a} \circ \mathfrak{c}\, \mathfrak{b} - \mathfrak{a} \circ \mathfrak{b}\, \mathfrak{c}.$$

Benutzen wir diese Beziehung für $\mathfrak{a} = \mathfrak{w}$, $\mathfrak{b} = \nabla$ und $\mathfrak{c} = \mathfrak{w}$, so haben wir

$$\mathfrak{w} \times (\nabla \times \mathfrak{w}) = \mathfrak{w} \circ \mathfrak{w}\, \nabla - \mathfrak{w} \circ \nabla \mathfrak{w},$$

oder, da $\quad \mathfrak{w} \times (\nabla \times \mathfrak{w}) = \mathfrak{w} \times \operatorname{rot} \mathfrak{w}$

$$\mathfrak{w} \circ \nabla \mathfrak{w} = \mathfrak{w} \circ \mathfrak{w}\, \nabla - \mathfrak{w} \times \operatorname{rot} \mathfrak{w}.$$

Berücksichtigt man nun, daß $\mathfrak{w} \circ \mathfrak{w}\, \nabla = \nabla\, \mathfrak{w} \circ \mathfrak{w} = \operatorname{grad} \frac{\mathfrak{w}^2}{2}$ ist, und daß wir für den betrachteten Augenblick $\operatorname{rot} \mathfrak{w} = 0$ voraussetzen, so bleibt:

$$\mathfrak{w} \circ \nabla \mathfrak{w} = \mathfrak{w} \circ \operatorname{grad} \mathfrak{w} = \operatorname{grad} \frac{\mathfrak{w}^2}{2}.$$

Dasselbe Resultat erhalten wir natürlich auch, wenn wir auf die Koordinatenstellung zurückgehen:

$$\begin{aligned} \nabla \mathfrak{w} = \mathfrak{i}\mathfrak{i} \frac{\partial u}{\partial x} + \mathfrak{i}\mathfrak{j} \frac{\partial v}{\partial x} + \mathfrak{i}\mathfrak{k} \frac{\partial w}{\partial x} \\ + \mathfrak{j}\mathfrak{i} \frac{\partial u}{\partial y} + \mathfrak{j}\mathfrak{j} \frac{\partial v}{\partial y} + \mathfrak{j}\mathfrak{k} \frac{\partial w}{\partial y} \\ + \mathfrak{k}\mathfrak{i} \frac{\partial u}{\partial z} + \mathfrak{k}\mathfrak{j} \frac{\partial v}{\partial z} + \mathfrak{k}\mathfrak{k} \frac{\partial w}{\partial z} \end{aligned} = \begin{Bmatrix} \frac{\partial u}{\partial x} & \frac{\partial v}{\partial x} & \frac{\partial w}{\partial x} \\ \frac{\partial u}{\partial y} & \frac{\partial v}{\partial y} & \frac{\partial w}{\partial y} \\ \frac{\partial u}{\partial z} & \frac{\partial v}{\partial z} & \frac{\partial w}{\partial z} \end{Bmatrix}$$

wegen

$$u = \frac{\partial \Phi}{\partial x}, \qquad v = \frac{\partial \Phi}{\partial y}, \qquad w = \frac{\partial \Phi}{\partial z}$$

ist aber

$$\frac{\partial u}{\partial y} = \frac{\partial v}{\partial x}\left(= \frac{\partial^2 \Phi}{\partial x\,\partial y}\right)$$
$$\frac{\partial u}{\partial z} = \frac{\partial w}{\partial x}\left(= \frac{\partial^2 \Phi}{\partial x\,\partial z}\right)$$
$$\frac{\partial v}{\partial z} = \frac{\partial w}{\partial y}\left(= \frac{\partial^2 \Phi}{\partial y\,\partial z}\right).$$

Wir sehen also, daß es sich in $\nabla \mathfrak{w}$ um einen symmetrischen Affinor handelt, der — wie wir in Nr. 44 gesehen haben — der Ausdruck für eine Deformationsgeschwindigkeit ohne Rotation ist. Bilden wir nun die x-Komponente des Vektors $\mathfrak{w} \circ \nabla \mathfrak{w}$, so ist:

$$(\mathfrak{w} \circ \nabla \mathfrak{w})_x = u \frac{\partial u}{\partial x} + v \frac{\partial u}{\partial y} + w \frac{\partial u}{\partial z},$$

oder da

$$\frac{\partial u}{\partial y} = \frac{\partial v}{\partial x} \quad \text{und} \quad \frac{\partial u}{\partial z} = \frac{\partial w}{\partial x}$$

ist,

$$(\mathfrak{w} \circ \nabla \mathfrak{w})_x = u \frac{\partial u}{\partial x} + v \frac{\partial v}{\partial x} + w \frac{\partial w}{\partial x} = \frac{\partial}{\partial x} \frac{u^2 + v^2 + w^2}{2}.$$

Bildet man die entsprechenden Ausdrücke für die y- und z-Komponente, so ergibt sich

$$\begin{aligned}(\mathfrak{w} \circ \nabla \mathfrak{w}) &= \mathfrak{i} \frac{\partial}{\partial x}\left(\frac{u^2 + v^2 + w^2}{2}\right) + \mathfrak{j} \frac{\partial}{\partial y}\left(\frac{u^2 + v^2 + w^2}{2}\right) \\ &\quad + \mathfrak{k} \frac{\partial}{\partial z}\left(\frac{u^2 + v^2 + w^2}{2}\right) \\ &= \operatorname{grad}\left(\frac{u^2 + v^2 + w^2}{2}\right) = \operatorname{grad} \frac{\mathfrak{w}^2}{2}.\end{aligned}$$

Nehmen wir jetzt noch an, daß die Massenkraft $\mathfrak{g}$ eine Kräftefunktion U besitzt,

$$\mathfrak{g} = \operatorname{grad} U,$$

und ferner, daß die Flüssigkeit homogen ist, d. h. daß die Dichte ϱ nur eine Funktion des Druckes p allein ist (kompressibel darf die Flüssigkeit sein)

$$\int \frac{dp}{\varrho} = \mathsf{P}(p) \quad \text{oder} \quad \frac{1}{\varrho} \operatorname{grad} p = \operatorname{grad} \mathsf{P},$$

so geht die Eulersche Gleichung über in:

$$\frac{\partial \mathfrak{w}}{\partial t} = -\operatorname{grad}\left(\frac{\mathfrak{w}^2}{2} + \mathsf{P} - U\right).$$

Wir erkennen somit, daß für den Fall, daß das Geschwindigkeitsfeld in einem bestimmten Augenblick t_1 drehungsfrei ist, die Eulersche Gleichung unter den gemachten Voraussetzungen bezüglich Kraftfeld und Dichte die Aussage liefert, daß in diesem Zeitpunkt dann auch das Beschleunigungsfeld $\frac{\partial \mathfrak{w}}{\partial t}$ der Gradient eines Skalars $-\left(\frac{\mathfrak{w}^2}{2} + \mathsf{P} - U\right)$, d. h. drehungsfrei ist.

Entwickeln wir nun bei festgehaltenem Ort die Geschwindigkeit in eine Taylorsche Reihe nach der Zeit:

$$\mathfrak{w}_2 = \mathfrak{w}_1 + (t_2 - t_1)\left(\frac{\partial \mathfrak{w}}{\partial t}\right)_{t_1} + \frac{(t_2 - t_1)^2}{2!}\left(\frac{\partial^2 \mathfrak{w}}{\partial t^2}\right)_{t_1} + \cdots,$$

so haben wir für ein genügend kleines Zeitintervall $t_2 - t_1$

$$\mathfrak{w}_2 = \mathfrak{w}_1 + (t_2 - t_1)\left(\frac{\partial \mathfrak{w}}{\partial t}\right)_{t_1}.$$

Da — wie wir eben gesehen haben — für den Zeitpunkt t_1 das Feld der Geschwindigkeitsänderung $\frac{\partial \mathfrak{w}}{\partial t}$ rotationsfrei ist, so ist also auch $\mathfrak{w}_2$, d. h. das Geschwindigkeitsfeld zur Zeit t_2, ohne Rotation. Die wiederholte Anwendung dieser Überlegung führt somit zu dem Satz:

Ist in einer reibungsfreien homogenen Flüssigkeit in einem bestimmten Augenblick die Geschwindigkeitsverteilung drehungsfrei, so bleibt sie unter der Wirkung eines drehungsfreien Kräftesystems dauernd drehungsfrei. Dieser Satz stammt von Lagrange. Man kann den Satz auch so aussprechen, daß es unmöglich ist, einer rotationslosen Flüssigkeitsbewegung durch Einwirkung einer drehungsfreien Kraft Rotation zu erteilen. Auf Grund späterer Betrachtungen werden wir erkennen, daß auch in dem Fall, wo in einem endlichen Gebiet der Flüssigkeit die Bewegung drehungsfrei ist, dieser Satz für das aus denselben Flüssigkeitsteilchen bestehende Gebiet Geltung hat. Gewisse Unstetigkeiten an den Grenzen des Gebiets können allerdings Veranlassung geben, daß sich drehende Flüssigkeit oder Unstetigkeiten der Flüssigkeitsbewegung in das Innere des Gebiets hineinschieben (vgl. hierüber Nr. 84 und auch die Schlußbemerkung des vorliegenden Kapitels). Die Einschränkung des Satzes auf drehungsfreie Kraftsysteme ist nicht sehr beträchtlich, da Kraftfelder mit Drehung praktisch kaum in Betracht kommen. Eine Ausnahme dieser Art sind Kraftfelder, die unter dem Einfluß von elektrischen Strömen, die die Flüssigkeit durchsetzen, in einem Magnetfeld auftreten.

Hinsichtlich der vorausgesetzten Homogenität der Flüssigkeit ist zu sagen, daß für Flüssigkeitsbewegungen, bei denen die Dichte nicht allein vom Druck, sondern beispielsweise durch örtliche Erwärmung beeinflußt wird, der obige Satz nicht gilt. So kann man die Eulersche Gleichung in der letzten Form nicht anwenden, wenn man z. B. die Bewegung eines Gases studieren will, das an einzelnen Stellen durch äußere Wärmezufuhr erwärmt wird und durch die dadurch bedingte Dichteänderung in Bewegung gerät.

Jetzt, nachdem wir nachgewiesen haben, daß ein Geschwindigkeitsfeld einer Flüssigkeit, wenn es zu irgendeinem Zeitpunkt ein Potential besitzt, dauernd — unter den gemachten Voraussetzungen — ein Potential behält, können wir auch in dem ersten Glied der Eulerschen Gleichung für die Geschwindigkeit grad Φ einsetzen. Wegen der Unabhängigkeit der räumlichen und zeitlichen Integration können wir dann noch schreiben:

$$\frac{\partial \mathfrak{w}}{\partial t} = \frac{\partial}{\partial t} \operatorname{grad} \Phi = \operatorname{grad} \frac{\partial \Phi}{\partial t},$$

so daß wir schließlich die Eulersche Gleichung in der Form haben:

$$\operatorname{grad}\left(\frac{\partial \Phi}{\partial t} + \frac{\mathfrak{w}^2}{2} + \mathsf{P} - U\right) = 0 \qquad (1)$$

und integriert

$$\frac{\partial \Phi}{\partial t} + \frac{\mathfrak{w}^2}{2} + \mathsf{P} - U = f(t). \qquad (2)$$

$f(t)$ ist dabei eine willkürliche Funktion der Zeit.

Der Ausdruck $\frac{\partial \Phi}{\partial t} + \frac{\mathfrak{w}^2}{2} + \mathsf{P} - U$ ist also zu ein und demselben Zeitpunkt an allen Stellen der Flüssigkeit (bzw. des drehungsfreien Flüssigkeitsgebietes) konstant. Da aber die Gleichung nur sagt, daß die räumliche Differentiation des Klammerausdruckes verschwindet, so braucht die Konstante von einem Zeitpunkt zum anderen nicht dieselbe sein, d. h. sie wird im allgemeinen eine Funktion der Zeit sein. Physikalisch hat das die Bedeutung, daß der Druck in dem Raum, in dem die Bewegung stattfindet, durch äußere Einwirkungen, z. B. Drücken auf einen Stempel vgl. Abb. 67, noch beliebig variiert werden kann. Handelt es sich jedoch um unendlich ausgedehnte Flüssigkeitsbereiche, in denen eine Druckänderung durch äußere Einwirkung nicht möglich ist, so hat man auch eine von der Zeit unabhängige Konstante.

Abb. 67. Durch äußere Einwirkungen (Drücken auf einen Stempel) bewirkte Druckänderungen in dem Raum, in welchem die fraglichen Flüssigkeitsbewegungen stattfinden.

61. Zusammenhang des Integrals der Eulerschen Gleichung für Potentialbewegungen mit dem entsprechenden Integral längs einer Stromlinie. Wir haben in (2) ein sehr allgemeines Integral der Eulerschen Gleichung, das nicht wie das in der vorigen Nr. abgeleitete spezielle Integral nur für Flüssigkeitsteile einer Stromlinie gilt, sondern ganz allgemein für alle Punkte der Flüssigkeit, sofern nur die notwendigen Voraussetzungen erfüllt sind.

Als wesentlichste dieser Voraussetzungen hat dabei, wie wir gesehen haben, diejenige zu gelten, daß die Geschwindigkeitsverteilung — wenn auch nur für einen Augenblick — rotationsfrei gewesen sein muß. Nun fallen offenbar hierunter alle Flüssigkeitsbewegungen, die aus der Ruhe heraus erfolgen, da die Flüssigkeit in der Ruhe sicher drehungsfrei ist ($\Phi =$ konst.). Wir können also sagen, daß sämtliche Bewegungen einer homogenen reibungslosen Flüssigkeit aus der Ruhe heraus rotationsfrei sind, wenn das Kraftfeld (wie es fast immer der Fall ist) eine Kräftefunktion besitzt.

Hier ergibt sich nun ein enger Zusammenhang mit dem speziellen Integral der Eulerschen Gleichung auf der Stromlinie, der Bernoullischen Gleichung, von der wir festgestellt hatten, daß auch sie für alle Punkte der Flüssigkeit gilt, wenn die Flüssigkeit in einem so großen Gefäß ihren Ursprung hat, daß die dort herrschenden Geschwindigkeiten praktisch gleich Null sind (die Bernoullische Konstante ist dann für alle Stromlinien die gleiche).

Für den stationären Fall sind nämlich beide Gleichungen identisch, d. h. für stationäre Bewegungen einer vordem ruhenden homogenen, reibungslosen Flüssigkeit ergibt sich dieselbe Beziehung, die wir früher für den Spezialfall erhalten hatten: daß die sich bewegende Flüssigkeit aus einem Gebiete stammt, in dem statische Verhältnisse bestehen:

$$\frac{\mathfrak{w}^2}{2} + \mathsf{P} - U = f(t)\,.$$

Man weiß jetzt also, daß eine Flüssigkeitsbewegung, bei der die Bernoullische Konstante auf allen Stromlinien die gleiche ist, eine Potentialbewegung und somit drehungsfrei ist.

Für nicht stationäre Bewegungen konnten wir die Integration der Eulerschen Gleichung durch Bildung des Linienintegrals auf einer Stromlinie nicht durchführen; es blieb das Glied $\int \frac{\partial \mathfrak{w}}{\partial t} \circ d\mathfrak{r}$. Haben wir jedoch den Fall, daß die Flüssigkeit aus Gebieten kommt, in denen statische Verhältnisse bestehen, so daß also die Bernoullische Konstante in der ganzen Flüssigkeit dieselbe ist, so können wir jetzt, nachdem wir erkannt haben, daß es sich dann immer um Potentialbewegungen ($\mathfrak{w} = \operatorname{grad} \Phi$) handelt, die Quadratur von $\int \frac{\partial \mathfrak{w}}{\partial t} \circ d\mathfrak{r}$ ausführen:

$$\int \frac{\partial \mathfrak{w}}{\partial t} \circ d\mathfrak{r} = \frac{\partial}{\partial t} \int \operatorname{grad} \Phi \circ d\mathfrak{r} = \frac{\partial \Phi}{\partial t}\,.$$

Damit geht aber die aus dem Linienintegral abgeleitete Lösung der Eulerschen Gleichung über in die Gleichung

$$\frac{\partial \Phi}{\partial t} + \frac{\mathfrak{w}^2}{2} + \mathsf{P} - U = f(t)\,,$$

die wir die allgemeine Bernoullische Gleichung nennen wollen.

Der berühmte Satz von Lagrange, daß eine rotationsfreie Bewegung einer homogenen reibungsfreien Flüssigkeit durch beliebige Kraftwirkungen eines (eine Kräftefunktion besitzenden) Kraftfeldes nie eine Drehung erhalten kann, scheint nun mit der Erfahrung keineswegs übereinzustimmen. Freilich gibt es keine vollkommen reibungslosen Flüssigkeiten, aber in vielen Fällen ist die Zähigkeit doch so klein, daß man sich fragt: Wie können so geringe Ursachen, wie es die Zähigkeiten von Luft, Wasser usw. sind, so große Änderungen in den Bewegungsvorgängen zur Folge haben, wie man sie beobachtet? Die Antwort auf diese Frage ist die, daß der Lagrangesche Satz in weitestem Maße tatsächlich überall dort gilt, wo die Reibungswirkungen vernachlässigt werden können, und das ist — wie wir ausführlicher in Nr. 55 gesehen haben — im Innern einer Flüssigkeit der Fall, nicht aber in der dünnen Schicht längs der Begrenzungsfläche der Flüssigkeit, in der die Reibungswirkungen auch bei sonst sehr wenig zähen Flüssigkeiten beträchtlich werden. Hier, wo die notwendige Voraussetzung der Reibungslosigkeit auch nicht annähernd erfüllt ist, gilt auch der Lagrangesche Satz nicht. Wie wir in Nr. 55 schon erwähnt haben, kann nun dieses Grenzschichtmaterial sich unter gewissen Umständen von der Begrenzungsfläche loslösen, in das Innere der Flüssigkeit gelangen und dadurch den Bewegungszustand der hier sonst nahezu reibungslosen Flüssigkeit vollständig verändern. Es kommt hinsichtlich der Gültigkeit des Lagrangeschen Satzes wesentlich darauf an, die Gebiete desjenigen Flüssigkeitsbereiches festzustellen, in denen die Voraussetzungen der Reibungslosigkeit, der Drehungsfreiheit und der Homogenität der Flüssigkeit gelten.

62. Die Bestimmungsgleichungen für die Potential- und für die Druckfunktion. Kehren wir zur allgemeinen Bernoullischen Gleichung (2) zurück, so haben wir — da Φ noch der Kontinuitätsgleichung genügen muß — unter der Annahme einer bekannten Kräftefunktion (Schwerepotential) zwei Gleichungen für Φ und P, aus denen wir Φ bestimmen können.

$$\frac{\partial \varrho}{\partial t} + \varrho \operatorname{div} \mathfrak{w} + \mathfrak{w} \circ \operatorname{grad} \varrho = 0 \quad \text{allgemeine Kontinuitätsgleichung},$$

$$\frac{\partial \Phi}{\partial t} + \frac{\mathfrak{w}^2}{2} + \mathsf{P} - U = f(t) \quad \text{allgemeine Bernoullische Gleichung},$$

wobei die Dichte allein eine Funktion des Druckes ist.

Dividieren wir die Kontinuitätsgleichung durch ϱ, und setzen wir

$$\operatorname{div} \mathfrak{w} = \nabla \circ \mathfrak{w} = \nabla \circ \operatorname{grad} \Phi = \nabla \circ \nabla \Phi = \Delta \Phi,$$

so ist:

$$\frac{1}{\varrho}\frac{\partial \varrho}{\partial t} + \Delta \Phi + \frac{1}{\varrho} \operatorname{grad} \Phi \circ \operatorname{grad} \varrho = 0.$$

Berücksichtigt man nun, daß nach einer allgemeinen Formel die Schallgeschwindigkeit

$$c = \sqrt{\frac{E}{\varrho}}$$

ist, wo E den Elastizitätsmodul bedeutet, und daß anderseits

$$E = \frac{dp}{-\frac{1}{V}\,dV}$$

ist, also wegen

$$-\frac{dV}{V} = \frac{d\varrho}{\varrho}$$

$$\frac{E}{\varrho} = \frac{dp}{d\varrho} = c^2,$$

so erhält man, da

$$d\mathsf{P} = \frac{dp}{\varrho} = \frac{dp}{d\varrho}\cdot\frac{d\varrho}{\varrho} = c^2\,\frac{d\varrho}{\varrho}$$

ist, für die allgemeine Kontinuitätsgleichung:

$$\frac{1}{c^2}\,\frac{\partial \mathsf{P}}{\partial t} + \Delta\Phi + \frac{\operatorname{grad}\Phi \circ \operatorname{grad}\mathsf{P}}{c^2} = 0\,. \tag{3}$$

Mit

$$\frac{\partial\Phi}{\partial t} + \frac{\mathfrak{w}^2}{2} + \mathsf{P} - U = f(t)$$

haben wir also unter Berücksichtigung von $\mathfrak{w} = \operatorname{grad}\Phi$ zwei Gleichungen für Φ und P, durch die jede drehungsfreie Bewegung einer homogenen reibungsfreien Flüssigkeit, vorbehaltlich genügender Angaben über die Bedingungen an den Grenzen, eindeutig bestimmt ist.

Dieses recht komplizierte Gleichungssystem vereinfacht sich indessen in den folgenden speziellen Fällen bedeutend:

1. für volumenbeständige Flüssigkeiten (ϱ = konst.),
2. für den Fall, daß die Geschwindigkeit $\mathfrak{w}$ sehr klein ist,
3. für stationäre Bewegungen
   a) bei großen Abmessungen, aber mäßig großen Geschwindigkeiten,
   b) bei kleinen Abmessungen, aber sehr großen Geschwindigkeiten,
4. für das eindimensionale Problem.

63. Berechnung der Potentialfunktion für volumenbeständige Flüssigkeiten. Die Kontinuitätsgleichung lautet in diesem Falle

$$\operatorname{div}\mathfrak{w} = \Delta\Phi = 0\,. \tag{4}$$

Da diese Gleichung allein Φ enthält, und anderseits durch die Angabe von Φ das ganze Geschwindigkeitsfeld gegeben ist, so läßt sich aus

$\Delta \Phi = 0$ unter Berücksichtigung der Grenzbedingungen an allen Grenzen der Flüssigkeit die gesamte Kinematik des Bewegungsvorganges berechnen.

Die allgemeine Bernoullische Gleichung dient dann nur noch zur nachträglichen Berechnung des Druckes, wobei die Funktion $f(t)$ auf der rechten Seite der Gleichung eindeutig bestimmt ist, sobald an irgendeiner Stelle der Flüssigkeit der Druck vorgeschrieben ist. Dabei ist es notwendig, daß an sämtlichen Grenzen der Flüssigkeit die Geschwindigkeiten vorgegeben sind. Ist das nicht der Fall, wie z. B. beim Vorkommen von freien Oberflächen, an denen keine Bedingungen für die Geschwindigkeiten gegeben sind, so läßt sich auch nicht aus (4) allein die Bewegung bestimmen. Ebenfalls läßt sich in den Fällen, in denen die Dichte nicht konstant ist, die Teilung des Rechnungsganges in die Bestimmung der Bewegungsformen und in die Berechnung der Drucke nicht vornehmen.

Die Gleichung $\Delta \Phi = 0$, die auch die Laplacesche Differentialgleichung genannt wird, ist außerordentlich häufig behandelt worden, da sie auch in der Lehre von den elektrischen und magnetischen Kraftfeldern eine grundlegende Rolle spielt. Sie bildet das eigentliche Gebiet der Potentialtheorie und der klassischen Hydrodynamik. Da man sehr viele Lösungen von dieser Gleichung kennt, und in der Literatur[1] darüber alles Nähere zu finden ist, wollen wir hier nicht näher darauf eingehen. Nur eine Bemerkung wollen wir noch hinzufügen:

Haben wir bisher quadratische Differentialgleichungen für hydrodynamische Vorgänge als charakteristisch kennen gelernt (Eulersche, allgemeine Bernoullische Gleichung), so tritt hier bei der Potentialbewegung einer volumenbeständigen Flüssigkeit eine lineare Gleichung in Φ auf. Das schließt nun große mathematische Vereinfachungen in sich, die damit zusammenhängen, daß jede lineare Kombination partikulärer Lösungen wieder eine Lösung der Differentialgleichung ist. Man erhält auf diese Weise eine große Vielseitigkeit von Lösungen, wodurch die Befriedigung der Grenzbedingungen wesentlich erleichtert wird.

64. Berechnung der Potentialfunktion für den Fall, daß die Geschwindigkeit $\mathfrak{w}$ sehr klein ist. Ist $\mathfrak{w}$ so klein, daß in der Kontinuitätsgleichung $\frac{\mathfrak{w} \circ \operatorname{grad} \mathsf{P}}{c^2}$ und in der Bernoullischen Gleichung $\frac{\mathfrak{w}^2}{2}$ als klein von zweiter Ordnung vernachlässigt werden können, so bleibt für die Kontinuitätsgleichung

$$\frac{2}{c^2}\frac{\partial \mathsf{P}}{\partial t} + \Delta \Phi = 0 .$$

[1] Lamb, H.: Lehrbuch der Hydrodynamik. nach der 3. englischen Auflage übersetzt von J. Friedel. Leipzig 1907.

Nehmen wir ferner an, daß die betrachteten Flüssigkeits- bzw. Gasabmessungen nur so groß sind, daß wir die durch das Kraftfeld bedingten Änderungen in der Dichte vernachlässigen können (so daß nur Dichteänderungen durch dynamische Wirkungen zugelassen werden), so haben wir für die allgemeine Bernoullische Gleichung

$$\frac{\partial \Phi}{\partial t} + \mathsf{P} = \text{konst.}$$

Die Funktion $f(t)$ haben wir dabei gleich konst. gesetzt, da wir den Fall ausschließen wollen, daß der Druck im Innern der Flüssigkeit durch äußere Einwirkungen (etwa durch einen von außen bewegten Stempel an der Begrenzungsfläche der Flüssigkeit) geändert wird. Differenzieren wir diese Gleichung nach t und setzen $\frac{\partial \mathsf{P}}{\partial t} = -\frac{\partial^2 \Phi}{\partial t^2}$ in die Kontinuitätsgleichung ein, so ergibt sich:

$$c^2 \Delta \Phi = \frac{\partial^2 \Phi}{\partial t^2}. \tag{5}$$

Dies ist aber die bekannte Differentialgleichung für die Schallausbreitung eines homogenen Mediums. Wir wollen hier die verschiedenen Methoden der Integration dieser Gleichung nicht behandeln, da in der Literatur über diesen Gegenstand alles Nähere nachgelesen werden kann[1].

Nur auf ein Beispiel wollen wir kurz noch eingehen. Eine Lösung der Differentialgleichung (5) ist — wie man durch Verifikation sofort erkennt — gegeben durch:

$$\Phi = A\, e^{i(\alpha x - \beta t)},$$

wobei die komplexe Schreibweise so verstanden werden soll, daß sowohl der reelle wie auch der imaginäre Teil von $A e^{i(\alpha x - \beta t)}$ eine Lösung der Differentialgleichung darstellt.

Wir haben somit als Geschwindigkeitskomponenten:

$$u = \frac{\partial \Phi}{\partial x} = i\alpha A e^{i(\alpha x - \beta t)}$$

$$v = \frac{\partial \Phi}{\partial y} = 0$$

$$w = \frac{\partial \Phi}{\partial z} = 0.$$

Bilden wir:

$$\Delta \Phi = -\alpha^2 A e^{i(\alpha x - \beta t)}$$

und

$$\frac{\partial^2 \Phi}{\partial t^2} = -\beta^2 A e^{i(\alpha x - \beta t)},$$

[1] Vgl. z. B. Rayleigh, Theorie des Schalles, II. Bd., Kap. XIII u. f.

so ergibt sich, wenn wir beide Größen in die Differentialgleichung (5) einsetzen:

$$c^2 \alpha^2 = \beta^2;$$

für ein bestimmtes α $\left(\text{d. h. für eine bestimmte Wellenlänge } \lambda = \frac{2\pi}{\alpha}\right)$ ist also β bestimmt durch

$$\beta = \pm c\,\alpha.$$

Wir haben somit die beiden Lösungen:

$$\Phi_1 = A e^{i[\alpha(x-ct)]}$$

und

$$\Phi_2 = A e^{i[\alpha(x+ct)]},$$

die nach rechts bzw. links mit der Geschwindigkeit c fortschreitende Wellen darstellen. Wir befinden uns im Gebiet der Akustik; alle Schallwellen, alle Töne haben die gleiche Fortpflanzungsgeschwindigkeit. Es tritt also keine Dispersion ein, wie z. B. bei Lichtwellen in isotropen Medien oder wie bei Wasserwellen an der Oberfläche.

Die Kugel- und Zylinderwellen verlaufen ziemlich ähnlich wie die hier behandelten ebenen Wellen. Über die Einzelheiten sei auf die Behandlung in den Lehrbüchern der klassischen theoretischen Physik verwiesen.

Hinsichtlich der Voraussetzungen, unter denen die Differentialgleichung (5) abgeleitet wurde, würde eine Berücksichtigung von U, also eine Berücksichtigung der Tatsache, daß bei sehr großen räumlichen Abmessungen die Dichte auch mit vom Kraftfeld abhängt, sich dahin geltend machen, daß c nicht konstant, sondern eine Funktion des Ortes wird. Besonders betonen wollen wir aber nochmals, daß (5) nur als eine Näherung aufzufassen ist für kleine Geschwindigkeiten, was bei den meist kleinen Schwingungszeiten auch immer kleine Wege bedeutet. Für Wellen mit endlichen Amplituden (wie sie bei Explosionen am Explosionsherd vorkommen) gilt die Gleichung nicht. Hier können Druckunterschiede von mehreren Atmosphären und Geschwindigkeiten gleich dem Vielfachen der Schallgeschwindigkeiten auftreten. Unter Nr. 65, b kommen wir nochmals kurz auf solche Vorgänge zurück.

65. Die Potentialfunktion für stationäre Bewegungen. Im stationären Fall, bei dem die Ableitung nach der Zeit verschwindet, hat die Bernoullische Gleichung die Form:

$$\frac{\mathfrak{w}^2}{2} + \mathsf{P} - U = \text{konst}.$$

Bilden wir den Gradienten, und setzen wir den Ausdruck für grad P

in die Kontinuitätsgleichung (3) für stationäre Bewegungen, so erhalten wir als Gleichung für die Potentialfunktion Φ

$$\Delta\Phi + \frac{\mathfrak{w} \circ \operatorname{grad}\left(U - \frac{\mathfrak{w}^2}{2}\right)}{c^2} = 0. \tag{6}$$

Wir unterscheiden nun zwei Fälle:

a) die Geschwindigkeiten sind mäßig groß, so daß $\frac{w^2}{c^2}$ vernachlässigt werden kann; die räumlichen Abmessungen der betrachteten Flüssigkeit bzw. des Gases jedoch sind so groß, daß man die Dichteänderungen, hervorgerufen durch die Druckänderungen, die das eingeprägte Kraftfeld (das Gewicht der Gasmasse) verursacht, berücksichtigen muß.

b) Die Geschwindigkeiten sind von der Größenordnung der Schallgeschwindigkeit, die in Frage kommenden räumlichen Abmessungen der Flüssigkeit bzw. des Gases aber so klein, daß die Dichteänderungen durch das Gewicht des Gases vernachlässigt werden dürfen.

Für den Fall a) vereinfacht sich die obige Gleichung zu

$$c^2 \Delta\Phi + \mathfrak{w} \circ \operatorname{grad} U = 0. \tag{7}$$

Dies ist somit die Kontinuitätsgleichung der homogenen freien Atmosphäre, freilich nur insoweit, als die Erdrotation keine Rolle spielt. Mit Berücksichtigung der Erdrotation, die bei wagerecht weit ausgedehnten Gebieten unerläßlich ist, geht die Drehungsfreiheit verloren, so daß die Behandlung mit Strömungspotentialen nicht mehr anwendbar ist. Nehmen wir ein homogenes Schwerfeld an (U = konst. — gz), d. h. vernachlässigen wir die durch die Kugelgestalt der Erde bedingte Abnahme von g mit der Höhe (z), so haben wir

$$c^2 \Delta\Phi - g\frac{\partial\Phi}{\partial z} = 0. \tag{7a}$$

Diese Gleichung ist noch wenig behandelt worden. Der Grund dafür liegt in den Einwendungen, die man von physikalischer Seite machen kann, insofern als die Zustandsänderungen der Atmosphäre im allgemeinen nicht adiabatisch vor sich gehen, so daß die dabei auftretenden Schichtungen der Atmosphäre der für die Anwendung der allgemeinen Bernoullischen Gleichung notwendigen Voraussetzung der Homogenität widersprechen.

Immerhin ließe sich für den Fall, daß man die Bewegung der adiabatischen Atmosphäre in einem Gebiet mäßiger Höhe untersuchen will, eine Näherung dadurch erhalten, daß man zunächst Volumenbeständigkeit annimmt und mit dem aus $\Delta\Phi_1 = 0$ erhaltenen Φ_1 in (7a) $g\frac{\partial\Phi_1}{\partial z}$ berechnet und die Gleichung $c^2 \Delta\Phi_2 = g\frac{\partial\Phi_1}{\partial z}$ löst. Mit dem sich aus dieser Gleichung ergebenden Φ_2 kann man $\frac{\partial \Phi_2}{\partial z}$ berechnen und ein Φ_3 bestimmen und so der Lösung von (7a) beliebig nahe kommen, vorausgesetzt, daß das Verfahren konvergiert und die Schwierigkeiten bei der Erfüllung der Randbedingungen überwunden werden können.

Für den Fall b) bekommen wir als Differentialgleichung einer kompressiblen Flüssigkeit

$$\Delta \Phi - \frac{\mathfrak{w} \circ \operatorname{grad} \frac{\mathfrak{w}^2}{2}}{c^2} = 0. \tag{8}$$

Wir nehmen dabei also an, daß in dem betrachteten Gebiet die Dichteänderung durch Eigengewicht vernachlässigt werden darf (bei der Atmosphäre ca. 1% Abweichung auf 100 m Höhendifferenz).

Als ein Anwendungsgebiet dieser Differentialgleichung haben wir z. B. den Fall, daß ein Gas aus einem Kessel unter hohem Druck (z. B. 10 Atm.) durch eine Öffnung oder ein Rohr ausströmt. Auch in der Theorie der Dampfturbinen treten ähnliche Verhältnisse auf, und gerade mit Rücksicht auf die Vorgänge bei Dampfturbinen ist diese Differentialgleichung verschiedentlich behandelt worden.

Bilden wird den Ausdruck $\mathfrak{w} \circ \operatorname{grad} \frac{\mathfrak{w}^2}{2}$ in Koordinatendarstellung um, so ist

$$\begin{aligned}
\mathfrak{w} \circ \operatorname{grad} \frac{\mathfrak{w}^2}{2} &= (\mathfrak{i}\, u + \mathfrak{j}\, v + \mathfrak{k}\, w) \circ \left(\mathfrak{i} \frac{\partial \frac{\mathfrak{w}^2}{2}}{\partial x} + \mathfrak{j} \frac{\partial \frac{\mathfrak{w}^2}{2}}{\partial y} + \mathfrak{k} \frac{\partial \frac{\mathfrak{w}^2}{2}}{\partial z}\right) \\
&= u \frac{\partial}{\partial x}\left(\frac{u^2 + v^2 + w^2}{2}\right) \\
&\quad + v \frac{\partial}{\partial y}\left(\frac{u^2 + v^2 + w^2}{2}\right) \\
&\quad + w \frac{\partial}{\partial z}\left(\frac{u^2 + v^2 + w^2}{2}\right) \\
&= u^2 \frac{\partial u}{\partial x} + u v \left(\frac{\partial u}{\partial y} + \frac{\partial v}{\partial x}\right) \\
&\quad + v^2 \frac{\partial v}{\partial y} + u w \left(\frac{\partial u}{\partial z} + \frac{\partial w}{\partial x}\right) \\
&\quad + w^2 \frac{\partial w}{\partial z} + v w \left(\frac{\partial v}{\partial z} + \frac{\partial w}{\partial y}\right).
\end{aligned}$$

Da ferner

$$\Delta \Phi = \frac{\partial u}{\partial x} + \frac{\partial v}{\partial y} + \frac{\partial w}{\partial z}$$

ist, so ergibt sich für (8)

$$\begin{aligned}
\frac{\partial u}{\partial x}\left(1 - \frac{u^2}{c^2}\right) + \frac{\partial v}{\partial y}\left(1 - \frac{v^2}{c^2}\right) + \frac{\partial w}{\partial z}\left(1 - \frac{w^2}{c^2}\right) - \left(\frac{\partial u}{\partial y} + \frac{\partial v}{\partial x}\right)\frac{u v}{c^2} \\
- \left(\frac{\partial u}{\partial z} + \frac{\partial w}{\partial x}\right)\frac{u w}{c^2} - \left(\frac{\partial v}{\partial z} + \frac{\partial w}{\partial y}\right)\frac{v w}{c^2} = 0.
\end{aligned} \tag{8a}$$

Zu dieser Gleichung muß bemerkt werden, daß die Unabhängigkeit von der Bernoullischen Gleichung nur scheinbar ist, denn die Schallgeschwindigkeit c ist eine Funktion des Druckes bzw. der Dichte; durch die Verbindung mit der Bernoullischen Gleichung wird sie hier eine Funktion von $(u^2 + v^2 + w^2)$.

Bezüglich der Lösung dieser Differentialgleichung kann man in den Fällen, in denen u, v, w mäßig groß (jedenfalls kleiner als die Schallgeschwindigkeit) sind, durch sukzessive Approximation zum Ziel kommen. Zu diesem Zweck bestimmt man eine erste Näherung Φ_1 aus der volumenbeständigen Flüssigkeitsbewegung $\Delta\Phi_1 = 0$ und berechnet daraus u_1, v_1, w_1. Mit diesen Werten geht man darauf in die Gleichung:

$$c^2 \Delta \Phi_2 = u_1^2 \frac{\partial u_1}{\partial x} + u_1 v_1 \left(\frac{\partial u_1}{\partial y} + \frac{\partial v_1}{\partial x}\right) + \cdots$$

Hieraus läßt sich Φ_2 und damit u_2, v_2, w_2 bestimmen usw. Das Verfahren konvergiert im allgemeinen um so besser, je kleiner $\mathfrak{w}$ gegenüber der Schallgeschwindigkeit c ist.

Haben wir jedoch Geschwindigkeiten, die gleich oder größer als die Schallgeschwindigkeit sind, wie sie z. B. beim Ausströmen eines Gases aus einem Druckkessel auftreten können, so konvergiert das eben angegebene Verfahren nicht mehr, und wir müssen andere Methoden anwenden.

Durch einen Kunstgriff ist es in diesem Falle möglich, die nichtlineare Differentialgleichung (8a) in eine lineare zu verwandeln. Wir kehren, um dieses zu bewirken, das Verhältnis der abhängigen und der unabhängigen Variablen durch Einführung einer Legendreschen Transformation um, so daß wir u, v, w als unabhängige und x, y, z als abhängige Variable haben. Die Klammerausdrücke $\left(1 - \frac{u^2}{c^2}\right)$ usw. enthalten dann die Unabhängige, und man bekommt eine lineare Differentialgleichung, deren Koeffizienten allerdings wieder Funktionen der Unabhängigen sind. Ohne auf die Einzelheiten der Transformation hier näher einzugehen, wollen wir nur noch bemerken, daß man nach der Art, wie solche Transformationen ausgeführt werden, an Stelle des Potentials zu einem Ausdruck

$$\Psi = u x + v y + w z - \Phi$$

gelangt (symmetrisch in Ψ und Φ). In Verbindung mit

$$u = \frac{\partial \Phi}{\partial x}, \quad v = \frac{\partial \Phi}{\partial y}, \quad w = \frac{\partial \Phi}{\partial z}$$

ergeben sich dann für die neuen Abhängigen

$$x = \frac{\partial \Psi}{\partial u}, \quad y = \frac{\partial \Psi}{\partial v}, \quad z = \frac{\partial \Psi}{\partial w}.$$

Geht man mit diesen neuen Variablen in die Differentialgleichung (8a) ein, so erhält man die oben erwähnte lineare partielle Differentialgleichung für Ψ, und zwar zeigt sich, daß die so erhaltene Gleichung

$$\text{von elliptischem Typ ist für } |\mathfrak{w}| < c$$

und

$$\text{von hyperbolischem Typ ist für } |\mathfrak{w}| > c .$$

Physikalisch bedeuten die beiden Gleichungstypen vollständig verschiedene Strömungsarten. Wir betrachten die Strömung längs einer Platte (zweidimensional), und nehmen an, daß an irgendeiner Stelle dieser Platte sich eine Unebenheit befindet, durch die die sonst glatte Strömung gestört wird (Abb. 68 und 69). Ist die Geschwindigkeit kleiner als die Schallgeschwindigkeit, so glätten sich die äußeren Stromlinien sehr rasch, und die Störung klingt nach außen asymptotisch ab (Abb. 68). Ist dagegen die Geschwindigkeit größer als die Schallgeschwindigkeit, so pflanzen sich die Unstetigkeiten der Wand in voller Stärke in das Innere der Flüssigkeit fort, ohne irgendwie abzuklingen (Abb. 69). Wir können somit feststellen, daß die mit Unterschallgeschwindigkeit strömende Flüssigkeit bezüglich Störungen ausgleichend wirkt, während die mit Überschallgeschwindigkeit strömende Flüssigkeit alle Wandstörungen in die Flüssigkeit hinein fortpflanzt.

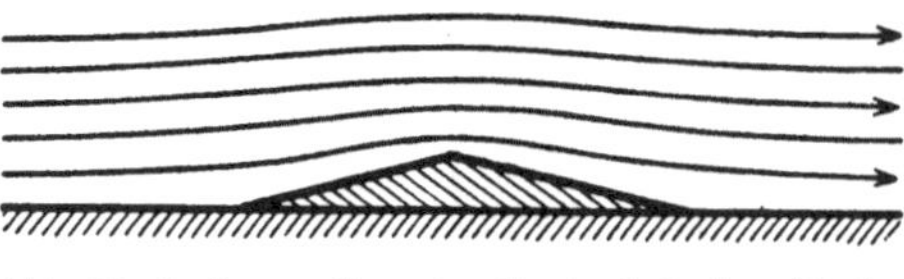
Abb. 68. Strömung über eine Unebenheit einer Platte bei Unterschallgeschwindigkeit; die Störung klingt ab.

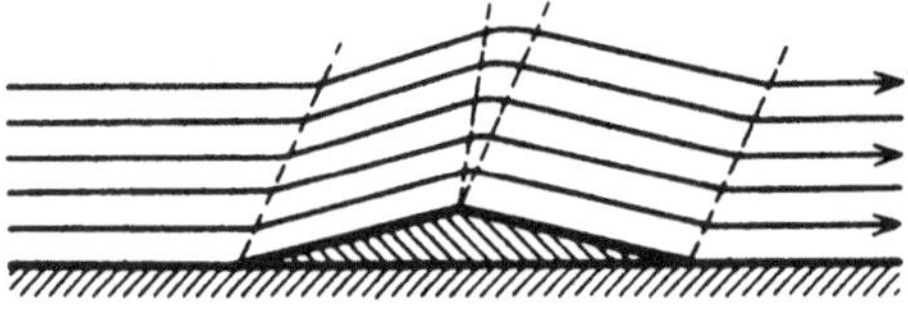
Abb. 69. Strömung über eine Unebenheit einer Platte bei Überschallgeschwindigkeit; die Störungen pflanzen sich in das Innere der Flüssigkeit unvermindert fort.

Wir wollen uns diese verschiedenen Eigenschaften der beiden Strömungsarten noch für den Fall klarmachen, daß sich in einem festen Raumpunkt A einer allseitig ausgedehnten Flüssigkeit von der Geschwindigkeit $\mathfrak{w}$ ein punktförmiger Störungsherd befindet. Eine momentane Störung breitet sich nun in Form einer Kugelwelle aus, deren Mittelpunkt sich mit der Strömungsgeschwindigkeit $\mathfrak{w}$ bewegt. Ist nun die Strömungsgeschwindigkeit $< c$, so hat nach einer Zeit τ die Kugelwelle offenbar die in Abb. 70 gezeichnete Lage bezüglich A. Gehen vom Störungsherd nun dauernd Störungen aus, die man als schnelle Aufeinanderfolge momentaner Störungen auffassen kann, so erhält man die in Abb. 70 dargestellte Kugelwellenschar. Wie man erkennt, ergibt sich eine Auswirkung der Störung nach allen Richtungen, allerdings nach verschiedenen Richtungen verschieden schnell.

Ist jedoch die Strömungsgeschwindigkeit $> c$, so ist die die Störung fortpflanzende Kugelwelle nach der Zeit τ in die Lage bezüglich A gekommen, wie in Abb. 71 dargestellt. Bei dauernder Störung erfüllen, wie man aus Abb. 71 ersieht, die sämtlichen Kugelflächen einen kegelförmigen Raum mit dem Punkt A als Spitze. Man erkennt, daß das Gebiet außerhalb dieses Kegels völlig frei von jeder Einwirkung des Störungsherdes bleibt. Wie sich aus Abb. 71 ergibt, bestimmt sich der Winkel α des Kegels aus der Beziehung

$$\sin\alpha = \frac{c}{|\mathfrak{w}|}.$$

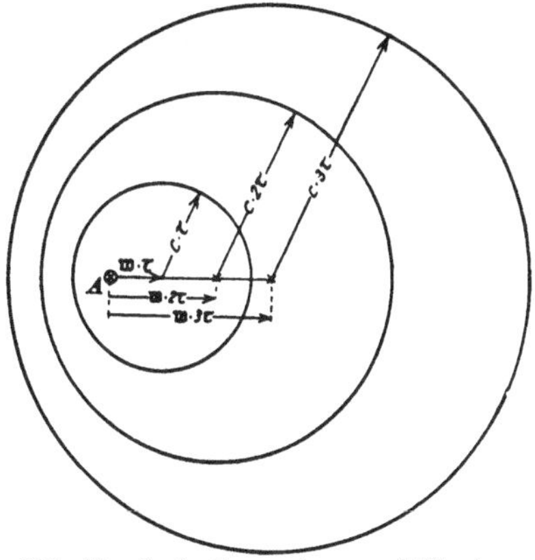

Abb. 70. Ausbreitung einer punktförmigen Störung bei Unterschallgeschwindigkeit.

Eine dauernde punktförmige Störung breitet sich also in einer mit Unterschallgeschwindigkeit strömenden Flüssigkeit mit Schallgeschwindigkeit nach allen Seiten aus, wobei die Intensität in einer Richtung proportional dem Quadrat der Entfernung vom Störungsherd abnimmt, während die Wirkung der Störung in einer mit Überschallgeschwindigkeit strömenden Flüssigkeit nur ein kegelförmiges Gebiet erfüllt und auf der Kegeloberfläche eine Intensitätsabnahme proportional der ersten Potenz der Entfernung vom Störungsherd erfährt.

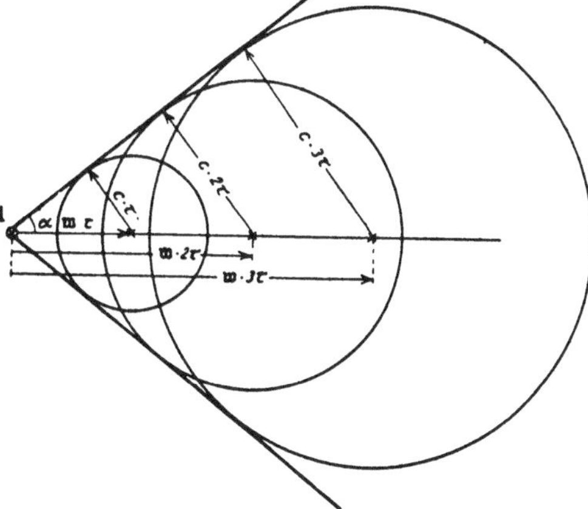

Abb. 71. Ausbreitung einer punktförmigen Störung bei Überschallgeschwindigkeit.

66. Bestimmung der Potentialfunktion für das eindimensionale Problem. Wir wollen zum Schluß kurz auf die Vereinfachungen eingehen, die sich aus der Annahme ergeben, daß der Bewegungsvorgang eindimensional ist. Es ist dann also:

$$\Phi = \Phi(x, t)$$

und

$$u = \frac{\partial \Phi}{\partial x}, \quad v = 0, \quad w = 0.$$

Die Bernoullische Druckgleichung geht damit über in:

$$\frac{\partial \Phi}{\partial t} + \frac{u^2}{2} + \int \frac{dp}{\varrho} = \text{konst.}$$

Für die Kontinuitätsgleichung erhalten wir:

$$\frac{1}{\varrho}\frac{\partial \varrho}{\partial t} + \frac{\partial u}{\partial x} + \frac{u}{\varrho}\frac{\partial \varrho}{\partial x} = 0\,.$$

Da wir wieder Homogenität, d. h. alleinige Abhängigkeit der Dichte vom Druck, voraussetzen, so können wir schreiben:

$$\frac{d\varrho}{\varrho} = \frac{d\varrho}{dp}\cdot\frac{dp}{\varrho}\,;$$

anderseits ist nach der Bernoullischen Gleichung

$$\frac{dp}{\varrho} = -\left(d\frac{\partial \Phi}{\partial t} + u\,du\right),$$

so daß die Kontinuitätsgleichung übergeht in:

$$-\left(\frac{\partial^2 \Phi}{\partial t^2} + u\frac{\partial u}{\partial t}\right)\frac{\partial \varrho}{\partial p} + \frac{\partial u}{\partial x} - \left(u\frac{\partial^2 \Phi}{\partial x\,\partial t} + u^2\frac{\partial u}{\partial x}\right)\frac{\partial \varrho}{\partial p} = 0$$

oder

$$\frac{\partial^2 \Phi}{\partial t^2} + 2\frac{\partial \Phi}{\partial x}\frac{\partial^2 \Phi}{\partial x\,\partial t} - \left[\frac{dp}{d\varrho} - \left(\frac{\partial \Phi}{\partial x}\right)^2\right]\frac{\partial^2 \Phi}{\partial x^2} = 0\,.$$

Diese Gleichung läßt sich wieder durch Einführung einer Legendreschen Transformation, für $\frac{\partial \Phi}{\partial x} = u$ als neue Unabhängige neben t linear machen. Weitere Ausführungen dieses Problems findet man bei Riemann[1].

67. Einige einfache Beispiele volumenbeständiger Potentialbewegungen Es handelt sich im folgenden also um Lösungen von $\Delta\Phi = 0$. Wir stellen nun einfache Funktionen von Φ auf, von denen wir durch Verifikation leicht erkennen, daß sie der Differentialgleichung $\Delta\Phi = 0$ genügen, und fragen uns, welcher Art die durch die Funktion Φ gekennzeichnete Strömung ist, wie die Stromlinien aussehen, welche Druckverteilung wir haben usw.

$$1.\quad \Phi = ax + by + cz,$$

wo a, b, c konstante Größen oder auch Funktionen der Zeit sind. Wir haben somit:

$$u = \frac{\partial \Phi}{\partial x} = a$$

$$v = \frac{\partial \Phi}{\partial y} = b$$

$$w = \frac{\partial \Phi}{\partial z} = c\,,$$

---

[1] Riemann-Weber: 2. Bd. S. 507. 5. Aufl. (1912), Braunschweig.

d. h. der Geschwindigkeitsvektor $\mathfrak{w} = \mathfrak{i}\,u + \mathfrak{j}\,v + \mathfrak{k}\,w$ ist in jedem Punkte der Flüssigkeit derselbe; wir haben also eine Translation der Flüssigkeit. Nehmen wir a, b, c auch unabhängig von der Zeit an, so haben wir den stationären Fall und also gleichförmige Translation. Da eine solche Bewegung durch geeignete Wahl des Bezugssystems stets auf Ruhe transformiert werden kann, läßt sich in der Bernoullischen Gleichung $\frac{\mathfrak{w}^2}{2} + \frac{p}{\varrho} - g z =$ konst. das Glied $\frac{\mathfrak{w}^2}{2}$ zum Fortfall bringen, so daß wir die Grundgleichung der Statik $\frac{p}{\varrho} - g z =$ konst. behalten.

Sind a, b, c von der Zeit abhängig, so können wir die allgemeine Bernoullische Gleichung

$$\frac{\partial \Phi}{\partial t} + \frac{\mathfrak{w}^2}{2} + \frac{p}{\varrho} = f(t)$$

unter Berücksichtigung von $\frac{\partial \Phi}{\partial t} = x \frac{da}{dt} + y \frac{db}{dt} + z \frac{dc}{dt}$ auch schreiben:

$$\frac{p}{\varrho} = f(t) - \left(x \frac{da}{dt} + y \frac{db}{dt} + z \frac{dc}{dt}\right),$$

wobei wir $\frac{\mathfrak{w}^2}{2}$, da nur von t abhängig, in $f(t)$ einbezogen haben. Es ergibt sich somit eine räumliche lineare Druckverteilung, die der Beschleunigung des einzelnen Teilchens entspricht.

Bilden wir noch den Druckgradienten $\operatorname{grad} p = \mathfrak{i} \frac{\partial p}{\partial x} + \mathfrak{j} \frac{\partial p}{\partial y} + \mathfrak{k} \frac{\partial p}{\partial z}$, so erhalten wir

$$\operatorname{grad} p = \varrho \left(\mathfrak{i} \frac{da}{dt} + \mathfrak{j} \frac{db}{dt} + \mathfrak{k} \frac{dc}{dt}\right).$$

Fassen wir die drei Größen a, b, c als Komponenten des Vektors $\mathfrak{a}$ auf ($\mathfrak{a} = \mathfrak{i}\,a + \mathfrak{j}\,b + \mathfrak{k}\,c$), so bleibt

$$\operatorname{grad} p = \varrho \frac{d\mathfrak{a}}{dt}.$$

Für das Stromlinienbild erhalten wir aus $dx : dy : dz = a : b : c$

$$\frac{dy}{dx} = \frac{b}{a} = \text{konst.} \quad \text{oder} \quad y = \frac{b}{a} x + \text{konst.},$$

ebenso

$$\frac{dz}{dy} = \frac{c}{b} = \text{konst.} \quad \text{oder} \quad z = \frac{c}{b} y + \text{konst.},$$

d. h. die Stromlinien sind Gerade.

Eine translatorische nicht stationäre Bewegung haben wir z. B. dann, wenn wir ein vollständig mit Flüssigkeit gefülltes Gefäß parallel zu sich selber in irgendwie gekrümmten Bahnen bewegen. Man erkennt hierbei auch den Unterschied der Stromlinien von den Bahnlinien. Während die Stromlinien — wie wir gesehen haben — gerade Linien sind, haben die Bahnlinien in diesem Fall die durch die krummlinige Gefäßbewegung vorgeschriebene Gestalt.

$$2. \quad \Phi = \frac{1}{2}(a x^2 + b y^2 + c z^2).$$

Da $\Delta \Phi = a + b + c$ ist, haben wir in obiger Funktion eine Lösung von $\Delta \Phi = 0$, wenn $a + b + c = 0$ ist. Diese Bedingung kann auf verschiedene Art erfüllt werden; wir betrachten als ersten Fall:

$$\text{a)} \quad b = -a, \quad c = 0, \quad \text{also:} \ \Phi = \frac{a}{2}(x^2 - y^2).$$

Aus der Unabhängigkeit von z geht hervor, daß wir es mit einer zweidimensionalen Bewegung zu tun haben. Aus der Potentialfunktion erhalten wir durch Differentiation nach den Komponenten die Geschwindigkeiten:

$$u = a x, \quad v = -a y, \quad w = 0.$$

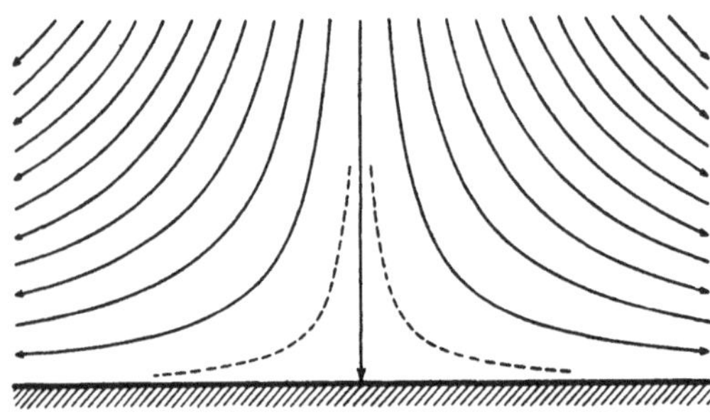

Abb. 72. Zweidimensionale Flüssigkeitsströmung gegen eine Platte.

Fragen wir nach der Gestalt der Stromlinien, so ergibt sich

$$\frac{dy}{dx} = \frac{v}{u} = -\frac{y}{x}$$

oder

$$\frac{dy}{y} = -\frac{dx}{x},$$

also

$$\ln y = \ln C - \ln x$$

oder delogarithmiert:

$$x \cdot y = \text{konst.}$$

Die Stromlinien bilden somit eine Schar gleichseitiger Hyperbeln mit der x- und y-Achse als Asymptoten (Abb. 72). Wir können uns dieses Stromlinienbild deuten als die Stromlinien eines zweidimensionalen Stromes gegen eine Wand. In vielen Fällen kommt eine derartige Strömung als Teil einer umfangreicheren Flüssigkeitsbewegung vor. Man kann hier für die Nachbarschaft des Verzweigungspunktes der Strömung (eigentlich einer Verzweigungsgeraden) die Potentialfunktion in eine Potenzreihe entwickeln und, wenn das betrachtete Gebiet klein genug ist, die Reihe mit dem Gliede 2. Grades abbrechen. Die Bewegung in der Nähe einer solchen Verzweigungsgeraden ist also durch das Stromlinienbild Abb. 72 gegeben.

Für die Verteilung des Druckes hat man im Fall der stationären Bewegung

$$\frac{\mathfrak{w}^2}{2} + \frac{p}{\varrho} = \frac{a^2}{2}(x^2 + y^2) + \frac{p}{\varrho} = C.$$

Bezeichnen wir den Druck im Punkt O, im Staupunkt, mit p_1, so haben wir für diesen Punkt

$$0 + \frac{p_1}{\varrho} = C$$

und, da die Konstanten gleich sind,

$$p_1 - p = \varrho \frac{a^2}{2} (x^2 + y^2) .$$

Wir erhalten somit als Kurven gleichen Druckes eine Schar konzentrischer Kreise.

b) Als zweiten Fall der Bedingungsgleichung $a + b + c = 0$ nehmen wir an

$$b = a, \qquad c = -2a,$$

also

$$\Phi = \frac{a}{2} (x^2 + y^2 - 2z^2) .$$

Für die Geschwindigkeitskomponenten ergeben sich dann:

$$u = ax$$

$$v = ay$$

$$w = -2az .$$

Als Gleichung der Stromlinien erhalten wir somit

$$dx : dy : dz = x : y : -2z ,$$

so daß wir als Projektionen der Stromlinien auf die xy-Ebene haben

$$\frac{dx}{dy} = \frac{x}{y} \quad \text{oder} \quad \frac{dx}{x} = \frac{dy}{y} ,$$

also

$$\ln x = \ln y + \ln C$$

oder

$$x = \text{konst.} \cdot y .$$

Die Projektion der Stromlinien auf die xy-Ebene ist also eine Geradenschar durch den Ursprung.

Für die Projektion der Stromlinien auf die xz-Ebene ergibt sich

$$\frac{dx}{dz} = -\frac{x}{2z} \quad \text{oder} \quad \frac{dx}{x} = -\frac{dz}{2z} ,$$

also:

$$\ln x = \ln C - \frac{1}{2} \ln z$$

oder

$$x^2 z = \text{konst.} ,$$

d. h. wir erhalten für die Projektion der Stromlinien auf die xz-Ebene eine Schar kubischer Hyperbeln mit der x- und z-Achse als Asymptoten.

Abb. **73** zeigt das Stromlinienbild, das wir uns rotationssymmetrisch zur z-Achse zu denken haben.

Da für $z = 0$ auch $\mathfrak{w} = 0$ ist, so ist die xy-Ebene eine mögliche Begrenzungsfläche der Strömung, die wir uns wieder als einen — diesmal rotationssymmetrischen — Strom deuten, der gegen eine nach allen Seiten unendlich ausgedehnte Ebene strömt, sich am Punkt O staut und sich dort verzweigt.

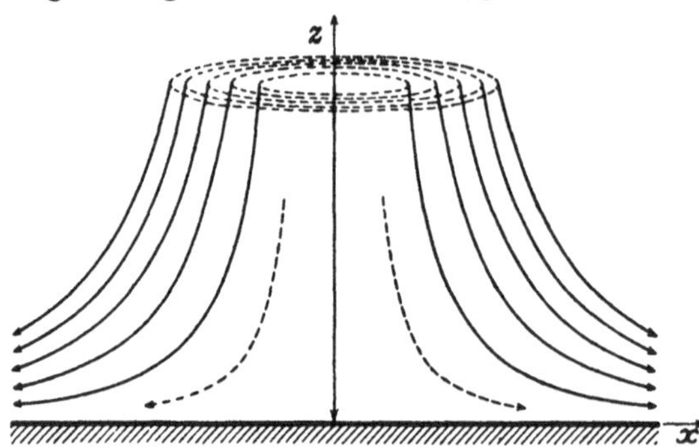

Abb. 73. Dreidimensionale Flüssigkeitsströmung (Strahl) gegen eine Platte.

Auch in diesem Fall kann a eine Funktion der Zeit sein; da aber die Stromliniengleichung a nicht enthält, so sind in diesem wie im vorigen Falle Stromlinien und Bahnlinien (desgleichen auch die Streichlinien) identisch. Der Einfluß der Abhängigkeit von der Zeit macht sich nur durch einen Faktor in den Beträgen der Geschwindigkeiten geltend.

Für stationäre Bewegungen ergibt sich als Druckverteilung:

$$\frac{p}{\varrho} + \frac{a^2}{2}(x^2 + y^2 - 4z^2) = \text{konst.}$$

Wir haben also als Flächen gleichen Druckes eine Schar von Ellipsoiden mit dem Achsenverhältnis $1 : 1 : \frac{1}{2}$.

Ist a eine beliebige Funktion von t, so ergibt sich aus der allgemeinen Bernoullischen Gleichung für die Druckverteilung

$$\frac{p}{\varrho} = f(t) - \frac{1}{2}\left[\frac{da}{dt}(x^2 + y^2 - 2z^2) + a^2(x^2 + y^2 + 4z^2)\right],$$

wobei $f(t)$ dadurch bestimmt wird, daß an einem Punkt der Flüssigkeit ein vorgeschriebener Druck herrscht. Je nach dem Verhältnis von $a^2 : \frac{da}{dt}$ kann man verschiedene Flächen konstanten Druckes erhalten; so ist z. B.

für $\frac{da}{dt} = -a^2$ $\quad \frac{p}{\varrho} = f(t) - 3a^2z^2$ $\quad p =$ konst. auf Ebenen parallel der x, y-Ebene.

„ $\frac{da}{dt} = a^2$ $\quad \frac{p}{\varrho} = f(t) - a^2(x^2 + y^2 + z^2)$ $\quad p =$ konst. auf Kugeln.

„ $\frac{da}{dt} = 2a^2$ $\quad \frac{p}{\varrho} = f(t) - \frac{3}{2}a^2(x^2 + y^2)$ $\quad p =$ konst. auf Kreiszylindern mit Achse parallel der z-Achse.

68. Das Quell- und Senkenpotential. Wir betrachten die Funktion $\Phi = \frac{b}{r}$, wo $r = \sqrt{x^2 + x^2 + z^2}$ den Abstand vom Koordinatenursprung bedeutet. Da die Flächen $\Phi =$ konst. konzentrische Kugeln um den Ursprung sind und anderseits die Geschwindigkeit $\mathfrak{w} = \operatorname{grad} \Phi$ senkrecht auf den Flächen $\Phi =$ konst. steht, haben wir in diesem Fall nur radiale Geschwindigkeiten:

$$w_r = \frac{\partial \Phi}{\partial r} = -\frac{b}{r^2}.$$

Fragen wir uns jetzt, ob die Funktion $\Phi = \frac{b}{r}$ die Differentialgleichung $\Delta \Phi = 0$ erfüllt, so können wir, da $\Delta \Phi = 0$ zugleich die Kontinuitätsgleichung ist, die Frage dahin beantworten, ob die Kontinuität erfüllt ist oder nicht. Bezeichnen wir mit Q diejenige Flüssigkeitsmenge, die in der Zeiteinheit durch eine Kugeloberfläche vom Radius r hindurchfließt, so ist

$$Q = 4 \pi r^2 w_r = -4 \pi b.$$

Da diese Flüssigkeitsmenge von r unabhängig ist, ergibt sich, daß durch jede Kugelfläche die gleiche Flüssigkeitsmenge hindurchfließt. Betrachten wir also ein von zwei Kugelflächen (r_1 und r_2) begrenztes Gebiet, so tritt in der Zeiteinheit in die größere Kugelfläche die gleiche Flüssigkeitsmenge ein, wie aus der kleineren Kugelfläche aus, d. h. die Kontinuität ist erfüllt. Man kann natürlich auch durch Bildung von

$$\frac{\partial^2 \Phi}{\partial x^2} + \frac{\partial^2 \Phi}{\partial y^2} + \frac{\partial^2 \Phi}{\partial z^2} = 0$$

erkennen, daß die Summe dieser drei partiellen zweiten Ableitungen nach den Koordinaten identisch verschwindet.

Bei positiven Vorzeichen von b haben wir eine Strömung, die radial nach innen gerichtet ist, bei negativem b eine entsprechende Strömung nach außen. Nähert man sich dem Punkt O mehr und mehr, so wachsen die Geschwindigkeiten umgekehrt proportional dem Quadrat der Entfernung vom Ursprung. Der Punkt O selbst bildet eine Singularität, indem dort die Geschwindigkeit unendlich groß wird und im Falle eines positiven Vorzeichens von b die Menge $Q = 4 \pi b$ dort sekundlich verschwindet und im Falle eines negativen Vorzeichens von b dieselbe Flüssigkeitsmenge entsteht. Physikalisch ist das eine Unmöglichkeit, und die Potentialfunktion $\Phi = \frac{b}{r}$ ist also nur soweit der Ausdruck für eine Flüssigkeitsströmung, als das Gebiet der wirklichen Flüssigkeitsbewegung den singulären Punkt O nicht enthält.

Hat b positives Vorzeichen, so bezeichnen wir den Punkt O als eine

Senke; hat b negatives Vorzeichen, so sprechen wir von einer Quelle in O.

Die Anwendung dieser Potentialfunktion ist sehr mannigfaltig. Man kann z. B. in erster Näherung die Strömung durch ein kleines Loch in einem ebenen Boden (Abb. 74) durch die Funktion $\Phi = \frac{b}{r}$ darstellen, sofern man die nächste Umgebung des Loches von der Betrachtung ausnimmt. Für das übrige Gebiet hat das Loch im ebenen Boden die Wirkung einer Senke, wobei der Druck sehr stark mit der Annäherung an das Loch abnimmt. Denn, da der Druck sich mit dem Quadrat der Geschwindigkeit ändert, diese jedoch wieder der Entfernung vom Loch quadratisch umgekehrt proportional ist, ergibt sich eine Druckabnahme mit der vierten Potenz des Abstandes vom Loch. Eine Näherung an das Loch um die Hälfte der Entfernung ergibt also eine 16fache Vermehrung des Unterdruckes. Die Stromlinien sind — abgesehen von der näheren Umgebung des Loches — Radien, so daß auch die Grenzbedingung, daß an der festen Wand die Normalgeschwindigkeiten verschwinden müssen, erfüllt ist.

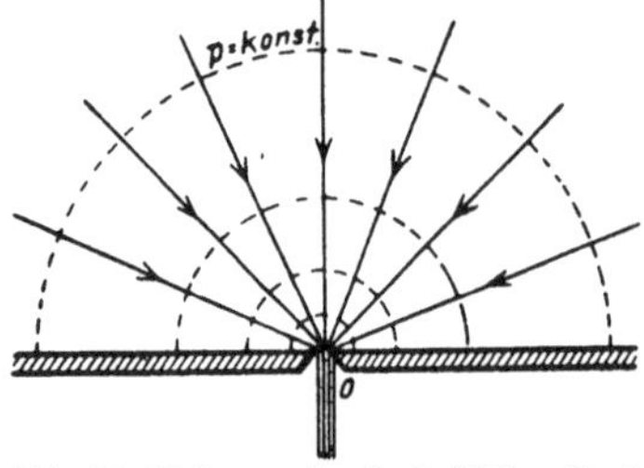

Abb. 74. Strömung durch ein kleines Loch einer ebenen Platte (Senkströmung).

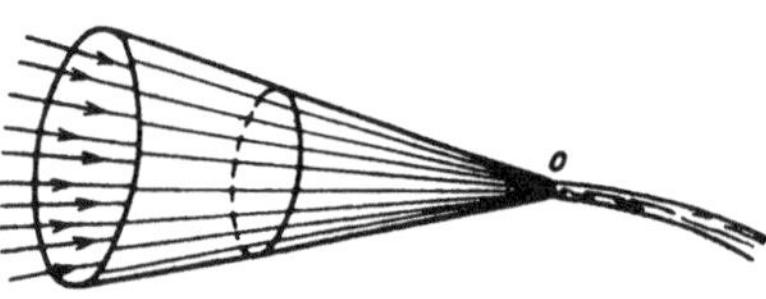

Abb. 75. Strömung durch einen Hohlkegel.

Ebenso lassen sich Strömungen durch einen Hohlkegel darstellen (Abb. 75). Da die sekundliche Flüssigkeitsmenge durch alle Querschnitte die gleiche sein muß, ergibt sich auch hier, daß die Geschwindigkeit umgekehrt proportional der zweiten Potenz der Entfernung von der Kegelspitze ist.

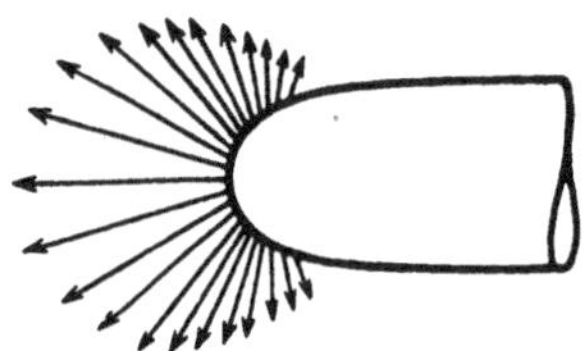
Abb. 76. Stromlinien am abgerundeten Vorderteil eines sich durch ruhende Flüssigkeit bewegenden Körpers (nicht stationäre Strömung).

69. Darstellung von Strömungen um Rotationskörper durch Annahme von Quellen und Senken. Wir gehen jetzt zu einer weiteren Anwendung des Quell- bzw. Senkenpotentials über, die von Rankine stammt, und betrachten zu dem Zweck die Wirkung eines sich bewegenden Rotationskörpers auf die den Körper umgebenden Flüssigkeitsteilchen.

Der vorn abgerundete Körper schiebt, wie in Abb. 76 dargestellt, bei seiner Bewegung die Flüssigkeitsteilchen nach allen Seiten heraus, gleichsam als ob im Innern des Körpers eine Quelle vorhanden wäre, wobei diese Quelle sich dauernd mit der Geschwindigkeit des Körpers vorwärts bewegt. Betrachten wir den entsprechenden stationären Vorgang, d. h. lassen wir die Flüssigkeit gegen den mit dem Bezugssystem ruhenden Körper fließen, was in den Formeln durch Überlagerung einer gleichförmigen Strömung ($\Phi = a x$) erreicht wird, so erhalten wir das uns bereits bekannte Stromlinienbild Abb. 77. Die Strömung wird vorn am Körper auseinandergebogen und zwar um so stärker, je näher sich die Flüssigkeitsteilchen an dem Körper befinden.

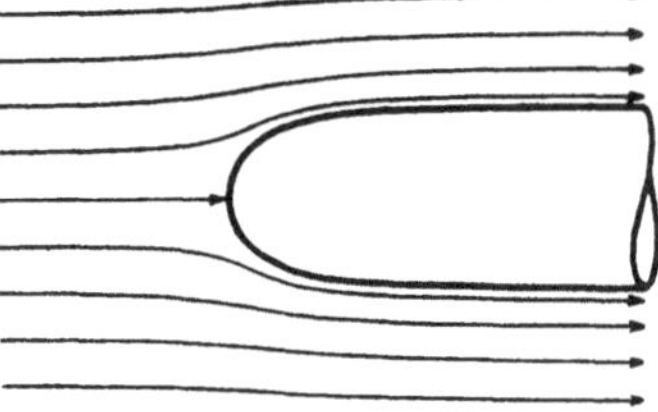

Abb. 77. Strömung um den abgerundeten Vorderteil eines ruhenden Körpers (stationäre Strömung).

Es ergibt sich nun bei näherer Betrachtung, daß die Überlagerung der Quellströmung mit der konstanten gegen den Körper fließenden Strömung ein Stromlinienbild ergibt derartig, daß die gesamte der Quelle entstammende Flüssigkeit gerade im Innern des Körpers bleibt (Abb. 78). Sorgt man noch durch Anbringen von Senken am hinteren Teil des Körpers dafür, daß genau alles der Quelle entstammende Flüssigkeitsmaterial hier wieder verschluckt wird, so bleibt von der Wirkung der Annahme der Quellen und Senken nur die deformierende Wirkung auf die gegen den Körper anströmende Flüssigkeit übrig. Auf diese Weise können wir mit Hilfe der Potentialfunktionen verhältnismäßig einfach die Strömung um einen Rotationskörper berechnen. Außer einer einzelnen punktförmigen Quelle bzw. Senke kann man auch mehrere derselben annehmen oder auch eine stetige (oder unstetige) Quellen- und Senkenverteilung.

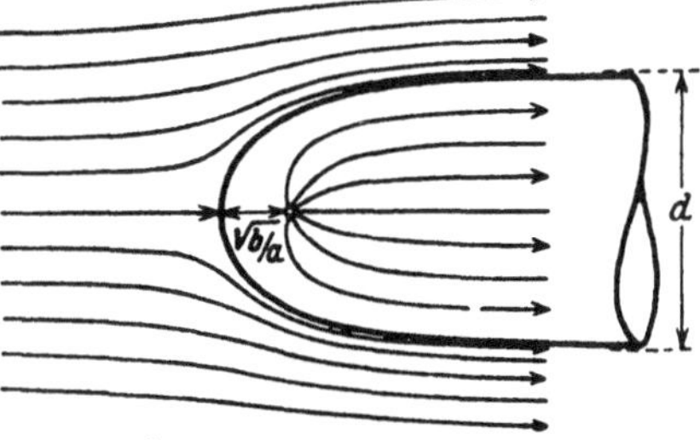

Abb. 78. Überlagerung einer Quellströmung mit einer Parallelströmung.

Durch die verschiedensten Annahmen über die Verteilung der Quellen und Senken auf der Symmetrieachse des Körpers (nur Strömungen um achsensymmetrische Körper können mit diesen Methoden behandelt werden), läßt sich eine große Mannigfaltigkeit von umströmten Körpern bilden. Es ist dabei — wie schon gesagt — nur notwendig, daß die Gesamtheit der Senken gerade diejenige Flüssigkeitsmenge wieder aufnimmt, die den Quellen entströmt ist.

Wir wollen als Beispiel den Fall einer punktförmigen Quelle etwas näher verfolgen. Als Potentialfunktion, die sich aus der Überlagerung der gleichförmigen Strömung $\Phi_1 = a x$ und der Quellströmung

$\Phi_2 = -\frac{b}{r}$ ergibt, haben wir somit

$$\Phi = \Phi_1 + \Phi_2 = ax - \frac{b}{r},$$

wo

$$r = \sqrt{x^2 + y^2 + z^2}$$

ist.

Auf der Symmetrieachse, d. h. für $y = z = 0$, ist für negative Werte für x ($r = |x|$ ist hier $= -x$ zu setzen)

$$\Phi_2 = \frac{b}{x},$$

also

$$\Phi = ax + \frac{b}{x},$$

mithin

$$u = \frac{\partial \Phi}{\partial x} = a - \frac{b}{x^2}.$$

Die Geschwindigkeit ist also gleich Null für

$$x = \pm\sqrt{\frac{b}{a}}.$$

Es kann offenbar nur das negative Vorzeichen gelten, also

$$u = 0 \quad \text{für} \quad x = -\sqrt{\frac{b}{a}},$$

d. h. in der Entfernung $-\sqrt{\frac{b}{a}}$ von der Quelle haben wir den Staupunkt der Strömung (Abb. 78). Für kleinere negative Werte von x haben wir Geschwindigkeiten nach links; hier überwiegen noch die der Quelle entstammenden Geschwindigkeiten die gleichförmige Geschwindigkeit, bis mit wachsendem $-x$ der durch die Quellströmung bedingte Anteil immer mehr abnimmt und schließlich mit größer werdender Entfernung von der Quelle quadratisch nach Null konvergiert, so daß hier nur die Parallelströmung bleibt.

Für positive Werte von x ist $r = +x$ zu setzen und daher

$$\Phi = ax - \frac{b}{x}$$

und

$$u = \frac{\partial \Phi}{\partial x} = a + \frac{b}{x^2},$$

d. h. rechts von der Quelle sind die Geschwindigkeiten immer nach rechts gerichtet mit dem Grenzwert a für $x = \infty$.

Es lassen sich nun aus dem Potential $\Phi = ax - \frac{b}{r}$ die einzelnen Stromlinien berechnen unter Berücksichtigung von $dx:dy:dz = u:v:w$. Bestimmt man die Stromlinien durch den Staupunkt $x = -\sqrt{\frac{b}{a}}$, so ist diese Stromlinie offenbar die Kurve oder, räumlich betrachtet, die Rotationsfläche, welche die aus der Quelle entstammende Flüssigkeit von der mit der Geschwindigkeit a strömenden Parallelströmung trennt. Diese Rotationsfläche verhält sich somit wie ein fester Körper, gegen den eine Parallelströmung mit der Geschwindigkeit a fließt.

Bezeichnen wir mit d den Durchmesser dieses zylindrischen Körpers, so ist offenbar in genügender Entfernung von der Quelle die durch den Zylinderquerschnitt sekundlich fließende Menge $Q = \frac{\pi d^2}{4} a$. Da diese Flüssigkeit vollständig der Quelle entstammt, und anderseits die Ergiebigkeit der Quellströmung gleich $Q = 4\pi b$ ist, so ergibt sich

$$b = \frac{d^2}{16} a ,$$

d. h. die Quellintensität b muß bei Annahme einer punktförmigen Quelle und einer Geschwindigkeit a der Parallelströmung gleich $\frac{d^2}{16} a$ genommen werden, wenn man eine Strömung um einen (vorne geeignet abgerundeten) zylindrischen Körper vom Durchmesser d erhalten will. Die Entfernung der Quelle vom vordersten Punkt war $\sqrt{\frac{b}{a}}$; mit obigem Wert von b ergibt dies $\frac{d}{4}$.

Eine besonders einfache Darstellung zur Bestimmung der Stromlinien um derartige durch Quellen und Senken gegebene Rotationskörper erhält man folgendermaßen: Wir betrachten eine rotationssymmetrische Stromfläche und sagen aus, daß diese Stromfläche einen Flüssigkeitsstrom enthalten muß, der sich aus der aus dem Unendlichen kommenden Menge Q_1 und den links von der betrachteten Stelle befindlichen Quellen zusammensetzt. Setzen wir diese Strömungsmenge konstant, so bleiben wir offenbar auf einer Stromfläche. Mit Einführung von Zylinderkoordinaten (x und r, wo $r = \sqrt{y^2 + z^2}$) muß also für jeden Schnitt senkrecht zur Symmetrieachse $\int_0^{r_1} 2\pi r\,dr\,u = Q_1 +$ algebraische Summe der sekundlichen Quellmassen links vom Schnitt gesetzt werden, damit r_1 auf einer Stromlinie (bzw. Stromfläche) liegt. Für verschiedene Q_1 erhalten wir somit verschiedene Stromlinien. Speziell $Q_1 = 0$ gibt dann diejenige Rotationsfläche, welche die Quellströmung von der Parallelströmung trennt, d. h. die Kontur des festen Körpers.

Diese Methode ist weiter ausgebaut und besonders auf luftschiffartige Körper angewandt von G. Fuhrmann[1]. Es wird in dieser Arbeit

[1] Fuhrmann, G.: Theoretische und experimentelle Untersuchungen an Ballonmodellen. Diss. Göttingen (1912), Jahrb. d. Motorluftschiff-Studiengesellschaft Bd. 5, S. 63. 1911/12.

unter Annahme von verschiedenartig stetig verteilten Quellen und Senken eine Reihe von Rotationskörpern untersucht und dabei außer den Stromlinien auch die Druckverteilung berechnet und mit experimentell bestimmten verglichen. In Band II kommen wir bei der Behandlung des Widerstandes auf die Ergebnisse dieser Arbeit noch zurück.

70. Strömung um eine Kugel, Dipol. Lassen wir jetzt die Entfernung zwischen Quelle und Senke allmählich kleiner werden, so wird der dadurch gegebene umströmte Körper mehr und mehr eine gedrungene Gestalt bekommen, und wenn wir die Ergiebigkeit der Quelle und Senke konstant (entgegengesetzt gleich) annehmen, so wird der durch die Quelle und Senke dargestellte umströmte Körper im gleichen Maße kleiner, wie der Abstand zwischen Quelle und Senke geringer wird, bis er im Grenzfall, wo Quelle und Senke zusammenfallen, verschwindet.

Wollen wir bei dem Grenzübergang der Entfernungsabnahme der Quelle von der Senke auf den Abstand Null einen endlichen Körper behalten, so müssen wir die Intensität der Quelle und Senke im gleichen Maße zunehmen lassen wie ihr Abstand sich verringert. Nähert sich die Quelle $\left(-\frac{b}{r_1}\right)$ der Senke $\left(\frac{b}{r_2}\right)$ in der x-Richtung bis auf Δx, so hat man als Ausdruck für die Intensitätssteigeruug gemäß dieser Entfernungsabnahme:

$$\Phi = \frac{-\frac{b}{r_1} + \frac{b}{r_2}}{\Delta x}$$

oder, wenn wir

$$\frac{b}{r_1} = \Phi_1$$

$$\frac{b}{r_2} = \Phi_2$$

setzen,

$$\Phi = \frac{\Phi_2 - \Phi_1}{\Delta x}.$$

Da nun $\Phi_2(x, y, z) = \Phi_1(x - \Delta x, y, z)$ ist, so haben wir im Grenzfall, daß Quelle und Senke zusammenfallen,

$$\Phi = \lim_{\Delta x = 0} \frac{\Phi_1(x - \Delta x, y, z) - \Phi_1(x, y, z)}{\Delta x} = -\frac{\partial \Phi_1}{\partial x}.$$

Mithin, da Φ nur von r abhängt,

$$\Phi = -\frac{\partial \Phi_1}{\partial x} = \frac{d\Phi_1}{dr} \cdot \frac{\partial r}{\partial x} = \frac{b}{r^2} \frac{\partial r}{\partial x},$$

und da

$$r = \sqrt{x^2 + y^2 + z^2}, \quad \text{und daher} \quad \frac{\partial r}{\partial x} = \frac{x}{\sqrt{x^2 + y^2 + z^2}} = \frac{x}{r} \quad \text{ist,}$$

$$\Phi = \frac{b}{r^2} \cdot \frac{x}{r} = \frac{b}{r^2} \cos \varphi,$$

wenn $x = r \cos \varphi$ gesetzt wird. Hiermit haben wir Φ in Polarkoordinaten r und φ ausgedrückt. Man nennt Φ die Potentialfunktion eines Dipoles.

Für die Radialgeschwindigkeit in einer bestimmten Richtung φ haben wir

$$w_r = \left(\frac{\partial \Phi}{\partial r}\right)_\varphi = -\frac{2b}{r^3} \cos \varphi .$$

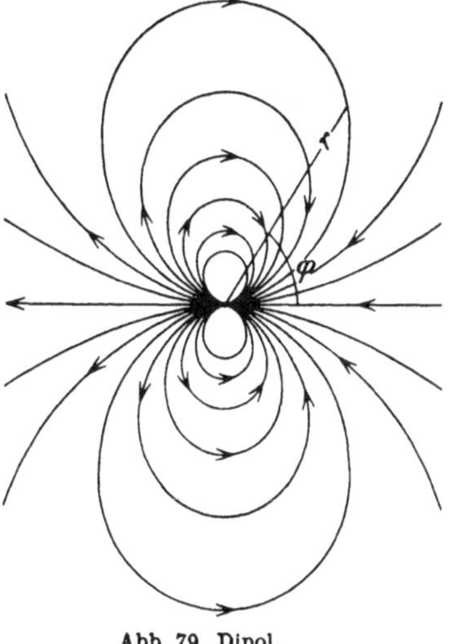

Abb. 79. Dipol.

Betrachten wir eine Kugel vom Radius r_1, so ist die Radialgeschwindigkeit auf ihrer Oberfläche

$$w_r = \text{konst.} \cdot \cos \varphi ,$$

d. h. für φ zwischen 0^0 und 90^0 (bzw. 270^0 und 360^0) haben wir negative und für φ zwischen 90^0 und 180^0 (bzw. 180^0 und 270^0) positive Radialgeschwindigkeiten (Abb. 79).

Wenn wir anderseits einer Kugel vom Radius r_1 eine Geschwindigkeit $-a$ (parallel der x-Achse in negativer Richtung) erteilen, so müssen offenbar an der Oberfläche der Kugel die Normalkomponenten der Geschwindigkeit der Flüssigkeit gleich der des festen Körpers sein, d. h. gleich $-a \cdot \cos \varphi$ (Abb. 80). Berücksichtigen wir jetzt die für das Potential eines Dipoles abgeleitete Formel der Radialgeschwindigkeit in der Entfernung r_1 vom Ursprung: $w_r = -\frac{2b}{r_1^3} \cos \varphi = \text{konst.} \cdot \cos \varphi$, so ist das Geschwindigkeitsfeld unseres Potentials $\Phi = \frac{b}{r^2} \cos \varphi$ mit dem der bewegten Kugel identisch (da die Randbedingung befriedigt ist), wenn die Geschwindigkeit der Kugel $-a = -\frac{2b}{r_1^3}$ genommen wird. Da die Konstante b in der betrachteten Potentialfunktion noch zur freien Verfügung steht, also $b = \frac{a r_1^3}{2}$ gesetzt werden kann, haben wir in

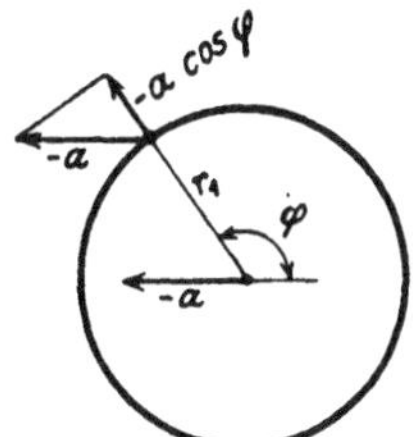

Abb. 80. Bewegung einer Kugel mit der Geschwindigkeit a von rechts nach links.

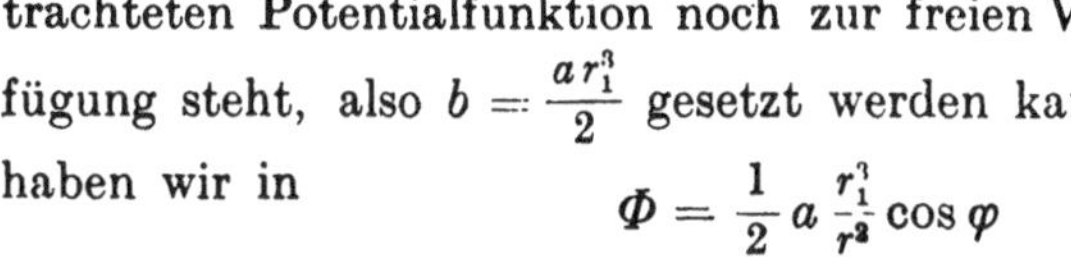

$$\Phi = \frac{1}{2} a \frac{r_1^3}{r^2} \cos \varphi$$

das Potential einer Flüssigkeitsbewegung, wie sie sich ergibt, wenn eine Kugel vom Radius r_1 mit der gleichförmigen Geschwindigkeit $-a$ bewegt wird. Wie wir erkennen, nehmen die Geschwindigkeiten in einer bestimmten Richtung φ sehr rasch, nämlich mit der dritten Potenz der Entfernung vom Mittelpunkt, ab.

Wollen wir jetzt die Potentialfunktion einer Strömung um eine stillstehende Kugel bilden, so haben wir der zuletzt betrachteten Strömung eine Parallelströmung $\Phi = a x$ zu superponieren, so daß wir erhalten:

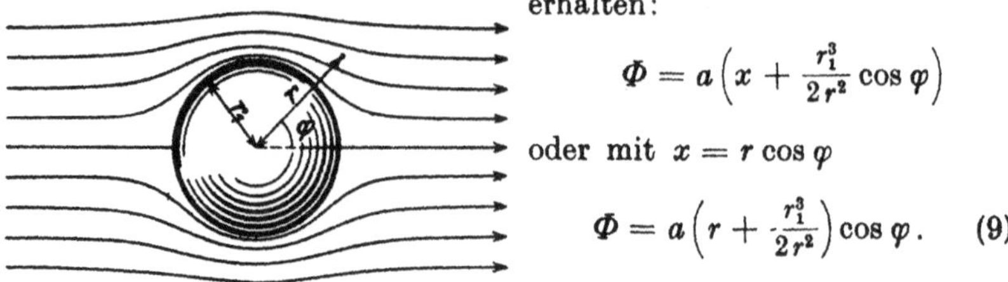

Abb. 81. Strömung um eine Kugel.

$$\Phi = a\left(x + \frac{r_1^3}{2 r^2} \cos \varphi\right)$$

oder mit $x = r \cos \varphi$

$$\Phi = a\left(r + \frac{r_1^3}{2 r^2}\right) \cos \varphi . \tag{9}$$

Das Stromlinienbild hat die in Abb. 81 gezeichnete Form.

Da die Kugel jetzt relativ zum Bezugssystem ruht, müssen die Radialgeschwindigkeiten an der Kugel, d. h. für $r = r_1$, verschwinden; im Einklang damit ergibt sich aus der letzten Gleichung für Φ

$$\left(\frac{\partial \Phi}{\partial r}\right)_{r=r_1} = (w_r)_{r_1} = 0 .$$

In großer Entfernung von der Kugel ist der zweite Term $\frac{r_1^3}{2 r^2}$ bedeu-

Abb. 82. Überlagerung der Strömung eines Dipols mit einer Parallelströmung von links nach rechts.

tungslos; es bleibt als Potential $r \cos \varphi$, d. h. Parallelströmung. Die analytische Fortsetzung der Strömung im Innern der Kugel ergibt sich aus Abb. 82; hier ist der zweite Term der Gleichung (9) von überwiegender Bedeutung.

Daß die wirkliche Strömung einer Flüssigkeit um eine Kugel — auch wenn wir die Zähigkeit der Flüssigkeit nach Null abnehmen lassen — für den stationären Fall anders aussieht, und daß durch die ablösende Grenzschicht das Strömungsbild wesentlich geändert wird, haben wir in Nr. 55 schon erwähnt. Wenn sich aber die Flüssigkeit als Potentialströmung bewegt (wie z. B. beim Strömungsbeginn aus der Ruhe), dann ist ihr Potential durch (9) gegeben und das Stromlinienbild hat die in Abb. 81 dargestellte Gestalt.

Für Rotationskörper der verschiedensten Gestalt, so z. B. auch für den in Abb. 83a gezeichneten Körper läßt sich die Potentialfunktion durch eine entsprechende Verteilung der Quellen und Senken aufstellen, nicht aber mehr für Körper von der in Abb. 83b angegebenen Art. Hier ist die Krümmung am Staupunkt zu gering und an der breitesten Stelle zu stark. Die Kugel bildet in dieser Beziehung den Grenzfall, der sich gerade noch mit der Methode der Quellen und Senken

Abb. 83a. Rotationssymmetrischer Körper, dessen Strömungsform sich mit den Methoden der Quellen und Senken gerade noch behandeln läßt.

Abb. 83b. Rotationssymmetrischer Körper, bei dem das nicht mehr möglich ist.

behandeln läßt. Für Körper von der Form 83b kann die Berechnung der Potentiale durch Hinzunahme von Wirbelringen zu den Quellen und Senken ermöglicht werden.

71. Das Potential eines geraden Wirbelfadens. Wir betrachten als letztes Beispiel einer Potentialfunktion in diesem Kapitel die Funktion

$$\Phi = c\varphi,$$

wo φ den Winkel einer Ebene durch die z-Achse mit der x, z-Ebene bedeutet. Das Potential ist also unabhängig von z und in allen zur x, y-Ebene parallelen Ebenen das gleiche. Wir haben hiermit ein Beispiel für das sogenannte ebene Problem, mit dem wir uns im folgenden Kapitel noch eingehend beschäftigen werden.

Die Flächen konstanten Potentials bilden ein Ebenenbüschel und also dessen Projektion auf die x, y-Ebene ein Geradenbüschel durch den Ursprung. Als Stromlinien ergeben sich die zur Z-Achse konzentrischen Kreise; es ist die Radialgeschwindigkeit $w_r = 0$ und die zu den Radien senkrechte Geschwindigkeit

$$w_\varphi = \frac{\partial \Phi}{r\,\partial \varphi} = \frac{c}{r}.$$

Daß bei einer Strömung dieser Art die Kontinuität gewahrt wird, ist unmittelbar einzusehen; im übrigen kann man auch $\varphi = \operatorname{arc\,tg} \frac{y}{x}$ setzen und $\Delta\Phi$ bilden; man erkennt dann unschwer, daß $\Delta\Phi$ identisch verschwindet. $\Phi = c\varphi$ ist daher eine Potentialfunktion der hier behandelten Art, die allerdings im Ursprung einen singulären Punkt besitzt.

Eine derartige Bewegungsform nennt man einen Wirbel. Die Geschwindigkeit in jedem Punkt hat die Richtung senkrecht zum Radiusvektor durch diesen Punkt und ist dem Betrag nach umgekehrt proportional der Entfernung vom Ursprung.

Das Potential $\Phi = c\varphi$ hat jedoch eine erwähnenswerte Eigentümlichkeit: Bei Zunahme des Winkels φ von $\varphi = 0$ ab wächst das Potential dauernd, bis es für $\varphi = 2\pi$ den Wert $2\pi c$ besitzt. Eine weitere Umkreisung des Ursprungs bringt eine weitere Vergrößerung des Potentials um den gleichen Betrag $2\pi c$. Wir haben es hier mit einem sogenannten mehrdeutigen Potential zu tun. Fragen wir uns, wie denn eine solche Bewegung, deren Potential mehrdeutig ist, überhaupt entstehen kann, so ergibt sich aus der allgemeinen Bernoullischen Gleichung wegen der Mehrdeutigkeit von $\frac{\partial \Phi}{\partial t}$ eine Mehrdeutigkeit des Druckes, was physikalisch nicht möglich ist. Wir müssen daraus schließen, daß eine Bewegung, wie sie durch das mehrdeutige Potential $\Phi = c\varphi$ gekennzeichnet ist, zwar weiterbestehen kann, wenn sie einmal vorhanden ist, aber ihre Entstehung aus der Ruhe heraus erscheint unmöglich. Es gibt aber doch einen Weg sie zu erzeugen, wobei allerdings der von der Strömung eingenommene Raum zeitweilig durch einen festen Körper zertrennt werden muß. Denken wir uns ein dünnes Blech in einer Flüssigkeit schnell auf eine kurze Strecke beschleunigt, so haben wir auf der einen Seite des Bleches den Druck p_1 und auf der anderen Seite den Druck p_2, wo $p_1 > p_2$ sein möge. Dieser Druckunterschied bewirkt nun ein Stromlinienbild in der Art, wie es in Abb. 84 dargestellt ist. Denkt man sich jetzt plötzlich das Blech senkrecht zur Flüssigkeitsoberfläche herausgezogen, so gleicht sich der Druck aus, und man hat als Stromlinienbild genähert eine Schar konzentrischer Kreise.

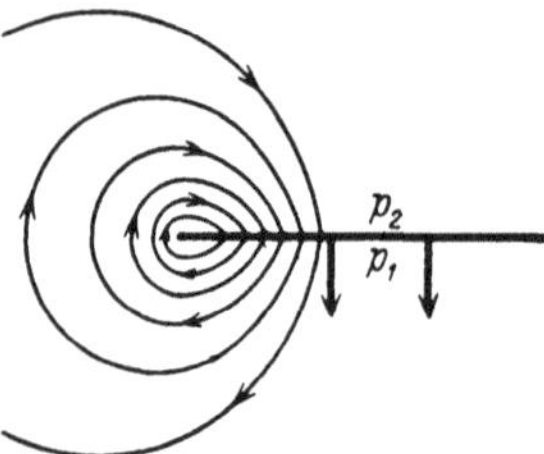

Abb. 84. Bildung eines Wirbels in einer reibungslosen Flüssigkeit.

Bilden wir in der Strömung mit dem Potential $\Phi = c\varphi$ das Linienintegral der Geschwindigkeit längs einer den singulären Punkt vollständig umschließenden Kurve, so erhalten wir gemäß dem Obigen

$$\oint \mathfrak{w} \circ d\mathfrak{r} = \Phi(2\pi) - \Phi(0) = 2\pi c.$$

Dieser Ausdruck, den wir mit Γ bezeichnen wollen, heißt die Zirkulation.

72. Unterschied einer Potentialbewegung mit Zirkulation von einer drehenden Flüssigkeitsbewegung, Bewegung mit Rotation. Wie können wir nun von der in der vorigen Nr. behandelten Flüssigkeitsbewegung um einen Wirbel behaupten, sie sei eine Potentialbewegung, da doch eine Potentialbewegung und drehungsfreie oder wirbelfreie Bewegung identisch ist? Das wird dadurch verständlich, daß der Begriff der drehungsfreien Flüssigkeit sich auf die Drehung jedes einzelnen Flüssigkeitsteilchens bezieht und, so definiert, ist allerdings die in Nr. 71 betrachtete Flüssigkeitsbewegung — bis auf den singulären Punkt $r = 0$ — wie wir sehen werden „drehungsfrei". Um dies zu erkennen, betrachten wir in Abb. 85 ein „flüssiges Stäbchen" in der unter a) angegebenen Lage. In dem Zeitelement dt legt das Flüssigkeitsteilchen den Weg $w_\varphi dt$ zurück, wobei es sich um den Winkel

$$d\varphi = \frac{w_\varphi dt}{r} = \frac{c}{r^2} dt$$

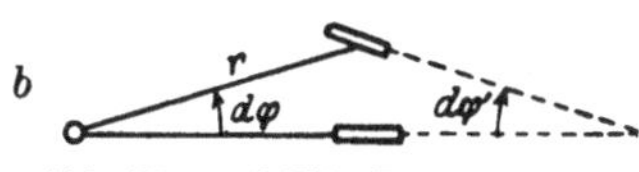

Abb. 85a und 85b. Bewegung von zwei Flüssigkeitsteilchen in Stäbchenform in einem rotationsfreien Geschwindigkeitsfeld.

dreht. Verfolgen wir anderseits ein Flüssigkeitsteilchen in der unter b) angegebenen Lage, so dreht es sich bei seiner Bewegung in dem Zeitelement dt (da die Geschwindigkeit an dem zum Ursprung näher gelegenen Teil größer ist als die an dem weiter entfernten Teil) um den Winkel

$$d\varphi' = \frac{\frac{\partial w_\varphi}{\partial r} dr\, dt}{dr} = \frac{\partial w_\varphi}{\partial r} dt = -\frac{c}{r^2} dt.$$

Man erkennt also, daß, wenn die eine Achse des Flüssigkeitsteilchens sich um einen gewissen Winkel $d\varphi$ dreht, sich die dazu senkrechte Achse um denselben Winkel nach der entgegengesetzten Seite dreht, so daß der resultierende Mittelwert der Drehung Null ist:

$$\frac{1}{2}(d\varphi + d\varphi') = 0 .$$

Abb. 86. Bewegung eines Flüssigkeitsteilchens von der Form eines Kreuzes in einem rotationsfreien Geschwindigkeitsfeld.

Zieht man in Abb. 86 in das Flüssigkeitskreuz in beiden Lagen zwei um 45^0 gegen die stabförmigen Flüssigkeitsteilchen geneigte Geraden, so bleiben sich diese Geraden bei der Bewegung parallel; es gibt also bei der Deformation, die das Flüssigkeitsteilchen bei seiner Bewegung erfährt, zwei sich parallel bleibende Achsen, das bedeutet aber, daß die Bewegung drehungsfrei ist.

Bildet man das Linienintegral $\oint \mathfrak{w} \circ d\mathfrak{r}$ über eine geschlossene Kurve, die den singulären Punkt nicht einschließt, so verschwindet es überall. Enthält die Kurve, längs der das Integral genommen wird, jedoch den singulären Punkt, so ergibt sich dafür der Wert $2\pi c$. Während bei einer Potentialbewegung ein geschlossenes Linienintegral in der Regel verschwindet und nur dann von Null verschieden ist, wenn es einen singulären Punkt der besprochenen Art im Innern des geschlossenen Integrationsweges enthält, ist bei drehenden Flüssigkeitsbewegungen, d. i. bei Bewegungen mit nicht verschwindender Rotation, das Linienintegral längs einer beliebigen geschlossenen Kurve im allgemeinen überall von Null verschieden. Die Größe des Linienintegrals gibt hier — wie wir auch in Nr. 45 gesehen haben — geradezu ein Maß für die Rotation oder die Drehung der Flüssigkeitsbewegung.

73. Deutung des Potentials als Stoßdruck. Die allgemeine Bernoullische Gleichung für nicht stationäre Bewegungen volumenbeständiger Flüssigkeiten lautete

$$\frac{\partial \Phi}{\partial t} + \frac{\mathfrak{w}^2}{2} + \frac{p}{\varrho} - U = f(t)\,.$$

Nehmen wir jetzt an, daß der durch diese Gleichung gekennzeichnete Bewegungsvorgang aus der Ruhe heraus durch einen stoßartigen Druck hervorgebracht sei, so sind im betrachteten ersten Augenblick die Beschleunigungen $\frac{\partial \mathfrak{w}}{\partial t}$ groß gegenüber den Gliedern $\mathfrak{w} \circ \nabla \mathfrak{w}$, und ebenfalls sind die stoßartigen Druckgradienten groß gegen die Wirkung der Schwerkraft. In der allgemeinen Bernoullischen Gleichung überwiegt ebenso der Betrag von $\frac{\partial \Phi}{\partial t}$ weit die Beträge von $\frac{\mathfrak{w}^2}{2}$ und U. Bilden wir also unter Vernachlässigung von $\frac{\mathfrak{w}^2}{2}$ und U das Zeitintegral über die Dauer des Stoßes, so ergibt sich

$$\int_0^\tau \left(\frac{\partial \Phi}{\partial t} + \frac{p}{\varrho} - f(t)\right) dt = 0\,,$$

wo τ die Dauer der Stoßwirkung bedeutet. Berücksichtigen wir noch, daß $f(t)$ nur die Bedeutung hat, daß in einem vorgegebenen Punkt ein vorgeschriebener Druck besteht, so ist $\int_0^\tau f(t)\, dt = \text{konst.}$ Ferner ist

$$\int_0^\tau \frac{\partial \Phi}{\partial t} = \Phi(\tau) - \Phi_0\,.$$

Da nach unserer Annahme die Flüssigkeit vor dem Stoße in Ruhe war, ist $\Phi_0 = \text{konst.}$ Wir erhalten somit:

$$\Phi(\tau) + \frac{1}{\varrho} \int_0^\tau p\, dt = \text{konst.} \qquad (10)$$

Das Integral $\frac{1}{\varrho}\int\limits_0^\tau p\,dt$, das die zeitliche Gesamtwirkung der Drucke in dem Intervall von 0 bis τ bedeutet, ist ein Maß für die Größe des „Stoßdruckes".

Aus (10) läßt sich die Größe des Stoßdruckes berechnen, durch den eine Potentialbewegung mit dem Potential Φ hervorgebracht werden kann. Da der Druck räumlich stetig verteilt ist, muß es auch das Potential sein, d. h. durch stoßartige Druckwirkungen lassen sich keine unstetigen Potentiale erzeugen. Ebenfalls folgt aus der Eindeutigkeit von p diejenige von Φ, d. h. durch stoßartige Druckwirkungen lassen sich auch keine Bewegungen mit Zirkulation hervorbringen.

Die obige Gleichung (10) ergibt nun eine anschauliche Deutung der Potentialfunktion. Haben wir irgendeine beliebige stetige Potentialströmung vor uns, so können wir das mit der Dichte multiplizierte Potential dieser Flüssigkeitsbewegung auffassen als den Stoßdruck, der nötig wäre, eben diese Potentialbewegung zu erzeugen. Auch bei den Strahlvorgängen — d. h. bei Potentialbewegungen mit unstetigen Potentialen — können wir die gleiche Deutung des Potentials vornehmen, wenn wir an Stelle der Unstetigkeitsflächen feste Wände setzen.

XI. Ebene Potentialbewegung.

74. Der Real- und Imaginärteil einer reellen analytischen Funktion komplexen Argumentes als Lösung der Laplaceschen Differentialgleichung. Wenn auch ebene, d. h. zweidimensionale, Bewegungsvorgänge in strenger Form in Wirklichkeit kaum vorkommen, so lassen sich doch viele Flüssigkeitsbewegungen — wenigstens gewisse Bereiche — angenähert als ebene Bewegungsvorgänge betrachten. Die besondere Bevorzugung des ebenen Problems, wo immer es als Näherung an den wirklichen Strömungsvorgang angesehen werden kann, liegt in der reichen Anwendungsmöglichkeit der mathematischen Analysis.

Die Vereinfachung der mathematischen Behandlung rührt nun im wesentlichen nicht davon her, daß wir beim ebenen Problem statt der drei unabhängigen Ortsvariablen derer nur zwei besitzen (diese Vereinfachung gilt auch für rotationssymmetrische Bewegungsvorgänge), sondern sie hängt damit zusammen, daß — sobald der Vorgang nur von zwei kartesischen Koordinaten (x, y) abhängt — sowohl der reelle wie der imaginäre Teil einer jeden analytischen Funktion des komplexen Argumentes $(x + iy)$ der Laplaceschen Differentialgleichung der Potentialtheorie genügt.

Bezeichnen wir mit $F(x + iy) = F(z)$ eine analytische Funktion des komplexen Argumentes $z = x + iy$, so läßt sich diese immer in einen reellen und in einen imaginären Teil zerlegen:

$$F(z) = F(x + iy) = \Phi(x, y) + i\Psi(x, y),$$

wo Φ und Ψ reelle Funktionen von x und y sind.

Bilden wir die zweiten partiellen Ableitungen von $F(z)$ nach x und y, so ergibt sich bei Berücksichtigung von $\frac{\partial z}{\partial x} = 1$; $\frac{\partial z}{\partial y} = i$; $\frac{\partial^2 z}{\partial x^2} = \frac{\partial^2 z}{\partial y^2} = 0$

$$\frac{\partial^2 F}{\partial x^2} = \frac{d^2 F}{\partial z^2} \cdot \left(\frac{\partial z}{\partial x}\right)^2 = \frac{d^2 F}{d z^2} \cdot 1, \qquad \frac{\partial^2 F}{\partial y^2} = \frac{d^2 F}{\partial z^2} \cdot \left(\frac{\partial z}{\partial y}\right)^2 = \frac{d^2 F}{d z^2}(-1),$$

also ist

$$\frac{\partial^2 F}{\partial x^2} + \frac{\partial^2 F}{\partial y^2} = 0.$$

Mit $F = \Phi + i\Psi$ wird hieraus:

$$\frac{\partial^2 \Phi}{\partial x^2} + \frac{\partial^2 \Phi}{\partial y^2} + i\left(\frac{\partial^2 \Psi}{\partial x^2} + \frac{\partial^2 \Psi}{\partial y^2}\right) = 0,$$

also

$$\frac{\partial^2 \Phi}{\partial x^2} + \frac{\partial^2 \Phi}{\partial y^2} = 0 \quad \text{und} \quad \frac{\partial^2 \Psi}{\partial x^2} + \frac{\partial^2 \Psi}{\partial y^2} = 0,$$

d. h. sowohl der reelle wie der rein imaginäre Teil jeder analytischen Funktion des komplexen Argumentes $x + iy = z$ genügt der Laplaceschen Differentialgleichung.

75. Die Cauchy-Riemannschen Differentialgleichungen und ihre physikalische Deutung. Setzen wir wieder

$$F(x + iy) = \Phi(x, y) + i\Psi(x, y),$$

so ist:

$$\frac{\partial F}{\partial x} = \frac{dF}{dz} \cdot \frac{\partial z}{\partial x} = \frac{dF}{dz}$$

und

$$\frac{\partial F}{\partial y} = \frac{dF}{dz} \cdot \frac{\partial z}{\partial y} = i\frac{dF}{dz}.$$

Mithin ist

$$\frac{\partial F}{\partial y} = i\frac{\partial F}{\partial x}.$$

Wegen

$$\frac{\partial F}{\partial x} = \frac{\partial \Phi}{\partial x} + i\frac{\partial \Psi}{\partial x}$$

und

$$\frac{\partial F}{\partial y} = \frac{\partial \Phi}{\partial y} + i\frac{\partial \Psi}{\partial y}$$

gibt dies

$$\frac{\partial \Phi}{\partial y} + i\frac{\partial \Psi}{\partial y} = i\frac{\partial \Phi}{\partial x} - \frac{\partial \Psi}{\partial x}$$

also, wenn reell und imaginär getrennt werden:

$$\frac{\partial \Phi}{\partial x} = \frac{\partial \Psi}{\partial y}$$

und

$$\frac{\partial \Phi}{\partial y} = -\frac{\partial \Psi}{\partial x}. \tag{1}$$

Aus diesen sogenannten Cauchy-Riemannschen Differentialgleichungen, die unmittelbar aus der Annahme folgen, daß Φ und Ψ der reelle bzw. imaginäre Teil einer analytischen Funktion des komplexen Argumentes $x + iy$ ist, lassen sich durch nochmalige partielle Differentiation nach x bzw. y wieder die Laplaceschen Differentialgleichungen ableiten.

Die physikalische Bedeutung der Cauchy-Riemannschen Differentialgleichungen ergibt sich aus folgendem: Wenn wir mit Φ die Potentialfunktion bezeichnen, so ist

$$u = \frac{\partial \Phi}{\partial x} \quad \text{und} \quad v = \frac{\partial \Phi}{\partial y}.$$

Aus Gleichung (1) ergibt sich nun, daß auch

$$u = \frac{\partial \Psi}{\partial y}$$

und

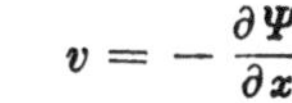

$$v = -\frac{\partial \Psi}{\partial x}$$

ist.

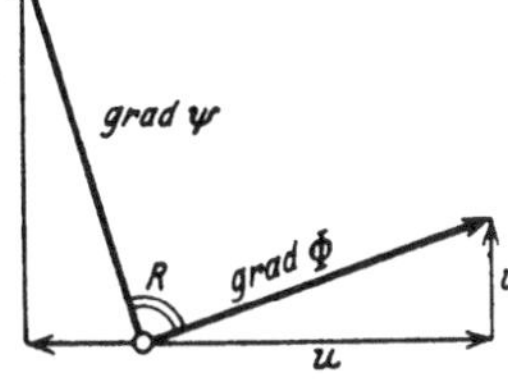

Abb. 87. Geometrische Beziehung zwischen dem Gradienten der Potentialfunktion zu demjenigen der Stromfunktion.

Bilden wir den Gradienten von Φ

$$\operatorname{grad} \Phi = \mathfrak{i}\frac{\partial \Phi}{\partial x} + \mathfrak{j}\frac{\partial \Phi}{\partial y} = \mathfrak{i}u + \mathfrak{j}v$$

($\mathfrak{i}$, $\mathfrak{j}$ Einheitsvektoren) und ebenso den Gradienten von Ψ

$$\operatorname{grad} \Psi = \mathfrak{i}\frac{\partial \Psi}{\partial x} + \mathfrak{j}\frac{\partial \Psi}{\partial y} = -\mathfrak{i}v + \mathfrak{j}u,$$

so haben wir, wie in Abb. 87 dargestellt ist,

$$\operatorname{grad} \Phi \perp \operatorname{grad} \Psi;$$

ferner ist

$$|\operatorname{grad} \Phi| = |\operatorname{grad} \Psi|.$$

Hieraus folgt, daß die Kurvenscharen $\Phi =$ konst. und $\Psi =$ konst. orthogonal aufeinanderstehen, und daß sie — wenn wir die Intervalle zwischen aufeinanderfolgenden Φ- und Ψ-Werten gleich und genügend klein nehmen — ein quadratisches Netz bilden.

Da nun

$$\mathfrak{i}u + \mathfrak{j}v = \mathfrak{w}$$

ist, d. h. da die Richtungen der Geschwindigkeiten (die Stromlinien) senkrecht zu den Kurven Φ = konst. stehen, anderseits aber auch die Linien Ψ = konst. senkrecht zu den Kurven Φ = konst. sind, so stellt also die Schar Ψ = konst. die Schar der Stromlinien dar. Aus der Tatsache, daß das aus Φ = konst. und Ψ = konst. gebildete Netz quadratisch ist, lassen sich häufig, wenn man eine Anzahl Kurven Φ = konst. bzw. Ψ = konst. kennt, neue Kurven durch Interpolation finden. Zieht man — wie in Abb. 88 — die Diagonalkurven durch die einzelnen Quadrate des Netzes, so bilden die Schnittpunkte der Diagonalkurven wieder Punkte von Kurven Φ = konst. bzw. Ψ = konst.

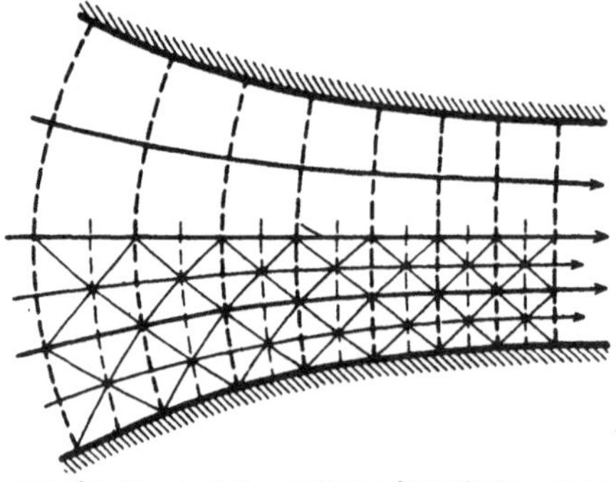
Abb. 88. Konstruktion weiterer Stromlinien, wenn eine Anzahl Kurven Φ = konst. und Ψ = konst. gegeben ist.

Es ist noch zu bemerken, daß man ebenso wie Φ auch Ψ als Potential einer Strömung betrachten darf, da auch $F^*(z) = -iF(z)$ eine Funktion der betrachteten Art ist (wir haben ja auch in Nr. 74 schon festgestellt, daß $\Delta\Psi = 0$ ist). In diesem Falle sind natürlich die Linien Φ = konst. Stromlinien.

Die Funktion $F(z) = F(x + iy) = \Phi(x, y) + i\Psi(x, y)$ wollen wir die Strömungsfunktion nennen.

Wir bilden nun das vollständige Differential von $F(x + iy)$. Es ist

$$\begin{aligned} dF &= \frac{\partial F}{\partial x} dx + \frac{\partial F}{\partial y} dy \\ &= \left(\frac{\partial \Phi}{\partial x} + i\frac{\partial \Psi}{\partial x}\right) dx + \left(\frac{\partial \Phi}{\partial y} + i\frac{\partial \Psi}{\partial y}\right) dy \\ &= (u - iv)\,dx + (v + iu)\,dy \\ &= (u - iv)\,dx + i(u - iv)\,dy \\ &= (u - iv)(dx + i\,dy) \\ &= \overline{\mathfrak{w}}\,dz, \end{aligned}$$

wo $\overline{\mathfrak{w}}$ die zu $\mathfrak{w} = u + iv$ konjugiert komplexe Zahl ist, die man bekanntlich durch Spiegelung von $\mathfrak{w}$ an der reellen Achse erhält. Wir haben somit:

$$\overline{\mathfrak{w}} = \frac{dF(z)}{dz} = F'(z). \tag{2}$$

Diese einfache Beziehung sagt also aus, daß die Ableitung der Strömungsfunktion $F(z)$ nach dem komplexen Argument z gleich dem an der reellen Achse gespiegelten Geschwindigkeitsvektor ist.

76. Die Stromfunktion. Wir wollen uns jetzt die Bedeutung von Ψ und die schon abgeleitete Tatsache, daß $\Psi =$ konst. die Schar der Stromlinien darstellt, auf eine andere Weise klarmachen.

Betrachten wir in Abb. 89 die Strömung längs einer Wand und fragen wir uns, welche Flüssigkeitsmenge Q zwischen dem Punkt A mit den Koordinaten x, y und der Wand in der Zeiteinheit fließt, so erhalten wir, wenn wir einmal einen Schnitt durch A parallel zur x-Achse, dann einen Schnitt durch A parallel zur y-Achse legen, im ersten Falle (die Länge in der z-Richtung nennen wir h):

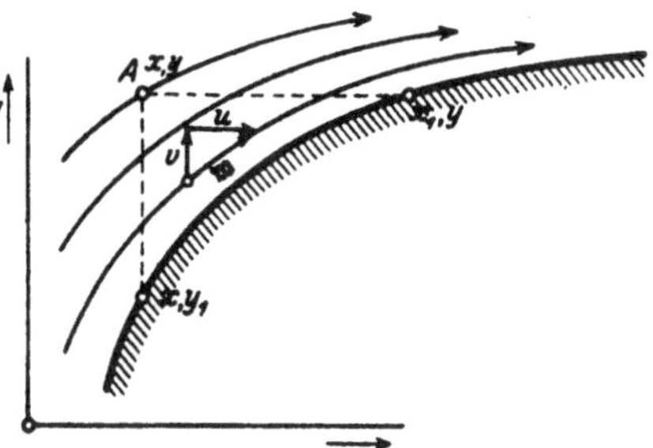

Abb. 89. Zweidimensionale Strömung längs einer Wand.

$$Q = h\int_{x}^{x_1} v\,dx$$

und mit

$$v = -\frac{\partial \Psi}{\partial x}$$

$$Q = h(\Psi - \Psi_1).$$

Im zweiten Fall, wenn der Schnitt durch A parallel zur y-Achse gelegt wird, ist

$$Q = h\int_{y_1}^{y} u\,dy,$$

oder mit

$$u = \frac{\partial \Psi}{\partial y}$$

wiederum

$$Q = h(\Psi - \Psi_1);$$

mithin ist:

$$\Psi = \frac{Q}{h} + \text{konst.}$$

Die Kurven $\Psi =$ konst. sind also offenbar Kurven, die zwischen sich und der Begrenzung der Flüssigkeit in der Zeiteinheit konstante Flüssigkeitsmengen durchlassen, d. h. sie sind Stromlinien. Ψ wird deswegen die Stromfunktion genannt.

Setzen wir die Höhe h in der z-Richtung noch gleich 1, so ist

$$\Psi = Q + \text{konst.},$$

d. h. Ψ ist bis auf eine additive Konstante gleich der in der Zeiteinheit durch einen von x, y abhängigen Querschnitt von der Höhe $h = 1$ strömenden Flüssigkeitsmenge. Die Integrationskonstante wird im allgemeinen so bestimmt, daß Ψ an der Wand verschwindet; dann wird unmittelbar $\Psi = Q$.

77. Beispiele für die Anwendung der Strömungsfunktion $F(z)$ auf einige einfache zweidimensionale Bewegungsvorgänge. Wir wollen zunächst an einigen einfachen Funktionen zeigen, in welcher Weise aus einer gegebenen analytischen Funktion einer komplexen Variablen das Stromlinienbild einer Flüssigkeitsbewegung berechnet wird, und wir werden sehen, mit wie einfachen Mitteln und mit welch geringer Mühe das in vielen Fällen möglich sein wird.

$$1. \quad F = az .$$

Ist a reell, so ergibt die Trennung in Φ und Ψ

$$\Phi = a x ,$$
$$\Psi = a y .$$

Die Stromlinien $\Psi =$ konst. sind also parallel zur x-Achse, die Kurven gleichen Potentials ($\Phi =$ konst.) sind Geraden parallel zur y-Achse. Für den an

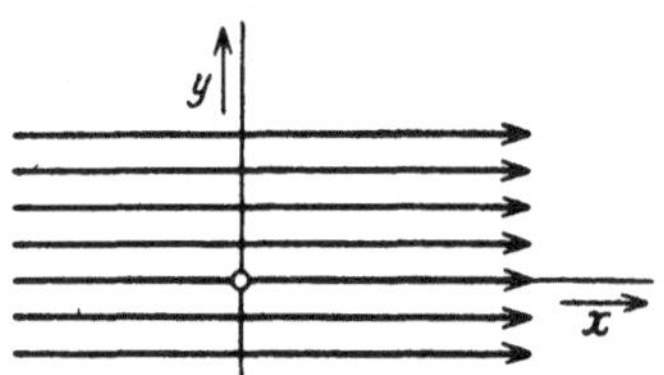

Abb. 90. Zweidimensionale Strömung; Strömungsfunktion $F(z) = az$ (a reell).

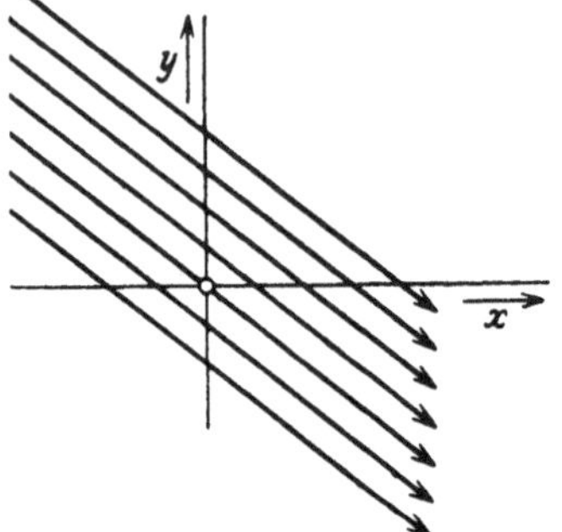

Abb. 91. Zweidimensionale Strömung; Strömungsfunktion $F(z) = az$ (a komplex).

der reellen Achse gespiegelten Geschwindigkeitsvektor erhalten wir

$$\bar{\mathfrak{w}} = F'(z) = a = u - i v ,$$

also

$$u = a, \quad v = 0,$$

d. h. wir haben eine Parallelströmung zur x-Achse (Abb. 90).

Ist a komplex $= a_1 + i a_2$, so haben wir

$$F(z) = (a_1 + i a_2)(x + i y) = \underbrace{a_1 x - a_2 y}_{\Phi} + i \underbrace{(a_1 y + a_2 x)}_{\Psi}$$

und für den konjugiert komplexen Geschwindigkeitsvektor

$$\bar{\mathfrak{w}} = F'(z) = a_1 + i a_2 = u - i v ,$$

also

$$u = a_1 ,$$
$$v = - a_2 ,$$

d. h. auch hier handelt es sich, da $\frac{u}{v} = - \frac{a_1}{a_2} =$ konst. ist, um eine geradlinige Strömung (Abb. 91).

Wir wollen bemerken, daß alle linearen Funktionen in z geradlinige Strömungen ergeben. Da der Einfluß eines komplexen a sich nur in einer Drehung der gesamten Strömung um einen gewissen Winkel geltend macht, setzen wir für die folgenden Beispiele der Einfachheit halber a reell voraus.

$$2.\quad F = \frac{a}{2} z^2 = \underbrace{\frac{a}{2}(x^2 - y^2)}_{\Phi} + i \underbrace{a\,x\,y}_{\Psi}.$$

Die Stromlinien $\Psi = a\,x\,y =$ konst. ergeben gleichseitige Hyperbeln mit den Koordinatenachsen als Asymptoten, während $\Phi = \frac{a}{2}(x^2 - y^2)$ $=$ konst. die dazu orthogonale Schar gleichseitiger Hyperbeln liefert, mit den Geraden $y = x$ bzw. $y = -x$ als Asymptoten. Man erkennt in Abb. 92 das quadratische Maschennetz der Kurven $\Phi =$ konst. und $\Psi =$ konst.

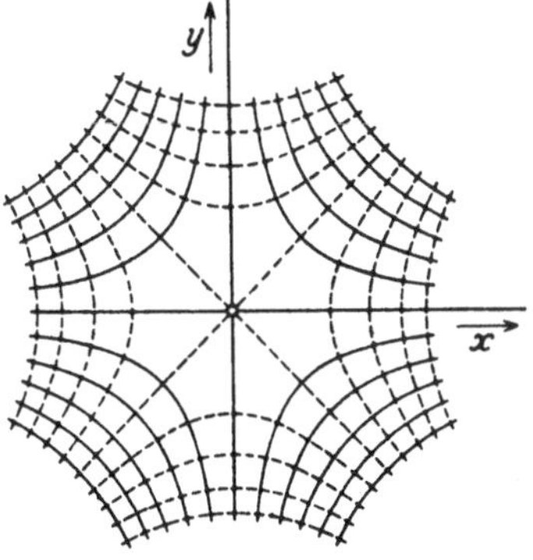

Abb. 92. Zweidimensionale Strömung; Strömungsfunktion $F(z) = \frac{a}{2} z^2$ (a reell).

In manchen Fällen kann man einzelne Bereiche dieser Lösung gebrauchen, so z. B. wenn es sich um eine Strömung gegen eine Platte handelt (Abb. 72), entsprechend der früheren Staupunktströmung (Nr. 67, 2).

Die Geschwindigkeit $\bar{\mathfrak{w}} = u - i v$ erhalten wir wieder durch die Ableitung der Funktion nach z

$$\bar{\mathfrak{w}} = F'(z) = a\,z$$
$$u = a\,x$$
$$v = -a\,y.$$

Die Geschwindigkeit ist also proportional der komplexen Zahl $\bar{z}$, d. h. auf Kreisen um den Ursprung ist die Geschwindigkeit den Radien proportional.

$$3.\quad F = \frac{a}{n} z^n.$$

Hier ist es am einfachsten, Polarkoordinaten einzuführen; wir erhalten mit $z = r\,e^{i\varphi}$

$$F = \frac{a}{n} r^n e^{i n \varphi} = \frac{a}{n} r^n (\cos n\varphi + i \sin n\varphi),$$

als Potentialfunktion somit

$$\Phi = \frac{a\,r^n}{n} \cos n\,\varphi$$

und als Stromfunktion

$$\Psi = \frac{a\,r^n}{n} \sin n\,\varphi$$

Fragen wir jetzt nach den Stromlinien, so haben wir für eine Reihe von Werten der Konstanten zu bilden:

$$\Psi = \frac{a r^n}{n} \sin n \varphi = \text{konst.}$$

Hieraus läßt sich für verschiedene Winkel φ dann r berechnen. Bilden wir z. B. die Stromlinie $\Psi = 0$, so haben wir, wenn wir von dem Punkt $r = 0$ absehen, $\sin n \varphi = 0$, d. h. $\varphi = \frac{k \pi}{n}$ mit $k = 0, 1, 2, \ldots$, mithin als Stromlinie die Gerade durch den Ursprung $\varphi = \text{konst.} = \frac{k \pi}{n}$.

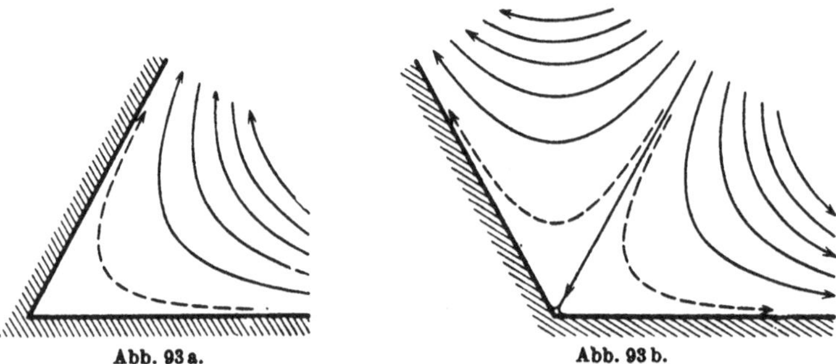

Abb. 93a. Abb. 93b.

Abb. 93a und 93b. Zweidimensionale Strömung. Strömungsfunktion $F(z) = \frac{a}{3} z^3$ (a reell).

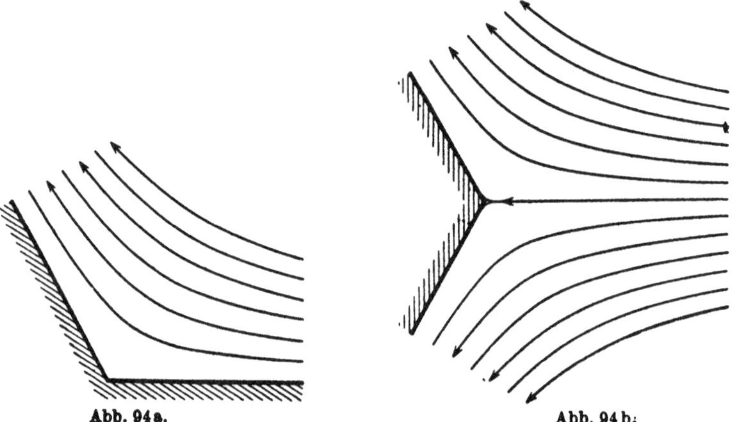

Abb. 94a. Abb. 94b.

Abb. 94a und 94b. Zweidimensionale Strömung; Strömungsfunktion $F(z) = \frac{a}{3/2} z^{3/2}$.

Je nach dem Zahlenwert, den wir n erteilen, erhalten wir verschiedene Strömungen, wobei wir die unter Umständen auftretende Mehrdeutigkeit der Funktion durch Annahme eines Fremdkörpers in der Flüssigkeit, die ihr als Begrenzung dient, beheben.

Für $n > 2$ ergibt sich eine Strömung wie in Abb. 93a oder 93b,

„ $n = 2$ das in Abb. 72 dargestellte Strömungsbild,

„ $1 < n < 2$ Abb. 94a, b,

Für $n = 1$ Strömung längs der reellen Achse (Abb. 90),

„ $n = \frac{2}{3}$ Strömung um eine vorspringende Kante wie in Abb. 95,

„ $n = \frac{1}{2}$ Strömung um eine Platte wie in Abb. 96.

Die zu $\Psi =$ konst. orthogonale Kurvenschar $\Phi =$ konst. gibt das gleiche um den Winkel $\frac{\pi}{2n}$ gedrehte Kurvenbild. Man erkennt an diesen

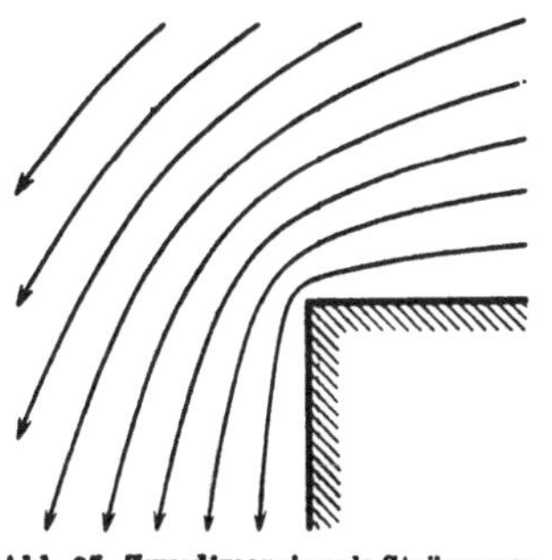

Abb. 95. Zweidimensionale Strömung; Strömungsfunktion $F(z) = \frac{a}{{}^2/_3} z^{2/3}$

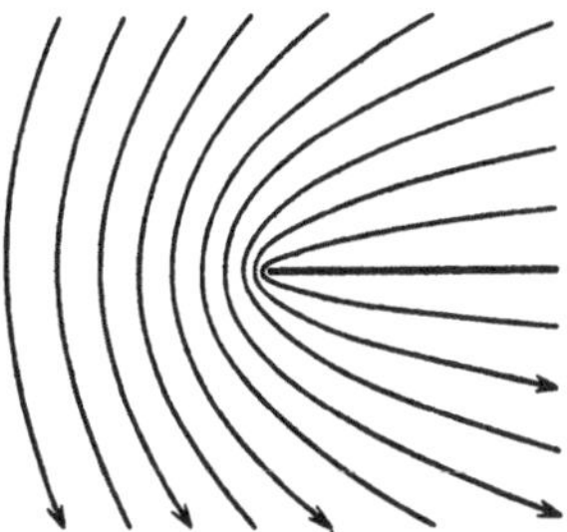

Abb. 96. Zweidimensionale Strömung; Strömungsfunktion $F(z) = \frac{a}{{}^1/_2} z^{1/2}$

wenigen Beispielen, mit wie einfachen Funktionen man bereits Strömungen von großem gegenständlichen Interesse behandeln kann.

Für die Geschwindigkeit haben wir

$$\overline{\mathfrak{w}} = F'(z) = a z^{n-1} = a r^{n-1} e^{i(n-1)\varphi},$$

also

$$|\overline{\mathfrak{w}}| = a r^{n-1},$$

d. h. die Geschwindigkeit ist dem Betrage nach konstant auf konzentrischen Kreisen um den Ursprung. Untersuchen wir die Geschwindigkeit im Ursprung des Bezugssystems, d. h. für $z = 0$, so haben wir, wie sich ohne weiteres aus dem obigen Ausdruck für die Geschwindigkeit ergibt:

$$\mathfrak{w} = 0 \qquad \text{für } n > 1,$$

$$\mathfrak{w} = \text{endlich} \quad ,, \quad n = 1,$$

$$\mathfrak{w} = \infty \qquad ,, \quad n < 1.$$

Der Umstand, daß für $n < 1$, d. h. bei Strömungen um vorspringende Kanten, die Geschwindigkeit über alle Grenzen wächst, ist für die praktische Anwendung dieser Potentialfunktion von wesentlicher Bedeutung. In Wirklichkeit werden zwar die Geschwindigkeiten an der Kante durch Reibungswirkungen — die hier in einem kleinen Bereich wieder wesentlich auftreten — daran verhindert, beliebig groß zu werden. Es bildet sich nämlich an der vorspringenden Kante aus dem Material der reibenden Grenzschicht ein Wirbel, der die scharfe Kante abrundet. Immerhin können bei Bewegungen aus der Ruhe heraus im ersten Augenblick beträchtliche Geschwindigkeiten unmittelbar an der Kante entstehen. Darauf wird später in Nr. 93 noch näher einzugehen sein.

In der weiteren Untersuchung der Potentialfunktion $F = \frac{a}{n} z^n$ wollen wir uns auf den Fall $n = -1$ und auf die Fälle $\lim n \to 0$, sowie $\lim n \to \infty$ beschränken.

78. Strömung um einen geraden Kreiszylinder. Wir betrachten die Funktion

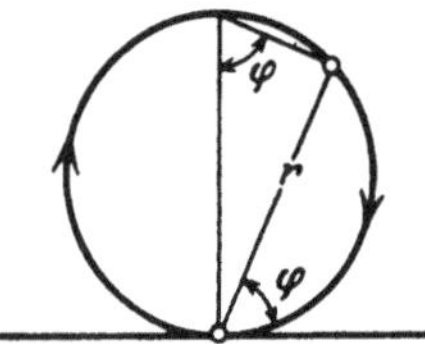

Abb. 97. Zweidimensionale Strömung; Strömungsfunktion $F(z) = \frac{a}{z}$ (zweidimensionaler Dipol).

$$F = \frac{a}{z} = \frac{a}{r} (\cos\varphi - i \sin\varphi) = \frac{a}{r} e^{-i\varphi}.$$

Für die Stromlinien erhalten wir

$$\Psi = \frac{a}{r} \sin\varphi = \text{konst.}$$

oder, wenn wir a mit in die Konstante C beziehen:

$$r = C \sin\varphi.$$

Das sind aber, wie sich aus Abb. 97 ergibt, Kreise, die den Ursprung berühren und C als Durchmesser besitzen. Für $C = \infty$ haben wir als Stromlinie die reelle Achse.

Wir können diese Strömung auch auffassen als hervorgerufen durch eine gleichförmige Besetzung der z-Achse mit Dipolen (zweidimensionaler Dipol). Die analoge rotationssymmetrische Strömung um eine Kugel haben wir mit anderen Mitteln bereits in Nr. 70 (Abb. 79) untersucht.

Für die Geschwindigkeit haben wir

$$\overline{\mathfrak{w}} = -\frac{a}{z^2} = -\frac{a}{r^2} e^{-i2\varphi}$$

und also

$$|\overline{\mathfrak{w}}| = \frac{a}{r^2},$$

d. h. die Geschwindigkeit wird im Nullpunkt unendlich groß vom zweiten Grade.

Überlagern wir der obigen Strömung eines Dipols eine Parallelströmung $F = az$, so haben wir als Strömungsfunktion

$$F = a\left(z + \frac{1}{z}\right) = \underbrace{a \cos\varphi \left(r + \frac{1}{r}\right)}_{\Phi} + i \underbrace{a \sin\varphi \left(r - \frac{1}{r}\right)}_{\Psi}. \qquad (3)$$

Für die Stromlinien bekommen wir, wenn wir $\Psi = \text{konst.}$ setzen, für $\Psi = 0$ entweder $\sin\varphi = 0$ oder $r - \frac{1}{r} = 0$. In dem einen Falle ist $\varphi = 0$ bzw. $\varphi = \pi$, d. h. wir erhalten als Stromlinie die vom Ursprung ausgehenden beiden Äste der reellen Achse; im anderen Fall ist $r = 1$, d. h. der Kreis mit dem Radius $r = 1$ ist gleichfalls eine Stromlinie (wir haben in der Geraden der reellen Achse und dem Einheitskreis, als Ganzes aufgefaßt, eine Kurve dritter Ordnung). Für verschiedene Konstanten erhält man für irgendeinen Radius das zugehörige φ oder umgekehrt und kann so punktweise die Stromlinien berechnen, wie es in Abb. 98 geschehen ist.

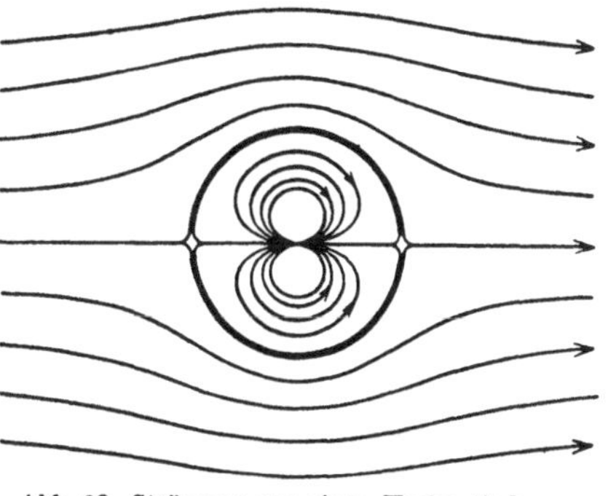
Abb. 98. Strömung um einen Kreiszylinder.

Da physikalisch hier nur das Äußere des Einheitskreises von Bedeutung ist, haben wir in dem obigen Ausdruck die Strömungsfunktion für eine Strömung um den Einheitskreis. Eine Strömung um einen Kreis vom Radius R ist — wie sich leicht ergibt — gegeben durch

$$F = a\left(z + \frac{R^2}{z}\right).$$

Bilden wir jetzt den Grenzwert der Funktion $\frac{a}{n} z^n$ für nach Null konvergierendes n, d. h. $\lim_{n=0} \frac{a}{n} z^n$, so ergibt sich

$$F = a \ln z = a \ln (r e^{i\varphi}) = \underbrace{a \ln r}_{\Phi} + \underbrace{i a \varphi}_{\Psi}. \tag{4}$$

Für die Stromlinien $\Psi = a\varphi = \text{konst.}$ ergibt sich $\varphi = \text{konst.}$, d. h. wir erhalten als Stromlinienbild ein Strahlenbüschel durch den Ursprung. Die Kurven konstanten Potentials sind gegeben durch

$$\Phi = a \ln r = \text{konst.} \quad \text{oder} \quad r = \text{konst.},$$

d. h. durch konzentrische Kreise um den Ursprung, wie es ja auch sein muß, da die Kurven $\Phi = \text{konst.}$ auf $\Psi = \text{konst.}$ senkrecht stehen müssen.

Die Geschwindigkeit ist

$$\bar{\mathfrak{w}} = \frac{a}{z},$$

d. h. die Geschwindigkeit nimmt in gleichem Maße ab, wie die Entfernung vom Ursprung zunimmt. Wir haben also in $F = a \ln z$ die Strömungsfunktion für eine gleichförmige Besetzung der z-Achse mit

Quellen (zweidimensionale Quelle) von der Ergiebigkeit $2\pi a$ für die Schichthöhe 1; entsprechend in $F = -a \ln z$ den Ausdruck für eine Senke.

Bilden wir durch Multiplikation der vorigen Funktion mit i die neue Strömungsfunktion

$$F = i a \ln z,$$

so wird der reelle Teil der vorigen Funktion rein imaginär und der imaginäre Teil reell, d. h. die Potentialfunktion und die Stromfunktion vertauschen ihre Rollen. Als Stromlinien erhalten wir konzentrische Kreise um den Ursprung, als Kurven konstanten Potentials eine Geradenschar durch den Nullpunkt.

Für die Geschwindigkeit haben wir wieder

$$\overline{\mathfrak{w}} = F'(z) = i\frac{a}{z}$$

und

$$|\overline{\mathfrak{w}}| = w = \frac{a}{r}.$$

Bilden wir das Linienintegral $\oint \mathfrak{w} \circ d\mathfrak{r}$ auf einem Kreise (Stromlinie!), so erhalten wir $2\pi r w = 2\pi a = \text{konst}$. Wir erkennen somit, daß es sich bei der Funktion $F = i a \ln z$ um das Strömungsbild eines geraden Wirbels parallel der z-Achse handelt.

Bilden wir jetzt noch den Grenzwert der Funktion $\frac{a}{n} z^n$ für nach Unendlich strebendes n, genauer $\lim\limits_{n=\infty} a\left(1 + \frac{\alpha z}{n}\right)^n$, so erhalten wir

$$F = a e^{\alpha z} = a e^{\alpha x} \cdot e^{i\alpha y}$$

$$= a e^{\alpha x}(\cos \alpha y + i \sin \alpha y).$$

Es treten hier trigonometrische Funktionen auf, deren Argumente nicht Winkel, wie bisher, sondern die y-Koordinaten sind.

Bilden wir, um die Stromlinien zu erhalten, zunächst $\Psi = 0$, so ergibt sich dafür $\alpha y = k\pi$ ($k = 0, 1, 2, \ldots$), d. h. Gerade parallel der reellen Achse im Abstande von $\frac{\pi}{\alpha}$ voneinander. Für die Gebiete innerhalb dieser Geraden erhalten wir aus $\Psi = \text{konst.}$ oder

$$e^{-\alpha x} = \frac{a \sin \alpha y}{\text{konst.}}$$

$$x = -\frac{1}{\alpha} \ln(\sin \alpha y) + \text{konst.}$$

Berechnen wir aus dieser Gleichung für eine Anzahl Konstanten die zueinander gehörigen Wertepaare x, y, so ergeben sich die Stromlinien. Die eben behandelte Funktion — wenn man sie noch um 90^0 im positiven Sinne dreht, also $F = a e^{i a z}$ — läßt sich auffassen als Potential einer ebenen Wellenbewegung von sehr geringer Wellenhöhe.

79. Begriff der konformen Abbildung. Nachdem wir in Nr. 78 für einige der einfachsten analytischen Funktionen einer komplexen Variablen untersucht haben, welche Strömungen diesen Funktionen entsprechen, wollen wir jetzt zu den Methoden übergehen, durch die es möglich ist, umgekehrt zu einer Strömung um einen vorgegebenen Körper die Strömungsfunktion zu bestimmen.

Wir machen uns zu dem Zweck zunächst den Begriff der Abbildung im Sinne der Funktionentheorie in anschaulicher Weise klar. Gehen

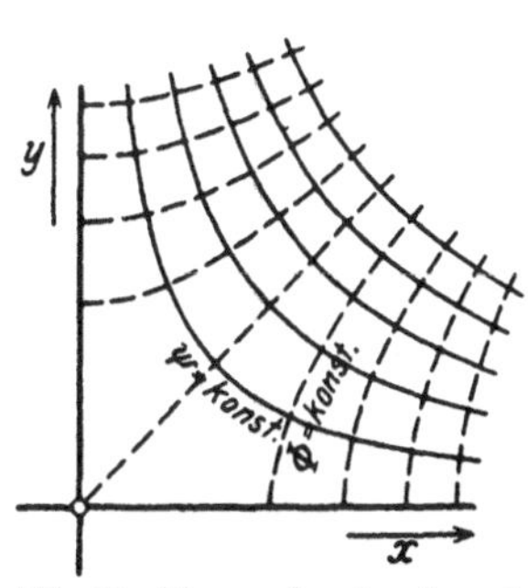

Abb. 99. Kurven Φ = konst. und Ψ = konst. der Funktion $F = \frac{a}{2} z^2 = \frac{a}{2}(x^2 - y^2) + i a x y$.

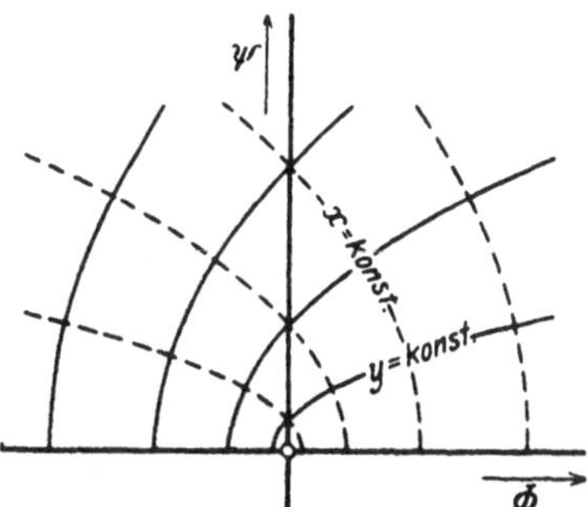

Abb. 100. Kurven x = konst. und y = konst. der Funktion der Abb. 99, wenn Φ = konst. und Ψ = konst. als rechtwinklige Koordinaten aufgefaßt werden.

wir aus von einer beliebigen analytischen Funktion $F(z)$, deren reeller Teil $\Phi(x, y)$ und deren imaginärer Teil $\Psi(x, y)$ ist:

$$F = \Phi + i\Psi,$$

so gehört offenbar zu jedem Punkt z, d. h. zu jedem Wertepaar x, y ein Wert F, d. h. je ein Wert von Φ und Ψ. Nehmen wir beispielsweise die in Nr. 77 behandelte Funktion

$$F = \frac{a}{2} z^2 = \frac{a}{2}(x^2 - y^2) + i a x y = \Phi + i\Psi,$$

so erkennen wir in Abb. 99, wenn wir uns die x, y-Ebene mit Kurven Φ = konst. bzw. Ψ = konst. dicht belegt denken, daß jedem Punkt (x, y) der Ebene ein Schnittpunkt der Kurven Φ = konst. und Ψ = konst. entspricht.

Denken wir uns jetzt eine Φ, Ψ-Ebene derartig, daß wir Φ und Ψ als rechtwinklige Koordinaten deuten (Abb. 100), so entspricht das rechtwinklige Maschennetz Φ = konst. und Ψ = konst. dieser Φ, Ψ-Ebene eindeutig dem Maschennetz Φ-konst. und Ψ-konst. der

x, y-Ebene. Wir sprechen in diesem Falle von einer Abbildung des einen Maschennetzes auf das andere und, da wir den Abstand der einzelnen Maschen nach Null konvergieren lassen können, von einer Abbildung der x, y-Ebene auf die Φ, Ψ-Ebene bzw. umgekehrt.

Da nun wegen der Gültigkeit der Cauchy-Riemannschen Differentialgleichungen das quadratische Netz der Φ, Ψ-Ebene — sofern wir die quadratische Teilung nur eng genug nehmen — wieder in ein quadratisches Netz in der x, y-Ebene abgebildet wird, sprechen wir hier speziell von einer konformen Abbildung. Unter einer konformen Abbildung versteht man somit eine Abbildung einer Ebene auf eine andere derart, daß Winkel der einen Ebene in gleiche Winkel (mit gleichem Drehsinn) der anderen Ebene abgebildet werden, und daß das Verhältnis zweier Strecken der einen Ebene gleich ist dem Verhältnis der entsprechenden Strecken der anderen Ebene für den Fall, daß die Größe der Strecken nach Null konvergiert. Man sagt auch, daß bei einer konformen Abbildung eine Ebene auf eine in den kleinsten Teilen ähnliche Ebene abgebildet wird. Wie sich aus der Herleitung der Cauchy-Riemannschen Differentialgleichungen ergibt, ist die Abbildung, die durch eine jede analytische Funktion einer komplexen Variablen vermittelt wird, überall dort konform, wo die erste Ableitung der Funktion nicht verschwindet, d. h. wo wir keinen singulären Punkt haben.

Ist in Abb. 99 einem jeden Wertepaar x, y ein Wertepaar Φ, Ψ zugeordnet, so läßt sich umgekehrt in Abb. 100 jedem Wertepaar Φ, Ψ ein Wertepaar x, y zuordnen. Wir brauchen, um das auszuführen, nur für eine Reihe von x-Werten (bei konstantem y) die Φ- und Ψ-Werte aus Abb. 99 abzulesen und diese x-Werte an den Stellen der Φ, Ψ-Ebene einzutragen, die den in Abb. 99 abgelesenen Φ- und Ψ-Werten entsprechen. Wir erhalten damit in der Φ, Ψ-Ebene eine Schar $y =$ konst. Führen wir dieselbe Operation für eine Reihe von y-Werten (bei konstantem x) aus, so ergeben sich in der Φ, Ψ-Ebene Kurven $x =$ konst.

Während wir zuerst das Wertepaar Φ und Ψ, d. h. F als Funktion von x und y, d. h. von z, aufgefaßt haben ($F = az^2$), haben wir jetzt z als Funktion von F $\left(z = \pm\sqrt{\frac{F}{a}}\right)$ angenommen. Da nun die inverse Funktion einer analytischen Funktion (bis auf eventuelle singuläre Punkte) wieder eine analytische Funktion ist, so ist auch die durch sie vermittelte Abbildung konform, d. h. aber, die Kurvenschar $x =$ konst. und $y =$ konst. der Φ, Ψ-Ebene in Abb. 100 müssen gleichfalls ein quadratisches Maschennetz bilden.

Dabei kann es vorkommen, daß die gegenseitige Zuordnung der beiden Ebenen — wie im betrachteten Falle $F = az^2$ — mehrdeutig ist. So entspricht ein Punkt der Φ, Ψ-Ebene zwei Punkten der x, y-Ebene, da $z = \pm \sqrt{\frac{F}{a}}$ ist, z. B. erfüllen die Punkte der oberen x, y-Halbebene bereits die gesamte Φ, Ψ-Ebene, so daß diese Ebene durch die Abbildung der unteren x, y-Halbebene ein zweites Mal bedeckt wird. Um diese Mehrdeutigkeit auszuschließen, kann man auch — wie Riemann gezeigt hat — sich die Abbildung der unteren x, y-Halbebene auf einem zweiten Exemplar der Φ, Ψ-Ebene denken, die mit der ersten Φ, Ψ-Ebene längs der positiven reellen Achse zusammenhängt.

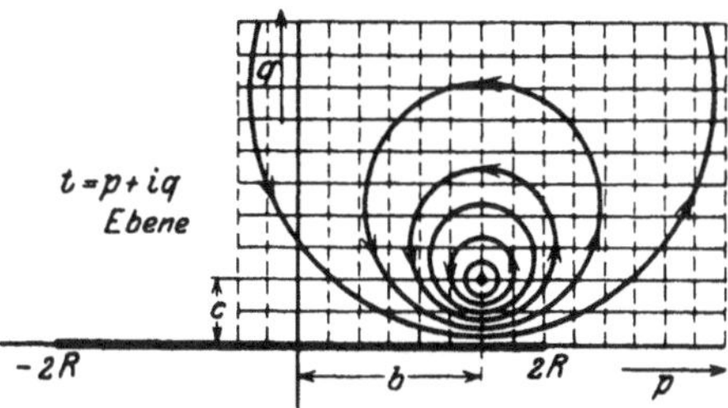

Abb. 101. Wirbel in der $t = p + iq$-Ebene.

Die Methoden der konformen Abbildung lassen sich nun in außerordentlich vielseitiger Art und Weise verwenden, wenn es sich darum handelt, die Strömung um einen vorgegebenen Körper zu berechnen.

80. Anwendung der konformen Abbildung auf Strömungsvorgänge. Im wesentlichen sind es zwei Methoden, auf die wir in dieser und der nächsten Nummer näher eingehen wollen:

Die gesuchte Funktion $F(z)$ ist als Funktion einer Funktion $t(z)$ gegeben, bzw. wir haben $F(z)$ in Parameterform:

$$F = F(t), \quad z = \varphi(t).$$

Es möge sich — als ein Beispiel für diese Methode — darum handeln, die Strömung zweier Wirbel von entgegengesetztem Sinn hinter einem Kreiszylinder vom Halbmesser R, wie sie in Abb. 102 dargestellt ist, zu berechnen (der Einfachheit halber ist nur ein Wirbel gezeichnet). Wir denken uns zu dem Zwecke die z-Ebene auf eine zweite Ebene derartig konform abgebildet, daß die kreisförmige Kontur in ein doppelt zu zählendes Geradenstück (in einen Schlitz von der Breite 0 und der Länge $4R$) und das Äußere des Kreises in die ganze Ebene, die wir die $t = p + iq$-Ebene nennen wollen, übergeführt wird (das Innere des Kreises wird dabei auf ein zweites Riemannsches Blatt abgebildet).

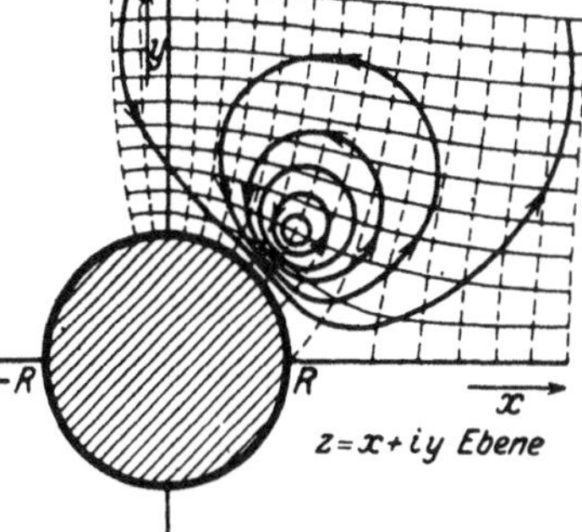

Abb. 102. Deformation des Wirbels der Abb. 101, wenn die t-Ebene so auf die z-Ebene konform abgebildet wird, daß das Geradenstück von $-2R$ bis $+2R$ in den Kreis mit R als Radius übergeht.

Das Stromlinienbild des Wirbelpaares in der t-Ebene hat die in Abb. 101 dargestellte Form. Für diese Strömung läßt sich aber nach

Nr. 78 unter Benutzung der sich aus Abb. 101 ergebenden Bezeichnungen die Strömungsfunktion $F(t)$ angeben:

$$F(t) = ia\,[\ln(t - b + ic) - \ln(t - b - ic)]$$

(ein rechtsdrehender Wirbel und ein linksdrehender, daher das Minuszeichen vor dem einen Logarithmus).

Die Abbildungsfunktion der t-Ebene auf die z-Ebene, die das Geradenstück von $-2R$ bis $+2R$ der t-Ebene wieder in den Kreis um den Ursprung mit dem Radius R in der z-Ebene abbildet, ist — wie wir im weiteren näher sehen werden — gegeben durch:

$$t = z + \frac{R^2}{z} \quad \text{oder} \quad z = \frac{t}{2} \pm \frac{1}{2}\sqrt{t^2 - 4R^2}.$$

Man hat somit einerseits

$$F = F(t)$$

und anderseits

$$t = t(z),$$

so daß $F(z) = F[t(z)]$ als Funktion einer Funktion gegeben ist. Durch Elimination von t ergibt sich dann die gesuchte Funktion $F(z)$.

Zu einer im Prinzip gleichen Abbildungsmethode kommt man, wenn $F(z)$ in Parameterform gegeben ist:

$$F = F(t) \quad \text{und} \quad z = \varphi(t).$$

Gehen wir von der seit langem bekannten Strömung $F(t)$ um einen Kreiszylinder aus, dessen Querschnitt wir im folgenden der Einfachheit halber als Einheitskreis nehmen wollen, so geht durch die Funktion

$$z = t + \frac{1}{t}$$

der Kreis in der t-Ebene über in ein Geradenstück der reellen Achse in der z-Ebene, und die Strömung um den Kreis in eine Strömung längs der reellen Achse.

Um das zu erkennen, führen wir Polarkoordinaten ein und haben, wenn $t = p + iq = re^{i\varphi}$ gesetzt wird,

$$z = r\,e^{i\varphi} + \frac{1}{r}\,e^{-i\varphi},$$

also für t-Werte auf dem Einheitskreis

$$z = e^{i\varphi} + e^{-i\varphi}$$

oder

$$z = 2\cos\varphi,$$

d. h. z ist für $|t| = 1$ reell, und hat als größten Wert $+2$, entsprechend dem Punkt $+1$ der t-Ebene, als kleinsten Wert -2, entsprechend dem Punkt -1 der t-Ebene. Die Kreiskontur ist also in das doppelt zu zählende Geradenstück von -2 bis $+2$ abgebildet. Die Abbildung des Äußeren der Kreiskontur ist die gesamte z-Ebene; das Innere des Kreises ist, wie schon gesagt, in einem zweiten Riemannschen Blatt mit den Verzweigungspunkten ± 2 abgebildet. Man könnte, um die Punkte $t = \pm 1$ auf die Punkte $z = \pm 1$ abzubilden, auch als Abbildungsfunktion $z = \frac{1}{2}\left(t + \frac{1}{t}\right)$ nehmen. Wir tun das aber aus dem Grunde nicht, um im Unendlichen der beiden Ebenen den gleichen Maßstab zu behalten. Andernfalls wäre im Unendlichen der t-Ebene die Maßzahl doppelt so groß wie diejenige im Unendlichen der z-Ebene.

Man erkennt in der gleichen Weise, daß die Funktion

$$z = t - \frac{1}{t}$$

die Strömung um einen Kreiszylinder in der t-Ebene in eine solche

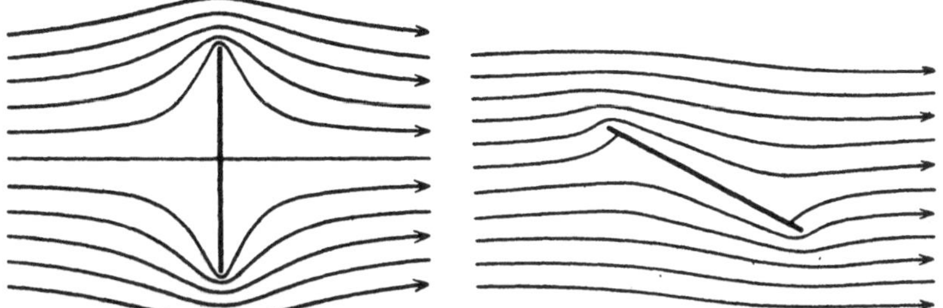

Abb. 103. Zweidimensionale Strömung um eine senkrecht zur Strömung gestellte Platte.

Abb. 104. Zweidimensionale Strömung um eine schräggestellte Platte.

um eine senkrechte Platte von $-2i$ bis $+2i$ in der z-Ebene abbildet (Abb. 103). Denn es ist für $|t| = 1$

$$z = e^{i\varphi} - e^{-i\varphi} = i\,2\sin\varphi\,,$$

d. h. z ist für Werte von t auf dem Einheitskreis rein imaginär, und zwar entspricht dem Punkt $t = +1$ (entsprechend $\varphi = 0$) der Wert $z = 0$, dem Punkt $t = +i$ $\left(\text{entsprechend } \varphi = \frac{\pi}{2}\right)$ der Wert $z = +2i$, dem Punkt $t = -1$ (entsprechend $\varphi = \pi$) der Wert $z = 0$, und schließlich wird der Punkt $t = -i$ $\left(\text{entsprechend } \varphi = \frac{3\pi}{2}\right)$ in den Punkt $z = -2i$ abgebildet.

Aus beiden Abbildungsfunktionen ergibt sich in

$$z = a\left(t + \frac{1}{t}\right) + ib\left(t + \frac{1}{t}\right)$$

diejenige Abbildungsfunktion, die die Strömung um einen Kreiszylinder konform abbildet auf eine Strömung gegen eine ebene Platte, die um den Winkel $\alpha = \operatorname{arc\,tg}\left(-\frac{b}{a}\right)$ gegen die Geschwindigkeit im Unendlichen geneigt ist (Abb. 104).

Da wir in der Lehre vom Auftrieb im Band II derartige Abbildungsfunktionen ausführlicher behandeln werden, wollen wir hier, ohne auf Einzelheiten einzugehen, nur den Weg andeuten, auf dem man zu Abbildungen kommt, die sich in der Theorie des Tragflügels von großer praktischer Bedeutung erwiesen haben.

Bereits die letzte betrachtete Strömung um eine gegen die anströmende Flüssigkeit geneigte ebene Platte ergibt ein Drehmoment, d. h. ein Kräftepaar, wie man sofort erkennt, wenn man bedenkt, daß an den beiden Staupunkten (Verzweigungsstellen der Strömung) je ein Druckmaximum liegt. Die Wirkung einer einzelnen Kraft erhalten wir jedoch durch derartige Abbildungen einer symmetrischen Strömung um einen Kreiszylinder nicht.

Um die Wirkung einer Einzelkraft zu erhalten, müssen wir — wenn wir nicht eine der später zu behandelnden unstetigen Flüssigkeits-

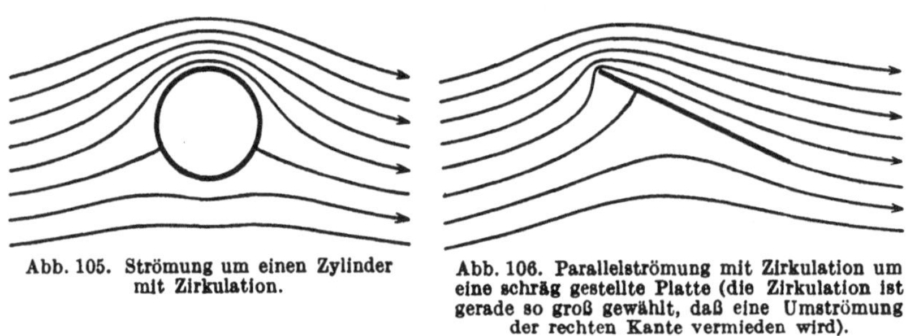

Abb. 105. Strömung um einen Zylinder mit Zirkulation.

Abb. 106. Parallelströmung mit Zirkulation um eine schräg gestellte Platte (die Zirkulation ist gerade so groß gewählt, daß eine Umströmung der rechten Kante vermieden wird).

bewegungen annehmen wollen — die Symmetrie der Strömung stören. Wir können dies dadurch erreichen, daß wir der Strömung um einen Kreiszylinder noch eine um den Mittelpunkt des Zylinders kreisende Potentialbewegung, wie wir sie in Nr. 78 behandelt haben, überlagern. Wir nehmen also in der Mitte des Zylinders einen Wirbel an, behalten jedoch, da die Mitte selbst keinen Punkt unserer Flüssigkeit darstellt, außerhalb des Zylinders Potentialbewegung. Wir erhalten auf diese Weise ein Stromlinienbild, wie es in Abb. 105 dargestellt ist. Oben ist durch den Wirbel die Strömung verstärkt, unten geschwächt, was einen Druckunterschied zwischen unten und oben ergibt.

Bildet man jetzt — wie es zuerst Kutta getan hat — diese Ebene durch die obige Funktion auf eine Ebene ab, in der die Kreiskontur in eine schräge zur Strömungsrichtung stehende Gerade abgebildet wird, und bestimmt man die Stärke der Zirkulation des im Ursprung angenommenen Wirbels derartig, daß gerade der hintere Staupunkt des Kreiszylinders bei der Abbildung auf die Platte an deren Ende zu liegen kommt, so daß sich die Strömung hier auf beiden Seiten der Platte anschmiegt, so erhält man das Stromlinienbild Abb. 106

Diese Strömung ergibt bereits eine senkrecht zur Geschwindigkeitsrichtung ($\mathfrak{w}_\infty$) wirkende Kraft (dieselbe, die vorher an dem Zylinder wirkt).

Zu umströmten Konturen, die bereits eine sehr große Ähnlichkeit mit den Profilen moderner Tragflügel besitzen, gelangt man, wenn man die von Joukowski angegebene Abbildung anwendet. Es kommt hierbei im wesentlichen darauf hinaus, einen zum Einheitskreis K exzentrisch gelegenen Kreis K' (Abb. 107), der den Einheitskreis entweder in einem Punkt berührt oder ihn in zwei Punkten A und B schneidet, so auf eine Ebene abzubilden, daß der Einheitskreis K selber in ein Geradenstück von -2 bis $+2$ übergeht. Verfolgen wir die Kontur des Kreises K' von B aus, so wird die Abbildung dieses Stückes, da es im Außengebiet des Kreises K und in der oberen t-Halbebene sich befindet, in der z-Ebene übergeführt in ein Kurvenstück, das von $+2$ ausgeht und in der oberen z-Halbebene liegt. Dabei wird der Winkel, den die beiden Kreise K und K' im singulären Punkt $+1$ der t-Ebene bilden, in der z-Ebene verdoppelt (Abb. 108). Verfolgen wir die Kontur des Kreises weiter, so muß die Abbildung derselben in einem gewissen Punkte C' entsprechend dem Punkte C die reelle Achse schneiden, und zwar liegt C' um so weiter links von -2, je weiter C von -1 in der t-Ebene entfernt liegt. Die Abbildung des Kreises K' muß sich im weiteren dann wieder der reellen Achse nähern und vom Punkte A' bis $+2$ auf dem zweiten Riemannschen Blatt liegen, entsprechend der Tatsache, daß von hier ab der Kreis K' im Innern des Einheits-

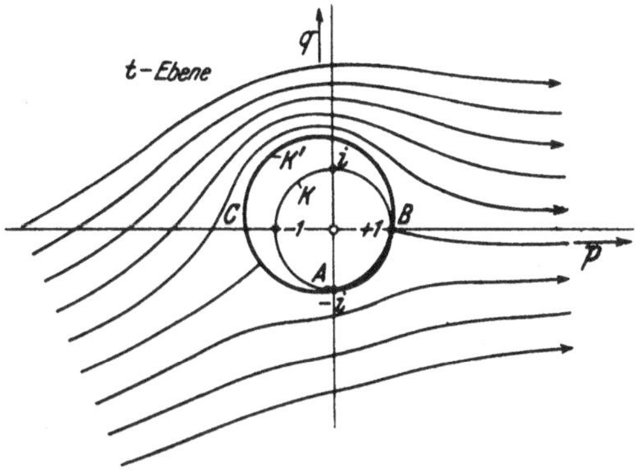

Abb. 107. Strömung um einen zum Einheitskreis exzentrisch gelegenen Kreis.

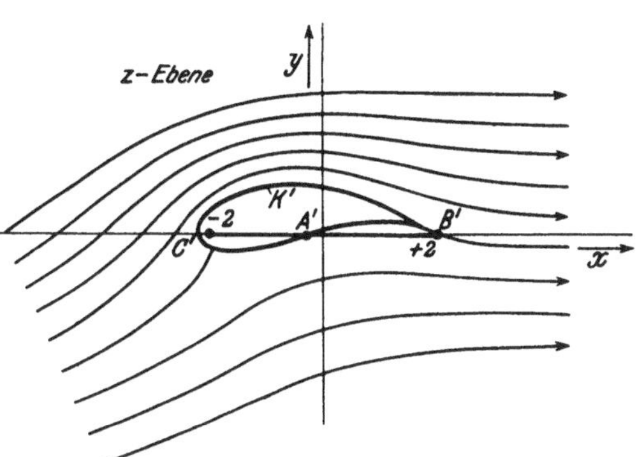

Abb. 108. Konforme Abbildung der t-Ebene von Abb. 107 auf eine z-Ebene, bei der der Einheitskreis der t-Ebene in ein Geradenstück von -2 bis $+2$ übergeführt wird (Strömung um ein Joukowsky-Profil).

kreises liegt. Die so qualitativ erhaltene Abbildung hat — wie Abb. 108 erkennen läßt — eine Form, die denjenigen der Tragflächenprofile sehr ähnlich ist. Bilden wir jetzt in der gleichen Weise eine Strömung mit Zirkulation um den Kreiszylinder K' der t-Ebene auf die z-Ebene ab, und sorgen wir wieder durch entsprechende Wahl der Zirkulation dafür, daß die Strömung auf beiden Seiten des abgebildeten Körpers glatt abfließt, so ergibt sich die in Abb. 108 dargestellte Strömung.

Zu Strömungen um gewölbte Platten kommt man, wie Kutta gezeigt hat, wenn der umströmte Kreis K' die in Abb. 109 gezeichnete Lage hat; das Äußere eines solchen Kreises geht in die gesamte z-Ebene über, wobei der Verzweigungsschnitt ein Kreisbogen ist (Abb. 110). Eine Strömung um einen derartig exzentrisch gelegenen

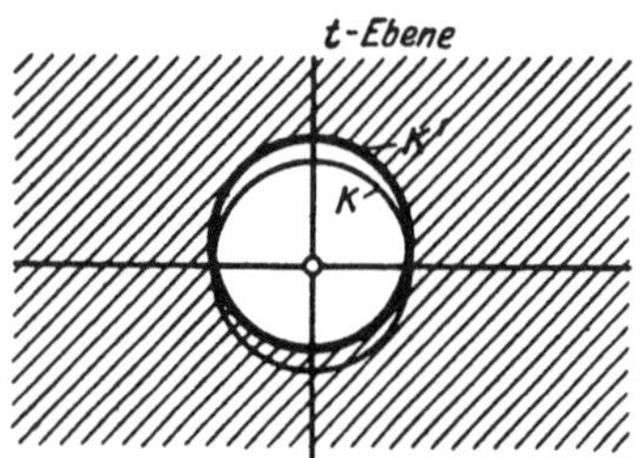

Abb. 109. Der zum Ursprung exzentrisch gelegene Einheitskreis K' geht durch konforme Abbildung in den Kreisbogen der Abb. 110 über.

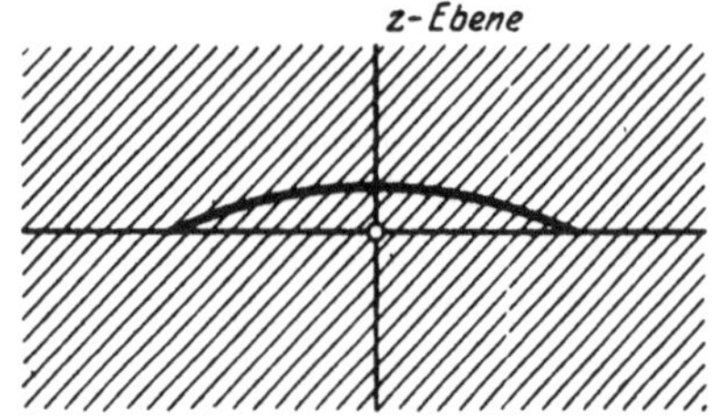

Abb. 110. Konforme Abbildung des Kreises K' der Abb. 109 auf einen Kreisbogen durch die Funktion $z = t + \frac{1}{t}$.

Kreis wird also übergeführt in eine Strömung um einen Kreisbogen. Man kann natürlich auch wieder durch entsprechende Abbildung einen zur Strömungsrichtung geneigten Kreisbogen erhalten.

81. Hodographenmethode. Wir gehen jetzt zu einer anderen Methode über, die es ermöglicht, planmäßig die Strömung um Körper verschiedenartiger Querschnitte zu untersuchen, und zwar können wir die folgende Art der Betrachtung auffassen als einen Spezialfall der eben behandelten Methode insofern, als hier die Geschwindigkeit $\mathfrak{w}$ als Parameter auftritt. Diese Art der Untersuchung ist dann anwendbar, wenn — wie es oft vorkommt — gewisse Aussagen über das Geschwindigkeitsfeld gemacht werden können.

Da $\bar{\mathfrak{w}} = F'(z)$ eine analytische Funktion von z ist, geht die $\bar{\mathfrak{w}}$-Ebene durch konforme Abbildung in die z-Ebene über. Da anderseits auch die z-Ebene in die F-Ebene durch eine konforme Abbildung übergeführt wird, ergibt sich eine in den kleinsten Teilen ähnliche Abbildung der $\bar{\mathfrak{w}}$-Ebene auf die F-Ebene, d. h.

$$\bar{\mathfrak{w}} = \varphi(F)$$

ist eine analytische Funktion.

Während die Abhängigkeit der Strömungsfunktion von z in den meisten Fällen zu kompliziert ist, als daß man sie von vornherein bestimmen könnte, ist der funktionelle Zusammenhang von $\mathfrak{w}$ und F in vielen Fällen so einfach, daß man den analytischen Ausdruck dafür finden kann. Hat man aber die Funktion $\bar{\mathfrak{w}} = \varphi(F)$, so läßt sich der gesuchte Zusammenhang von z und F dann immer durch Integration finden; denn da $\bar{\mathfrak{w}} = F'(z)$ oder $dz = \frac{dF}{\bar{\mathfrak{w}}}$ ist, ergibt sich

$$z = \int \frac{dF}{\bar{\mathfrak{w}}} + \text{konst.},$$

also

$$z = \int \frac{dF}{\varphi(F)} + \text{konst.}$$

Ist es also möglich, auf Grund von Aussagen über die Geschwindigkeiten in der z-Ebene eine $\mathfrak{w}$-Ebene zu konstruieren, so kann dieser Umweg über die $\mathfrak{w}$-Ebene in vielen Fällen dazu dienen, zunächst die Funktion $F(w)$ aufzustellen, aus der dann wieder rückwärts durch Integration $F(z)$ zu finden ist. Dabei geht man so vor, daß man die Linien $\Psi = \text{konst.}$ in der u, v-Ebene zeichnet, d. h. man trägt die Geschwindigkeitsvektoren für alle Punkte der gewählten Stromlinie von einem festen Punkt aus auf.

Das Kurvenbild $\Psi = \text{konst.}$ in der $\mathfrak{w}$-Ebene nennt man auch in Anlehnung an eine Hamiltonsche Benennung einen Hodographen und die ganze eben gekennzeichnete Methode die Hodographenmethode.

Wir wollen diese Methode jetzt an einem Beispiel anwenden und die oben angegebenen Schritte im einzelnen ausführen: Wir betrachten die Strömung in eine sogenannte Bordasche Mündung. Ohne Kenntnis der Strömungsfunktion zeichnen wir zunächst gefühlsmäßig den wahrscheinlichen Verlauf der Stromlinien (Abb. 111). Die Flüssigkeit strömt von allen Seiten in den links offenen Spalt. Im Spalt selber möge die Flüssigkeit — sobald sie sich weit genug von der Mündung befindet — die konstante Geschwindigkeit vom Betrage a besitzen; hier ist also $u = a$ und $v = 0$. Außerhalb des Spaltes wird die Geschwindigkeit mit zunehmender Entfernung von der Mündung abnehmen, und im Unendlichen, das funktionentheoretisch als Punkt aufzufassen ist (A), wird die Geschwindigkeit nach Null konvergieren. An dem scharfkantigen Rand der Mündung wird — wie wir nach Nr. 77 wissen — die Geschwindigkeit alle Grenzen überschreiten.

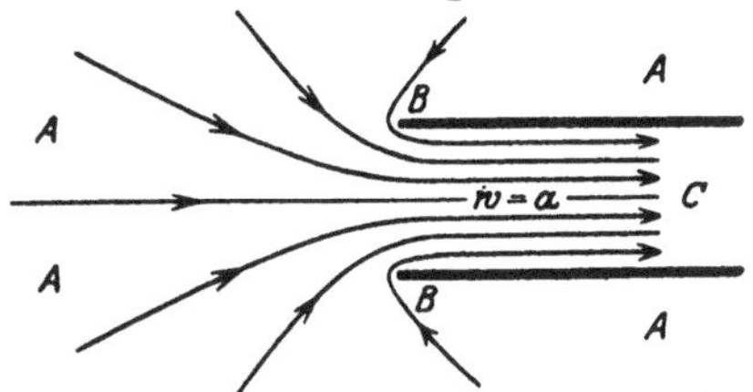

Abb. 111. Strömung in eine sogennannte „Borda-Mündung".

Auf Grund dieser Aussagen über das Geschwindigkeitsfeld der z-Ebene wollen wir nun versuchen, die $\mathfrak{w}$-Ebene aufzubauen (Abb. 112): Da alle Stromlinien aus dem Unendlichen kommen und dort mit der Geschwindigkeit Null beginnen, so geht offenbar das Unendliche der z-Ebene über in den Nullpunkt der $\mathfrak{w}$-Ebene. Von diesem Ursprung in der $\mathfrak{w}$-Ebene nehmen mithin alle auf die $\mathfrak{w}$-Ebene konform abgebildeten Stromlinien ihren Anfang. Verfolgen wir den mittelsten Stromfaden der z-Ebene, so nimmt er bei gleichbleibender Richtung dauernd von Null bis $\mathfrak{w} = a$ zu. Als Abbildung dieser Stromlinie in der $\mathfrak{w}$-Ebene haben wir somit eine Gerade von $\mathfrak{w} = 0$ bis $\mathfrak{w} = a$. Verfolgen wir jetzt eine aus dem Unendlichen kommende Stromlinie längs der unteren Begrenzungsfläche der Mündung: Die Geschwindigkeiten in den einzelnen Punkten dieser Stromlinien nehmen bei konstanter Richtung nach B hin ständig zu, bis die Geschwindigkeit in B alle Grenzen überschreitet, entgegengesetzte Richtung annimmt und bis auf $\mathfrak{w} = a$ wieder ab nimmt. Die Abbildung dieser Stromlinien in der $\mathfrak{w}$-Ebene haben wir in dem Strahl von A nach links ins Unendliche zusammen mit dem Strahl von plus Unendlich bis $w = a$. Die anderen Stromlinien müssen — wie leicht einzusehen ist — die in Abb. 111 dargestellte Form besitzen, da sie alle vom Punkt $u = 0$, $v = 0$ zum Punkt $u = a$, $v = o$ laufen müssen. Dabei wird die obere z-Halbebene in die untere w-Halbebene und die untere z-Halbebene in die obere w-Halbebene abgebildet. Von A gehen alle Stromlinien aus, in C münden sie wieder. Wir haben somit die Erscheinung einer Quelle und einer Senke. Ohne dafür einen Beweis erbracht zu haben, setzen wir zunächst einmal den Ausdruck für eine Quelle und Senke an und sehen nachher, ob bei diesem Ansatz die Grenzbedingungen befriedigt sind. Wenn ja, so haben wir der Eindeutigkeit der Lösung wegen die richtige Lösung.

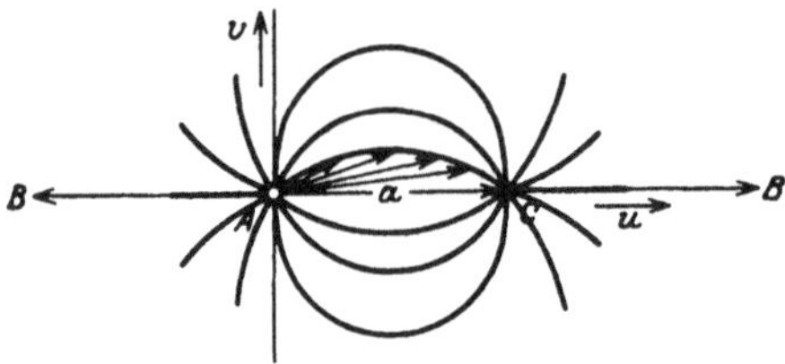

Abb. 112. Hodograph zur Strömung von Abb. 111.

Als Ausdruck einer Quelle in $w = 0$ und einer Senke in $w = a$ haben wir nach Nr. 78, wenn c eine Maßstabkonstante ist,

$$F(w) = c\,[\ln w - \ln(w - a)]$$

oder

$$e^{\frac{F}{c}} = \frac{w}{w - a}$$

also

$$w = \frac{a}{1 - e^{-\frac{F}{c}}}.$$

Damit haben wir w als Funktion von F.

Jetzt bleibt nur noch eine Integration:

$$z = \int \frac{dF}{w} + \text{konst.},$$

also

$$z = \int \frac{dF}{a} \left(1 - e^{-\frac{F}{c}}\right) + \text{konst.},$$

mithin

$$z = \frac{F}{a} + \frac{c}{a} e^{-\frac{F}{c}} + \text{konst.}$$

Dies ist die gesuchte Beziehung zwischen z und F. Trennen wir noch in Real- und Imaginärteil, so ist

$$z = x + i y = \frac{1}{a}\left[\Phi + i\Psi + c e^{-\frac{\Phi}{c}}\left(\cos\frac{\Psi}{c} - i \sin\frac{\Psi}{c}\right)\right] + \text{konst.}$$

Da die Konstante nur eine Koordinatenverschiebung der Φ, Ψ-Ebene bedeutet, setzen wir sie als unwesentlich gleich Null (damit legen wir die reelle Achse in die untere Begrenzungsfläche der Mündung).

Untersuchen wir jetzt, ob die Funktion die Grenzbedingung erfüllt, daß die Wände der Bordaschen Mündung selbst Stromlinien sein müssen, so ergibt sich für $\Psi = 0$ der Wert $a y = 0$, d. h. die untere Wand der Mündung ist eine Stromlinie. Für $\Psi = 2\pi c$ erhält man $a y = 2\pi c = \text{konst.}$ Ist der Abstand der beiden Wände $y = d$, so läßt sich also, da die Konstante c noch zur Verfügung steht, diese stets so wählen, daß $a y = 2\pi c = a d$ ist:

$$c = \frac{a d}{2\pi}.$$

Damit ist erwiesen, daß auch die obere Wand der Bordaschen Mündung eine Stromlinie ist, so daß die Grenzbedingungen durch die gefundene Funktion erfüllt werden.

Die Gleichung für den mittleren Stromfaden, der von der reellen Achse um $\frac{\pi c}{a}$ entfernt ist, lautet $\Psi = \pi c$, da hierfür $a y = \pi c = \text{konst.}$ ist. Noch für eine weitere Stromlinie läßt sich y als Funktion von x expliziert ausdrücken, nämlich für $\Psi = \frac{\pi c}{2}$. Für diesen Wert ist

$$a y = \frac{\pi c}{2} - c e^{-\frac{\Phi}{c}},$$

wo $\Phi = a x$ ist, mithin

$$y = \frac{\pi c}{2 a} - \frac{c}{a} e^{-\frac{a x}{c}}.$$

Betrachten wir noch für einige Werte von Ψ die Potentialfunktion Φ, so haben wir für $\Psi = 0$, d. h. für die Stromlinie, die der unteren Wand entspricht:

$$a x = \Phi + c e^{-\frac{\Phi}{c}}.$$

Zeichnen wir in Abb. 113 $a x$ als Funktion von Φ, wobei wir Φ nach oben auftragen, und fassen wir für das Weitere dann Φ als Funktion von $a x$ auf, so wollen wir diesem Kurvenzug nachgehen, indem wir dabei ein Flüssigkeitsteilchen auf einer Bahn längs der unteren Begrenzungswand der Bordaschen Mündung (entsprechend $\Psi = 0$) verfolgen. Ein Flüssigkeitsteilchen an der Außenseite der Begrenzungswand in großer Entfernung von der Mündung hat eine sehr geringe Geschwindigkeit, d. h. ein kleines $\frac{\partial \Phi}{\partial x}$. Dementsprechend hat die betrachtete Φ-Kurve für große x eine geringe Neigung zur $a x$-Achse. Mit wachsender Entfernung von der Mündung nimmt die Geschwindigkeit oder $\frac{\partial \Phi}{\partial x}$ umgekehrt proportional der Entfernung von der Mündung ab; in Übereinstimmung damit wird nach der letzten Gleichung Φ für große negative Werte mit wachsendem x logarithmisch unendlich. Bewegt sich das Flüssigkeitsteilchen längs der Außenseite der Wand weiter der Mündung zu, so wächst seine Geschwindigkeit dauernd entsprechend der immer größer werdenden Neigung der Φ-Kurve. Am Endpunkt der Mündungswand bei der Umströmung der scharfen Kante wird die Geschwindigkeit unendlich groß und wechselt die Richtung. Dieser Tatsache entspricht es, daß die Φ-Kurve eine senkrechte Tangente für einen gewissen Punkt der $a x$-Achse besitzt, so daß hier $\frac{\partial \Phi}{\partial x}$ unendlich groß wird (daß dieser Punkt der $a x$-Achse, in dem $\frac{\partial \Phi}{\partial x} = \infty$ ist, vom Ursprung um die Größe c entfernt ist, hat — wie wir schon oben bemerkten — seinen Grund darin, daß wir die Integrationskonstante gleich Null gesetzt haben). Bewegt sich das Flüssigkeitsteilchen, nachdem es die Kante ($a x = c$, $y = 0$) umflossen hat, in das Innere der Mündung, so nimmt seine jetzt nach rechts gerichtete Geschwindigkeit wieder ab bis zu einem konstanten Grenzwert a, da für positive Werte von Φ

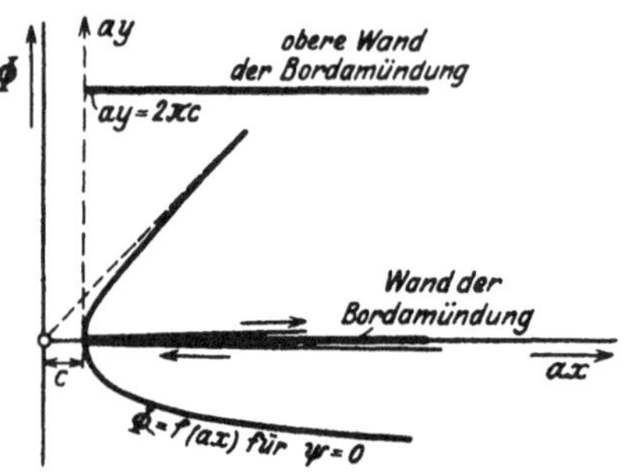

Abb. 113. Die Potentialfunktion Φ für $\Psi = 0$ (untere Wand der Bordamündung).

$$\lim_{x=\infty} \frac{\partial \Phi}{\partial x} = a$$

ist. Φ als Funktion von ax hat somit eine Gerade unter 45° zur Asymptote.

Um den Verlauf des Potentials auf der mittleren Stromlinie zu verfolgen, haben wir den Ausdruck von ax für $\Psi = \pi c$ zu bilden:

$$a x = \Phi - c e^{-\frac{\Phi}{c}}.$$

Wir erhalten den in Abb. 114 angegebenen Verlauf. Für negativ wachsendes ax wird Φ logarithmisch unendlich, was wieder der Geschwindigkeitsabnahme umgekehrt proportional der Entfernung von der Mündung entspricht. Die Geschwindigkeit nimmt dann mit zunehmender Annäherung an die Mündung immer stärker zu, bis sie in der Mündung sich dem Wert a mehr und mehr nähert, entsprechend der größer werdenden Neigung der Φ-Kurve, die wieder die unter 45° geneigte Gerade zur Asymptote hat.

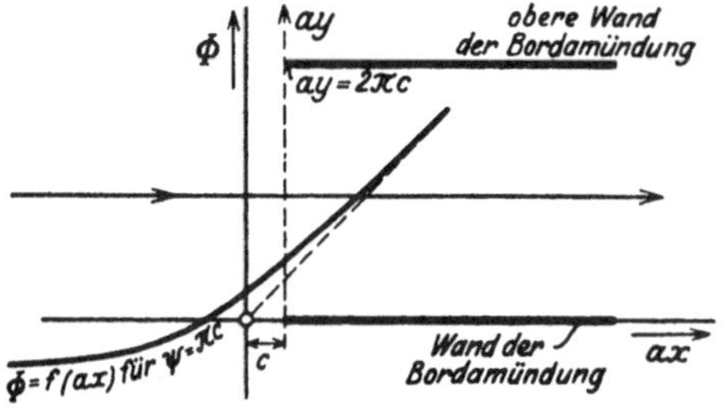

Abb. 114. Die Potentialfunktion Φ für $\Psi = \pi c$ (mittlere Stromlinie der Strömung in die Bordamündung).

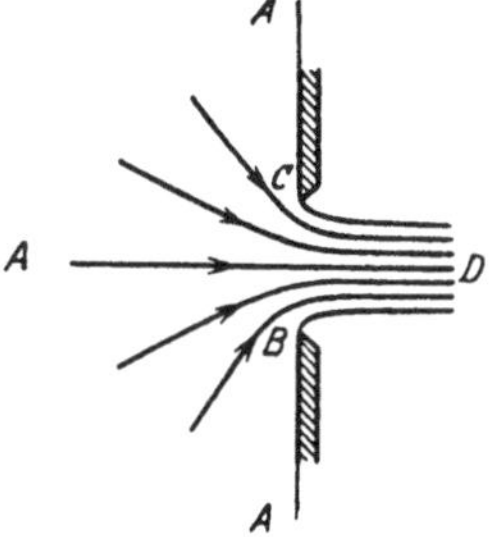

Abb. 115. Strömung durch einen scharfkantigen Spalt.

82. Diskontinuierliche Flüssigkeitsbewegungen. Ein weiteres ungemein fruchtbares Anwendungsgebiet der Methode der konformen Abbildung bilden die sogenannten diskontinuierlichen Flüssigkeitsbewegungen. Die Untersuchungen auf diesem Gebiet nehmen ihren Ausgangspunkt von der klassischen Arbeit von Helmholtz[1].

Wir erhalten z. B. eine diskontinuierliche Flüssigkeitsbewegung, wenn wir — wie in Abb. 115 dargestellt — Wasser aus einem scharfkantigem Spalt einer senkrecht angenommenen Wand ausfließen lassen. Setzen wir die Geschwindigkeit im ausfließenden Strahl dabei als genügend groß voraus, so können wir bei diesem Vorgang die Schwerkraft vernachlässigen.

Was können wir nun über die ungefähre Form der Stromlinien und die Geschwindigkeiten aussagen? Für große Entfernung von der Öffnung wird die Strömung im Gefäß derartig sein, als wenn wir in der

[1] Helmholtz, H.: Über diskontinuierliche Flüssigkeitsbewegungen. Monatsber. d. königl. Akad. d. Wiss. zu Berlin 1868, S. 215, oder Zwei hydrodynamische Abhandlungen, Ostwalds Klassiker Nr. 79.

Öffnung eine Senke annehmen, d. h. die Stromlinien laufen in größeren Entfernung radial auf die Wandöffnung zu, wobei die Beträge der Geschwindigkeiten mit zunehmender Entfernung von der Öffnung umgekehrt proportional dieser Entfernung abnehmen. Die Wand selbst bildet gleichfalls an der Innenseite eine Stromlinie.

Eine Umströmung des scharfkantigen Lochrandes findet jedoch nicht statt, so daß die Geschwindigkeiten hier nicht über alle Grenzen wachsen. Die Flüssigkeit reißt vielmehr an dieser Stelle ab und bildet einen Strahl, der bei großen Geschwindigkeiten zunächst als wagerecht angenommen werden kann. Den Druck längs der freien Oberfläche des Strahles müssen wir dabei als konstant, nämlich gleich dem der umgebenden Luft ansehen. Daraus folgt aber nach der Bernoullischen Gleichung $\frac{\varrho}{2}\,\mathfrak{w}^2 = \text{konst.}$, also $|\,\mathfrak{w}\,| = \text{konst.}$, d. h. die Geschwindigkeit auf der freien Oberfläche des Strahles ist dem Betrag nach konstant.

Die der Senke entsprechende Quelle haben wir im Unendlichen, das wir funktionentheoretisch als Punkt (A) aufzufassen haben. Den unteren Rand des Spaltes bezeichnen wir mit B, den oberen mit C und das Unendliche des Strahles, wo die Geschwindigkeit konstant ist, mit D.

Konstruieren wir jetzt auf Grund des allgemeinen Bildes, das wir uns von dem Geschwindigkeitsfeld gemacht haben, die w-Ebene, d. h. den Hodographen, so haben wir im Ursprung die Quelle A und in dem um a entfernten Punkt der reellen Achse die Senke D (Abb. 116) (weil alle Stromlinien mit der Geschwindigkeit $u = 0$, $v = 0$ beginnen und mit der Geschwindigkeit $u = a$, $v = 0$ endigen). Da — wie wir gesehen haben — die Geschwindigkeit auf der Strahloberfläche konstant ist, so wird die Stromlinie auf der Strahloberfläche von B nach D bzw. von C nach D bei der Abbildung auf die w-Ebene in Kreisbogen um den Ursprung von dem Halbmesser a abgebildet, und zwar liegt B entsprechend der nach oben gerichteten Geschwindigkeit über A und C wegen der nach unten gerichteten Geschwindigkeit unter A. Die übrigen Stromlinien füllen dann bei der Abbildung der z-Ebene auf die w-Ebene den Halbkreis in der Art aus, wie es Abb. 116 zeigt. Alle Stromlinien nehmen ihren Ausgangspunkt von der Quelle A und gehen zur Senke D.

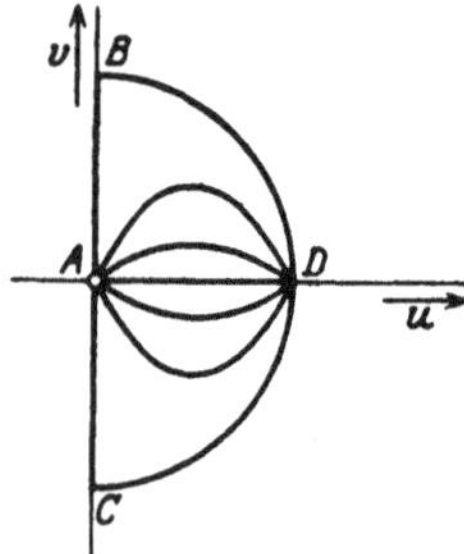

Abb. 116. Hodograph zur Strömung von Abb. 115.

Es handelt sich jetzt darum, einen Ausdruck für die Funktion $F(w)$ zu finden. Häufig führt der Weg zum Ziel, daß man die w-Ebene nochmals auf eine Ebene abbildet, in der die Kreisbogen in Geradenstücke übergeführt werden. So bildet in unserem Fall die Funktion

$$\ln \mathfrak{w} = \ln|\mathfrak{w}| + i\varphi$$

das Innere des Halbkreises in einen sich ins Unendliche erstreckenden Streifen ab (Abb. 117). Dies bietet den Vorteil, daß man nun nach dem Schwartz-Christoffelschen Satz diesen Streifen auf die obere Halbebene abbilden kann[1]. So einfach diese Methode auch scheinen mag, so wird die Anwendung des Schwartz-Christoffelschen Satzes, die auf eine Integration hinauskommt, eben wegen der Auswertung dieses Integrals in vielen Fällen Schwierigkeiten bereiten.

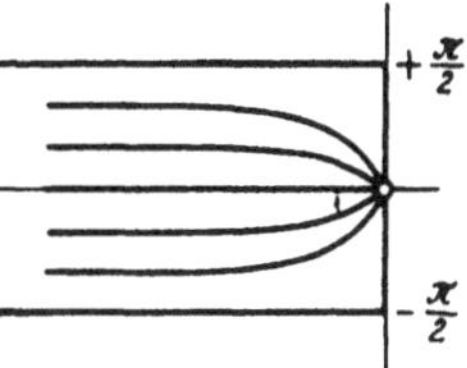

Abb. 117. Konforme Abbildung des Halbkreises der Abb. 116 auf einen sich ins Unendliche erstreckenden Streifen.

Als ein praktisch wichtiges Ergebnis lieferte die von Kirchhoff durchgeführte Rechnung eine Größe für den Kontraktionskoeffizienten, der mit dem experimentell gemessenen gut übereinstimmt. Der aus der Theorie sich ergebende Wert ist $\alpha = \frac{\pi}{\pi + 2} = 0{,}61$, was mit den Versuchen gut übereinstimmt.

Während wir bisher vorausgesetzt haben, daß der Flüssigkeitsstrahl durch den Spalt in der Wand in ein Gas austritt, gilt — wie schon Helmholtz bemerkt hat — die von ihm gefundene Lösung auch für den Fall, daß der Wasserstrahl in ruhendes Wasser eintritt. Der Druck auf der Strahloberfläche ist dann konstant, und zwar gleich dem Druck der umgebenden ruhenden Flüssigkeit. Allerdings müssen wir hier die Einschränkung machen, daß es sich um stationäre Strömungen handeln muß.

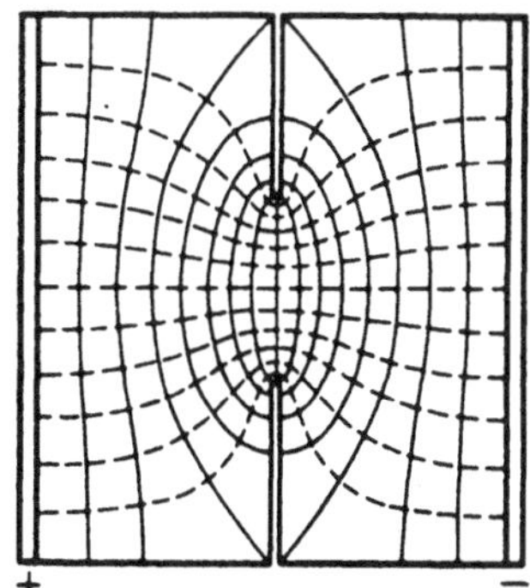

Abb. 118. Kurven konstanten elektrischen Potentials und die Schar der orthogonalen Trajektorien (gestrichelt).

Fragen wir uns, wie denn solche Bewegungen von Flüssigkeitsstrahlen bei wirklichen Flüssigkeiten entstehen können, so ist zu sagen, daß im ersten Augenblick tatsächlich ein Umströmen der scharfen Kante stattfindet, so daß sich das Stromlinienbild einer normalen d. h. stetigen Potentialbewegung einstellt.

Da nun die Differentialgleichung $\Delta\Phi = 0$ auch die Gleichung des elektrischen Potentials ist, so können wir experimentell leicht die Formen der Stromlinien bestimmen, wenn wir — wie in Abb. 118 veranschaulicht — an ein genügend großes von beiden Seiten eingeschnittenes

[1] Der Schwartz-Christoffelsche Satz sagt aus, daß man jede geradlinig begrenzte Figur auf eine Halbebene abbilden kann, und es wird die Auffindung der Abbildungsfunktion auf die Auswertung eines gewissen Integrals zurückgeführt.

Blech eine elektrische Spannung anlegen. Dabei ist es notwendig, die Seiten, an denen die Spannung angelegt wird, mit möglichst gut leitenden Schienen zu versehen, um längs der Schienen konstante Spannung zu besitzen. Durch Abtasten des Bleches mit einem geeigneten Instrument lassen sich dann die Kurven gleichen Potentials bestimmen. Die Schar der orthogonalen Trajektorien, die man dann zeichnen kann, ergibt das Stromlinienbild.

Aber, wie schon gesagt, diese Geschwindigkeitsverteilung stellt sich nur im ersten Augenblick beim Strömungsbeginn ein. Alsbald löst sich infolge des Anwachsens der Grenzschicht — wie wir in Nr. 92 im einzelnen noch sehen werden — von der scharfen Kante eine Trennungsfläche ab, in der ein Geschwindigkeitssprung stattfindet.

Da die Trennungsfläche jedoch, wie in Nr. 93 gezeigt werden wird, labil ist, löst sie sich sehr bald in Wirbel auf, die — sich gegenseitig wieder beeinflussend — schnell die Bewegung vollkommen ungeordnet werden lassen. Daß Flüssigkeitsstrahlen in Luft länger ihren geschlossenen Charakter behalten, hat in der geringen Dichte der Luft und in der Oberflächenspannung des Wasserstrahles gegen Luft seine Ursache.

Schon Helmholtz machte darauf aufmerksam, daß auch beim Umströmen von Körpern Trennungsflächen auftreten. Kirchhoff hat dann im Anschluß daran eine allgemeine Methode entwickelt, um für den Fall, daß die festen Grenzen des Körpers von geraden Linien gebildet werden, die Strömung zu untersuchen.

Er hat u. a. den Fall durchgerechnet, daß eine ebene Platte von einer Flüssigkeit zweidimensional angeströmt wird (Abb. 119). Bezeichnen wir das Unendliche mit A, und nehmen wir an, daß hier $|\mathfrak{w}| = a$ ist, so bewegt sich die Flüssigkeit von A in gewöhnlicher Potentialströmung gegen die Platte, staut sich im Staupunkt B und löst sich in C und D in zwei Trennungsflächen von der Platte ab. Hinter der Platte haben wir den Druck der ungestörten Flüssigkeit. (Die letzte Annahme hinsichtlich des Druckes sind wir gezwungen zu machen, da wir ein Überschneiden der Trennungsflächen erhalten würden, wenn wir hinter der Fläche etwa einen Druck annehmen würden, der kleiner ist als derjenige der ungestörten Flüssigkeit.) Da sich aus dem konstanten Druck

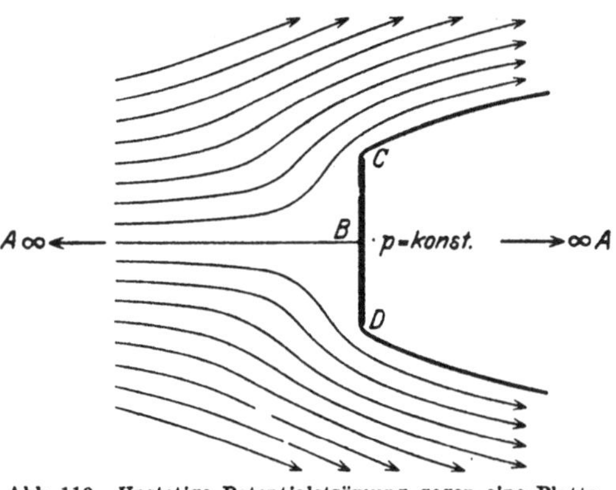

Abb. 119. Unstetige Potentialströmung gegen eine Platte.

des Totwassergebietes konstanter Druck auf den Trennungsflächen ergibt, erhalten wir nach der Bernoullischen Gleichung auf den Trennungsflächen auch wieder konstante Geschwindigkeit, die — da die Trennungsfläche ins Unendliche geht — gleich der Geschwindigkeit im Unendlichen, d. h. gleich a sein muß. Die zur Platte symmetrische Stromlinie kommt also mit der Geschwindigkeit $|\mathfrak{w}| = a$ aus dem Unendlichen und nähert sich mit abnehmender Geschwindigkeit dem Punkt B. Im Punkt B selbst ist die Geschwindigkeit Null. Von hier aus verzweigt sich die Stromlinie nach C bzw. D, die Geschwindigkeit wächst wieder, bis sie bei C bzw. D die Größe $|\mathfrak{w}| = a$ erreicht hat. Von hier ab bleibt der Betrag der Geschwindigkeit konstant gleich a, während die Richtung sich dem Grenzwert parallel zur Strömung im Unendlichen nähert.

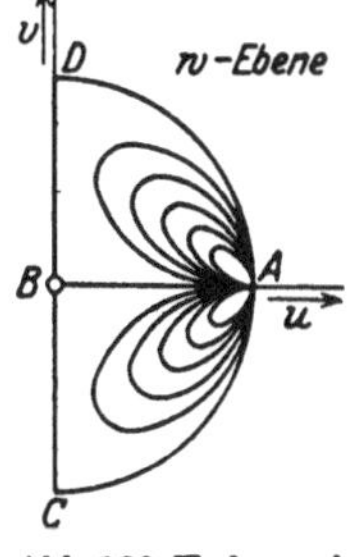

Abb. 120. Hodograph zu der Strömung von Abb. 119.

Die Übertragung dieser symmetrischen Stromlinie auf die w-Ebene ergibt dann im Hodographen (Abb. 120) den Kurvenzug: Von A (mit dem Abstand a vom Ursprung) nach dem Ursprung B, dann weiter nach C bzw. D und auf einem Kreisbogen zurück zu A. Analoge Überlegungen für die anderen Stromlinien führen im Hodographen zu Kurven, wie in Abb. 120 ersichtlich. Die Stromlinien gehen alle von A aus und nach A hin; sie kommen in der z-Ebene alle aus dem Unendlichen und gehen nach dem Unendlichen. Je näher also im Hodographen die geschlossenen Linien dem Punkte A bleiben, um so weiter sind die Stromlinien von der Platte entfernt.

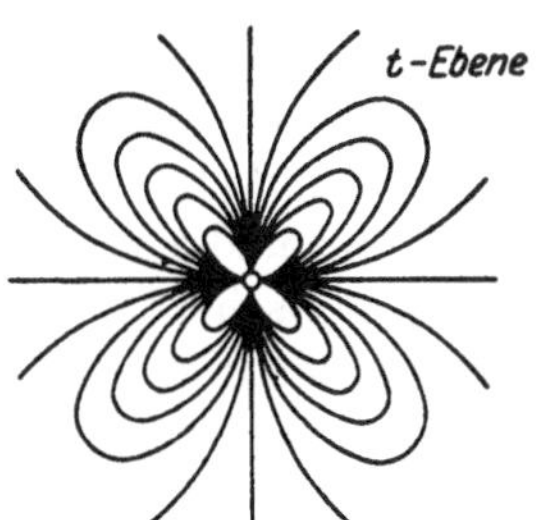

Abb. 121. Konforme Abbildung der w-Ebene von Abb. 120 auf eine t-Ebene derart, daß das Innere des Halbkreises der w-Ebene auf die halbe t-Ebene abgebildet wird; der Halbkreis geht in die reelle Achse der t-Ebene über.

Die w-Ebene läßt sich nun wieder durch besondere Abbildungsfunktionen auf eine t-Ebene abbilden derart, daß das Innere des Halbkreises der w-Ebene abgebildet wird auf die t-Ebene, so daß die Begrenzungskurve des Halbkreises der w-Ebene in die reelle Achse der t-Ebene übergeführt wird (Abb. 121). Diese Funktion in der t-Ebene ist aber die inverse Funktion zu der in Abb. 92 dargestellten Funktion; der Nullpunkt der einen Funktion entspricht dem Unendlichen der anderen Funktion und umgekehrt. Wir haben also

$$F = \frac{C}{t^2}.$$

Ohne auf weitere Einzelheiten einzugehen, wollen wir nur noch bemerken, daß die Methoden der Behandlung unstetiger Flüssigkeitsbewegungen gerade auch in neuerer Zeit beträchtlich weiter entwickelt worden sind; es sind hier im besonderen die Arbeiten von Levi-Civita, Cisotti und Villat zu nennen.

Es ist nun von wesentlicher Bedeutung, daß — im Gegensatz zu den stetigen Potentialbewegungen — die Kirchhoffsche Rechnung einer diskontinuierlichen Strömung um eine Platte einen Widerstand ergibt.

Bezeichnet man mit F die Fläche eines Stückes von der Länge l (senkrecht zur Papierebene in Abb. 122) der senkrecht angeströmten unendlich langen Platte, ferner mit W den auf dieses Stück entfallenden Widerstand und mit $\varrho \frac{w^2}{2}$ den Staudruck, so liefert die Kirchhoffsche Rechnung die (dimensionslose) Widerstandsziffer:

$$\frac{W}{F \varrho \frac{w^2}{2}} = 0{,}880\,,$$

Abb. 122. Die Trennungsfläche der Kirchhoffschen Strömung gegen eine Platte wird durch zwei etwas gegeneinander gesetzte Parabelbögen angenähert.

während das Experiment den Wert

$$\frac{W}{F \varrho \frac{w^2}{2}} = 2{,}0$$

ergibt.

Diese große Unstimmigkeit der beiden Widerstandszahlen hat ihren Grund darin, daß in der wirklichen Flüssigkeit alle Trennungsschichten instabil sind und sich rasch in einzelne Wirbel auflösen. Dadurch kann die Kirchhoffsche Strömung nicht bestehen bleiben. Hinter der Platte herrscht deshalb auch ein beträchtlicher Unterdruck, durch den der Widerstand stark vergrößert wird. Wegen der Auflösung der Trennungsschichten weicht auch das ganze Stromlinienbild hinter der Platte in Wirklichkeit wesentlich von dem theoretischen ab, denn während hier die Unstetigkeitsflächen ungefähr wie zwei Parabeläste sich ins Unendliche erstrecken (genauer: zwei Parabelbogen mit etwas versetztem Brennpunkt), Abb. 122, so schließt sich in Wirklichkeit die Strömung bald wieder hinter der Platte etwas zusammen, um sich mit den hier vorhandenen im allgemeinen unregelmäßigen Wirbeln zu vermischen. Infolge der inneren Reibung der Flüssigkeit klingen dann diese Unregelmäßigkeiten in der Geschwindigkeit mehr und mehr ab, so daß wir weit hinter der Platte wieder angenähert die ungestörte Flüssigkeitsbewegung haben. Bei der Behandlung des Widerstandes von umströmten Körpern im Band II werden wir gerade auf diese Erscheinung noch ausführlich zurückkommen.

XII. Wirbelbewegung.

83. Kinematik der Wirbelbewegung. Im Gegensatz zu den bisher betrachteten Flüssigkeitsbewegungen handelt es sich in diesem Kapitel im wesentlichen um solche Bewegungen, bei denen in jedem Punkt der Flüssigkeit oder in gewissen Teilgebieten derselben eine Drehung vorhanden ist, so daß also

$$\operatorname{rot} \mathfrak{w} \neq 0$$

ist. Da nach dem Stokesschen Satz (Nr. 45)

$$\iint^{\mathfrak{F}} \operatorname{rot} \mathfrak{w} \circ d\mathfrak{F} = \oint^{\mathfrak{C}} \mathfrak{w} \circ d\mathfrak{r}$$

ist, wo $\mathfrak{C}$ die Umrandung von $\mathfrak{F}$ bedeutet, so ist also das Linienintegral längs einer beliebigen geschlossenen Kurve bei drehenden Bewegungen oder, wie man auch sagt, bei Bewegungen mit Rotation im allgemeinen in jedem Punkte von Null verschieden. Bei der ebenen Potentialbewegung mit Zirkulation konnte — wie wir in Nr. 72 gesehen haben — das Linienintegral um eine geschlossene Kurve nur dann von Null verschieden sein, wenn die geschlossene Linie einen singulären Punkt umschloß.

An dieser Stelle sei nochmals auf den in Nr. 72 dargelegten Unterschied hingewiesen, der zwischen einer Potentialbewegung mit Zirkulation und einer drehenden Flüssigkeitsbewegung besteht.

Zunächst erhebt sich die Frage: Wie können überhaupt in einer reibungslosen Flüssigkeit bzw. in einer Flüssigkeit sehr geringer Reibung Wirbel entstehen? Einmal — wie wir schon in Nr. 55 erwähnt haben — dadurch, daß beim Umströmen abgerundeter Körper Grenzschichtmaterial, das immer eine Bewegung mit Rotation darstellt, in das Innere der Flüssigkeit gelangt, anderseits dadurch, daß beim Umströmen von scharfkantigen Körpern sich Unstetigkeitsflächen bilden, bei denen die Geschwindigkeiten entweder dem Betrage oder der Richtung nach eine Unstetigkeit aufweisen. Ein derartiges unstetiges Geschwindigkeitsprofil wie in Abb. 123a wird bei der immer vorhandenen (wenn auch sehr geringen) inneren Reibung übergehen in ein solches, wie es Abb. 123b zeigt. Das bedeutet aber eine Flüssigkeitsschicht mit Rotation. In Nr. 93 werden wir auf die Einzelheiten, insbesondere auf die Entstehungsursachen solcher Unstetigkeitsflächen näher eingehen.

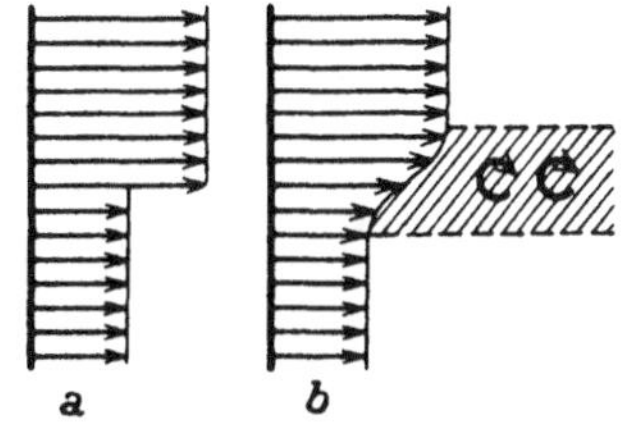

Abb. 123a und 123b. Die Trennungsfläche einer reibungslosen Flüssigkeit (*a*) geht bei Annahme einer endlichen inneren Reibung (*b*) in eine Schicht mit Rotation über.

Wir hatten in Nr. 72 gesehen, daß rot $\mathfrak{w}$ ein Maß für die durchschnittliche Drehung eines Flüssigkeitsteilchens darstellt, die bei Potentialbewegungen in jedem Punkt der Flüssigkeit (bis auf Singularitäten) gleich Null ist. Bezeichnen wir mit $\mathfrak{q}$ den Drehungsvektor eines Flüssigkeitsteilchens, so daß $|\mathfrak{q}|$ dessen Winkelgeschwindigkeit bedeutet, so ist — wie wir in Nr. 42 gesehen haben —

$$\operatorname{rot}\mathfrak{w} = 2\,\mathfrak{q}\,.$$

Es ist nun häufig zweckmäßig und für die anschauliche Vorstellung des Bewegungsvorganges sowie für seine rechnerische Verfolgung eine Erleichterung, statt des Geschwindigkeitsfeldes $\mathfrak{w}$ das Feld der Drehungsvektoren $\mathfrak{q}$ zu verfolgen.

Zunächst stellen wir fest, daß

$$\operatorname{div} 2\,\mathfrak{q} = \operatorname{div}\operatorname{rot}\mathfrak{w} = \nabla \circ \nabla \times \mathfrak{w} \equiv 0$$

ist, d. h. das Feld der Drehungsvektoren hat die geometrischen Eigenschaften eines Geschwindigkeitsfeldes einer inkompressiblen Flüssigkeit. Alle kinematischen Sätze über volumenbeständige Flüssigkeiten lassen sich daher sinngemäß auf Felder von Drehungsvektoren übertragen. Den Stromlinien einer inkompressiblen Flüssigkeit entsprechen dabei Drehungslinien oder Wirbellinien, die also in jedem Punkt die Richtung von $\mathfrak{q}$, d. h. die Richtung der Rotationsachse, besitzen. Ebenso wie die Stromlinien nirgends im Innern einer Flüssigkeit endigen können, so ist das auch für Drehungs- oder Wirbellinien nicht möglich; sie müssen entweder geschlossene Kurven bilden oder sonst sich im Innern der Flüssigkeit ohne Ende fortsetzen oder aber an den Begrenzungsflächen bzw. der freien Oberfläche der Flüssigkeit enden.

Nach dem Stokesschen Satz ist

$$\iint^{\mathfrak{F}} \operatorname{rot}\mathfrak{w} \circ d\mathfrak{F} = \iint^{\mathfrak{F}} 2\,\mathfrak{q} \circ d\mathfrak{F} = \oint^{\mathfrak{C}} \mathfrak{w} \circ d\mathfrak{r} = \Gamma\,.$$

In dem Flächenintegral haben wir den Fluß der Drehungsvektoren durch die Fläche $\mathfrak{F}$; diese Größe wird die Wirbelstärke genannt. Die Wirbelstärke ist also gleich der Zirkulation entlang der Randkurve.

Konstruiert man aus den Drehungslinien durch eine kleine geschlossene Kurve eine Röhre, so nennt man den Inhalt der Röhre einen „Wirbelfaden". Wegen $\operatorname{div}\mathfrak{q} = 0$ ist der Fluß von $\mathfrak{q}$ durch die Röhre, also die Wirbelstärke, an allen Stellen des Wirbelfadens dieselbe.

In einem hinreichend kleinen Bereich kann die Drehungsstärke rot $\mathfrak{w}$ konstant gesetzt werden. Für einen Wirbelfaden von geringer Dicke ist also die Wirbelstärke genähert $\Gamma = 2\,\mathfrak{q} \circ d\mathfrak{F}$. Aus ihrer Konstanz über die Erstreckung des Wirbelfadens folgt daher auch, daß der Betrag der Winkelgeschwindigkeit $\mathfrak{q}$ umgekehrt proportional dem jeweiligen Querschnitt des Wirbelfadens ist.

Es kommt gelegentlich vor, daß in einem engbegrenzten fadenförmigen Gebiet die Drehung von Null verschieden ist, während die gesamte übrige Flüssigkeit drehungsfrei ist. Wir sprechen dann von einem Wirbelfaden, der von einer Potentialbewegung umgeben ist. Die Stärke eines solchen Wirbelfadens erhält man nach obigem dadurch, daß man das Linienintegral der Geschwindigkeit längs einer geschlossenen, den Wirbelfaden umschließenden Kurve bildet; diese darf in der den Wirbelfaden umgebenden Potentialströmung beliebig gezogen werden, da innerhalb dieser der Wert des Linienintegrals unveränderlich ist.

84. Der W. Thomsonsche Satz von der zeitlichen Unveränderlichkeit der Zirkulation. Die theoretische Behandlung der Wirbelbewegung hat ihren Ausgangspunkt genommen von der berühmten Arbeit von Helmholtz[1] „Über Integrale der hydrodynamischen Gleichungen, welche den Wirbelbewegungen entsprechen" (1858). Bevor wir auf die von Helmholtz gefundenen Sätze eingehen, leiten wir zunächst einen Satz ab, den Sir William Thomson (Lord Kelvin), angeregt durch die Helmholtzsche Arbeit, gefunden hat.

Wir bilden zu dem Zweck das Linienintegral der Geschwindigkeit längs einer geschlossenen flüssigen Linie und fragen uns: Wie ändert sich dieses Linienintegral mit der Zeit? Da wir als Integrationsweg eine flüssige Linie genommen haben, d. h. eine Linie, die dauernd aus denselben Flüssigkeitsteilchen besteht, so ist der substantielle zeitliche Differentialquotient zu nehmen, d. h.

$$\frac{D}{dt}\oint^{\mathfrak{C}} \mathfrak{w} \circ d\mathfrak{r}.$$

Weil der Integrationsweg eine geschlossene Kurve darstellt, kommt eine Differentiation nach den Grenzen nicht in Frage, so daß wir ausdifferenziert erhalten:

$$\oint^{\mathfrak{C}} \frac{D\mathfrak{w}}{dt} \circ d\mathfrak{r} + \oint^{\mathfrak{C}} \mathfrak{w} \circ \frac{D(d\mathfrak{r})}{dt}.$$

Betrachten wir zunächst das erste Integral, so ergibt sich unter Berücksichtigung der Eulerschen Gleichung (S. 101)

$$\oint^{\mathfrak{C}} \frac{D\mathfrak{w}}{dt} \circ d\mathfrak{r} = \oint^{\mathfrak{C}} \mathfrak{g} \circ d\mathfrak{r} - \oint^{\mathfrak{C}} \frac{\operatorname{grad} p}{\varrho} \circ d\mathfrak{r}.$$

Setzen wir jetzt ein drehungsfreies Kraftfeld voraus

$$\mathfrak{g} = \operatorname{grad} U,$$

[1] Vgl. Fußnote S. 169.

und nehmen wir ferner an, daß die Dichte nur eine Funktion des Druckes ist, d. h. die Flüssigkeit sei homogen (kompressibel darf sie sein)

$$\int \frac{dp}{\varrho} = \mathsf{P}(p),$$

so ist das unbestimmte Integral

$$\int \frac{D\mathfrak{w}}{dt} \circ d\mathfrak{r} = U - \mathsf{P}.$$

Den Integranden des zweiten Integrales können wir folgendermaßen umformen: Wegen der Unabhängigkeit der zeitlichen und räumlichen Differentiation ist

$$\frac{D}{dt} d\mathfrak{r} = d\frac{D\mathfrak{r}}{dt}.$$

$\frac{D\mathfrak{r}}{dt}$ ist aber die Ortsänderung des Teilchens, bezogen auf die Zeiteinheit, d. h. die Geschwindigkeit $\mathfrak{w}$; folglich ist

$$\frac{D}{dt} d\mathfrak{r} = d\mathfrak{w},$$

und hiermit

$$\mathfrak{w} \circ \frac{D}{dt} d\mathfrak{r} = \mathfrak{w} \circ d\mathfrak{w} = d\frac{\mathfrak{w}^2}{2},$$

mithin ergibt das zweite Integral:

$$\frac{\mathfrak{w}^2}{2}.$$

Wir erhalten somit für die zeitliche Änderung des Linienintegrales längs einer flüssigen Linie

$$\frac{D}{dt}\int \mathfrak{w} \circ d\mathfrak{r} = \frac{\mathfrak{w}^2}{2} + U - \mathsf{P}.$$

(Es ist, nebenbei bemerkt, die rechte Seite nicht etwa die Bernoullische Gleichung, die $\frac{\mathfrak{w}^2}{2} + \mathsf{P} - U =$ konst. lautet.)

Gehen wir von einem Werte A der flüssigen Linie zu einem anderen Punkt B der Linie, so haben wir

$$\frac{D}{dt}\int_A^B \mathfrak{w} \circ d\mathfrak{r} = \left[\frac{\mathfrak{w}^2}{2} + U - \mathsf{P}\right]_A^B.$$

Für das Integral längs einer geschlossenen Linie ist also, da dann

$B \equiv A$ ist, bei Voraussetzung der Stetigkeit von $\mathfrak{w}$ (d. h. Trennungsflächen sollen im Integrationsgebiet nicht vorhanden sein)

$$\frac{D}{dt}\oint \mathfrak{w} \circ d\mathfrak{r} = 0 ,$$

mithin

$$\oint \mathfrak{w} \circ d\mathfrak{r} = \text{konst.} = \Gamma .$$

Wir haben hiermit den Satz von Sir William Thomson bewiesen, daß in einer reibungslosen homogenen Flüssigkeit bei Annahme eines drehungsfreien Kraftfeldes das Linienintegral längs einer geschlossenen flüssigen Linie (die Zirkulation) zeitlich konstant ist.

Berücksichtigen wir jetzt, daß bei einer in Ruhe befindlichen Flüssigkeit für jede beliebige geschlossene flüssige Linie die Zirkulation Null ist (da die Geschwindigkeit überall Null ist), so folgt, daß bei jeder Bewegung einer homogenen Flüssigkeit aus der Ruhe heraus unter dem Einfluß eines drehungsfreien Kraftfeldes die Zirkulation für diese Linien Null bleibt. Da wir uns nun jeden Punkt der ruhenden Flüssigkeit von einer — an sich beliebigen — flüssigen Linie umschlossen denken können, und da anderseits das Verschwinden der Zirkulation für jede beliebige flüssige Linie der Ausdruck für die Drehungsfreiheit der Bewegung ist, so folgt mithin aus dem W. Thomsonschen Satz, daß alle Bewegungen aus der Ruhe heraus drehungsfrei, d. h. Potentialbewegungen sind.

Dabei ist jedoch einem Umstand besondere Beachtung zu schenken: Die Aussage, daß bei Bewegungen einer homogenen reibungslosen Flüssigkeit aus der Ruhe heraus unter der Einwirkung eines drehungsfreien Kraftfeldes keine Zirkulation entstehen kann, gilt allgemein nur für Gebiete, die von solchen flüssigen Linien umschlossen werden, die zur Zeit, als die Flüssigkeit noch in Ruhe war, geschlossene Kurven bildeten, und nur auf Gebiete, die von derartigen flüssigen Linien eingeschlossen werden, erstreckt sich die obige Folgerung der Drehungsfreiheit. Es lassen sich jedoch unschwer Flüssigkeitsbewegungen aus der Ruhe angeben, bei denen in der Flüssigkeit Flächen auftreten, die nicht im Innern derjenigen Gebiete liegen, auf die sich der W. Thomsonsche Satz bezieht. In diesen Fällen handelt es sich dann immer um den Zusammenfluß von vorher getrennten Flüssigkeitsteilen.

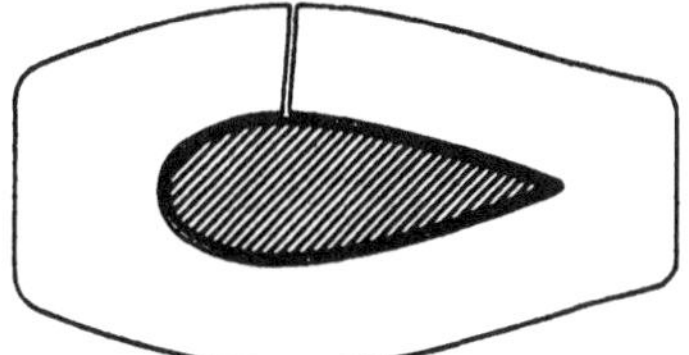
Abb. 124. Eine einen strebenförmigen Körper umgebende geschlossene flüssige Linie, die den Körper selbst nicht in ihrem Innern enthält.

Betrachten wir z. B. die Bewegung um einen schlanken strebenartigen Körper mit scharfer Hinterkante und denken wir uns, wie Abb. 124 zeigt, diesen Körper vor Beginn der Bewegung von einer geschlossenen flüssigen Linie, die den Körper selbst nicht enthält, umgeben, so erkennen wir in Abb. 125, daß nach Einleitung der Bewegung von der Kante des Körpers eine Fläche ausgeht, die nicht im Innern der durch die Bewegung deformierten geschlossenen flüssigen Linie liegt, auf die sich also der W. Thomsonsche Satz nicht anwenden läßt. In dieser Zusammenflußfläche von vorher getrennt gewesenen Flüssigkeitsteilchen kann der Übergang der Geschwindigkeiten von der einen Seite dieser Fläche zur andern Seite stetig sein — wie im angenommenen Beispiel — oder aber entweder der Richtung oder dem Betrage nach eine Unstetigkeit besitzen. Wir sprechen dann von einer Unstetigkeitsfläche, die man — wie wir in Nr. 92 noch sehen werden — auffassen kann als ein Gebilde flächenhaft verteilter Wirbelfäden. Eine solche Unstetigkeitsfläche tritt z. B. immer bei der Bewegung von Tragflügeln auf. Wir stellen also fest, daß das Vorhandensein von Trennungsflächen mit transversalen oder longitudinalen Unstetigkeiten in der Geschwindigkeit nicht im Widerspruch steht mit der klassischen Hydrodynamik reibungsloser Flüssigkeiten.

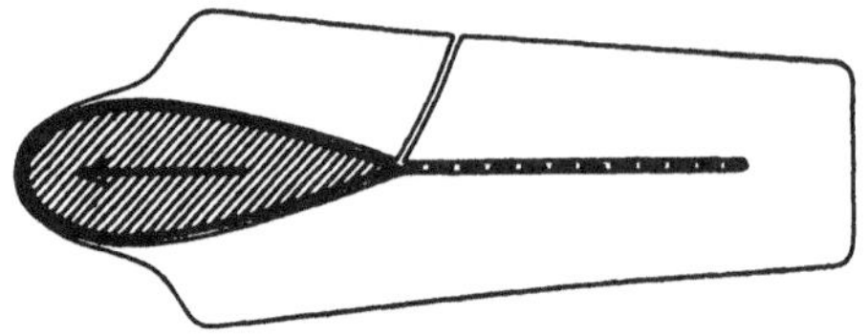

Abb. 125. Die durch die Bewegung des Körpers deformierte flüssige Linie der Abb. 124. Von der scharfen Hinterkante des Körpers geht eine Fläche aus, die nicht im Innern der flüssigen Linie liegt.

Da über die Kompressibilität nichts vorausgesetzt wurde, so gilt der Satz sowohl für kompressible als für inkompressible Flüssigkeiten.

85. Erweiterung des Thomsonschen Satzes auf inhomogene Flüssigkeiten durch V. Bjerkness. Für inhomogene Flüssigkeiten, also in erster Linie für die Anwendungen in der Meteorologie, ist der Thomsonsche Satz von V. Bjerkness[1] erweitert und ihm eine anschauliche Deutung gegeben worden. Es war, da

$$d\frac{\mathfrak{w}^2}{2} = \operatorname{grad}\frac{\mathfrak{w}^2}{2} \circ d\mathfrak{r}$$

ist,

$$\frac{D}{dt}\oint^{\mathfrak{C}} \mathfrak{w} \circ d\mathfrak{r} = \oint^{\mathfrak{C}}\left(\mathfrak{g} - \frac{1}{\varrho}\operatorname{grad} p + \operatorname{grad}\frac{\mathfrak{w}^2}{2}\right) \circ d\mathfrak{r}.$$

Solange wir von der Erdrotation absehen, d. h. die Coriolis-Kraft vernachlässigen, können wir $\mathfrak{g}$ als Gradienten einer Kräftefunktion ansehen.

Es bleibt in der letzten Gleichung noch das Integral

$$\oint^{\mathfrak{C}} \frac{\operatorname{grad} p}{\varrho} \circ d\mathfrak{r}$$

[1] V. Bjerkness, Vorlesungen über hydrodynamische Fernkräfte. Leipzig, 1900—02.

zu untersuchen: Da die Atmosphäre im allgemeinen als inhomogene Flüssigkeit angesehen werden muß, d. h. da die Dichte nicht nur vom Druck allein, sondern auch noch vom Ort abhängig ist, werden die Flächen $p = \text{konst.}$ und $\varrho = \text{konst.}$ im allgemeinen nicht identisch sein. Während wir bei der homogenen Flüssigkeit

$$\oint^{\mathfrak{C}} \frac{\operatorname{grad} p}{\varrho} \circ d\mathfrak{r} = 0$$

hatten, wird bei inhomogenen Flüssigkeiten dieses Integral im allgemeinen von Null verschieden sein.

Nach dem Stokesschen Satz bilden wir das Linienintegral in ein Flächenintegral um:

$$\oint^{\mathfrak{C}} \frac{\operatorname{grad} p}{\varrho} \circ d\mathfrak{r} = \iint^{\mathfrak{F}} \operatorname{rot} \frac{\operatorname{grad} p}{\varrho} \circ d\mathfrak{F},$$

wobei die Form der Fläche $\mathfrak{F}$ — wenn sie nur $\mathfrak{C}$ zum Rande hat — gleichgültig ist; dies hängt mit dem Wesen der Rotation insofern zusammen, als die Divergenz eines Vektorfeldes, das durch Rotation eines anderen Vektorfeldes $\mathfrak{a}$ gebildet ist, identisch verschwindet: $\operatorname{div} \operatorname{rot} \mathfrak{a} \equiv 0$, vgl. Nr. 47, 2).

Berücksichtigt man, daß

$$\operatorname{rot} \frac{\operatorname{grad} p}{\varrho} = \nabla \times \left(\frac{1}{\varrho} \nabla p\right) = \nabla \frac{1}{\varrho} \times \nabla p + \frac{1}{\varrho} \underbrace{\nabla \times \nabla p}_{0}$$
$$= \operatorname{grad} \frac{1}{\varrho} \times \operatorname{grad} p$$

ist, so ergibt sich bei Berücksichtigung von

$$\oint^{\mathfrak{C}} \left(\operatorname{grad} U + \operatorname{grad} \frac{\mathfrak{w}^2}{2}\right) \circ d\mathfrak{r} = 0$$

für die zeitliche Änderung des Linienintegrals

Abb. 126. Querschnitt des Röhrensystems, gebildet aus den Flächen p = konst. und $1/\varrho$ = konst.

$$\frac{D}{dt} \oint^{\mathfrak{C}} \mathfrak{w} \circ d\mathfrak{r} = \iint^{\mathfrak{F}} \left(\operatorname{grad} \frac{1}{\varrho} \times \operatorname{grad} p\right) \circ d\mathfrak{F}.$$

Für dieses Integral hat V. Bjerkness eine sehr anschauliche geometrische Deutung gefunden: Zeichnet man äquidistante Flächen $p = \text{konst.}$ und $\frac{1}{\varrho} = \text{konst.}$, so ergibt sich ein Röhrensystem, von dem ein beliebiger Querschnitt senkrecht der Röhrenflächen in Abb. 126 dargestellt sein möge. Ist f der Querschnitt einer Röhre, so ist also

$$f = \frac{h_1}{\sin\alpha} \cdot h_2 .$$

Da h_1 und h_2 die Richtungen von grad $\frac{1}{\varrho}$ bzw. grad p haben, und da der Abstand zweier Flächen $\frac{1}{\varrho}$ = konst., d. h. h_1 um so kleiner, je größer grad $\frac{1}{\varrho}$ ist, und h_2 um so kleiner, je größer grad p ist, so ist

$$h_1 = \frac{\text{konst.}}{\left|\text{grad}\,\frac{1}{\varrho}\right|}, \qquad h_2 = \frac{\text{konst.}}{|\text{grad}\,p|},$$

mithin:

$$f = \frac{\text{konst.}}{\left|\text{grad}\,\frac{1}{\varrho}\right| \cdot |\text{grad}\,p|\,\sin\alpha} = \frac{\text{konst.}}{\left|\text{grad}\,\frac{1}{\varrho} \times \text{grad}\,p\right|}.$$

Setzen wir die Konstante gleich 1, was auf eine spezielle Wahl des Schrittes von p oder $\frac{1}{\varrho}$ hinauskommt, so ergibt sich für die zeitliche Änderung des Linienintegrals der Ausdruck

$$\frac{D}{dt}\oint\limits^{\mathfrak{C}} \mathfrak{w} \circ d\mathfrak{r} = \iint\limits^{\mathfrak{F}} \frac{dF}{f}.$$

Führen wir die Integration der rechten Seite aus, so erkennen wir, daß die Änderung der Zirkulation in der Zeiteinheit gleich der Anzahl der von der Kurve $\mathfrak{C}$ umschlossenen Röhren ist.

86. Dynamik der Wirbelbewegung. Bei der Behandlung des dynamischen Teiles der Wirbelbewegung können wir uns kurz fassen, da wir den Satz von W. Thomson — auf den wir jetzt zurückgreifen — bereits in Nr. 84 abgeleitet haben. Es kommt, wie wir vorweg bemerken wollen, im wesentlichen darauf hinaus nachzuweisen, daß ein Wirbelfaden dauernd aus denselben Flüssigkeitsteilchen besteht, und daß seine Wirbelstärke nicht nur räumlich (vgl. Nr. 83), sondern auch zeitlich konstant ist.

Bilden wir das geschlossene Linienintegral längs einer beliebigen flüssigen Linie, die den Wirbelfaden umschließt, so wissen wir nach dem Thomsonschen Satz, daß dieses Linienintegral, d. h. die Zirkulation, auch zeitlich konstant ist. Es ist jetzt nur noch zu beweisen, daß diese flüssige Linie dauernd den Wirbelfaden umschließt und nicht etwa von dem Wirbelfaden durchschnitten wird.

Wir denken uns jetzt aus den einzelnen Wirbellinien, die den Wirbelfaden bilden, diejenigen besonders gekennzeichnet, die durch eine beliebige geschlossene Kurve $\mathfrak{C}$ gehen (Abb. 127), wobei wir Singularitäten aus unserer Betrachtung ausschließen. Diese Wirbellinien werden dann, wie schon erwähnt, eine Röhre bilden (eine sogenannte Wirbelröhre), die einen Wirbelfaden zum Inhalt hat. Nun wissen wir, daß der Fluß durch eine solche Wirbelröhre (wegen div $\mathfrak{q} \equiv 0$) konstant sein muß, d. h. die Wirbelstärke ist längs der Wirbelröhre in einem Augenblick konstant (Nr. 83).

Jetzt kommt das Neue in der Beweisführung insofern, daß wir auf irgendein kleines Flächenstück $d\mathfrak{F}$ (Abb. 127) in der Wand der Wirbelröhre den W. Thomsonschen Satz anwenden. Der Fluß des Drehungsvektors durch dieses Flächenstück, d. h. die Zirkulation um den Rand dieser Fläche, ist gleich Null, da das Flächenstück unserer Annahme nach der Wand der Wirbelröhre angehört, durch die keine Drehungslinie hindurchtritt. Dann muß aber nach dem W. Thomsonschen Satz die Zirkulation und damit der Fluß durch diese Fläche, wenn wir sie als flüssige Fläche betrachten, dauernd Null bleiben. Setzen wir nun die ganze Wirbelröhre aus solchen Flächenstücken zusammen, so ergibt sich, daß der Fluß durch die Fläche der Wirbelröhre — als flüssige Fläche angesehen — dauernd gleich Null bleiben muß. Mit anderen Worten: Diejenigen Flüssigkeitsteilchen, die gerade einmal eine Wirbelröhre bilden, tun es auch nach beliebiger Zeit, d. h. Wirbelröhren bleiben dauernd Wirbelröhren. Aus dem räumlichen Zusammenhang ist dann auch sofort ersichtlich, daß die Flüssigkeitsteilchen, die einmal eine Wirbelröhre erfüllen, immer darin bleiben. Also besteht ein Wirbelfaden dauernd aus denselben Flüssigkeitsteilchen. Man kann natürlich eine Wirbelröhre auch auf eine einzige Drehungslinie zusammengezogen denken und findet so, daß auch jede einzelne Drehungslinie dauernd aus denselben Flüssigkeitsteilchen besteht.

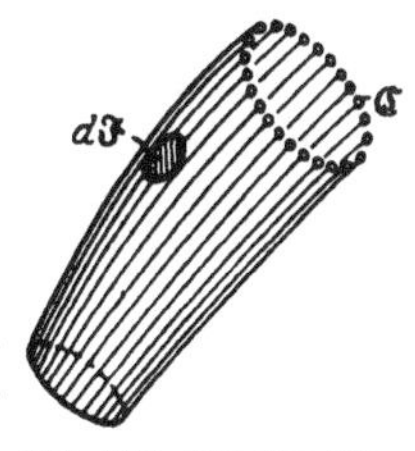

Abb. 127. Die eine Wirbelröhre bildenden Wirbellinien.

Weiter ergibt sich folgendes: Eine flüssige Linie, die zu einem Zeitpunkt eine Wirbelröhre umschließt, umschließt sie dauernd. Da aber nach dem Thomsonschen Satz das Linienintegral längs einer geschlossenen flüssigen Linie konstant ist, anderseits — wie eben bewiesen — eine einen Wirbelfaden umschließende flüssige Linie den Wirbelfaden dauernd umgibt, so haben wir den Satz bewiesen, daß die Wirbelstärke eines Wirbelfadens dauernd konstant ist, und daß der Wirbelfaden selber dauernd aus den gleichen Flüssigkeitsteilchen besteht. Dieser eigenartige Satz ist zum erstenmal von Helmholtz 1858 aufgestellt und bewiesen worden. Der hier gegebene Beweis geht auf W. Thomson zurück.

87. Die Helmholtzschen Wirbelsätze. Helmholtz selber hat die später nach ihm benannten Wirbelsätze in der angeführten Arbeit folgendermaßen ausgesprochen:

Wenn für alle Kräfte, welche auf die reibungslose Flüssigkeit wirken, ein Kräftepotential existiert, so gelten die Sätze:

1. Kein Wasserteilchen kommt in Rotation, welches nicht von Anfang an in Rotation begriffen ist.

2. Die Wasserteilchen, welche zu irgendeiner Zeit derselben Wirbellinie angehören, bleiben auch, indem sie sich fortbewegen, immer zu derselben Wirbellinie gehörig.

3. Das Produkt aus dem Querschnitt und der Rotationsgeschwindigkeit eines unendlich dünnen Wirbelfadens ist längs der ganzen Länge des Fadens konstant und behält auch bei der Fortbewegung des Fadens denselben Wert. Die Wirbelfäden müssen deshalb innerhalb der Flüssigkeit in sich zurücklaufen oder können nur an ihren Grenzen endigen.

Der Helmholtzsche Beweis, der eine homogene und — im Gegensatz zum W. Thomsonschen Beweis — eine inkompressible Flüssigkeit voraussetzt, geht aus von der Eulerschen Gleichung, welche den Zusammenhang von Druck und Geschwindigkeit enthält. Da über den Druck keine Aussagen gemacht werden können, eliminiert man ihn durch Bildung der Rotation der Eulerschen Gleichung:

$$\operatorname{rot}\left[\frac{D\mathfrak{w}}{dt} - \operatorname{grad} U + \frac{1}{\varrho}\operatorname{grad} p\right] = 0 .$$

Da

$$\frac{D\mathfrak{w}}{dt} = \frac{\partial \mathfrak{w}}{\partial t} + \mathfrak{w} \circ \nabla \mathfrak{w}$$

und nach S. 113

$$\mathfrak{w} \circ \nabla \mathfrak{w} = \operatorname{grad} \frac{\mathfrak{w}^2}{2} - \mathfrak{w} \times \operatorname{rot} \mathfrak{w}$$

ist, so ist, wenn wir $\operatorname{rot} \mathfrak{w} = 2\mathfrak{q}$ schreiben,

$$\frac{D\mathfrak{w}}{dt} = \frac{\partial \mathfrak{w}}{\partial t} + \operatorname{grad} \frac{\mathfrak{w}^2}{2} - \mathfrak{w} \times 2\mathfrak{q} .$$

Setzen wir voraus, daß die Flüssigkeit homogen ist, also

$$\frac{1}{\varrho}\operatorname{grad} p = \operatorname{grad} \mathsf{P},$$

so behalten wir unter Berücksichtigung, daß die Rotation eines Gradienten identisch Null ist,

$$\operatorname{rot} \frac{D\mathfrak{w}}{dt} = \operatorname{rot} \frac{\partial \mathfrak{w}}{\partial t} + \operatorname{rot}(2\mathfrak{q} \times \mathfrak{w}) = 0$$

oder, da

$$\operatorname{rot} \frac{\partial \mathfrak{w}}{\partial t} = \frac{\partial}{\partial t} \operatorname{rot} \mathfrak{w} = 2\frac{\partial \mathfrak{q}}{\partial t}$$

und

$$\begin{aligned} \operatorname{rot}(\mathfrak{q} \times \mathfrak{w}) &= \nabla \times \mathfrak{q} \times \mathfrak{w} = \nabla \circ (\mathfrak{w}\mathfrak{q} - \mathfrak{q}\mathfrak{w}) \\ &= (\nabla \circ \mathfrak{w}\mathfrak{q} + \mathfrak{w} \circ \nabla \mathfrak{q}) - (\nabla \circ \mathfrak{q}\mathfrak{w} + \mathfrak{q} \circ \nabla \mathfrak{w}) \\ &= \mathfrak{q} \operatorname{div} \mathfrak{w} + \mathfrak{w} \circ \nabla \mathfrak{q} - \mathfrak{w} \operatorname{div} \mathfrak{q} - \mathfrak{q} \circ \nabla \mathfrak{w} , \end{aligned}$$

also wegen $\operatorname{div} \mathfrak{q} = \frac{1}{2}(\operatorname{div} \operatorname{rot} \mathfrak{w}) \equiv 0$

$$\operatorname{rot}(\mathfrak{q} \times \mathfrak{w}) = \mathfrak{q} \operatorname{div} \mathfrak{w} + \mathfrak{w} \circ \nabla \mathfrak{q} - \mathfrak{q} \circ \nabla \mathfrak{w}$$

ist, so erhält man mit

$$\frac{\partial \mathfrak{q}}{\partial t} + \mathfrak{w} \circ \nabla \mathfrak{q} = \frac{D\mathfrak{q}}{dt}$$

die Beziehung

$$\frac{D\mathfrak{q}}{dt} = \mathfrak{q} \circ \nabla \mathfrak{w} - \mathfrak{q} \operatorname{div} \mathfrak{w}\,.$$

Dies ist die Helmholtzsche Ausgangsgleichung. Für die weitere Untersuchung wird die Flüssigkeit noch als inkompressibel angenommen, also $\operatorname{div} \mathfrak{w} = 0$ (hierin liegt die Überlegenheit des W. Thomsonschen Satzes gegenüber dem von Helmholtz, da W. Thomson nicht Inkompressibilität voraussetzt, sondern nur Homogenität annimmt, während die Flüssigkeit kompressibel sein darf). Es bleibt somit

$$\frac{D\mathfrak{q}}{dt} = \mathfrak{q} \circ \nabla \mathfrak{w}\,.$$

Die geometrische Bedeutung dieser Gleichung ist folgende: Wir betrachten zwei dicht benachbarte Flüssigkeitsteilchen *1* und *2*, deren Verbindungsstrecke zu einer bestimmten Zeit t_1 in der Rotationsachse des Flüssigkeitsteilchens liegt und die Länge $\varepsilon\,\mathfrak{q}$ hat. Es ist dann offenbar (Abb. 128)

$$d\mathfrak{r} = \varepsilon\,\mathfrak{q}.$$

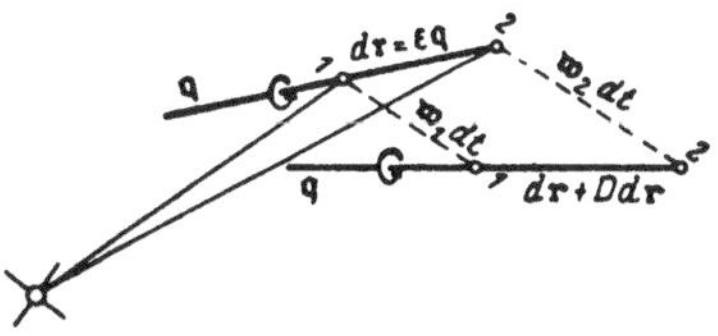

Abb. 128. Zwei dicht benachbarte Flüssigkeitsteilchen *1* und *2*, deren Verbindungslinie in einem bestimmten Zeitpunkt in der Rotationsachse des Flüssigkeitsteilchens liegt, bewegen sich immer derartig, daß ihre Verbindungslinie in der jeweiligen Rotationsachse bleibt.

Ist die Geschwindigkeit des ersten Teilchens $\mathfrak{w}_1$ und die des zweiten $\mathfrak{w}_2$, so ist — da $\mathfrak{w}$ eine reguläre Funktion von $\mathfrak{r}$ ist — nach dem Taylorschen Satz, wenn man mit dem linearen Gliede in $d\mathfrak{r}$ abbricht,

$$\mathfrak{w}_2 - \mathfrak{w}_1 = d\mathfrak{r} \circ \nabla \mathfrak{w}\,.$$

Nach Verlauf der Zeit dt haben beide Flüssigkeitsteilchen ihre Lage im Raume geändert: das erste Teilchen hat den Radiusvektor $\mathfrak{r}_1 + \mathfrak{w}_1 dt$, das zweite Teilchen $\mathfrak{r}_2 + \mathfrak{w}_2 dt$, so daß die substantielle Änderung von $d\mathfrak{r}$ sich zu

$$D d\mathfrak{r} = \mathfrak{w}_2 dt - \mathfrak{w}_1 dt$$

ergibt. Man erhält somit für die substantielle Änderung des Verbindungsvektors der beiden Flüssigkeitsteilchen in der Zeiteinheit

$$\frac{D}{dt} d\mathfrak{r} = \mathfrak{w}_2 - \mathfrak{w}_1\,,$$

wofür wir auch nach obigem schreiben können:

$$\frac{D}{dt} d\mathfrak{r} = d\mathfrak{r} \circ \nabla \mathfrak{w}$$

oder mit

$$d\mathfrak{r} = \varepsilon\mathfrak{q}$$

$$\frac{D}{dt} d\mathfrak{r} = \varepsilon\mathfrak{q} \circ \nabla \mathfrak{w}\,.$$

Anderseits hat sich bei der Bewegung der beiden Flüssigkeitsteilchen in der Zeit dt auch der Drehungsvektor geändert, und zwar — bezogen auf die Zeiteinheit — nach der Helmholtzschen Gleichung um

$$\frac{D\mathfrak{q}}{dt} = \mathfrak{q} \circ \nabla \mathfrak{w}.$$

Das ergibt aber mit der vorigen Gleichung

$$\frac{D}{dt} d\mathfrak{r} = \varepsilon \frac{D}{dt} \mathfrak{q}.$$

Helmholtz schließt jetzt so: Wenn die Proportionalität von $d\mathfrak{r}$ mit $\mathfrak{q}$ zu einer Zeit $t = t_0$ bestanden hat, so wird sie auch zur Zeit $t = t_0 + dt$ gelten, also bei wiederholter Anwendung des soeben abgeleiteten Satzes für beliebige Zeiten.

Die Verbindungsstrecken zweier beliebigen auf einer Wirbellinie gelegenen dicht benachbarten Flüssigkeitsteilchen ändern sich also in einem Zeitelement nach Größe und Richtung gerade so wie die entsprechenden Drehungsvektoren (Abb. 128). Sind also einmal irgendwelche Flüssigkeitsteilchen auf einem Element einer Drehungslinie, so bleiben sie dauernd darauf; für die ganzen Drehungslinien ergibt sich dann das gleiche. Da nun ferner $d\mathfrak{r}$ sich proportional mit $\mathfrak{q}$ ändert und $d\mathfrak{r}$ wegen der vorausgesetzten Volumenbeständigkeit sich umgekehrt proportional dem Querschnitt df des Wirbelfadenstückes ändern muß, damit bei einer Streckung des Stückes das Volumen konstant bleibt, so ergibt sich, daß das Produkt aus Querschnitt einer Wirbelröhre und der zu diesem Querschnitt zugehörigen Rotation konstant ist. Diese Konstanz der „Wirbelstärke" ist übrigens nichts anderes als der Flächensatz der Mechanik der Massensysteme. Dieser sagt aus, daß bei Abwesenheit von Drehmomenten bei einer Änderung des Trägheitsmomentes des Systems sich die Winkelgeschwindigkeit umgekehrt proportional dem Trägheitsmoment ändert (Drehschemel). Bei einer kleinen Deformation eines Flüssigkeitsteilchens ändert sich tatsächlich das Trägheitsmoment wie der Querschnitt, wenn angenommen wird, daß das Teilchen vorher rotationssymmetrisch war.

Über die hier gebrauchten Benennungen, die z. T. von denen von Helmholtz abweichen, mag nachträglich noch folgendes bemerkt werden. Helmholtz nannte das, was hier „Drehung" genannt ist $\left(\mathfrak{q} = \frac{1}{2} \operatorname{rot} \mathfrak{w}\right)$, den „Wirbel". Mit dieser Anwendung des Wortes „Wirbel" kommt man jedoch in Widerspruch mit dem gewöhnlichen Sprachgebrauch, der unter einem Wirbel eine kreisende Flüssigkeitsbewegung versteht. Nach Helmholtz würde die rein gleitende Laminarbewegung einer reibenden Flüssigkeit eine „Wirbelbewegung" sein, was dem sonstigen Sprachgebrauch durchaus widerspricht. In diesem Buche wird das Wort „Wirbel" hauptsächlich gebraucht für die kreisende Bewegung um einen isolierten „Wirbelfaden“ (vgl. Nr. 71); die Laminarbewegungen besitzen „Drehung“ oder Rotation, aber sie besitzen keinen Wirbel.

88. Das Geschwindigkeitsfeld in der Umgebung eines isolierten Wirbelfadens, das Biot-Savartsche Gesetz. Wir gehen jetzt dazu über, die Wirkung eines einzelnen Wirbelfadens auf seine Umgebung zu untersuchen, d. h. wir fragen nach dem mit dem Wirbelfaden zusammenhängenden Geschwindigkeitsfeld der Flüssigkeit außerhalb des Wirbelfadens. Da wir in der Umgebung des Wirbelfadens $\mathfrak{q} = 0$ annehmen wollen, haben wir hier eine Potentialbewegung, und es fragt sich also: Wie läßt sich die Potentialfunktion dieser durch den Wirbelfaden bedingten Bewegung angeben. Das ohne Wirbelfaden einfach zusammenhängende Gebiet wird, wenn wir den durch den Wirbelfaden eingenommenen Raum als nicht zu dem Gebiet gehörig ansehen, zweifach zusammenhängend.

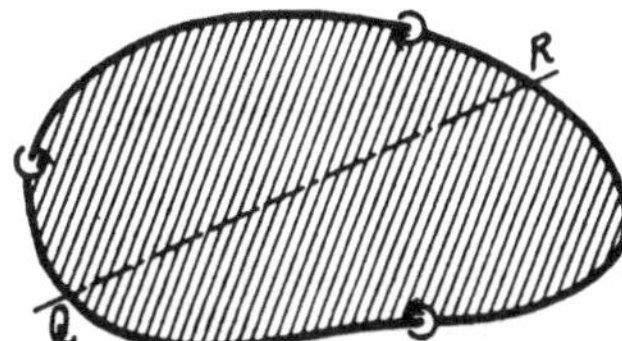

Abb. 129. Verzweigungsfläche durch den in sich geschlossenen Wirbelfaden.

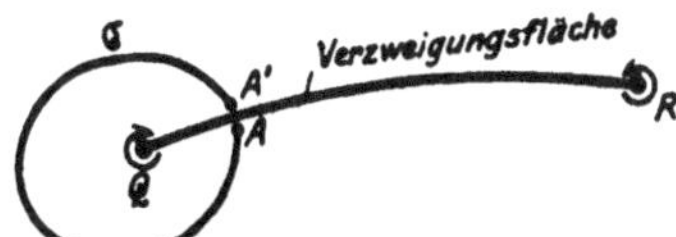

Abb. 130. Mehrdeutiges Potential; wenn der geschlossene Integrationsweg die Verzweigungsfläche durchschneidet, findet ein Potentialsprung statt.

Der einfachste Fall ist der, den Wirbelfaden so konzentriert anzunehmen, daß er als linienförmig angesehen werden kann.

Schneiden wir nun den Raum, den die Flüssigkeit einnimmt, längs einer (beliebigen) Fläche durch den in sich geschlossenen Wirbelfaden auf, die den geschlossenen Wirbelfaden zum Rand hat (Abb. 129), so haben wir aus dem zweifach zusammenhängenden Bereich einen einfach zusammenhängenden erhalten. Für jeden geschlossenen Integrationsweg ($\mathfrak{C}$) in diesem einfach zusammenhängenden Bereich, der die Verzweigungsfläche also nicht schneidet, haben wir dann

$$\oint^{\mathfrak{C}} \mathfrak{w} \circ d\mathfrak{r} = 0 .$$

Das Linienintegral zwischen zwei Punkten O und A ist

$$\int_0^A \mathfrak{w} \circ d\mathfrak{r} = \Phi_A - \Phi_0 .$$

Legen wir den Integrationsweg $\mathfrak{C}$, wie in Abb. 130 ersichtlich, von Punkt A nach A', so ist

$$\int_A^{A'} \mathfrak{w} \circ d\mathfrak{r} = \Phi_{A'} - \Phi_A .$$

Lassen wir jetzt A' nach A konvergieren, so erhalten wir

$$\oint \mathfrak{w} \circ d\mathfrak{r} = \Gamma,$$

d. h. es findet beim Durchschneiden der Verzweigungsfläche ein Potentialsprung Γ statt. Dieser Potentialsprung ist für alle Stellen, an denen die Verzweigungsfläche durchschnitten wird, gleich groß, wie aus Abb. 131 zu ersehen ist. Wählt man den Integrationsweg derartig, daß er die Verzweigungsfläche bei BB' durchschneidet statt bei AA', indem man bei A und bei A' je einen Kurvenzweig $A'B'$ und BA anfügt, so fügt man im ganzen einen geschlossenen Weg in einem einfach zusammenhängenden Bereich hinzu, da ja die Verzweigungsfläche auch irgendwie anders, z. B. in der gestrichelten Form, gezogen werden kann. Das Linienintegral auf diesem geschlossenen Weg ist aber Null, also der Potentialsprung $\Gamma_B = \Gamma_A$.

Bei Fortlassung der durch die Verzweigungsfläche gewonnenen Scheidewand ist also das Potential unendlich vieldeutig, und zwar

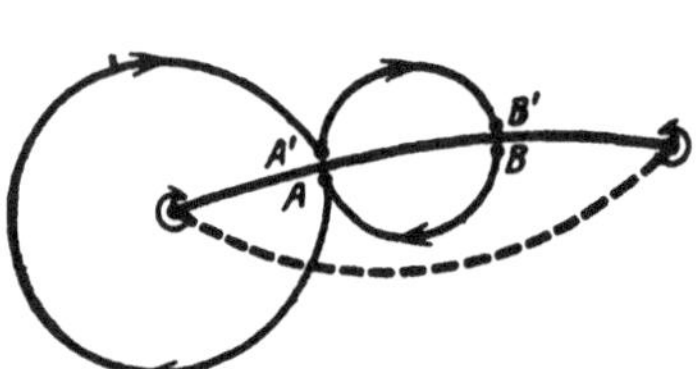

Abb. 131. Mehrdeutiges Potential; der Potentialsprung ist für alle Stellen, an denen die Verzweigungsfläche durchschnitten wird, gleichgroß.

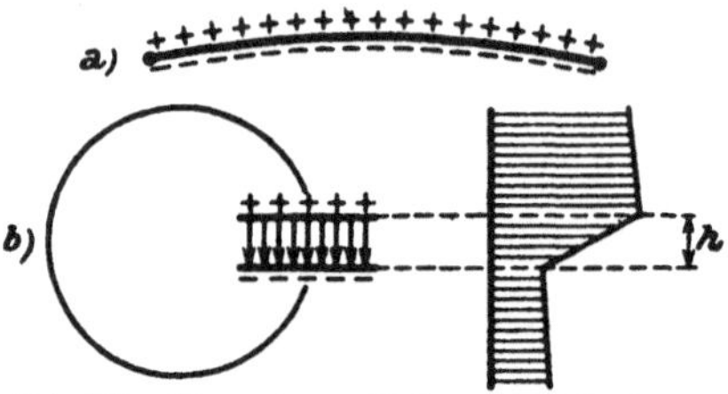

Abb. 132a. Verzweigungsfläche, aufgefaßt als eine mit Quellen (+) und Senken (−) doppelt belegte Fläche.

Abb. 132b. Das Feld des Potentialausgleiches der Doppelfläche.

nimmt es bei jeder Umschlingung des Wirbelfadens um den Wert Γ zu. Γ ist dabei nichts anderes als die Wirbelstärke des Fadens.

Hierin haben wir eine analoge Erscheinung, wie sie bei einem Magnetfelde eines von einem Strom durchflossenen Leiters auftritt. Ganz allgemein sind die Analogien zwischen den von Wirbelfäden erzeugten Geschwindigkeitsfeldern und den durch elektrische Ströme hervorgerufenen Magnetfeldern so groß, daß sich viele Sätze und Beweise der Elektrodynamik direkt auf die Hydrodynamik übertragen lassen, wenn man statt des elektrischen Stromes Wirbelfaden und statt des Magnetfeldes Geschwindigkeitsfeld setzt.

Wir wollen nun die Aufgabe behandeln, zu einem gegebenen Wirbelfaden das Potentialfeld zu ermitteln. Hierfür bietet sich uns die aus der Elektrodynamik bekannte Methode der Doppelbelegung dar. Wir denken uns die Verzweigungsfläche (Abb. 132a) auf der einen Seite stetig mit Quellen (+ + + +), auf der anderen Seite in gleicher Weise mit Senken (− − − −) belegt. Nehmen wir jetzt statt der Verzweigungsfläche eine Doppelfläche von endlicher aber kleiner Dicke h (Abb. 132b), so wird dadurch die Unstetigkeit, der Potentialsprung, beseitigt. Der weitaus größte Teil des aus den Quellen kommenden Stroms fließt unmittelbar den Senken zu und erzeugt hier auf der kurzen Strecke h einen großen Potentialunterschied. Die Stärke der Quellen und Senken sei so bemessen, daß dieser Potentialunterschied überall gleich Γ ist. Nur ein verhältnismäßig geringer Teil des Quellstromes fließt außen herum und bildet so das übrige Feld.

Ist Q die Ergiebigkeit einer punktförmigen Quelle pro Zeiteinheit, so ist der Betrag der Geschwindigkeit $\mathfrak{w}$ in der Entfernung a von der Quelle gleich der Flüssigkeitsmenge pro Flächeneinheit

$$|\mathfrak{w}| = w = \frac{Q}{4\pi a^2};$$

mithin ist das Potential der Quelle:

$$\Phi = \int_0^a w\,da = \text{konst.} - \frac{Q}{4\pi a},$$

entsprechend für eine Senke:

$$\Phi = \text{konst.} + \frac{Q}{4\pi a}.$$

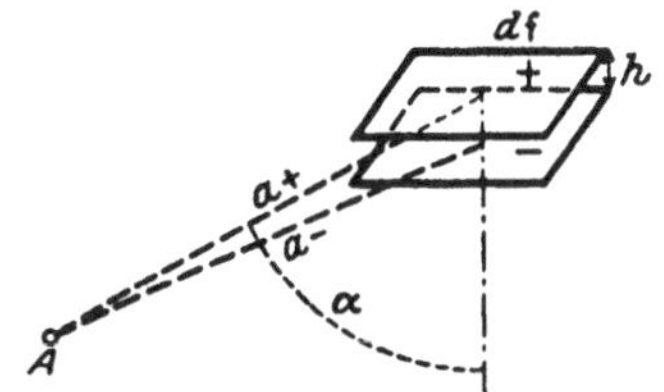

Abb. 133. Das Potential einer Doppelbelegung im Aufpunkt A für ein Flächenelement df.

Das Potential einer Doppelbelegung im Aufpunkte A für ein Flächenelement df ist, wenn q die Quellintensität pro Flächeneinheit und a_+ und a_- die Entfernung von A zum Quell- bzw. Senkflächenelement ist (Abb. 133)

$$d\Phi = -\frac{q\,df}{4\pi a_+} + \frac{q\,df}{4\pi a_-} = \frac{q\,df}{4\pi}\left(\frac{1}{a_-} - \frac{1}{a_+}\right).$$

Es ist aber

$$a_+ = a_- + h\cos\alpha,$$

und, da h gegen a klein angenommen wird,

$$\frac{1}{a_+} = \frac{1}{a_-} - \frac{1}{a^2}h\cos\alpha,$$

mithin

$$d\Phi = \frac{q\,df}{4\pi a^2}\cdot h\cos\alpha.$$

Die Geschwindigkeit im Innern der Doppelbelegung ist, da bis auf einen verschwindenden Anteil alle Quellergiebigkeit innen durchströmt, gleich der Quellergiebigkeit pro Flächeneinheit q, der Potentialzuwachs also $= q\cdot h$. Dieser soll aber für nach Null konvergierendes h gleich Γ sein, also

$$q\,h = \text{konst.} = \Gamma.$$

Damit ergibt sich

$$d\Phi = \frac{\Gamma}{4\pi}\cdot\frac{df\cos\alpha}{a^2}.$$

$\frac{df \cos\alpha}{a^2} = d\tilde{\omega}$ ist jedoch der räumliche Winkel, unter dem die Fläche df von A aus erscheint; er ist gleich dem Flächeninhalt, den die Projektionsstrahlen nach dem Rande von df aus der Einheitskugel um A als Mittelpunkt ausschneiden.

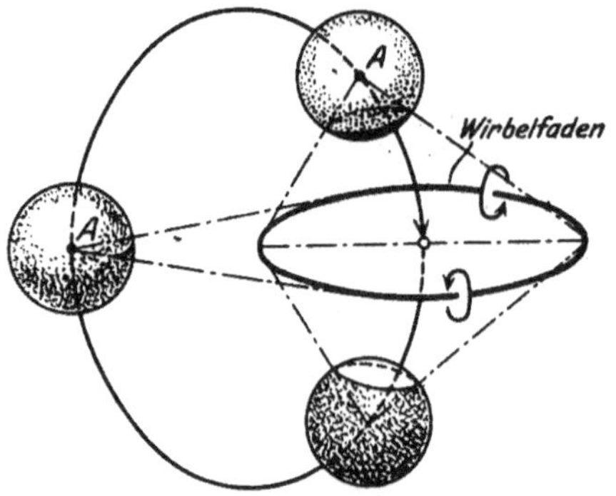

Abb. 134. Änderung des räumlichen Winkels, unter dem die geschlossene Wirbellinie vom Aufpunkt A erscheint, wenn dieser eine den Wirbelfaden umkettende Bahn beschreibt.

Integriert man schließlich über die gesamte Fläche $\mathfrak{F}$, welche von der geschlossenen Wirbellinie umrandet wird, so erhält man als Potential im Punkte A:

$$\Phi_A = \frac{\Gamma}{4\pi}\tilde{\omega},$$

wo $\tilde{\omega}$ der räumliche Winkel ist, unter dem die geschlossene Wirbellinie von dem Punkt, für den Φ gebildet ist, erscheint (Abb. 134). Bewegt man den Aufpunkt A in einer den Wirbelfaden umkettenden Bahn, so ergibt sich aus Abb. 134 für den räumlichen Winkel eine Zunahme um 4π. Man erkennt somit auch hier wieder, daß das Potential Φ bei einem geschlossenen Umlauf um den Wirbelfaden durch die Verzweigungsfläche hindurch um $\frac{\Gamma}{4\pi} \cdot 4\pi = \Gamma$ zugenommen hat.

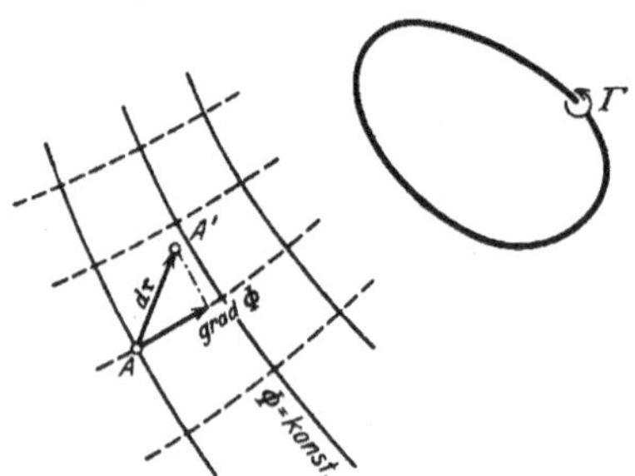

Abb. 135. Verschiebung des Aufpunktes A um die Strecke $d\mathfrak{r}$.

Um die Geschwindigkeitsverteilung zu erhalten, haben wir den Gradienten von Φ zu bilden, wofür sich, da Γ konstant ist,

$$\mathfrak{w} = \operatorname{grad}\Phi = \frac{\Gamma}{4\pi}\operatorname{grad}\tilde{\omega}$$

ergibt. Zur Berechnung von grad $\tilde{\omega}$ verschieben wir jetzt in Abb. 135 den Aufpunkt A um den Vektor $d\mathfrak{r}$ nach A' und erhalten daraus die Änderung des räumlichen Winkels

$$d\tilde{\omega} = d\mathfrak{r} \circ \operatorname{grad}\tilde{\omega}.$$

Da es nur auf die relative Bewegung des Aufpunktes zum Wirbelfeld ankommt, kann man auch, anstatt den Aufpunkt zu verschieben, den Wirbelfaden parallel mit sich um gleich viel in entgegengesetzter Richtung bewegen. Wir fragen uns also: Wie ändert sich der räumliche Winkel $\tilde{\omega}$, wenn der Wirbelfaden ($\mathfrak{C}$) um die Strecke $d\mathfrak{r}$ parallel mit sich verschoben wird (Abb. 136)? Die Änderung von $\tilde{\omega}$ ist offenbar gleich der Projektion der Zylinderfläche $\mathfrak{C}\mathfrak{C}'$ auf die Einheitskugel. Ist $d\mathfrak{s}$ ein Element des Wirbelfadens $\mathfrak{C}$, so ist ein Element der Zylinderfläche $d\mathfrak{r}\times d\mathfrak{s}$ und die Projektion dieses Flächenelementes auf eine zum Radiusvektor $\mathfrak{a}$ senkrechte Ebene gleich

$$d\mathfrak{r}\times d\mathfrak{s}\circ\frac{\mathfrak{a}}{a}=d\mathfrak{r}\circ d\mathfrak{s}\times\frac{\mathfrak{a}}{a}$$

und also die Projektion auf die Einheitskugel

$$\frac{d\mathfrak{r}\circ d\mathfrak{s}\times\frac{\mathfrak{a}}{a}}{a^2}.$$

Mithin ist die Projektion der Zylinderfläche $\mathfrak{C}\mathfrak{C}'$ auf die Einheitskugel, d. h. die Winkeländerung

$$d\tilde{\omega}=\oint^{\mathfrak{C}} d\mathfrak{r}\circ\frac{d\mathfrak{s}\times\mathfrak{a}}{a^3},$$

und da $d\mathfrak{r}$ konstant ist (Parallelverschiebung)

$$d\tilde{\omega}=d\mathfrak{r}\circ\oint^{\mathfrak{C}}\frac{d\mathfrak{s}\times\mathfrak{a}}{a^3}.$$

Da anderseits

$$d\tilde{\omega}=d\mathfrak{r}\circ\operatorname{grad}\tilde{\omega}$$

ist, so folgt

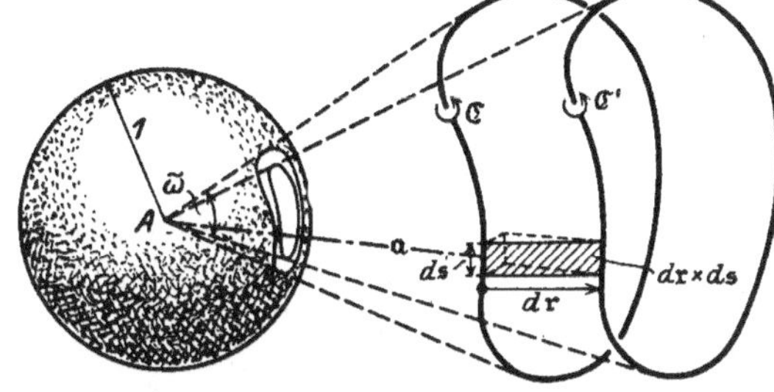

Abb. 136. Änderung des räumlichen Winkels, unter dem die geschlossene Wirbellinie $\mathfrak{C}$ von A aus erscheint, wenn der Wirbelfaden sich um die Strecke $d\mathfrak{r}$ parallel zu sich selbst verschiebt.

$$\operatorname{grad}\tilde{\omega}=\oint^{\mathfrak{C}}\frac{d\mathfrak{s}\times\mathfrak{a}}{a^3}.$$

Setzen wir diesen Ausdruck in

$$\mathfrak{w}=\frac{\Gamma}{4\pi}\operatorname{grad}\tilde{\omega},$$

so ergibt sich schließlich

$$\mathfrak{w}=\frac{\Gamma}{4\pi}\oint^{\mathfrak{C}}\frac{d\mathfrak{s}\times\mathfrak{a}}{a^3}$$

$d\mathfrak{s}\times\mathfrak{a}$ ist dem Betrage nach gleich $ds\cdot a\cdot\sin(d\mathfrak{s},\mathfrak{a})$ und hat die Richtung senkrecht zu $d\mathfrak{s}$ und $\mathfrak{a}$. Die Geschwindigkeit $\mathfrak{w}$ setzt sich also additiv aus den Beiträgen der einzelnen Wirbelfadenelemente $d\mathfrak{s}$ zusammen, und zwar hat ein solcher Beitrag die Richtung senkrecht zu $d\mathfrak{s}$ und $\mathfrak{a}$, ist proportional dem Sinus des Winkels zwischen $d\mathfrak{s}$ und $\mathfrak{a}$ und umgekehrt proportional dem Quadrat der Entfernung a vom Aufpunkt. Dies ist aber genau das Biot-Savartsche Gesetz der Elektrodynamik, in welchem wir die Rechenvorschrift besitzen, nach der das Magnetfeld in der Umgebung eines beliebigen stromdurchflossenen Leiters berechnet werden kann.

Liegt der Wirbelfaden in einer Ebene (Abb. 137), so vereinfacht sich die obige Gleichung zu

$$|\mathfrak{w}| = \frac{\Gamma}{4\pi} \oint^{\mathfrak{C}} \frac{ds}{a^2} \sin\varphi .$$

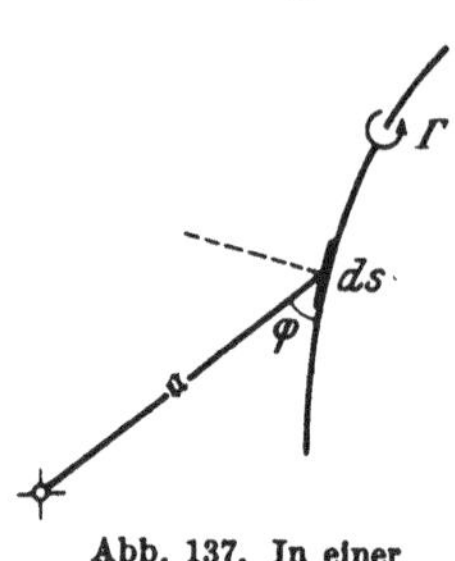

Abb. 137. In einer Ebene gelegener krummliniger Wirbelfaden.

Als ein Beispiel für den letzten Fall wollen wir das Geschwindigkeitsfeld eines unendlich langen geraden Wirbelfadens von der Zirkulation Γ berechnen (Abb. 138). Nach der letzten Gleichung haben wir dann:

$$|\mathfrak{w}_A| = \frac{\Gamma}{4\pi} \int_{-\infty}^{\infty} \frac{ds \sin\alpha}{a^2} .$$

Führen wir den Winkel α als neue Variable ein, so ist

$$-s = R \operatorname{ctg} \alpha$$

und

$$ds = \frac{R\, d\alpha}{\sin^2\alpha} ;$$

ferner

$$a = \frac{R}{\sin\alpha} .$$

Mithin

$$|\mathfrak{w}_A| = \frac{\Gamma}{4\pi R} \int_0^{\pi} \sin\alpha\, d\alpha = -\frac{\Gamma}{4\pi R} \cos\alpha \Big|_0^{\pi} ,$$

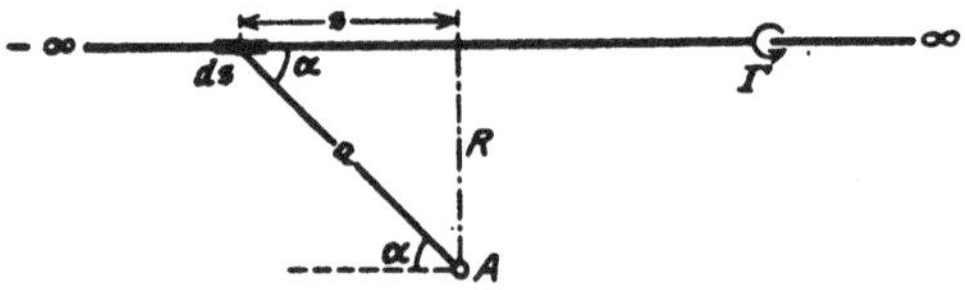

Abb. 138. Geradliniger Wirbelfaden.

also

$$|\mathfrak{w}_A| = \frac{\Gamma}{2\pi R} .$$

Man kann das gleiche Resultat noch einfacher ableiten, wenn man durch A eine Ebene senkrecht zum Wirbelfaden legt und das Linienintegral längs eines Kreises ($\mathfrak{C}$) in dieser Ebene bildet; es ist dann

$$\Gamma = \oint^{\mathfrak{C}} \mathfrak{w} \circ d\mathfrak{r}$$

oder, da

$$\mathfrak{w} \parallel d\mathfrak{r}$$

ist,

$$\Gamma = \oint^{\mathfrak{C}} w\, dr = w\, 2\pi R ,$$

also

$$w = \frac{\Gamma}{2\pi R} .$$

Die vorstehende Rechnung bleibt aber auch brauchbar, wenn der Wirbelfaden aus mehreren geradlinigen Strecken besteht. Es sind dann nur die Grenzen in den einzelnen Integralen richtig einzusetzen.

89. Vereinfachter Aufbau eines Wirbelfadens durch Annahme eines Wirbelkernes mit konstanter Rotation. Für viele Überlegungen genügt es häufig, sich von einem Wirbelfaden folgendes, die wirklichen Verhältnisse vereinfachendes Bild zu machen:

Die isolierten Wirbelfäden sind in der Regel so aufgebaut, daß ihre Rotation im Zentrum am größten ist und zum Rande allmählich bis auf Null abfällt. Statt dessen pflegt man bei den Rechnungen einen Wirbelkern von konstanter Rotation anzunehmen (den man also im Falle eines geraden Wirbelfadens als einen rotierenden starren Körper betrachten kann), während außerhalb dieses Kernes Potentialströmung angenommen wird (Abb. 139). Die Umfangsgeschwindigkeit $\mathfrak{w}_1$ des starr angenommenen Kernes hängt dann mit dessen Winkelgeschwindigkeit q durch die Gleichung

$$|\mathfrak{w}_1| = q \cdot r_1$$

zusammen, wenn r_1 der Radius des Kernes ist.

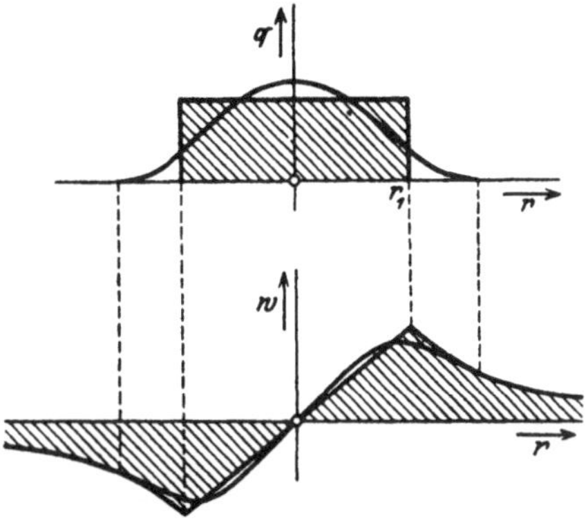

Abb. 139. Vereinfachter Aufbau eines Wirbelfadens durch Annahme eines Wirbelkernes von konstanter Rotation.
Abb. 140. Geschwindigkeitsverteilung eines Wirbelfadens und eines von Potentialströmung umgebenen Wirbelkernes.

Außerhalb des Kernes, in einem Abstand r vom Mittelpunkt des Kernes herrscht, da wir hier Potentialströmung haben, die Geschwindigkeit (Abb. 140)

$$w = \frac{\Gamma}{2\pi r}.$$

Die Zirkulation Γ ist gleich der Wirbelstärke:

$$\Gamma = \operatorname{rot} \mathfrak{w} \cdot \pi r_1^2 = 2q \cdot \pi r_1^2.$$

Anderseits ist auch $\Gamma = 2\pi r_1 \cdot |\mathfrak{w}_1| = 2\pi r_1^2 q$, was mit vorstehendem übereinstimmt.

Mit diesem Wert von Γ ist also für die Potentialströmung

$$|\mathfrak{w}| = \frac{\Gamma}{2\pi r} = q\frac{r_1^2}{r}.$$

Für $r = r_1$ ist demnach die Geschwindigkeit der Potentialströmung und die des Kerns gleich groß.

Für die Komponenten u (in der x-Richtung) und v (in der y-Richtung) ergibt sich

$$u = -|\mathfrak{w}| \cdot \frac{y}{r}; \qquad v = |\mathfrak{w}| \cdot \frac{x}{r}.$$

Dies gibt im Kern

$$u = -qy; \qquad v = qx;$$

in der Potentialströmung

$$u = -q\frac{r_1^2}{r^2} \cdot y; \qquad v = q\frac{r_1^2}{r^2} \cdot x.$$

Für die Geschwindigkeitsverteilung erhalten wir nach den vorstehenden Gleichungen für $|\mathfrak{w}|$ bei Annahme eines Wirbelkernes das in Abb. 140 schraffiert dargestellte Bild.

90. Bewegung und gegenseitige Beeinflussung von einzelnen Wirbelfäden. Wir kommen jetzt zu den Bewegungen der einzelnen Wirbel und gehen aus von dem Helmholtzschen Satz, daß jeder Wirbel dauernd (auch bei seiner Bewegung) aus denselben Flüssigkeitsteilchen gebildet wird. Es folgt daraus, daß ein Wirbel, wenn seinem eigenen Geschwindigkeitsfeld ein weiteres Geschwindigkeitsfeld überlagert wird, an der Bewegung dieses Geschwindigkeitsfeldes teilnimmt. Eine solche Überlagerung eines Geschwindigkeitsfeldes zu dem schon bestehenden des Wirbelfadens haben wir z. B., wenn ein Wirbelfaden durch das Feld eines anderen beeinflußt wird.

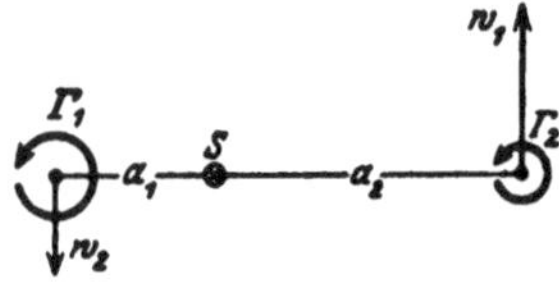

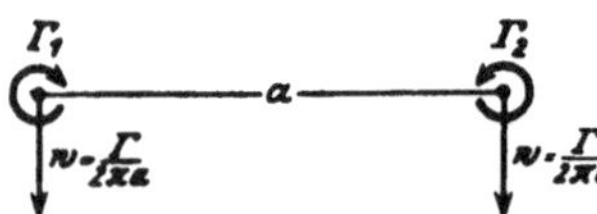

Abb. 141. Gegenseitige Beeinflussung von zwei unendlich langen einander parallelen Wirbelfäden: a) beide Wirbelfäden haben verschieden starke aber gleichsinnige Zirkulation; b) beide Wirbelfäden haben gleichstarke aber ungleichsinnige Zirkulation.

Als ein Beispiel hierfür betrachten wir zwei unendlich lange einander parallele gleichsinnige Wirbelfäden von der Zirkulation Γ_1 und Γ_2. Die beiden durch Γ_1 und Γ_2 hervorgerufenen Potentialfelder überlagern sich, ebenso die entsprechenden Geschwindigkeitsfelder. Beträgt in Abb. 141a die Entfernung der beiden parallelen Wirbelfäden a, so ist die Geschwindigkeit im Punkte *2*, herrührend vom Wirbel Γ_1,

$$w_2 = \frac{\Gamma_1}{2\pi a}$$

und im Punkte *1*, herrührend vom Wirbel Γ_2, die Geschwindigkeit

$$w_1 = \frac{\Gamma_2}{2\pi a},$$

wobei beide Geschwindigkeiten w_1 und w_2 senkrecht zu a gerichtet sind und im Falle gleichen Vorzeichens von Γ_1 und Γ_2 entgegengesetzte Richtung haben.

Legt man jedem Wirbelfaden ein Gewicht gleich dem seiner Wirbelstärke bei, so kann man als Schwerpunkt des Systems der beiden Wirbel den Punkt auf der Verbindungslinie der Mittelpunkte der beiden Wirbelfäden definieren, für den

$$\Gamma_1 a_1 + \Gamma_2 a_2 = 0$$

ist. Die Geschwindigkeit dieses Schwerpunktes ist nun:

$$w_s = \frac{\Gamma_1 w_1 + \Gamma_2 w_2}{\Gamma_1 + \Gamma_2}.$$

Die Ausrechnung ergibt, daß dies gleich Null ist. Der Schwerpunkt der beiden Wirbelfäden bleibt also in Ruhe. Dies bedeutet im übrigen nur, daß dauernd derselbe Raumpunkt das Zentrum für die Bahnen der um diesen Punkt rotierenden Wirbelfäden ist; über die Flüssigkeitsbewegung in diesem Punkt ist gar nichts ausgesagt, sie braucht keineswegs Null sein.

Die analogen Überlegungen gelten für beliebig viele gerade und einander parallele Wirbelfäden. Wir können sagen, daß jeder einzelne Wirbelfaden sich gerade so bewegt wie die übrigen Wirbelfäden es ihm vorschreiben (diese Aussage stammt schon von Helmholtz, ebenso wie der obige Schwerpunktssatz).

Als einen weiteren speziellen Fall betrachten wir noch die Bewegung zweier Wirbel von entgegengesetzt gleicher Zirkulation:

$$\Gamma_1 = -\Gamma_2.$$

Hier liegt der Schwerpunkt der beiden Wirbel im Unendlichen, d. h. das „Wirbelpaar" führt eine geradlinige Bewegung aus (Abb. 141b). Der Wirbel mit der Zirkulation Γ_1 bewirkt eine Bewegung des Wirbels Γ_2 mit der Geschwindigkeit

$$+\frac{\Gamma_1}{2\pi a}$$

senkrecht zur Verbindungslinie. Umgekehrt bewegt der Wirbel mit der Zirkulation Γ_2 den Wirbel Γ_1 mit der Geschwindigkeit

$$-\frac{\Gamma_2}{2\pi a}$$

ebenfalls senkrecht zu a. Da nun $\Gamma_1 = -\Gamma_2$ ist, bewegt sich das Wirbelpaar mit der konstanten Geschwindigkeit

$$\frac{\Gamma}{2\pi a}$$

senkrecht zu ihrer Verbindungslinie. Die Geschwindigkeit in der Mitte zwischen den beiden Wirbeln ist gleich

$$\frac{\Gamma}{2\pi \frac{a}{2}} + \frac{\Gamma}{2\pi \frac{a}{2}} = \frac{2\Gamma}{\pi a},$$

d. h. gleich der vierfachen Fortschreitungsgeschwindigkeit des Wirbelpaares.

Für die Flüssigkeitsteilchen auf der Verbindungslinie der Wirbelachsen ergibt sich aus der Beziehung

$$|\mathfrak{w}| = \frac{\Gamma}{2\pi r}$$

die Geschwindigkeitsverteilung der Abb. 142.

Um das System der Stromlinien bzw. der Linien konstanten Potentials zu erhalten, gehen wir am besten auf die komplexe Darstellung eines Wirbels zurück. Die Strömungsfunktion eines geraden Wirbels lautet in dieser Schreibweise nach Nr. 78

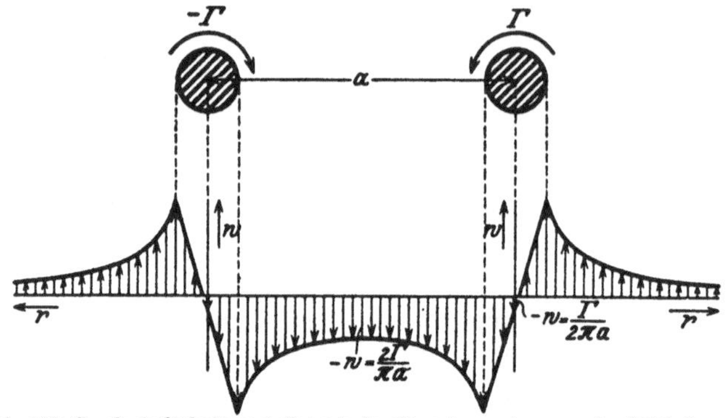

Abb. 142. Geschwindigkeitsverteilung in der Umgebung eines geraden Wirbelpaares.

$$F = i \ln z = \Phi + i\Psi .$$

Für zwei gegenläufige gerade parallele Wirbel, deren Achsen die z-Ebene in den Punkten z_1 bzw. z_2 schneiden mögen, haben wir somit

$$F = \frac{\Gamma}{2\pi} i \left[\ln(z - z_1) - \ln(z - z_2)\right],$$

oder

$$\Phi + i\Psi = \frac{\Gamma}{2\pi}(\varphi_2 - \varphi_1) + i\frac{\Gamma}{2\pi}\ln\frac{r_1}{r_2}.$$

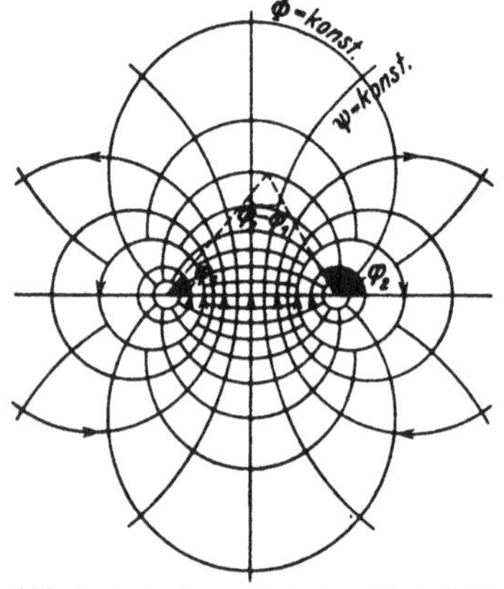

Abb. 143. Linien konstanten Potentials und Stromlinien für zwei gerade Wirbel von entgegengesetzt gleicher Zirkulation (nicht stationäre Strömung, da das Wirbelpaar eine Eigengeschwindigkeit besitzt).

Die Kurven konstanten Potentials sind also Linien, für die $\varphi_2 - \varphi_1$ konstant ist. Wir haben also nach dem Satz vom Peripheriewinkel in Abb. 143 als Kurven $\Phi =$ konst. ein Kreisbüschel durch z_1 und z_2.

Die Kurven, für die $\Psi =$ konst. ist — also die Stromlinien —, sind dann das dazu orthogonale Kreisbüschel $\left(\text{Kreise mit konstantem } \frac{r_1}{r_2}\right)$. Wir müssen allerdings dabei berücksichtigen, daß dieses Stromlinienbild wegen der Bewegung der Wirbel nicht stationär ist. Um einen stationären Bewegungsvorgang zu bekommen, müssen wir die Eigengeschwindigkeit der Wirbel, die wir zu $\frac{\Gamma}{2\pi a}$ bestimmt haben, in Abzug bringen. Das sich dann ergebende Stromlinienbild zeigt Abb. 144. Im Unendlichen haben wir die Geschwindigkeit $\frac{\Gamma}{2\pi a}$, in der Mitte der Verbindungslinie die Geschwindigkeit $\frac{3\Gamma}{2\pi a}$ in entgegengesetzter Richtung. Wie man in Abb. 144 erkennt, bilden sich zwei Arten von Stromlinien: in sich geschlossene Stromlinien und solche, die nicht geschlossen sind. Physikalisch bedeutet das ein Mitwandern der innerhalb der geschlossenen Stromlinien befindlichen Flüssigkeit mit den Wirbeln oder — aufgefaßt vom Standpunkt der ruhenden Wirbelfäden (stationär) — ein Umströmen einer rotierenden Flüssigkeitsmasse, die wie ein starrer Körper in der Flüssigkeit wandert (in der Abbildung gestrichelt gezeichnet).

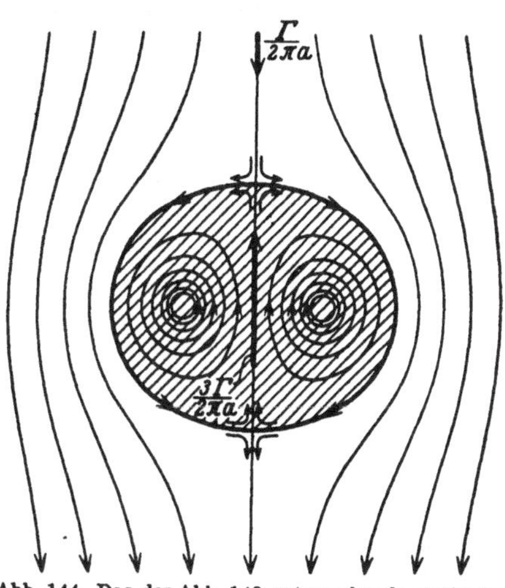

Abb. 144. Das der Abb. 143 entsprechende stationäre Stromlinienbild der Bewegung zweier gerader Wirbel von entgegengesetzt gleicher Zirkulation.

Ein **Wirbelring** hat mit einem Wirbelpaar insofern eine gewisse Verwandtschaft, als ebenfalls eine gegenseitige Beeinflussung der Elemente des Wirbelrings stattfindet, und der Wirbelring dadurch eine Eigenbewegung erhält. Die Integration ist jedoch in diesem Fall wesentlich verwickelter. Es zeigt sich, daß die Fortschreitungsgeschwindigkeit größer ist als beim Wirbelpaar und zwar um so größer, je kleiner der Durchmesser des Wirbelkernes ist. Bezeichnet man mit D den Durchmesser des Wirbelringes und mit d den Durchmesser des Kernes (Abb. 145), so ergibt die Rechnung für die Fortschreitungsgeschwindigkeit

$$\frac{\Gamma}{\pi D}\left(\ln\frac{8D}{d} - \frac{1}{4}\right).$$

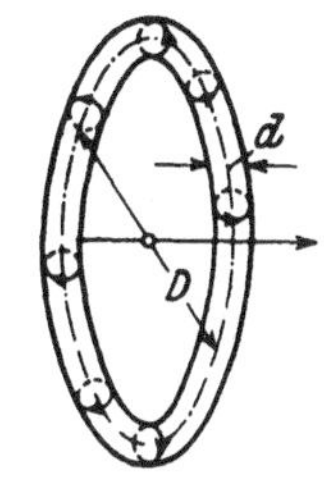

Abb. 145. Ein Wirbelring.

Haben wir es nicht mit einem einzelnen kreisförmigen Wirbelring zu tun, sondern mit mehreren, so wirken die einzelnen Wirbelringe natürlich auch gegenseitig aufeinander ein. Nehmen wir zunächst zwei Wirbelringe von gleichem Umlaufssinn, also gleicher Fortschreitungsrichtung, so äußert sich die Einwirkung der beiden Wirbel aufeinander insofern, als sich der vordere Wirbelring erweitert und dadurch an Geschwindigkeit abnimmt, während der hintere Wirbel sich zusammenzieht und dabei seine Geschwindigkeit vergrößert, bis schließlich der kleinere Wirbel mit der größeren Geschwindigkeit durch den größeren und langsameren Wirbel hindurchschlüpft. Damit ist der zunächst hintere Wirbel zum vorderen Wirbel geworden, und das Spiel beginnt von neuem.

Zwei gleiche kreisförmige Wirbelringe auf der gleichen Achse, aber mit entgegengesetztem Umlaufssinn, also entgegengesetzter Fortschreitungsrichtung, beeinflussen sich derartig, daß sie sich einander nähern,

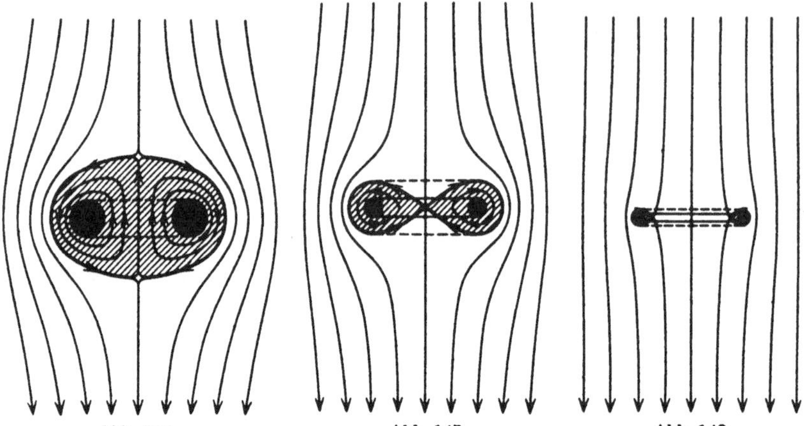

Abb. 146. Abb. 147. Abb. 148.

Abb. 146 bis 148. Stationäre Stromlinien von Wirbelringen mit verschieden dicken Wirbelkernen.

indem sie bei ihrer Annäherung ihren Durchmesser dauernd vergrößern und dadurch an Geschwindigkeit so stark abnehmen, daß sie in endlichen Zeiten nicht miteinander in Berührung kommen. Da sich die Ebene, nach der beide Wirbelringe dauernd sich mehr und mehr nähern, wie eine feste Wand verhält, so können wir sie uns auch durch eine solche ersetzt denken, d. h. ein kreisförmiger Wirbelring, der sich gegen eine feste Wand bewegt, erreicht diese Wand niemals, da seine Geschwindigkeit dauernd abnimmt, während sich sein Durchmesser entsprechend vergrößert.

Man hat auch für Wirbelringe untersucht, welcher Flüssigkeitskörper vom Wirbelring bei seiner Bewegung mitgeschleppt wird. Dadurch, daß man — wie beim Wirbelpaar — dem Geschwindigkeitsfeld des Wirbelringes eine Geschwindigkeit entgegengesetzt gleich der Fortschreitungsgeschwindigkeit des Wirbelringes überlagert und so den Bewegungsvorgang stationär macht, erhält man für verschieden dicke Wirbelkerne ein Verhalten gemäß den Abb. 146 bis 148. Abb. 146

zeigt für einen Wirbelring mit verhältnismäßig dickem Wirbelkern, wie die Strömung um einen dauernd aus den gleichen Flüssigkeitsteilchen gebildeten Körper (in der Abbildung gestrichelt gezeichnet) fließt. Abb. 147 zeigt, wie diese Strömung für einen kreisförmigen Wirbel mit dünnerem Wirbelkern abgeändert wird, und auf Abb. 148 erkennt man, wie für noch dünnere Wirbelkerne die am Wirbelring haftende Flüssigkeit selber einen Ring bildet.

Erzeugt man einen solchen Wirbelring in einer gefärbten Flüssigkeit und läßt ihn in eine ungefärbte hineinwandern, so wird der in Abb. 146 bis 148 dargestellte Flüssigkeitskörper sichtbar, da er aus gefärbter Flüssigkeit besteht (Rauchringe usw.). Über die Erzeugung von geraden Wirbelfäden und von Wirbelringen vgl. Nr. 71 und Nr. 93.

91. Druckverteilung in der Umgebung eines geraden Wirbels. Unter der vereinfachenden Annahme eines Wirbelkernes läßt sich auch leicht die Druckverteilung in der Umgebung eines geraden Wirbels berechnen. Aus der Eulerschen Gleichung erhalten wir unter Berücksichtigung, daß wir eine stationäre Bewegung haben,

$$|\mathfrak{w} \circ \nabla \mathfrak{w}| = \frac{|\operatorname{grad} p|}{\varrho}.$$

Bei der Kreisbewegung ist $|\mathfrak{w} \circ \nabla \mathfrak{w}| = \frac{w^2}{r}$ (Zentripetalbeschleunigung). Der Druck wächst nach außen. Es ist also:

$$\frac{1}{\varrho}\frac{dp}{dr} = \frac{w^2}{r}.$$

Setzt man den Druck im Unendlichen gleich p_0, so ist der Druck irgendwo weiter innen

$$p = p_0 - \int_r^\infty \varrho \frac{w^2}{r} dr;$$

für die Potentialströmung ist also mit $w = \frac{\Gamma}{2\pi r}$

$$\varrho \int_r^\infty \frac{w^2}{r} dr = \frac{\varrho \Gamma^2}{4\pi^2} \int \frac{dr}{r^3} = \frac{\varrho \Gamma^2}{8\pi^2 r^2}.$$

Damit wird in Übereinstimmung mit der Bernoullischen Gleichung $p = p_0 - \frac{\varrho w^2}{2}$. Der Druck im Kernradius wird hiermit

$$p_1 = p_0 - \frac{\varrho \Gamma^2}{8\pi^2 r_1^2}.$$

Innerhalb des Kerns ist

$$w = \frac{\Gamma r}{2\pi r_1^2};$$

damit wird

$$\varrho\int_r^{r_1}\frac{w^2}{r}\,dr = \frac{\varrho\,\Gamma^2}{4\pi^2 r_1^4}\int_r^{r_1} r\,dr = \frac{\varrho\,\Gamma^2(r_1^2-r^2)}{8\pi^2 r_1^4}\,;$$

hiermit wird im Kern

$$p = p_1 - \varrho\int_r^{r_1}\frac{w^2}{r}\,dr = p_0 - \frac{\varrho\,\Gamma^2(2\,r_1^2-r^2)}{8\,\pi^2 r_1^4}\quad\text{(Paraboloid)}.$$

$r = 0$ liefert den Druck in der Mitte:

$$p_m = p_0 - \frac{\varrho\,\Gamma^2}{4\,\pi^2 r_1^2}\,.$$

Es ist

$$p_0 - p_m = 2\,(p_0 - p_1).$$

Es sei dazu bemerkt, daß im Kern, wo Drehung herrscht, die Bernoullische Gleichung nicht mehr gilt. Abb. 149 zeigt die Druckverteilung im Vergleich mit der Geschwindigkeitsverteilung.

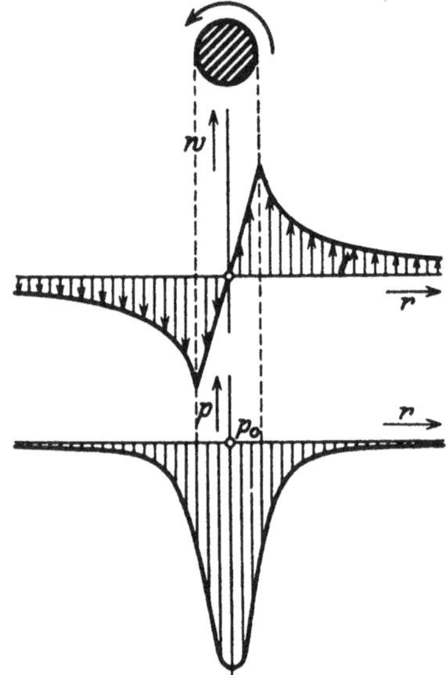

Abb. 149. Geschwindigkeitsverteilung und Druckverteilung im Innern und in der Umgebung des Wirbelkernes eines geraden Wirbelfadens.

92. Zusammenhang der Wirbelbewegung mit Unstetigkeits- oder Trennungsflächen. Es läßt sich — wie wir schon in Nr. 83 erwähnten — das Eintreten von Rotation nicht nur mit Hilfe der in das Innere der Flüssigkeit gelangenden Flüssigkeitsteilchen aus den Grenzschichtgebieten erklären, sondern es gibt auch bei vollkommen reibungsloser Flüssigkeit einen Fall, bei dem Rotation eintritt. Es handelt sich hierbei um die besonders von Helmholtz und Kirchhoff untersuchten sogenannten Unstetigkeitsflächen.

Wenn die Theorie dieser Erscheinung auch noch keineswegs in allen Einzelheiten hat durchgeführt werden können, so ist es doch von Wichtigkeit, sich wenigstens anschaulich klarzumachen, wie aus Unstetigkeitsflächen eine Wirbelbewegung zustande kommt. Die Ursache zur Entstehung von Unstetigkeitsflächen kann verschiedenartig sein.

Wir wollen zunächst den Fall betrachten, daß zwei Flüssigkeitsschichten von verschiedenen Geschwindigkeiten an dem scharfen Rande eines Körpers (K) zusammenfließen (Abb. 150).

Die dabei entstehende Unstetigkeitsfläche, die ihren Namen daher hat, daß an ihr ein Geschwindigkeitssprung stattfindet, ist zugleich die Trennungsfläche der beiden Flüssigkeitsschichten. Man kann sich die beiden Flüssigkeiten verschieden gefärbt denken, wodurch sich die Trennungsfläche deutlich markiert.

Betrachten wir das Geschwindigkeitsprofil hinter dem Zusammenfluß, so erhalten wir bei reibungsloser Flüssigkeit eine Unstetigkeit in der Geschwindigkeit, wie Abb. 150 sie darstellt. Nehmen wir jedoch eine — wenn auch geringe — Reibung an, so wird die Unstetigkeit aufgelöst, und statt des sprunghaften Überganges der einen Geschwindigkeit in die andere tritt ein stetiger mehr oder minder räumlich ausgedehnter Übergang ein.

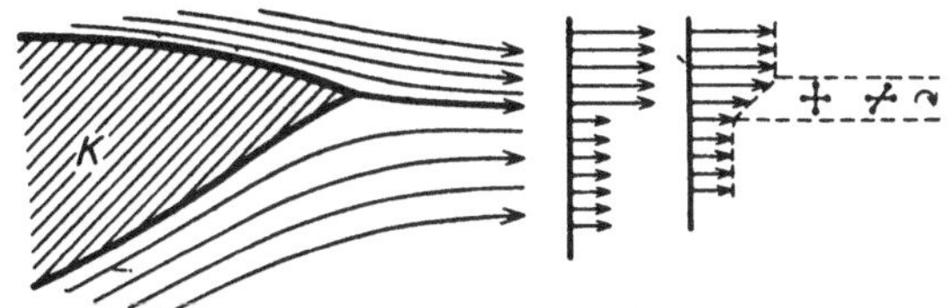

Abb. 150. Die Unstetigkeitsfläche, die sich an der scharfen Hinterkante des Körpers K ausbildet, dort, wo Flüssigkeitsschichten mit verschieden großen Geschwindigkeiten zusammenfließen, geht durch Annahme einer — wenn auch geringen — Zähigkeit der Flüssigkeit in eine Schicht mit Rotation über.

Die Zone, in der dieser Geschwindigkeitsübergang stattfindet, ist aber eine Schicht mit Rotation, wie man an dem in Abb. 150 angegebenen Kreuz aus Flüssigkeitsteilchen erkennt. Denn, bezeichnet man die Richtung der Geschwindigkeit als x-Richtung und die dazu senkrechte als y-Richtung, so ist — wenn wir den Strömungsvorgang als zweidimensional ansehen —

$$\operatorname{rot} \mathfrak{w} = \frac{\partial v}{\partial x} - \frac{\partial u}{\partial y};$$

also, da $\frac{\partial u}{\partial y} \neq 0$, hingegen $\frac{\partial v}{\partial x} = 0$ ist,

$$\operatorname{rot} \mathfrak{w} \neq 0,$$

d. h. wir haben in der Übergangszone eine Flüssigkeitsbewegung mit Rotation. Läßt man die Zähigkeit wieder nach Null konvergieren, so geht diese Trennungs*schicht* in die Trennungs*fläche* über. Während $\mathfrak{w}$ und auch Φ in der Trennungsfläche unstetig sind, ist hingegen aus physikalischen Gründen der Druck dort stetig.

Den Fall, daß die an einer scharfen Kante zu einer Unstetigkeitsfläche zusammenfließenden Flüssigkeiten vorher auch schon zusammen waren, haben wir z. B. bei der Umströmung eines endlichen Tragflügels (dreidimensionaler Bewegungsvorgang). Da in Abb. 151 bei A auf beiden Seiten der Trennungsfläche der gleiche Druck herrscht, so ergibt sich, wenn man die Bernoullische Gleichung durch Integration vom Punkte O längs der Stromlinie oberhalb und unterhalb des Flügels bildet, daß auch $|\mathfrak{w}|$ ober- und unterhalb der Unstetigkeitsfläche gleich ist. Die Richtung von $\mathfrak{w}$ braucht jedoch nicht dieselbe zu sein, d. h. es können zwar keine longitudinalen, wohl aber transversale Geschwindigkeitsänderungen auftreten, und zwar gilt dies für den stationären Fall.

Abb. 151. Die Trennungsfläche bei einem Tragflügel; die zu einer Unstetigkeitsfläche zusammenfließenden Flüssigkeitsteile waren vorher auch schon zusammen.

Im stationären zweidimensionalen Fall ist eine transversale Bewegung ausgeschlossen; hier ergibt sich also keine Unstetigkeit der Geschwindigkeit. Dagegen ist hier sehr wohl ein Potentialsprung, mit anderen Worten eine Zirkulation um den Flügel, möglich, vgl. Nr. 80.

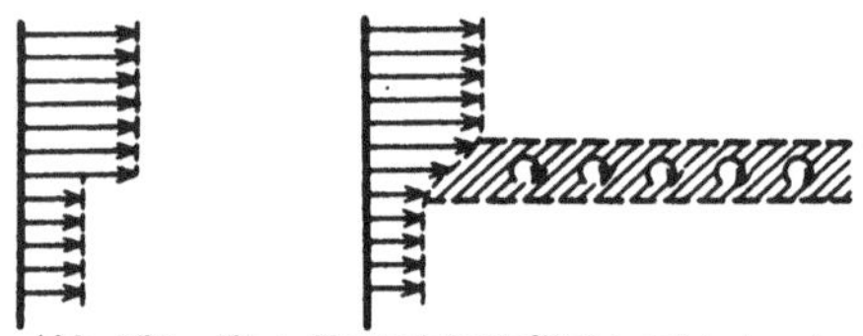
Abb. 152. Eine Unstetigkeitsfläche geht in eine Flüssigkeitsschicht mit Rotation über, wenn man von einer ideal reibungslosen Flüssigkeit zu einer Flüssigkeit mit innerer Reibung übergeht.

In nicht stationären Bewegungsvorgängen kann $\frac{\partial \Phi}{\partial t}$ unstetig sein, so daß dann auch der Betrag von $\mathfrak{w}$ auf der Trennungsfläche unstetig ist.

93. Entstehen von Unstetigkeitsflächen. Den Zusammenhang der Wirbelbewegung mit den Unstetigkeitsflächen einer Potentialbewegung erkannten wir in Nr. 92 darin, daß durch eine beliebig kleine innere Reibung der Flüssigkeit die Unstetigkeit in der Geschwindigkeit durch einen stetigen Geschwindigkeitsübergang mit Rotation ersetzt wird.

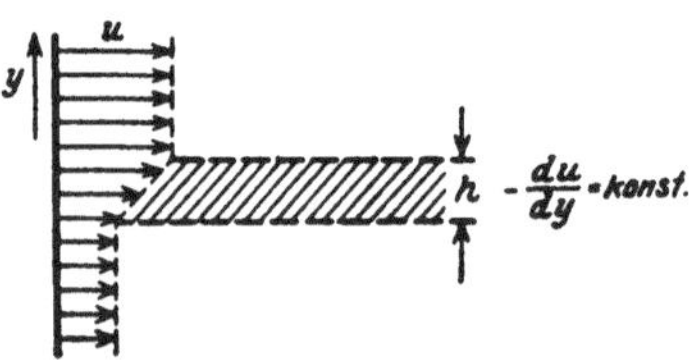

Abb. 153. Vereinfachung der Abb. 152 dadurch, daß man den Übergang der verschieden großen Geschwindigkeit linear annimmt; man erhält damit eine Flüssigkeitsschicht von konstanter Rotation.

In dem Bereich, in dem der stetige Übergang der einen Geschwindigkeit in die andere vor sich geht, haben wir eine aus Wirbelfäden gebildete Wirbelschicht, außerhalb dieser Schicht Potentialströmung (Abb. 152). Schematisieren wir den Vorgang dadurch, daß wir annehmen, die Rotation innerhalb der Wirbelschicht sei konstant, so haben wir eine Geschwindigkeitsverteilung wie in Abb. 153.

Lassen wir jetzt die innere Reibung der Flüssigkeit immer mehr abnehmen, so konvergiert h nach Null, d. h. aus der Wirbelschicht wird eine Wirbelfläche. Eine Unstetigkeitsfläche können wir also gedanklich durch eine flächenhafte Wirbelverteilung (Wirbelfläche) ersetzen.

Wirbelbildung läßt sich in schwach reibenden Flüssigkeiten fast immer durch Zusammenfluß von Flüssigkeiten und durch das dadurch bedingte Auftreten von Unstetigkeitsflächen verstehen. Die erste Einleitung zur Bildung von Trennungsflächen liegt meist in Vorgängen in der Reibungszone unmittelbar am Körper begründet.

Als ein erstes Beispiel für die Bildung einer Unstetigkeitsfläche bei einem nicht stationären Vorgang betrachten wir den Verlauf der Stromlinien bei der Umströmung einer scharfen Kante (ebenes Problem). Beim Einsetzen der Strömung haben wir nahezu Potentialströmung

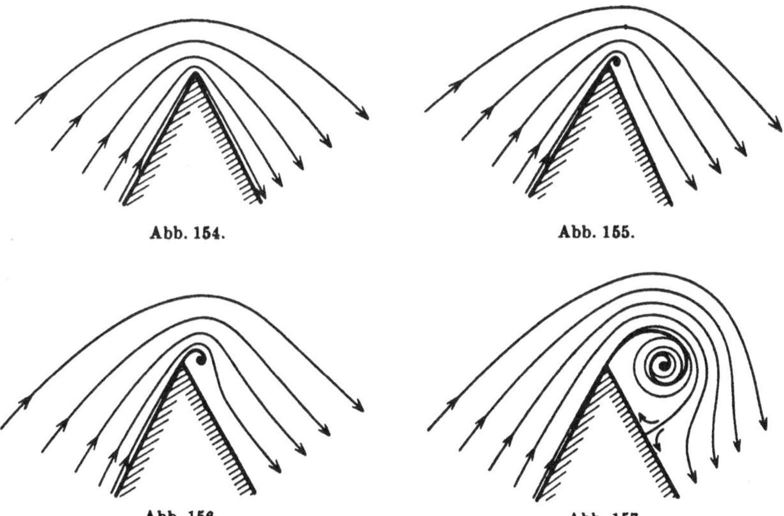

Abb. 154. Abb. 155. Abb. 156. Abb. 157.

Abb. 154 bis 157. Verschiedene Stadien der Wirbelbildung einer reibungslosen Flüssigkeit bei der Umströmung einer scharfen Kante.

(Abb. 154). Durch das Anhäufen von Flüssigkeitsmassen in der dem Körper anliegenden Grenzschicht nahe der Kante bildet sich weiter ein Zustand aus wie in Abb. 155. Die weitere Gestaltung des Stromlinienbildes ist in den Abb. 156 und 157 ersichtlich, wobei wir den Zusammenfluß an der Kante erkennen. Auf beiden Seiten der von der Kante ausgehenden Trennungsfläche herrscht Potentialströmung, in der Trennungsfläche aber ist ein Geschwindigkeitssprung vorhanden.

Das Potential dieser Strömung anzugeben macht sehr große Schwierigkeiten und ist nur in vereinzelten Fällen bis jetzt möglich. Die Schwierigkeiten ergeben sich durch die Forderung, daß auf der Trennungsfläche immer zwei Bedingungen zugleich erfüllt sein müssen. Erstens muß die Trennungsfläche eine flüssige Fläche sein (da sie als

Wirbelfläche aufgefaßt werden kann), zweitens muß auf ihr der Druck stetig sein. Vgl. hierzu den Prandtlschen Aufsatz: Über die Entstehung von Wirbeln in der idealen Flüssigkeit[1].

Wir fragen uns jetzt: wie groß ist die sekundlich erzeugte Menge der Wirbelstärke? Wir lösen wieder die Trennungsfläche in der Nähe der scharfen Kante auf in eine Wirbelschicht von endlicher Dicke (Abb. 158). In der Wirbelschicht haben wir $|\mathrm{rot}\,\mathfrak{w}| = \frac{dw}{dy}$. Um die sekundliche Menge der Wirbelstärke, d. h. den Wirbelfluß zu bestimmen, haben wir den Querschnitt festzustellen, der mit den Wirbeln von der Stärke $|\mathrm{rot}\,\mathfrak{w}|$ erfüllt ist. Ein Flächenelement von der Breite dy wird vorgeschoben mit der Geschwindigkeit w, so daß wir als Wirbelquerschnitt haben:

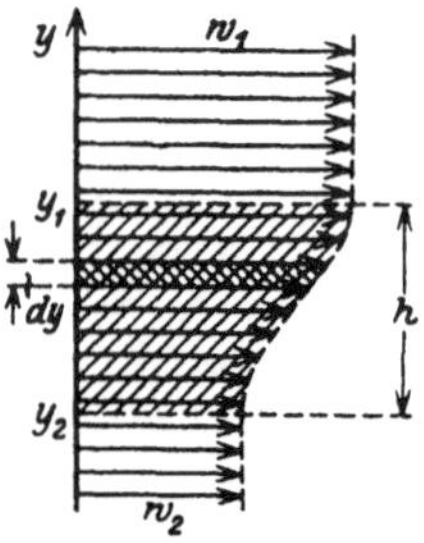

$$\int_{y_2}^{y_1} w\,dy\,,$$

und somit als Wirbelfluß:

$$\int_{y_2}^{y_1} w\,dy \cdot \frac{dw}{dy} = \frac{w^2}{2}\Bigg|_{y_2}^{y_1} = \frac{w_1^2 - w_2^2}{2}\,.$$

Abb. 158. Geschwindigkeitsverteilung in einer Trennungsschicht.

Wie dieser Ausdruck zeigt, hängt die sekundlich erzeugte Wirbelstärke von der Dicke h der Wirbelschicht nicht mehr ab, so daß man nachträglich zur Grenze $h = 0$ übergehen kann, ohne daß das Resultat sich ändert.

Sobald bei dem (nicht stationären) Vorgang die Geschwindigkeiten auf beiden Seiten der Trennungsfläche einander gleich geworden sind, d. h. sobald in der Gleichung für die sekundlich erzeugte Wirbelstärke $w_1 = w_2$ ist, werden keine weiteren Wirbel erzeugt.

Dieser Fall tritt z. B. bei Tragflügeln ein. Wird ein Tragflügel angeblasen oder mit konstanter Geschwindigkeit durch ruhende Luft geführt, so bildet sich im ersten Augenblick nahezu Potentialströmung aus, etwa wie in Abb. 159. Nach kurzer Zeit ändert sich dieses Stromlinienbild in das

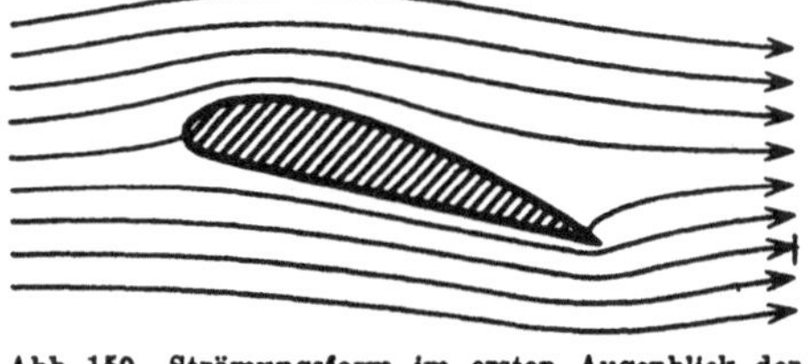

Abb. 159. Strömungsform im ersten Augenblick der Umströmung eines Tragflügels (Potentialströmung).

[1] Prandtl, L.: Über die Entstehung von Wirbeln in der idealen Flüssigkeit mit Anwendungen auf die Tragflügeltheorie und andere Aufgaben. Vorträge aus dem Gebiet der Hydro- und Aerodynamik (Innsbruck 1922). Herausgegeben von v. Kármán und Levi-Civita. Berlin 1923.

von Abb. 160. Die Wirbelstärke nimmt nun so lange zu, bis $w_1 = w_2$ geworden ist (Abb. 161).

In diesem Zustand ist auch die Zirkulation um den Tragflügel konstant, und zwar ist sie entgegengesetzt gleich der Wirbelstärke des abgegangenen Wirbels. Denn für eine den Tragflügel genügend weit umfassende, flüssige Linie *ABCDA* in Abb. 162 ist offenbar

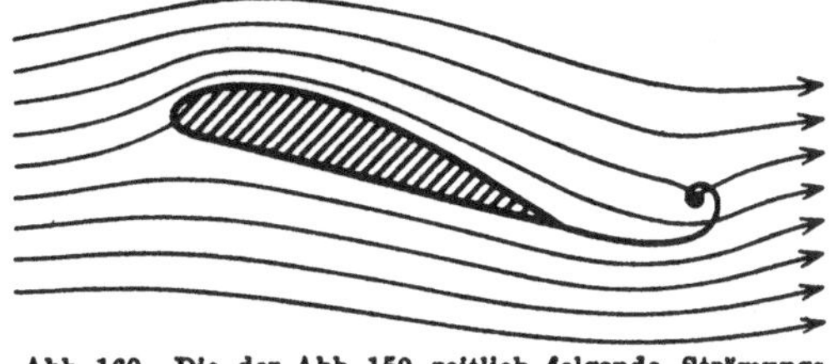

Abb. 160. Die der Abb. 159 zeitlich folgende Strömungsform: Ausbildung des Anfahrwirbels.

$$\Gamma = \oint^{ABCDA} \mathfrak{w} \circ d\mathfrak{s} = 0\,,$$

da *ABCDA* eine geschlossene flüssige Kurve zur Zeit der Ruhe war, und nach dem W. Thomsonschen Satz das Linienintegral der Geschwindigkeit längs einer flüssigen Linie sich zeitlich nicht ändert.

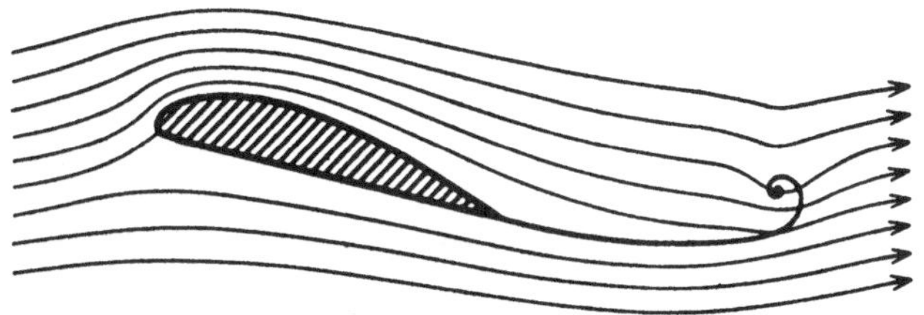

Abb. 161. Der Anfahrwirbel wächst so lange, bis die Beträge der Geschwindigkeiten oberhalb und unterhalb der Trennungsfläche gleich geworden sind.

Die obige Behauptung ergibt sich dann daraus, daß man das Linienintegral nachträglich durch die doppelt durchlaufene Linie *BED* in zwei Umläufe *ABEDA* und *DEBCD* zerlegen kann, vgl. Abb. 162. Es ist nun offenbar

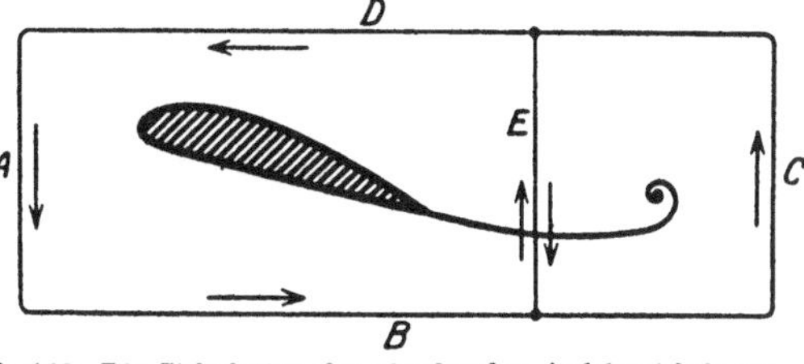

Abb. 162. Die Zirkulation des abgehenden Anfahrwirbels ist in jedem Zeitpunkt entgegengesetzt gleich der Zirkulation um den Tragflügel.

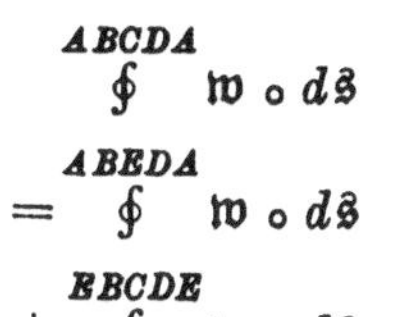

$$\oint^{ABCDA} \mathfrak{w} \circ d\mathfrak{s} = \oint^{ABEDA} \mathfrak{w} \circ d\mathfrak{s} + \oint^{EBCDE} \mathfrak{w} \circ d\mathfrak{s} = 0\,.$$

Der letztere Umlauf enthält in seinem Innern den Wirbel und hat also sicher Zirkulation. Der andere, der den Tragflügel ohne den Wirbel enthält, muß also die entgegengesetzt gleiche Zirkulation haben.

Beim Anfahren eines Tragflügels in ruhender Luft bildet sich also an der scharfen Hinterkante des Tragflügels ein Wirbel, der so lange wächst, bis $w_1 = w_2$ geworden ist. Von diesem Augenblick an wird keine Zirkulation mehr erzeugt, der erste Wirbel schwimmt weg, und die Strömung wird dadurch stationär. Hierin liegt die Erklärung für das Entstehen der Zirkulation um einen Körper.

Die Zirkulation ist gleich der algebraischen Summe aller abgegangenen Wirbel; bei Schwankungen in der Geschwindigkeit des Tragflügels gehen Wirbel beiderlei Vorzeichens ab, die sich summiert im Mittel aufheben. Wie wir in Nr. 80 schon gesehen haben, hängt die Zirkulation eng zusammen mit dem Auftrieb und zwar derartig, daß bei stetigen Potentialströmungen ein Auftrieb nur mit Zirkulation möglich ist (vgl. hierüber auch Band II).

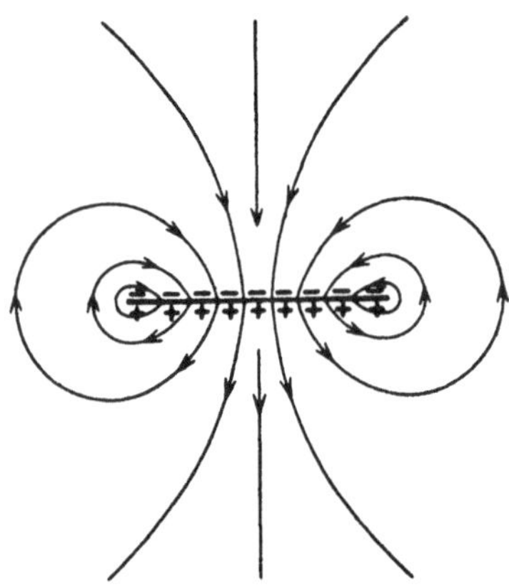

Abb. 163. Schematische Zeichnung der Vorderansicht eines Tragflügels; infolge des Druckgefälles (über dem Tragflügel herrscht Unterdruck — mit minus bezeichnet —, unter dem Flügel Überdruck — mit plus bezeichnet —), findet ein Umströmen der Schmalkanten des Tragflügels statt. Die Abbildung ist auf ein Koordinatensystem bezogen, für das die Flüssigkeit im Unendlichen ruht.

Als ein Beispiel für das Entstehen von Unstetigkeitsflächen bei stationären Bewegungsvorgängen betrachten wir die Strömungserscheinungen um einen Tragflügel von endlicher Seitenlänge (dreidimensionales Problem).

Es sei der folgenden Betrachtung die Tatsache zugrunde gelegt, daß bei einem Tragflügel, der eine Tragkraft ausübt, über demselben ein Unterdruck, unter dem Tragflügel ein Überdruck herrscht. An den Schmalkanten des Tragflügels findet infolge des dort vorhandenen Druckgefälles ein Umströmen dieser Kante von unten nach oben statt, wie in Abb. 163 (Vorderansicht eines solchen Flügels) erkenntlich ist; in der Abbildung ist das Unterdruckgebiet mit $- -$ und das Überdruckgebiet mit $+ + +$ bezeichnet.

In Verbindung mit der Strömung der Hauptbewegung ergeben sich Stromlinien von der in Abb. 164 veranschaulichten Form, wobei von der hinteren Längskante des Tragflügels eine Trennungsfläche mit transversalem Geschwindigkeitssprung sich erstreckt.

94. Labilität von Unstetigkeits- oder Trennungsflächen. Daß die wirklichen Trennungsflächen — soweit sie überhaupt beobachtet werden können — wesentlich andere Formen zeigen als die theoretischen, hat seinen Grund darin, daß die Trennungsflächen labil sind. Eine auch noch so geringe Störung, wie sie in Wirklichkeit immer auftritt, wächst zeitlich an und ändert bald vollständig das Bild der Trennungsfläche.

Rechnerisch geht man ähnlich vor wie bei der Behandlung von Wasserwellen. Setzt man $z = x + i\,y$, so ergibt sich als Strömungsfunktion für das erste und zweite Gebiet (über und unter der Trennungsfläche):

$$F_1(z) = A_1 z + B_1 e^{i\alpha z} \cdot e^{\beta t},$$
$$F_2(z) = A_2 z + B_2 e^{-i\alpha z} \cdot e^{\beta t},$$

wo Az eine gleichförmige Bewegung und $Be^{i\alpha z} \cdot e^{\beta t}$ die überlagerte Störungsbewegung ist.

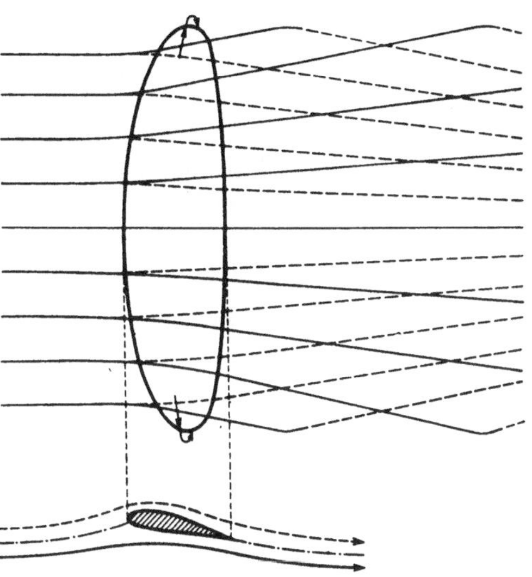

Abb. 164. Strömung unterhalb (ausgezogene Kurven) und oberhalb (gestrichelte Kurven) der von einem Tragflügel ausgehenden Unstetigkeitsfläche.

Die Rechnung, die hier nicht im einzelnen durchgeführt werden soll, geht so vor sich, daß man ausdrückt, daß die beiden Ströme sich dauernd so bewegen, daß keine Lücke und keine Überdeckung zwischen ihnen auftritt, und daß der Druck an der Trennungsfläche stetig ist.

Wenn auf beiden Seiten der Trennungsfläche kein Unterschied in der Dichte ist, wohl aber in der Geschwindigkeit, so ergibt sich β immer komplex und einer der beiden Werte hat positiven reellen Anteil (der andere negativen). Der erstere bewirkt die Labilität. Solche Überlegungen, die nur für kleine Amplituden der Störungsbewegungen gelten, sind besonders von Lord Rayleigh angestellt worden auch für Trennungsschichten nach Art der Abb. 153. Qualitativ geht der Vorgang so vor sich:

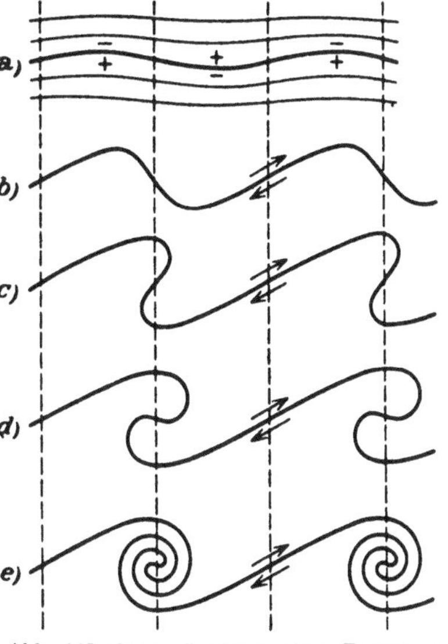

Abb. 165a bis e. Labilität einer Trennungsfläche.

Bei einer nach Abb. 165a gewellten Trennungsfläche würde man im stationären Strömungszustand für die untere Strömung in den Wellentälern vergrößerte Geschwindigkeit, in den Wellenbergen verkleinerte Geschwindigkeit haben (zusammengedrängte bzw. auseinandergezogene Stromlinien), also dort Unterdruck (—), hier Überdruck (+); für die obere Strömung gilt entsprechendes. Diese Drucke bewirken aber eine Vergrößerung der Wellenamplitude.

Die Wellenform bildet sich somit mehr und mehr aus und wird bald unsymmetrisch (Abb. 165b, c). Die Wellen überschlagen sich schließlich und spulen sich zu Wirbeln auf (Abb. 165d, e), die dann als selbständige Wirbelgebilde im allgemeinen wieder im labilen Gleichgewicht sind, sich gegenseitig beeinflussen und schnell das Stromlinienbild vollständig ungeordnet werden lassen.

XIII. Einfluß der Zusammendrückbarkeit (Kompressibilität).

95. Allgemeine Bemerkungen über die Berechtigung, Gase als inkompressible Flüssigkeiten zu behandeln. Bisher haben wir (mit Ausnahme des II., III. und IV. Kapitels) tropfbare Flüssigkeiten sowie Gase hinsichtlich ihrer Bewegungsformen und Strömungsgesetze als gleichartig angesehen und im allgemeinen immer nur von Flüssigkeiten schlechthin gesprochen. Wir haben dabei die Tatsache unberücksichtigt gelassen, daß die Gase — im Gegensatz zu tropfbaren Flüssigkeiten — zusammendrückbar und dadurch in ihrer Dichte veränderlich sind.

Da aber die Dichte in den Bewegungsgleichungen wesentlich auftritt, muß eine Änderung der Dichte sich in einer Änderung der Bewegungsform geltend machen. Wir wollen nun vorweg feststellen und in diesem Kapitel im einzelnen nachweisen, daß die durch die Bewegung der Gase bedingten Dichteänderungen vielfach so gering sind, daß man deren Einwirkungen auf die Bewegungsgleichungen vernachlässigen kann. Im Gegensatz zu der weitverbreiteten Meinung, daß Gase sich wegen ihrer Zusammendrückbarkeit wesentlich anders als tropfbare Flüssigkeiten verhalten, werden wir im folgenden sehen, daß in den weitaus meisten Fällen Gase und tropfbare Flüssigkeiten den gleichen Bewegungsgesetzen gehorchen, daß also im allgemeinen auch Gase bei ihren Bewegungen als inkompressibel angesehen werden können.

Die Dichte- oder Volumenänderungen können (sofern Wärmezu- oder -abfuhr außer Betracht gelassen wird) nur bewirkt werden durch Druckkräfte auf das Gas, die aber bei Gasen von Atmosphärendruck keineswegs gering sind. Denn da die Abhängigkeit der Dichte ϱ bzw. des spezifischen Volumens $v = \frac{1}{g\varrho}$ mit dem Druck p unter Voraussetzung eines adiabatischen Vorgangs durch die Gleichung

$$p \cdot v^{\varkappa} = \text{konst.}^{1}$$

[1] $\varkappa$ ist das Verhältnis der spezifischen Wärme bei konstantem Druck (c_p) bzw. bei konstantem Volumen (c_v)

$$\varkappa = \frac{c_p}{c_v},$$

und hat für Luft von Atmosphärendruck den Wert 1,405.

gegeben ist, entspricht einer Volumenänderung um 1% eine Druckänderung von 1,405%. Das bedeutet aber bei Luft von Atmosphärendruck (10330 kg/m²) eine Druckänderung von 145 kg/m². Man erkennt also, daß für Drucke dieser Größe oder für kleinere Drucke die hierdurch bewirkten Volumenänderungen nur gering sind und — wie wir noch sehen werden — auf die Bewegungsform des Gases kaum einen Einfluß haben.

Fragen wir uns, wodurch die Druckänderungen eines Gases bedingt sein können, so lassen sich drei Fälle unterscheiden. Die Ursache von Druckänderungen kann sein:

1. Künstlich geschaffene Druckunterschiede in Kesseln und Rohrleitungen,
2. große Höhenunterschiede,
3. sehr große Geschwindigkeiten.

Wir werden in diesem Kapitel sehen, welche Einwirkung die Kompressibilität der Gase auf die Kinematik und Dynamik ausübt, und wir werden dabei feststellen, bis zu welchen Höhenunterschieden und bis zu welchen Geschwindigkeiten man diese Einwirkungen vernachlässigen kann, ohne einen merklichen Fehler zu begehen.

96. Berücksichtigung der Kompressibilität in der Bernoullischen Gleichung; Druckkesselformel. Um den Einfluß der Zusammendrückbarkeit von Gasen festzustellen, haben wir in der Bernoullischen Gleichung für stationäre Bewegungszustände:

$$\frac{w^2}{2} + gh - \mathsf{P} = \text{konst.}$$

das Integral

$$\mathsf{P} = \int_{p_1}^{p} \frac{dp}{\varrho}$$

zu untersuchen. Setzen wir

$$\varrho = \frac{\gamma}{g} = \frac{1}{gv},$$

wo $v = \frac{1}{\gamma}$ das Volumen der Gewichtseinheit bedeutet, so ist

$$\mathsf{P} = g \int_{p_1}^{p} v\, dp.$$

Da bei den auftretenden Bewegungen im allgemeinen allein adiabatische Zustandsänderungen in Frage kommen, ist der Zusammenhang zwischen v und p gegeben durch das Adiabatengesetz:

$$p \cdot v^{\varkappa} = \text{konst.}$$

Bezeichnen wir das spezifische Volumen, das dem Druck p_1 entspricht, mit v_1, so ist

$$p \cdot v^{\varkappa} = p_1 v_1^{\varkappa}$$

oder

$$v = \frac{p_1^{\frac{1-\varkappa}{\varkappa}}}{p^{\frac{1}{\varkappa}}} p_1 v_1 ,$$

also bei Einführung der Höhe der gleichförmigen Atmosphäre $h_0 = p_1 v_1$ (vgl. S. 30)

$$v = h_0 p_1^{\frac{1-\varkappa}{\varkappa}} \cdot \frac{1}{p^{1/\varkappa}} .$$

Dieser Ausdruck für v in die Gleichung für P eingesetzt, ergibt:

$$\mathsf{P} = g h_0 p_1^{\frac{1-\varkappa}{\varkappa}} \int\limits_{p_1}^{p} \frac{dp}{p^{1/\varkappa}}$$

$$= g h_0 p_1^{\frac{1-\varkappa}{\varkappa}} \frac{\varkappa}{\varkappa - 1} p^{\frac{\varkappa - 1}{\varkappa}} \Bigg|_{p_1}^{p}$$

$$= g h_0 \frac{\varkappa}{\varkappa - 1} \left(\left(\frac{p}{p_1} \right)^{\frac{\varkappa - 1}{\varkappa}} - 1 \right) .$$

Setzen wir diesen für P gefundenen Wert in die Bernoullische Gleichung ein, so ergibt sich, wenn noch durch g dividiert wird,

$$\frac{w^2}{2g} + h + h_0 \frac{\varkappa}{\varkappa - 1} \left(\left(\frac{p}{p_1} \right)^{\frac{\varkappa - 1}{\varkappa}} - 1 \right) = \text{konst.}$$

Ist speziell $w = 0$, so herrschen statische Verhältnisse. Bezeichnen wir für diesen Fall die dem Druck p_1 entsprechende Höhe mit h_1, so haben wir

$$h - h_1 = h_0 \frac{\varkappa}{\varkappa - 1} \left(1 - \left(\frac{p}{p_1} \right)^{\frac{\varkappa - 1}{\varkappa}} \right) . \tag{1}$$

Wir finden hier wieder die Gleichung, die wir für adiabatische Schichtungen in Nr. 13 abgeleitet haben.

Handelt es sich um unveränderliche Höhen oder um geringe Höhenunterschiede, so daß $h - h_1$ in der Bernoullischen Gleichung vernachlässigt werden bzw. in die Konstante genommen werden kann, so haben wir den Zusammenhang der Geschwindigkeit w mit dem Druck p dargestellt in der Gleichung:

$$\frac{w^2}{2g} + h_0 \frac{\varkappa}{\varkappa - 1}\left(\left(\frac{p}{p_1}\right)^{\frac{\varkappa-1}{\varkappa}} - 1\right) = \text{konst.} \qquad (2)$$

Um uns ein Bild von den Höhenunterschieden zu machen, bei denen die letzte Gleichung praktisch noch gilt, sei erwähnt, daß nach Nr. 11 bei gleichförmiger Atmosphäre einer Höhendifferenz von 80 m eine Druckänderung von 1 % entspricht. Wir sehen also, daß im allgemeinen alle in Frage kommenden Strömungsvorgänge (mit Ausnahme derjenigen der Meteorologie) noch innerhalb dieser Höhendifferenz liegen, so daß wir in allen diesen Fällen mit der obigen Gleichung auskommen, falls nicht besonders hohe Anforderungen an die Genauigkeit gestellt werden.

Unter Zugrundelegung dieser Gleichung wollen wir zwei Beispiele näher betrachten. Durch die Willkür in der Annahme der Konstanten in (2) ist nämlich noch unbestimmt, welche Geschwindigkeit dem Druck p_1 entspricht.

Wir nehmen an, daß p_1 dem Ruhezustand ($w = 0$) entspricht, so daß die Konstante auch gleich Null ist. Setzen wir dann in (2) wieder $h_0 = p_1 v_1$, so erhalten wir die Druckkesselformel:

$$\frac{w^2}{2g} = p_1 v_1 \frac{\varkappa}{\varkappa - 1}\left[1 - \left(\frac{p}{p_1}\right)^{\frac{\varkappa-1}{\varkappa}}\right],$$

also

$$w = \sqrt{2g\, p_1 v_1 \frac{\varkappa}{\varkappa - 1}\left[1 - \left(\frac{p}{p_1}\right)^{\frac{\varkappa-1}{\varkappa}}\right]} \qquad (3)$$

oder nach (1)

$$w = \sqrt{2g\,(h - h_1)},$$

wo $h - h_1$ die Höhendifferenz ist, die einer Druckänderung $p_1 - p$ entsprechen würde, durch die die Geschwindigkeit w erzeugt wird. Für die größte Geschwindigkeit haben wir mit $p = 0$

$$w_{\max} = \sqrt{2g \frac{\varkappa}{\varkappa - 1} p_1 v_1}.$$

Ist p_1 gleich dem Atmosphärendruck, so erhalten wir als Maximal geschwindigkeit eines Gases von 15° C Anfangstemperatur unter Berücksichtigung von

$$p_1 v_1 \frac{\varkappa}{\varkappa - 1} = h_0 \frac{\varkappa}{\varkappa - 1} = h^*$$

(h^* die Höhe der adiabatischen Atmosphäre $= 8460 \cdot \frac{1,405}{0,405} = 29000$ m),

$$w = \sqrt{2g \cdot 29000} = 760 \text{ m/s}.$$

Dies ist also die Geschwindigkeit eines in ein Vakuum strömenden Gases.

97. Einfluß der Kompressibilität auf die Staudruckformel. Wir betrachten jetzt den Fall, daß ein Körper sich in ruhender Luft mit einer gewissen Geschwindigkeit bewegt. Da es sich nur um die relative Geschwindigkeit des Körpers zur umgebenden Luft handelt, haben wir dieselben Verhältnisse, wenn sich die Luft um den ruhend gedachten Körper bewegt.

Die genügend weit vor dem Körper befindliche und durch den Körper noch nicht beeinflußte Luft habe die Geschwindigkeit w_0 und den Druck p_0. Am Staupunkt haben wir die Geschwindigkeit $w_1 = 0$, der dort herrschende Druck sei p_1.

Setzen wir in (2) p_0 statt p_1, so ergibt sich für die Konstante:

$$\frac{w_0^2}{2g}.$$

Mithin:

$$\frac{w_0^2 - w^2}{2g} = h_0 \frac{\varkappa}{\varkappa - 1}\left[\left(\frac{p}{p_0}\right)^{\frac{\varkappa - 1}{\varkappa}} - 1\right]$$

Für $w = 0$ und $p = p_1$ erhalten wir die Formel für den Staudruck:

$$\frac{w_0^2}{2g} = h_0 \frac{\varkappa}{\varkappa - 1}\left[\left(\frac{p_1}{p_0}\right)^{\frac{\varkappa - 1}{\varkappa}} - 1\right].$$

Setzen wir noch

$$h_0 = p_0 v_0 = \frac{p_0}{g \varrho_0}$$

und lösen die Gleichung nach p_1 auf, so erhalten wir

$$p_1 = p_0 \left[1 + \frac{\varrho \frac{w_0^2}{2}}{p_0} \cdot \frac{\varkappa - 1}{\varkappa}\right]^{\frac{\varkappa}{\varkappa - 1}},$$

und wenn wir den Staudruck $p_1 - p_0$ mit q bezeichnen,

$$q = p_0 \left[\left(1 + \frac{\varrho_0 w_0^2}{2 p_0} \cdot \frac{\varkappa - 1}{\varkappa}\right)^{\frac{\varkappa}{\varkappa - 1}} - 1\right].$$

Um zu erkennen, wie dieser Ausdruck mit der einfachen Formel für den Staudruck einer inkompressiblen Flüssigkeit zusammenhängt, entwickeln wir die rechte Seite der Gleichung binomisch und erhalten:

$$q = p_0\left(1 + \frac{\varrho_0 w_0^2}{2 p_0} + \frac{1}{2\varkappa}\left(\frac{\varrho_0 w_0^2}{2 p_0}\right)^2 + \cdots - 1\right)$$

oder

$$q = \frac{\varrho_0 w_0^2}{2}\left(1 + \frac{\varrho_0 w_0^2}{4\varkappa p_0} + \cdots\right).$$

Unter Berücksichtigung, daß für ein ideales Gas die Schallgeschwindigkeit

$$c = \sqrt{\frac{\varkappa p_0}{\varrho_0}}$$

ist, erhalten wir:

$$q = \frac{\varrho_0 w_0^2}{2}\left(1 + \frac{w_0^2}{4c^2} + \cdots\right). \tag{4}$$

Wir haben hiermit die allgemeinere Staudruckformel, die bei Berücksichtigung nur des ersten Gliedes der Klammer in die spezielle Staudruckformel für inkompressible Flüssigkeit übergeht.

Wir fragen uns jetzt: Bis zu welchen Geschwindigkeiten unterscheidet sich bei Berücksichtigung des zweiten Gliedes von (4) der Staudruck einer kompressiblen Flüssigkeit von dem einer inkompressiblen Flüssigkeit um höchstens 1%, d. h. bis zu welchen Geschwindigkeiten ist das Korrektionsglied

$$\frac{w_0^2}{4c^2} \leqq \frac{1}{100}\,?$$

Dies ist offenbar der Fall für $w_0 \leqq \frac{c}{5}$. Nehmen wir Luft von 15° C, so ist $c = 340$ m/s. Erst bei einer Geschwindigkeit von $\frac{340}{5} = 68$ m/s beträgt also der Einfluß der Kompressibilität von Luft auf den Staudruck 1%.

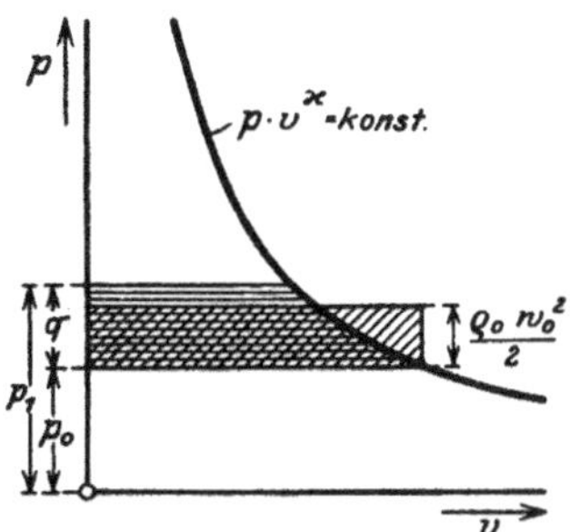

Abb. 166. Zusammenhang des Staudruckes q einer kompressiblen Flüssigkeit mit dem Staudruck $\frac{\varrho_0 w_0^2}{2}$, der sich rechnerisch bei Vernachlässigung der Kompressibilität ergibt.

Tragen wir in dem v, p-Diagramm der Abb. 166 den Druck p_1 am Staupunkt des umströmten Körpers sowie den Druck der ungestörten Luft p_0 ein, so ist der Inhalt derjenigen Fläche, die durch die Ordinatenachse, die Geraden $p = p_0$ bzw. $p = p_1$ und durch die Kurve $p \cdot v^{\varkappa} = \text{konst.}$ begrenzt wird (in Abb. 166 wagerecht schraffiert), gleich dem Integral $\int_{p_0}^{p_1} v\,dp$. Die Höhe $p_1 - p_0 = q$ dieser Fläche ist der Staudrück der kompressiblen Flüssigkeit. Den entsprechenden Staudruck einer inkompressiblen Flüssigkeit $\left(\frac{\varrho_0 w_0^2}{2}\right)$ erhalten wir nun in der Höhe desjenigen Rechteckes, das, über $p = p_0$ errichtet, den gleichen Inhalt besitzt, wie die Fläche $\int_{p_0}^{p_1} v\,dp$ (in Abb. 166 schräg schraffiert).

98. Berücksichtigung der Kompressibilität in der Kontinuitätsgleichung. Nachdem wir gesehen haben, wie die Berücksichtigung der Kompressibilität die Bernoullische Gleichung beeinflußt, wollen wir jetzt untersuchen, wie sich die Kontinuitätsgleichung ändert, wenn wir wieder die Kompressibilität berücksichtigen. Wir gehen aus von dem Satz, der die Konstanz der Materie ausdrückt, daß die durch jeden Querschnitt F eine Stromröhre fließende sekundliche Masse (M) konstant sein muß, d. h.

$$M = F \cdot \varrho \cdot w = \text{konst.}$$

Zur Vereinfachung der weiteren Rechnung führen wir als neue Größe diejenige Fläche f ein, durch die in der Sekunde die Masseneinheit fließt, d. h.

$$f = \frac{F}{M}.$$

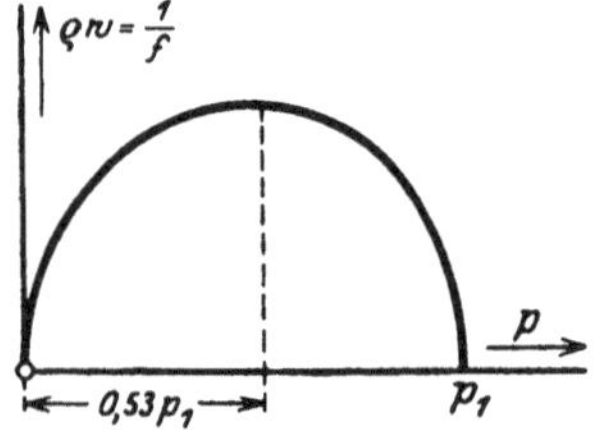

Abb. 167. Zusammenhang der reziproken Fläche f (durch die die Masseneinheit pro Sekunde fließt) mit dem Druck.

Es ist also

$$f w \varrho = 1$$

oder

$$\frac{1}{f} = \varrho w.$$

Wenn wir den Ruhedruck mit p_1 bezeichnen entsprechend einer Dichte $\varrho = \varrho_1$, so ist für diesen wegen $w = 0$

$$\varrho_1 w = 0;$$

anderseits ist für $p = 0$, d. h. für eine Expansion bis zum vollkommenen Vakuum die Dichte ϱ gleich Null, wobei — wie sich aus (3) ergibt — die Geschwindigkeit ihren Maximalwert erreicht, jedoch endlich bleibt, so daß auch

$$\varrho\, w_{\max} = 0$$

ist. Zwischen diesen extremen Werten der Geschwindigkeiten $w = 0$ und $w = w_{\max}$ ist aber $\varrho w = \frac{1}{f}$ endlich und von Null verschieden, d. h. die Funktion $\frac{1}{f}$ von p hat zwischen den Werten von p, die diesen Geschwindigkeiten entsprechen — d. i. $p = p_1$ bzw. $p = 0$ — wenigstens ein und, wie die nähere Untersuchung zeigt, nur ein Maximum (Abb. 167).

Tritt aus einem Raume, in dem Ruhe herrscht $(w = 0)$, ein Gasstrom in einen Raum von geringerem Druck bzw. in ein vollkommenes Vakuum $(p = 0)$, so nimmt mit abnehmendem Druck die Geschwindigkeit nach (3) zu. Dabei wächst zunächst $\varrho w = \frac{1}{f}$, d. h. der Stromfadenquerschnitt (f) wird mit zunehmender Geschwindigkeit kleiner (wie bei inkompressiblen Flüssigkeiten). Das hat seine Ursache darin, daß bei den zunächst auftretenden mäßig großen Geschwindigkeiten die verhältnismäßige Zunahme der Geschwindigkeit größer ist als die durch die Druckverminderung bedingte verhältnismäßige Abnahme der Dichte $\left(\frac{dw}{w} > -\frac{d\varrho}{\varrho}\right)$. Bei weiterer Druckabnahme bzw. Geschwindigkeitszunahme kehren sich diese Verhältnisse jedoch um. Während nämlich die durch die weitere Druckabnahme bewirkte Geschwindigkeit allmählich immer langsamer wächst und für $p = 0$ einem endlichen Grenzwert zustrebt, nimmt die Dichte unbegrenzt ab, so daß das Produkt ϱw schließlich wieder abnimmt und sich dem Wert Null nähert. Das heißt aber, daß der Stromfadenquerschnitt, nachdem er für eine gewisse Geschwindigkeit einen geringsten Wert gehabt hat, bei weiterer Geschwindigkeitszunahme wieder größer wird.

Wir wollen den Zustand, für den der Stromfadenquerschnitt seinen kleinsten Wert erreicht, für den also ϱw ein Maximum ist, noch etwas näher untersuchen. Für diesen Fall muß offenbar

$$\frac{d(\varrho w)}{dp} = \varrho \frac{dw}{dp} + w \frac{d\varrho}{dp} = 0$$

sein. Wir betrachten zunächst den ersten Teil $\frac{dw}{dp}$. Unter Vernachlässigung der Schwerkraftwirkung und bei Annahme einer stationären eindimensionalen Strömung (ds sei ein Wegelement) ergibt die Eulersche Gleichung

$$w \frac{dw}{ds} = -\frac{1}{\varrho} \cdot \frac{dp}{ds}$$

oder

$$\frac{dw}{dp} = -\frac{1}{\varrho w}.$$

Für den zweiten Teil des Ausdruckes $w \frac{d\varrho}{dp}$ haben wir unter Benutzung der in Nr. 62 abgeleiteten Beziehung

$$\frac{dp}{d\varrho} = c^2$$

oder

$$w \frac{d\varrho}{dp} = \frac{w}{c^2}.$$

Setzen wir die beiden gefundenen Ausdrücke für $\frac{dw}{dp}$ und $w \frac{d\varrho}{dp}$ in die Gleichung $\frac{d(\varrho w)}{dp} = 0$ ein, so haben wir:

$$\frac{w^2}{c^2} = 1.$$

Wir sehen also, daß für das Maximum von ϱw, d. h. für das Minimum des Stromröhrenquerschnittes f, die Strömungsgeschwindigkeit w gleich der dem dortigen Zustand entsprechenden Schallgeschwindigkeit ist.

Ob der Stromröhrenquerschnitt mit steigender Geschwindigkeit abnimmt wie bei inkompressiblen Flüssigkeiten oder wie bei Gasen mit Geschwindigkeiten unterhalb der Schallgeschwindigkeit, oder ob er zunimmt wie bei Gasen mit Geschwindigkeiten oberhalb der Schallgeschwindigkeit, ist ein ganz fundamentaler Umstand, der die ganzen Strömungsformen unter und über der Schallgeschwindigkeit wesentlich verschieden werden läßt.

99. Einfluß der Zusammendrückbarkeit auf die Stromlinienform bei Strömungen mit Unterschallgeschwindigkeit. Wir knüpfen an die in Nr. 96 abgeleitete Druckkesselformel (3) an und erhalten, wenn wir

$$v_1 = \frac{1}{g\,\varrho_1}$$

setzen und (3) nach p auflösen:

$$p = p_1\left(1 - \frac{\varkappa - 1}{\varkappa} \cdot \frac{w^2 \varrho_1}{2 p_1}\right)^{\frac{\varkappa}{\varkappa - 1}},$$

wo p_1 den der Geschwindigkeit $w = 0$ entsprechenden Kesseldruck bedeutet. Anderseits ist

$$p\,v^{\varkappa} = p_1\,v_1^{\varkappa}$$

oder

$$\varrho = \varrho_1\left(\frac{p}{p_1}\right)^{\frac{1}{\varkappa}},$$

mithin

$$\varrho = \varrho_1\left(1 - \frac{\varkappa - 1}{\varkappa} \cdot \frac{\varrho_1 w^2}{2 p_1}\right)^{\frac{1}{\varkappa - 1}}.$$

Durch binomische Entwicklung erhalten wir daraus:

$$\varrho = \varrho_1\left(1 - \frac{1}{2\varkappa} \cdot \frac{\varrho_1 w^2}{p_1} + \cdots\right)$$

oder mit

$$\frac{\varkappa p_1}{\varrho_1} = c_1^2,$$

wo c_1 die Schallgeschwindigkeit für den Kesselzustand bedeutet,

$$\varrho = \varrho_1\left(1 - \frac{1}{2}\frac{w^2}{c_1^2} + \cdots\right). \tag{5}$$

Wir fragen uns zum Schluß dieses Kapitels noch: Für welche Geschwindigkeit wird die Abnahme der Dichte 1% betragen? Offenbar, wenn das Korrektionsglied $\frac{1}{2} \cdot \frac{w^2}{c_1^2} = \frac{1}{100}$ beträgt, d. h. wenn

$$w = \sqrt{\frac{2}{100} c_1^2} = \frac{c_1}{10} \sqrt{2}$$

ist. Nehmen wir Luft von Atmosphärendruck und 15° C, also eine Schallgeschwindigkeit von $c_1 = 340$ m/s, so ergibt das:

$$w = \frac{340}{10} \sqrt{2} = 48 \,\mathrm{m/s}.$$

Wir sehen also, daß der Fehler, den wir begehen, wenn wir Luft als inkompressibel annehmen, in der Kontinuitätsgleichung oder, anders gesagt, in der Stromlinienform $\left(\varrho w = \frac{1}{f}\right)$, größer ist als in der Staudruckformel. Bei der Staudruckformel hatten wir einen Fehler von 1% bei einer Geschwindigkeit von $w = 68$ m/s, während in der Kontinuitätsgleichung schon eine Geschwindigkeit von $w = 48$ m/s einen Fehler von 1% bewirkt.

Im übrigen sehen wir aus den beiden Abschätzungsformeln (4) bzw. (5), daß der Fehler, der in der Annahme der Gase als inkompressible Flüssigkeiten liegt, mit dem Quadrat der Geschwindigkeit wächst; so ergibt in der Kontinuitätsgleichung die Annahme der Volumenbeständigkeit von Gasen bei rund 100 m/s einen Fehler von 4%. Dieser Fehler ist jedoch bei sehr vielen Anwendungen noch innerhalb der erträglichen Grenzen.

XIV. Impuls- und Energiesatz.

100. Der Impulssatz für stationäre Bewegungsvorgänge. Der besondere Wert des Impuls- und Energiesatzes ist der, daß man durch seine Anwendung auf physikalische Vorgänge Aussagen erhalten kann allein aus der Kenntnis des Zustandes auf der Begrenzungsfläche eines bestimmten Gebietes, ohne im einzelnen von den Vorgängen im Innern des Gebietes Kenntnis zu haben, ohne den „Mechanismus" des Bewegungsvorganges zu verstehen. Man kann einerseits häufig in denjenigen Fällen, in denen die Differentialgleichungen des betrachteten Vorganges nicht aufgestellt oder wenigstens nicht integriert werden können, durch die Anwendungen des Impuls- oder Energiesatzes Aufschluß erhalten über die Bewegung, wie sie in großen Zügen ohne Berücksichtigung von Einzelheiten vor sich geht, anderseits hat man in dem Impuls- bzw. Energiesatz ein bequemes Mittel, die Ergebnisse, die man durch Lösung der betreffenden Differentialgleichungen hat gewinnen können, auf ihre Richtigkeit zu prüfen.

Allerdings hat der Impulssatz — wie wir noch sehen werden — nur praktische Bedeutung für stationäre Bewegungsvorgänge oder für im Mittelwert stationäre Bewegungen, d. h. für solche wirbligen und unregelmäßigen Bewegungen, die eine stationäre Hauptbewegung erkennen lassen (besondere Beachtung ist in letzterem Fall einer richtigen Mittelwertbildung zu schenken). Während der Impulssatz sich auch auf Vorgänge anwenden läßt, in denen durch Reibung ein Energieverlust stattfindet, trifft das für den Energiesatz nicht zu, da hier die durch Reibung entstandene thermische Energie als Unbekannte darin stehenbleiben würde, so daß der Satz keine Aussage über die Bewegung mehr liefert. Anderseits sind es gerade die nicht stationären Vorgänge, über die man in gewissen Fällen durch den Energiesatz Aussagen erhält, während die stationären Bewegungen (bei Vernachlässigung der Reibungsarbeit) hier regelmäßig triviale Aussagen von der Form Null gleich Null ergeben.

Der Impulssatz läßt sich auf zwei verschiedenen Wegen ableiten: Entweder geht man aus von dem Schwerpunktsatz (bzw. Flächensatz) der allgemeinen Mechanik (diese Ableitung hat den Vorteil einer besonderen Anschaulichkeit), oder man nimmt die Eulersche Gleichung als Ausgangspunkt (in diesem Fall kommt es darauf hinaus, Volumenintegrale in Oberflächenintegrale umzuwandeln).

Wir geben zunächst die erste Ableitung des Impulssatzes, gehen also aus von dem Schwerpunktsatz der allgemeinen Mechanik: Die zeitliche Änderung der Impulse oder Bewegungsgrößen ($\sum m\mathfrak{w}$) eines abgegrenzten Massensystems diskreter Massenpunkte ist gleich der Summe der von außen auf das System wirkenden Kräfte

$$\frac{d}{dt}(\sum m\,\mathfrak{w}) = \sum \mathfrak{P},$$

wo $\sum \mathfrak{P}$ die Summe aller äußeren Kräfte bedeutet, d. h. derjenigen Kräfte, die von nicht zum System gehörigen Massen auf Massen des Systems ausgeübt werden (die inneren Kräfte, d. h. diejenigen Kräfte, die die zum System gehörigen Massen aufeinander ausüben, heben sich — wie die Mechanik lehrt — nach dem Prinzip von actio und reactio gerade auf).

Bei dem Übergang vom System diskreter Massenpunkte zur Flüssigkeit — aufgefaßt als Kontinuum — geht die Summe $\sum m\mathfrak{w}$ über in das Integral $\int \mathfrak{w}\,dm = \mathfrak{J}$, mithin lautet der Schwerpunktsatz:

$$\frac{d\mathfrak{J}}{dt} = \frac{d}{dt}\int \mathfrak{w}\,dm = \sum \mathfrak{P}. \tag{1}$$

Die Änderung des Gesamtimpulses in der Zeiteinheit eines von einer *flüssigen Fläche* eingeschlossenen Gebietes ist gleich der Resultierenden der äußeren Kräfte. Es ist dabei zu beachten, daß die betrachtete Flüssigkeitsmenge dauernd aus denselben Flüssigkeitsteilchen zu bestehen hat, damit der Satz der Mechanik von Massensystemen unmittelbar angewandt werden kann. Diese Flüssigkeit ist mithin durch eine flüssige Fläche von der übrigen Flüssigkeit abzugrenzen. Es ist also nicht angängig, daß während der Untersuchung (zeitliche Differentiation) nicht zum System gehörige Flüssigkeit durch die Grenze, die wir einmal gezogen haben, ein- oder austritt.

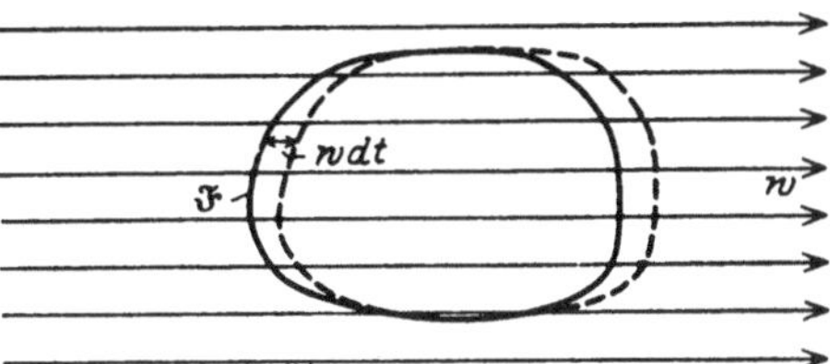

Abb. 168. Eine in einem Zeitelement dt verschobene, von der flüssigen Fläche $\mathfrak{F}$ begrenzte Flüssigkeitsmasse.

Betrachten wir in Abb. 168 eine durch die flüssige Fläche $\mathfrak{F}$ abgegrenzte Flüssigkeitsmenge, so erfolgt die zeitliche Änderung der Bewegungsgröße $\mathfrak{J}$ dieser abgegrenzten Flüssigkeit in der Weise, daß einerseits die Geschwindigkeiten im Innern des betrachteten Gebietes sich ändern können, und daß anderseits die begrenzende flüssige Fläche $\mathfrak{F}$ sich verschiebt (in Abb. 168 ist die in dem Zeitelement dt verschobene flüssige Fläche $\mathfrak{F}$ gestrichelt gezeichnet). Ist jetzt der Bewegungsvorgang stationär, wird also jedes Flüssigkeitsteilchen im Verlauf eines Zeitelementes an dem festgehaltenen Ort durch ein anderes Flüssigkeitsteilchen von gleicher Geschwindigkeit ersetzt, so bleibt für die zeitliche Änderung des Impulses der durch $\mathfrak{F}$ abgegrenzten Flüssigkeitsmenge nur die Änderung der Bewegungsgröße, die durch die Verschiebung der flüssigen Fläche bedingt ist. Wir können diese Verschiebung der flüssigen Fläche noch in anderer Weise deuten:

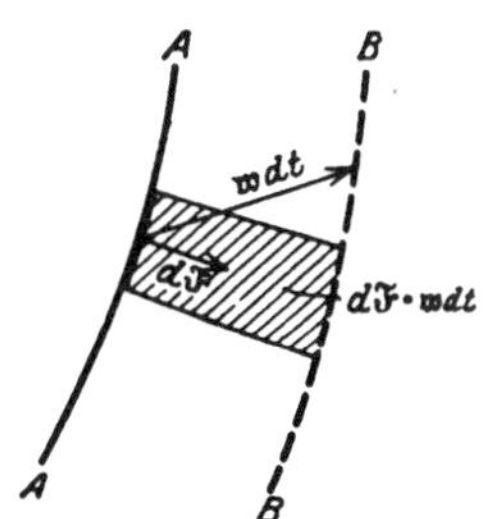

Abb. 169. Das durch ein Flächenelement $d\mathfrak{F}$ einer raumfesten Fläche in einem Zeitelement durchgeschobene Flüssigkeitsvolumen.

Betrachten wir eine raumfeste Fläche, die zu einem beliebigen Zeitpunkt t_1 mit der flüssigen Fläche $\mathfrak{F}$ zusammenfallen möge, so ergibt sich bei der Verschiebung der flüssigen Fläche $\mathfrak{F}$ ein Impulstransport durch diese raumfeste Fläche. Bezeichnet in Abb. 169 AA einen Teil der im Raume festen Fläche, die zur Zeit t_1 mit der flüssigen Fläche $\mathfrak{F}$ zusammenfiel, und bezeichnet BB einen Teil der flüssigen Fläche zur Zeit $t_1 + dt$, so ist — wenn wir die äußere Normale der geschlossenen Flächen positiv rechnen — das durch das Flächenelement $d\mathfrak{F}$ der raumfesten Fläche AA in der Zeiteinheit geschobene Volumen $d\mathfrak{F} \circ \mathfrak{w}\,dt$ und die in der Zeiteinheit durch das Flächenelement $d\mathfrak{F}$ getretene Bewegungsgröße also gleich

$$\varrho\, d\mathfrak{F} \circ \mathfrak{w}\, \mathfrak{w}\,.$$

Die durch die Verschiebung der flüssigen Begrenzungsfläche bedingte Änderung des Gesamtimpulses in der Zeiteinheit ist somit gleich der Resultierenden der durch eine raumfeste Begrenzungsfläche in der Zeiteinheit hindurchgetretenen Impulsgrößen:

$$\frac{d\mathfrak{J}}{dt} = \oint \varrho \, d\mathfrak{F} \circ \mathfrak{w} \, \mathfrak{w} \,, \tag{2}$$

in Komponenten

$$\frac{dJ_x}{dt} = \oint \varrho \, dF \, |\mathfrak{w}| \cos(\mathfrak{n}, \mathfrak{w}) \, u \,,$$

$$\frac{dJ_y}{dt} = \oint \varrho \, dF \, |\mathfrak{w}| \cos(\mathfrak{n}, \mathfrak{w}) \, v \,,$$

$$\frac{dJ_z}{dt} = \oint \varrho \, dF \, |\mathfrak{w}| \cos(\mathfrak{n}, \mathfrak{w}) \, w \,,$$

wo $\mathfrak{n}$ die nach außen gerichtete positive Normale bedeutet. Ist speziell dF senkrecht zur x-Richtung, so wird die durchgeschobene Masse $\varrho \, dF u$ und

$$\frac{dJ_x}{dt} = \iint \varrho \, dF \, u^2 \,,$$

ist dF senkrecht zur y-Richtung, so ist die durchgeschobene Masse $\varrho dF v$ und

$$\frac{dJ_x}{dt} = \iint \varrho \, dF \, u \, v$$

usw.

Die geschlossene raumfeste Fläche, über die sich die Integration erstreckt, nennen wir die Kontrollfläche. Wir haben somit den Satz abgeleitet, daß für einen stationären Bewegungsvorgang die sekundliche Änderung des Gesamtimpulses einer Flüssigkeitsmenge gleich ist dem Impulsfluß durch die Kontrollfläche.

Die rechte Seite von (1), die Summe aller äußeren Kräfte, setzt sich (bei Voraussetzung reibungsloser Flüssigkeit) zusammen aus:

1. den Druckkräften längs der Kontrollfläche: $-\oint p \, d\mathfrak{F}$ (vektorielle Integration; x-Komponente: $-\oint p \, dF \cos(\mathfrak{n}, x)$ usw.). Das negative Vorzeichen tritt deshalb auf, da wir die nach innen gerichtete, auf die Kontrollfläche wirkende Kraft als Druck bezeichnen, und diese Richtung entgegegesetzt der positiv gerechneten Außennormalen ist;

2. den eingeprägten Kräften, insbesondere der Schwerkraft: $\iiint \varrho \mathfrak{g} \, dV$;

3. den Fremdkräften, d. h. den Kräften, die von außen auf in der Flüssigkeit befindliche Körper ausgeübt werden: $\sum \mathfrak{P}_f$. In der abgegrenzten Flüssigkeit befinden sich z. B. Körper, die mit ihren Befestigungsvorrichtungen aus der abgegrenzten Flüssigkeit herausragen, und auf diese Körper werden durch die Haltevorrichtungen von außen

Kräfte ausgeübt. Man kann das Oberflächenintegral der Drucke p auch über die Oberflächen der in der Flüssigkeit eingeschlossenen Fremdkörper mit erstrecken und hat in diesem Fall die Fremdkräfte nicht mehr besonders in Rechnung zu setzen. Es ist aber häufig bequemer, mit den Fremdkräften unmittelbar zu rechnen.

Wir haben somit für den Impulssatz den Ausdruck:

$$\oint \varrho\, d\mathfrak{F} \circ \mathfrak{w}\, \mathfrak{w} = \iiint \varrho\, \mathfrak{g}\, dV - \oint p\, d\mathfrak{F} + \Sigma\, \mathfrak{P}_f \tag{3}$$

oder, wenn — wie es meistens der Fall ist — die Schwerkraft vernachlässigt werden darf,

$$\oint \varrho\, d\mathfrak{F} \circ \mathfrak{w}\, \mathfrak{w} + \oint p\, d\mathfrak{F} = \Sigma\, \mathfrak{P}_f. \tag{3a}$$

In Worten:

Bei stationären Bewegungen einer reibungslosen Flüssigkeit ist der Impulsfluß durch die ein bestimmtes Volumen abgrenzende raumfeste Kontrollfläche gleich der Resultierenden aus dem Druckintegral auf der Kontrollfläche und den auf die eingeschlossene Flüssigkeit wirkenden Massenkräften und Fremdkräften.

Häufig fragt man nicht nach den Kräften, die von außen auf die Flüssigkeit ausgeübt werden — wie wir es bisher getan haben —, sondern es handelt sich in vielen Fällen umgekehrt darum: welche Kräfte werden von der Flüssigkeit nach außen, z. B. auf in der Flüssigkeit befindliche (nicht zum System gehörige) Körper wie Schaufeln, Tragflächen usw. ausgeübt? Diese entgegengesetzte Fragestellung kommt offenbar auf einen Vorzeichenwechsel in den Kräften hinaus. Wir haben hier die analogen Beziehungen wie bei der Unterscheidung von actio und reactio. Um dieses einzusehen, betrachten wir eine Strömung zwischen zwei gekrümmten Wänden (Abb. 170). Wir legen die gestrichelt gezeichnete Kontrollfläche, wie in Abb. 170 angegeben. Fremdkörper sind in diesem Fall nicht vorhanden, so daß wir unter Vernachlässigung der Schwerkraft für den Impulssatz haben:

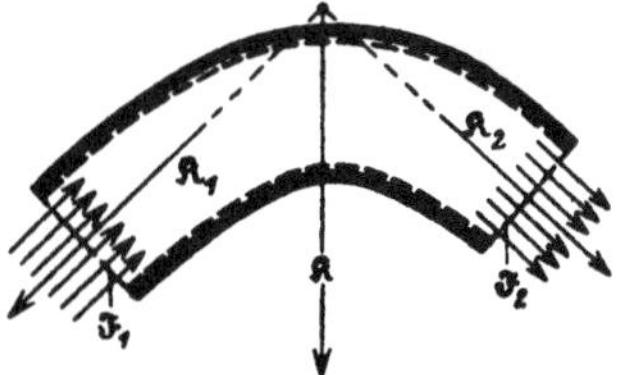

Abb. 170. Die Resultierende aller Druckkräfte, die die feste Führungsfläche auf die Flüssigkeit ausübt, ist gleich dem Impulstransport durch die Flächen $\mathfrak{F}_1$ und $\mathfrak{F}_2$.

$$\oint \varrho\, d\mathfrak{F} \circ \mathfrak{w}\, \mathfrak{w} = -\oint p\, d\mathfrak{F}.$$

Der Impulstransport findet der festen Wände wegen nur durch die Flächen $\mathfrak{F}_1$ und $\mathfrak{F}_2$ statt. Für den durch die Fläche $\mathfrak{F}_1$ tretenden Impulsfluß haben wir, da die Richtung der Geschwindigkeit $\mathfrak{w}$ entgegengesetzt der des Flächenvektors $\mathfrak{F}_1$ ist,

$$-\varrho F\, |\mathfrak{w}_1|\, \mathfrak{w}_1.$$

Die diesem Impulsfluß entsprechende Kraft $\mathfrak{K}_1$, die mit $\mathfrak{K}_2$ (s. unten) zusammen von der Wandung auf das abgegrenzte Volumen übertragen wird, hat somit den Betrag $\varrho F w^2$ und die zu $\mathfrak{w}_1$ entgegengesetzte Richtung. Entsprechend ergibt sich für den durch $\mathfrak{F}_2$ tretenden Impulsfluß die Kraft $\mathfrak{K}_2$, deren Betrag gleich $\varrho F w^2$ und deren Richtung gleich der von $\mathfrak{w}_2$ ist (da die Richtung von $\mathfrak{w}_2$ mit der von $\mathfrak{F}_2$ übereinstimmt). Die Resultierende von $\mathfrak{K}_1$ und $\mathfrak{K}_2$, d. i. $\mathfrak{K}$, entspricht somit dem Impulstransport durch $\mathfrak{F}_1$ und $\mathfrak{F}_2$ und ist demnach die Resultierende aller Druckkräfte, die die festen Führungsflächen auf die Flüssigkeit ausüben.

Dieser Kraft $\mathfrak{K}$ entspricht nach dem Prinzip von actio und reactio eine gleich große und entgegengesetzt gerichtete Reaktionskraft, die das Wasser auf die Führungsflächen ausübt. Für die nach außen gerichtete Kraft $\mathfrak{K}_1$ haben wir eine gleich große nach innen gerichtete Reaktionskraft $\mathfrak{R}_1$ des Wassers auf die Oberfläche. Ebenso ergibt sich für die nach außen gerichtete Kraft $\mathfrak{K}_2$ eine gleich große aber nach innen gerichtete Reaktionskraft $\mathfrak{R}_2$ (Abb. 171).

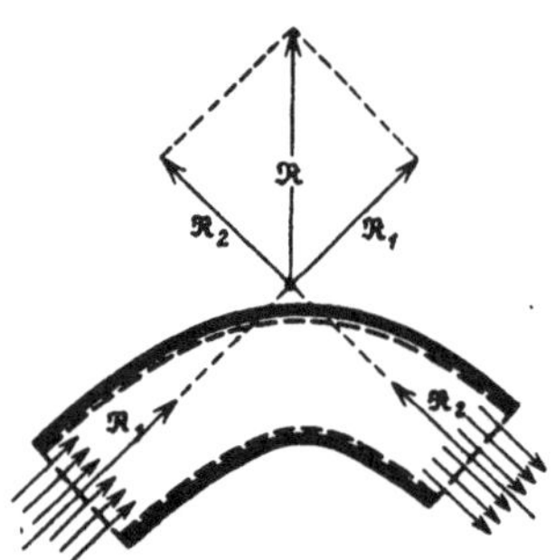

Abb. 171. Die nach dem Prinzip von actio und reactio der resultierenden Kraft in Abb. 170 entsprechende, entgegengesetzt gleich große, Kraft $\mathfrak{R}$ wird von der Flüssigkeit auf die feste Wandung ausgeübt.

Wir können also sagen, daß dem eintretenden Impulsfluß eine entgegengesetzt gerichtete Kraft und dem austretenden Impulsfluß eine gleichgerichtete Kraft entspricht, wenn es sich um die Kraftwirkung von außen auf das System handelt (Abb. 170); fragen wir jedoch nach der Kraft, die das System nach außen abgibt, so entspricht umgekehrt dem eintretenden Impulsfluß eine gleichgerichtete Kraft und dem austretenden Impuls eine entgegengesetzte Kraft (Abb. 171). Im ersten Fall ist die Kraft immer nach außen, im zweiten Fall immer nach innen gerichtet.

Vom Impulssatz, der eine Vektorgleichung darstellt, werden meistens — wie wir an Beispielen noch sehen werden — nur einzelne Komponentenaussagen verwendet. Auch pflegt man meist die Kontrollfläche so zu legen, daß der Impulsfluß durch einen Teil derselben verschwindet.

Man kann die Impulsgleichung (3) auch leicht aus der Eulerschen Gleichung ableiten: Es war nach S. 101

$$\varrho\left(\frac{\partial \mathfrak{w}}{\partial t} + \mathfrak{w} \circ \nabla \mathfrak{w}\right) = \varrho \mathfrak{g} - \operatorname{grad} p\,;$$

wenn wir berücksichtigen, daß

$$\nabla \circ (\mathfrak{w}\,\mathfrak{w}) = (\nabla \circ \mathfrak{w})\,\mathfrak{w} + \mathfrak{w} \circ \nabla\, \mathfrak{w}$$

ist, und wenn wir weiter eine volumenbeständige Flüssigkeit voraussetzen ($\operatorname{div} \mathfrak{w} = \nabla \circ \mathfrak{w} = 0$), so erhält man, wenn die Gleichung noch mit dem Volumenelement dV multipliziert und über das abgegrenzte Volumen integriert wird, die Beziehung:

$$\iiint \varrho \frac{\partial \mathfrak{w}}{\partial t} dV + \iiint \varrho \nabla \circ (\mathfrak{w}\,\mathfrak{w})\, dV = \iiint \varrho \mathfrak{g}\, dV - \iiint \operatorname{grad} p\, dV.$$

Nach dem Gaußschen Satz (vgl. Nr. 46) ist jedoch

$$1)\quad \iiint \nabla \circ (\mathfrak{w}\,\mathfrak{w})\, dV = \oint\!\!\!\oint d\mathfrak{F} \circ \mathfrak{w}\,\mathfrak{w}$$

und

$$2)\quad \iiint \operatorname{grad} p\, dV = \oint\!\!\!\oint p\, d\mathfrak{F}.$$

Setzt man jetzt voraus, daß der Bewegungsvorgang stationär ist $\left(\frac{\partial \mathfrak{w}}{\partial t} = 0\right)$, so erhält man in Übereinstimmung mit (3)

$$\oint\!\!\!\oint \varrho\, d\mathfrak{F} \circ \mathfrak{w}\,\mathfrak{w} = \iiint \varrho \mathfrak{g}\, dV - \oint\!\!\!\oint p\, d\mathfrak{F}.$$

Die in Gl. (3) aufgeführten Fremdkräfte $\sum \mathfrak{P}_f$ sind bei der vorliegenden Darstellung in dem Druckintegral mit enthalten, das über die Oberflächen der Fremdkörper mit zu erstrecken ist.

Geht man aus von dem Flächensatz der Mechanik diskreter Massenpunkte, daß die zeitliche Änderung des Impulsmomentes um einen Punkt oder eine Achse gleich ist dem resultierenden Moment der Kräfte

$$\frac{d}{dt}(\sum m\,\mathfrak{r} \times \mathfrak{w}) = \sum \mathfrak{r} \times \mathfrak{P},$$

so erhält man — analog der Beziehung des Drehmomentes zur Kraft — auch den entsprechenden Momentensatz des Impulses:

$$\oint\!\!\!\oint \varrho\, d\mathfrak{F} \circ \mathfrak{w}\; \mathfrak{r} \times \mathfrak{w} = \iiint \varrho\, \mathfrak{r} \times \mathfrak{g}\, dV - \oint\!\!\!\oint p\, \mathfrak{r} \times d\mathfrak{F} + \sum \mathfrak{r} \times \mathfrak{P}_f.$$

101. Erweiterung des Impulssatzes für „in Mittelwerten stationäre“ Flüssigkeitsbewegungen. Für nichtstationäre Bewegungen lassen sich die Impulssätze zwar aufstellen, aber man hat im allgemeinen keinen Gewinn davon, da das Integral $\iiint \varrho \frac{\partial \mathfrak{w}}{\partial t} dV$ sich meist nicht in ein Oberflächenintegral umformen läßt, und daher durch dieses Glied der Vorteil des Impulssatzes, nur Aussagen über die Zustände an der Kontrollfläche zu enthalten, verloren geht. Die Anwendung auf nichtstationäre Strömungen wird aber möglich, wenn es sich um periodische oder andere Strömungen handelt, die einen stationären Mittelwert der Geschwindigkeit besitzen, so daß eine „Grundströmung“ (eben durch diesen Mittelwert gebildet) und eine darüber gelagerte Schwankung regelmäßiger oder auch unregelmäßiger Art vorhanden ist. Der Impulssatz liefert hier für die Mittelwerte über längere Zeit Aussagen, die nur die Zustände an der Kontrollfläche enthalten, da die das Innere betreffenden Mittelwerte herausfallen.

Ist die Geschwindigkeit eines Flüssigkeitsteilchens des durch die Kontrollfläche abgegrenzten Flüssigkeitsgebietes

$$\mathfrak{w} = \bar{\mathfrak{w}} + \mathfrak{w}',$$

wo $\bar{\mathfrak{w}}$ der stationäre Mittelwert und $\mathfrak{w}'$ die Schwankung um den Mittelwert sein möge, so ergibt sich, wenn wir den Mittelwert von $\mathfrak{w}$ bilden (Mittelwertbildung sei immer durch Überstreichen ausgedrückt),

$$\overline{\mathfrak{w}} = \overline{\overline{\mathfrak{w}}} + \overline{\mathfrak{w}'},$$

mithin

$$\overline{\mathfrak{w}'} = 0,$$

d. h. bei in Mittelwerten stationären Bewegungsvorgängen ist der Mittelwert der Schwankung ihrer Definition gemäß identisch Null.

Setzt man also bei der Anwendung des Impulssatzes im Innern des abgegrenzten Gebietes für jeden Impulsbeitrag seinen Mittelwert, so fällt dieser, da er stationär ist, bei der Impulsänderung fort.

An der Kontrollfläche handelt es sich aber um die Mittelwertbildung von quadratischen Ausdrücken in $\mathfrak{w}$, wie z. B. von u^2, uv usw., wenn u, v, w die rechtwinkligen Komponenten von $\mathfrak{w}$ sind.

Nun ist aber

$$\overline{u^2} = \overline{(\bar{u} + u')^2} = \bar{u}^2 + 2\,\bar{u}\,\overline{u'} + \overline{u'^2},$$

also wegen $\overline{u'} = 0$

$$\overline{u^2} = \bar{u}^2 + \overline{u'^2}.$$

Ebenso ist

$$\overline{u\,v} = \overline{(\bar{u} + u')(\bar{v} + v')} = \bar{u}\,\bar{v} + \overline{u'}\,\bar{v} + \bar{u}\,\overline{v'} + \overline{u'\,v'}$$

also wegen $\overline{u'} = 0$ und $\overline{v'} = 0$:

$$\overline{u\,v} = \bar{u}\,\bar{v} + \overline{u'\,v'}.$$

Der Mittelwert des Schwankungsquadrats u'^2 ist als Mittelwert von lauter positiven Werten immer > 0; der Mittelwert des Produktes $u'\,v'$ kann ebenso positiv wie negativ, wie auch $= 0$ sein. Er ist z. B. positiv, wenn in den überwiegenden Fällen positive u' mit positiven v' und negative u' mit negativen v' zusammentreffen.

Bezeichnet $p = \bar{p} + p'$ den Druck, wo $\bar{p}$ den stationären Mittelwert und p' die Schwankung um den Mittelwert bedeutet, so ist, wie bei der Geschwindigkeit, der Mittelwert der Druckschwankung gleich Null.

Selbst dann ist der Impulssatz noch anwendbar, wenn zwar keine stationäre oder im Mittel stationäre Bewegung vorhanden ist, aber eine teilweise stationäre Bewegung, wo in einem Teil der Flüssigkeit periodische Vorgänge auftreten (z. B. Kármán-Wirbel, vgl. Bd. II). In diesem Fall ist nach einer Periode das Strömungsbild am Fremdkörper wieder das gleiche. Das Bezugssystem wird so gelegt, daß das Wirbelsystem stationär ist; die Kontrollfläche besteht aus einer Ebene durch das Wirbelsystem und einer Fläche, die ganz im ungestörten

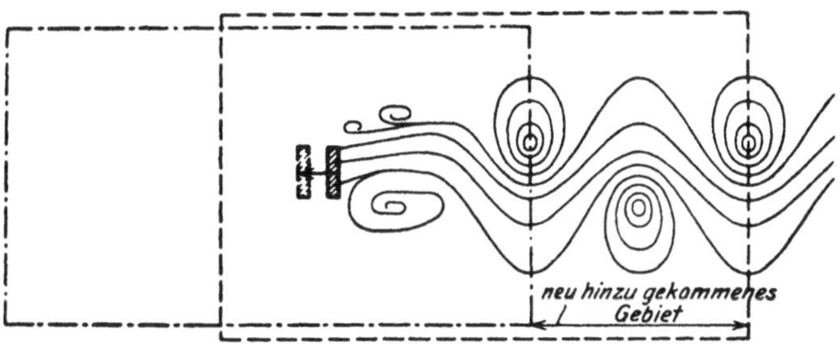

Abb. 72. Anwendung des Impulssatzes auf periodische Vorgänge (Kármán-Wirbel).

Gebiet verläuft und den Körper einschließt (Abb. 172). Ist der Körper um den Weg einer Periode vorgerückt, so kommt zum Druck- und Impulsintegral auf der Kontrollebene noch die Impulsvermehrung im Innern gegenüber der ungestörten Flüssigkeit hinzu, über die ein Volumenintegral zu erstrecken ist. Der Impulssatz liefert in diesem Fall den Mittelwert der Kraft am Körper für eine Periode.

102. Anwendungen des Impulssatzes. Wir wollen jetzt an einigen einfachen Beispielen zeigen, wie schnell und mit wie geringer Mühe man durch die Anwendung des Impulssatzes gewisse summarische Aussagen über Strömungsvorgänge erhält, ohne daß man von den Einzelheiten der Bewegung Kenntnis zu haben braucht.

1. Ausfluß aus einem Gefäß. Vernachlässigen wir für den austretenden Flüssigkeitsstrahl die Schwerkraft, so ergibt (3a), da keine Fremdkörper in der Flüssigkeit sind, die von außen Kraftwirkungen erfahren:

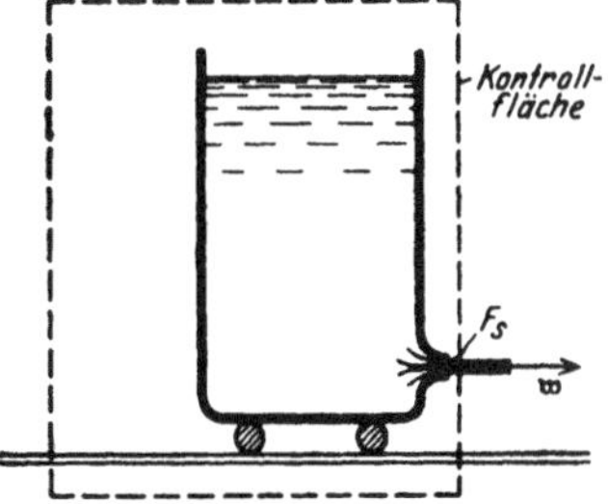

Abb. 173. Dem nach rechts gerichteten Flüssigkeitsstrahl entspricht eine nach links gerichtete Reaktionskraft, die das Gefäß bei reibungsloser Lagerung nach links beschleunigt.

$$\oint\!\!\!\oint \varrho\, d\mathfrak{F} \circ \mathfrak{w}\, \mathfrak{w} = - \oint\!\!\!\oint p\, d\mathfrak{F} = \mathfrak{P}.$$

Legen wir die Kontrollfläche, wie aus Abb. 173 ersichtlich, und nehmen wir an, daß die Geschwindigkeit $\mathfrak{w}$ der Flüssigkeitsteilchen über dem

Strahlquerschnitt $\mathfrak{F}_s$ konstant ist, so ergibt sich als Impulsfluß (ϱ = konst. angenommen):

$$\oint \varrho\, d\mathfrak{F} \circ \mathfrak{w}\, \mathfrak{w} = \varrho F_s |\mathfrak{w}| \mathfrak{w} = \varrho F_s w^2 \frac{\mathfrak{w}}{w}$$

$\left(\frac{\mathfrak{w}}{w}\right.$ ist ein Richtungsfaktor vom Betrage $\left.1\right)$.

Diesem austretenden Impulsfluß entspricht nach Nr. 100 eine entgegengesetzt gerichtete Reaktionskraft vom gleichen Betrage. Bezeichnen wir den Druck im Innern des Gefäßes mit p_1 und den Außendruck (Atmosphärendruck), den wir im Strahl als vorhanden annehmen können, mit p_0, so ist nach der Bernoullischen Gleichung S. 111 $w^2 = \frac{2(p_1 - p_0)}{\varrho}$. Mithin erhalten wir für die Reaktionskraft:

$$P = 2F_s(p_1 - p_0)\,.$$

Würde das Gefäß auf (reibungslosen) Rädern stehen, so würde es sich unter der Kraft von $\mathfrak{P}$ in der entgegengesetzten Richtung des ausfließenden Strahles beschleunigen; wollte man das verhindern, so müßte man (in Übereinstimmung mit Nr. 100) auf das Gefäß und dadurch auf das Wasser von außen eine Kraft $\mathfrak{R} = -\mathfrak{P}$ einwirken lassen.

Daß in dem Ausdruck für die Reaktionskraft der doppelte Strahlquerschnitt auftritt, hat seinen Grund darin, daß außer dem Wegfall des statischen Überdruckes $F_s(p_1 - p_0)$ an der Öffnung infolge der Zuströmung zur Öffnung ein weiterer Druckabfall längs der Wandung in der Umgebung der Öffnung vorhanden ist, der, wie wir aus dem Impulssatz erfahren, noch einmal die gleiche Kraft liefert wie der Druckausfall über dem Strahlquerschnitt.

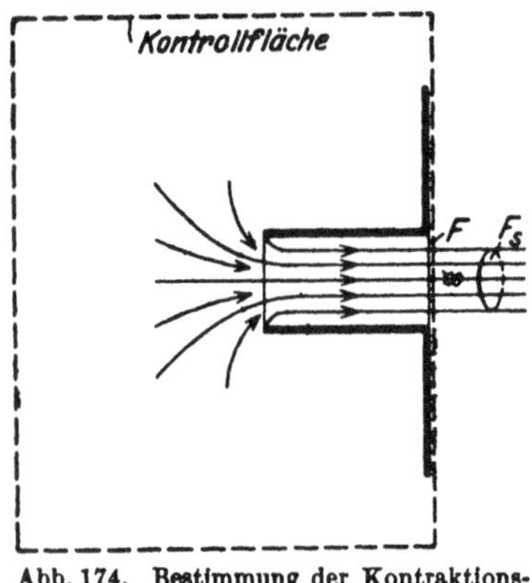

Abb. 174. Bestimmung der Kontraktionsziffer einer Borda-Mündung.

2. Bestimmung der Kontraktionsziffer einer Borda-Mündung. Bezeichnet F den Querschnitt der Borda-Mündung und F_s den Querschnitt des die Kontrollfläche durchstoßenden Strahles, so wird die Kontraktionsziffer α definiert durch die Gleichung

$$F_s = \alpha F\,.$$

Legen wir die Kontrollfläche wie in Abb. 174 ersichtlich, so ergibt sich unter den gleichen Voraussetzungen wie im ersten Beispiel

$$\begin{aligned} \oint p\, d\mathfrak{F} &= \varrho \oint d\mathfrak{F} \circ \mathfrak{w}\, \mathfrak{w} \\ &= \varrho F_s w^2 \cdot \frac{\mathfrak{w}}{w} \\ &= 2F_s(p_1 - p_0)\frac{\mathfrak{w}}{w}\,. \end{aligned}$$

Da nun auf allen Wandflächen, deren Druckkräfte Komponenten in der Strahlrichtung besitzen, der volle Überdruck herrscht, muß der Wegfall des Überdruckes im Mündungsquerschnitt: $F(p_1 - p_0)$ gleich dem Strahlimpuls sein. Mithin

$$F(p_1 - p_0) = 2F_s(p_1 - p_0),$$

d. h.

$$F_s = \frac{1}{2}F \quad \text{oder} \quad \alpha = \frac{1}{2}.$$

3. Reaktion einer durch einen gekrümmten Kanal fließenden Flüssigkeit. Wir beziehen uns auf Nr. 100 (Abb. 171), wo wir gesehen haben, daß dem durch $\mathfrak{F}_1$ und $\mathfrak{F}_2$ tretenden Impulsfluß

$$\varrho F_1 w_1^2 \frac{\mathfrak{w}_1}{w_1} - \varrho F_2 w_2^2 \frac{\mathfrak{w}_2}{w_2}$$

die Reaktionskraft des Wassers auf die Kontrollfläche $\mathfrak{R}_1 + \mathfrak{R}_2 = \mathfrak{R}$ entspricht. Diese Kraft wird — wenn wir von der Schwere absehen — vom Oberflächendruck des Wassers gegen die Kontrollfläche aufgenommen. Der Oberflächendruck besteht nun aber aus den Drucken gegen die Kanalwände, vermehrt um die Drucke an den Eintritts- bzw. Austrittsflächen $\mathfrak{F}_1 p_1 + \mathfrak{F}_2 p_2$. Für den Reaktionsdruck der Flüssigkeit auf die Wände ($\mathfrak{R}_W$) allein haben wir somit

$$\mathfrak{R}_W = \varrho F_1 w_1^2 \frac{\mathfrak{w}_1}{w_1} - \varrho F_2 w_2^2 \frac{\mathfrak{w}_2}{w_2} - \mathfrak{F}_1 p_1 - \mathfrak{F}_2 p_2.$$

Wenn die Flächen $\mathfrak{F}_1$ und $\mathfrak{F}_2$ gerade senkrecht zu den Geschwindigkeitsvektoren $\mathfrak{w}_1$ und $\mathfrak{w}_2$ gewählt werden, dann kann, da die Richtung des Vektors $\mathfrak{F}_1$ entgegengesetzt derjenigen von $\mathfrak{w}_1$, die Richtung von $\mathfrak{F}_2$ aber der von $\mathfrak{w}_2$ gleichgerichtet ist, auch geschrieben werden:

$$\mathfrak{R}_W = -\varrho \mathfrak{F}_1 w_1^2 - \mathfrak{F}_1 p_1 - \varrho \mathfrak{F}_2 w_2^2 - \mathfrak{F}_2 p_2$$

oder

$$\mathfrak{R}_W = -\mathfrak{F}_1(\varrho w_1^2 + p_1) - \mathfrak{F}_2(\varrho w_2^2 + p_2).$$

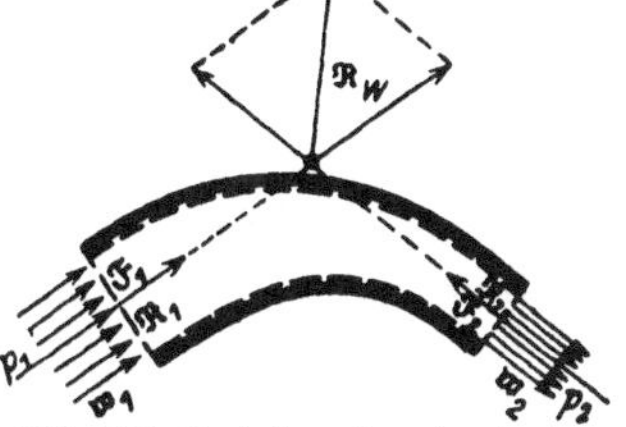

Abb. 175. Reaktion einer durch einen gekrümmten Kanal (bzw. Rohr) fließenden Flüssigkeit.

In Abb. 175 ist die resultierende Reaktionskraft der Flüssigkeit auf die Wände ($\mathfrak{R}_W$) aus den Komponenten $-\mathfrak{F}_1(\varrho w_1^2 + p_1)$ und $-\mathfrak{F}_2(\varrho w_2^2 + p_2)$ konstruiert.

4. Plötzliche Erweiterung eines Rohres. Es trete ein Flüssigkeitsstrahl aus einem zylindrischen Rohrstück vom Querschnitt $\mathfrak{F}_1$ in ein weiteres ebenfalls zylindrisches Rohr mit der Querschnittsfläche $\mathfrak{F}_2$. Da der (mit der Geschwindigkeit $\mathfrak{w}_1$) austretende Strahl sich in einer labilen Bewegung befindet, so wird er sich mit der

umgebenden Flüssigkeit vermischen und schließlich nach der Vermischung (in genügender Entfernung vom Strahlaustritt) ungefähr gleichförmig mit einer mittleren Geschwindigkeit $\mathfrak{w}_2$ in dem weiteren Rohr abströmen. Der Flüssigkeitsdruck im Strahl möge dort, wo er das engere Rohr verläßt, p_1 und dort, wo er sich mit der umgebenden Flüssigkeit durchmischt hat, p_2 sein. Es läßt sich nun die Druckdifferenz $p_2 - p_1$ mit Hilfe des Impulssatzes berechnen, ohne daß die Einzelheiten des Mischungsvorganges bekannt wären.

Da Fremdkräfte nicht vorhanden sind, so haben wir für den Impulssatz, wenn wir die Schwerewirkung vernachlässigen und Homogenität der Flüssigkeit voraussetzen,

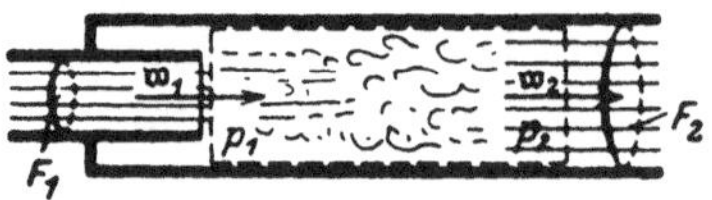

Abb. 176. Plötzliche Erweiterung eines Rohres.

$$\varrho \oint d\mathfrak{F} \circ \mathfrak{w}\, \mathfrak{w} = - \oint p\, d\mathfrak{F}.$$

Legen wir die Kontrollfläche so wie in Abb. 176 angegeben, so bleibt nur ein Impulsfluß durch die Flächen $\mathfrak{F}_1$ und $\mathfrak{F}_2$, so daß wir haben:

$$\varrho F_2 w_2^2 - \varrho F_1 w_1^2 = - F_2 (p_2 - p_1)$$

und mit Berücksichtigung der Kontinuitätsgleichung für volumenbeständige Flüssigkeiten

$$F_1 w_1 = F_2 w_2 ,$$

$$p_2 - p_1 = \varrho w_2 (w_1 - w_2) .$$

Hiermit haben wir die Drucksteigerung berechnet.

Würden wir in einem sehr allmählich sich erweiternden Rohr von der kleineren Querschnittsfläche $\mathfrak{F}_1$ mit dem Druck p_1 zum größeren Querschnitt $\mathfrak{F}_2$ mit dem Druck p_2' übergegangen sein, so daß sich auf diesen Vorgang die Bernoullische Gleichung anwenden läßt, so ergibt sich als Drucksteigerung entsprechend der Geschwindigkeitsabnahme

$$p_2' - p_1 = \frac{\varrho}{2} (w_1^2 - w_2^2) .$$

Bilden wir den Unterschied der Enddrucke für allmähliche und plötzliche Erweiterungen:

$$p_2' - p_2 = p_2' - p_1 - (p_2 - p_1) = \frac{\varrho}{2} (w_1^2 - w_2^2) - \varrho w_2 (w_1 - w_2)$$

$$= \frac{\varrho}{2} (w_1 - w_2)^2 ,$$

so erkennen wir, daß im Falle einer plötzlichen Erweiterung nicht der Druck zurückgewonnen wird, den man bei allmählicher Erweiterung erhalten würde. Eine Verringerung der Geschwindigkeit durch eine plötzliche Erweiterung des Querschnittes ist also nur unter Verlust eines gewissen Betrages der Druckerhöhung zu erreichen, und zwar ist dieser Verlust um so größer, je größer die Querschnittserweiterung und je größer damit die Geschwindigkeitsverringerung ist.

Die letzte Gleichung, die den Druckverlust gegenüber einem allmählich sich erweiternden Rohr angibt, hat man wegen ihrer Ähnlichkeit mit der Formel, die den Energieverlust beim Stoß zweier unelastischer Körper ausdrückt, die Carnotsche Stoßverlustformel genannt, obwohl der Druckverlust mit einem „Stoß“ nicht mehr zu tun hat, als daß hier wie dort ein nicht umkehrbarer Ausgleich der Geschwindigkeiten erfolgt.

5. Schwebenderhalten von schweren Körpern in Flüssigkeiten. Um einen Körper z. B. in ruhender Luft entgegen der Schwerkraft in der Schwebe zu erhalten, ist es notwendig, dauernd neue Luftmassen nach unten zu beschleunigen. Dies wird beispielsweise von einer Hubschraube geleistet. Ist $\mathfrak{w}$ die Endgeschwindigkeit, die die Hubschraube der von ihr erfaßten Luft erteilt, so liefert der Impulssatz

$$\oint \varrho \, d\mathfrak{F} \circ \mathfrak{w} \, \mathfrak{w} = -\oint p \, d\mathfrak{F} + \sum \mathfrak{P}_f \, .$$

Nehmen wir die Kontrollfläche sehr groß, so daß in den abwärts bewegten Luftmassen die Druckdifferenzen vernachlässigt werden können, so erhalten wir als Reaktionskraft auf den Schraubenpropeller eine nach oben gerichtete Kraft vom Betrage $\varrho F w^2$, wo F den Querschnitt des Strahles der nach unten beschleunigten Luftmassen bedeutet. Bezeichnen wir mit M die in der Zeiteinheit in Bewegung gesetzte Luftmasse, so haben wir für die Reaktionskraft

$$\mathfrak{P} = -M \mathfrak{w} \, .$$

Wenn die Schraube keine andere Arbeit leistet, als sich in der Schwebe zu erhalten, so ist die Leistung (L) gleich der Energie des in der Zeiteinheit nach unten beförderten Luftstrahles:

$$L = M \cdot \frac{w^2}{2}$$

oder

$$L = \mathrm{P} \cdot \frac{w}{2} \, .$$

Wie die Anwendung des Impulssatzes auf eine abwärts bewegte Luftmasse lehrt, ist es für das Schwebenderhalten eines Körpers von einem bestimmten Gewicht gleichgültig, ob einer kleinen Luftmasse eine große Geschwindigkeit erteilt wird oder einer großen Luftmasse eine kleine Geschwindigkeit, sofern nur das Produkt aus sekundlicher Masse und Geschwindigkeit konstant bleibt. Für die aufzuwendende Leistung ist es jedoch wesentlich vorteilhafter, eine möglichst große Luftmasse zu beschleunigen und die Abwärtsgeschwindigkeit klein zu halten.

6. Zweidimensionaler Wasserstrahl gegen eine schräge Platte. Man kann einmal fragen nach der Kraft, die vom Wasser auf die Platte ausgeübt wird, anderseits nach der Art der Verteilung des Strahles, d. h. nach dem nach oben bzw. nach unten abgelenkten Anteil desselben. In Abb. 177 sei a die Dicke des mit der Geschwindigkeit $\mathfrak{w}$ fließenden Strahles, a_1 und a_2 die Dicke des nach oben bzw. nach unten abgelenkten Teilstrahles. Der Druck der ankommenden Flüssigkeit sei p_0. O sei der Schnittpunkt der Mittellinie des Strahles mit der schrägen Fläche, e die Entfernung des Druckmittelpunktes von O.

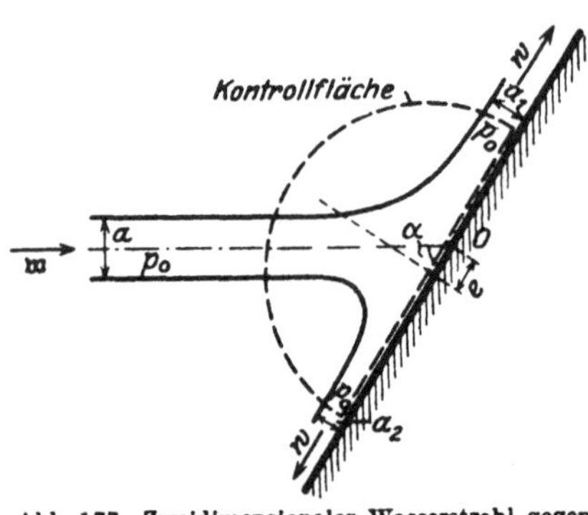

Abb. 177. Zweidimensionaler Wasserstrahl gegen eine schräg zur Anströmungsrichtung gestellte Platte.

Aus dem Umstand, daß der Druck in den abfließenden Strahlen da, wo die Umbiegung beendet ist, ebenfalls gleich dem Atmosphärendruck p_0 ist, folgt, daß die Geschwindigkeit auch dort den Betrag $|\mathfrak{w}|$ hat. Legen wir die Kontrollfläche wie in Abb. 177 gezeichnet, so ist (bei Vernachlässigung der Erdschwere)

$$\varrho \oint d\mathfrak{F} \circ \mathfrak{w}\, \mathfrak{w} = - \oint p\, d\mathfrak{F} = \mathfrak{P}\,.$$

Bilden wir von dieser Vektorgleichung einmal die Komponentengleichung für die Richtung senkrecht zur Platte und dann für die Richtung parallel zur Platte, so ist (wenn wir die Tiefe des Strahles gleich 1 setzen):

Komponente senkrecht zur Platte $P = \varrho\, a\, w^2 \sin\alpha$,

Komponente parallel zur Platte $0 = \varrho\, a_1 w^2 - \varrho\, a_2 w^2 - \varrho\, a\, w^2 \cos\alpha$

oder $a_1 - a_2 = a\cos\alpha\,.$

Da nach der Kontinuität

$$a_1 + a_2 = a$$

ist, so haben wir für a_1 und a_2

$$a_1 = a\,\frac{1+\cos\alpha}{2}\,,$$

$$a_2 = a\,\frac{1-\cos\alpha}{2}\,.$$

Nachdem wir hiermit die oben erwähnten Fragen nach der Kraft des Wassers auf die Platte, sowie nach der Dicke der Teilstrahlen erledigt haben, wollen wir noch die Lage des Angriffspunktes der Kraft des Strahles auf die Platte bestimmen. Wir wenden zu dem Zweck den Satz vom Impulsmoment an für O als Momentenpunkt. Unter Berücksichtigung, daß die Hebelarme $\frac{a_1}{2}$, $\frac{a_2}{2}$ und Null sind, ergibt sich

$$\varrho\, a_1 w^2 \cdot \frac{a_1}{2} - \varrho\, a_2 w^2 \cdot \frac{a_2}{2} = P \cdot e\,,$$

so daß wir mit

$$P = \varrho\, a\, w^2 \sin\alpha$$

haben:

$$e = \frac{1}{\sin\alpha}\left(\frac{a_1^2 - a_2^2}{2a}\right) = \frac{a}{2}\operatorname{ctg}\alpha\,.$$

Dies ist die Entfernung des Druckmittelpunktes vom Punkte O.

Was wir natürlich mit der summarischen Betrachtungsweise, wie sie die Anwendung des Impulssatzes darstellt, nicht berechnen können, ist die Druckverteilung längs der Platte.

103. Der Energiesatz für nicht stationäre Bewegungsvorgänge volumenbeständiger Flüssigkeiten. In ähnlicher Weise, wie wir in Nr. 100 einen Satz über den Impulstransport abgeleitet haben, läßt sich ein entsprechender Satz über den Energietransport in Flüssigkeitsbewegungen aufstellen.

Man geht zu diesem Zweck von dem allgemeinen Satz aus, daß die Energieänderung eines Systems gleich der von außen an dem System geleisteten Arbeit ist, oder in anderer Form: daß die Energieänderung in der Zeiteinheit gleich der von außen zugeführten (bzw. nach außen abgeführten) Leistung ist.

Da bei der Anwendung der Energiesätze außer der kinetischen und potentiellen Energie auch die elastische und thermische Energie mit berücksichtigt werden muß, versagen die Energiesätze, wenn merkliche Beträge von Reibungsarbeit auftreten und dadurch Energie zerstreut (dissipiert) wird. Denn ohne Kenntnis der Vorgänge im Innern der Flüssigkeit ließe sich die Dissipation nicht berechnen, während doch die Energiesätze analog den Impulssätzen gerade dazu dienen sollen, allein aus den Oberflächenzuständen der betrachteten abgegrenzten Flüssigkeit die resultierenden Kräfte zu berechnen. Also nur in den Fällen, wo merkliche Reibungsarbeit nicht auftritt, läßt sich der Energiesatz mit Nutzen anwenden.

Für stationäre Vorgänge ist bei Vernachlässigung der Reibungsarbeit die Aussage des Energiesatzes trivial; denn die Arbeit am ruhenden Fremdkörper ist Null, und auch in der Flüssigkeit ist dann die

Energie konstant, so daß die Anwendung des Energiesatzes auf diese Fälle regelmäßig Aussagen von der Form Null gleich Null liefert.

Ist w_n die Normalkomponente der Geschwindigkeit eines Flüssigkeitsteilchens an der Kontrollfläche, wobei sie positiv gerechnet werden soll, wenn sie nach außen gerichtet ist, so haben wir für die durch ein Flächenelement dF der Kontrollfläche in der Zeiteinheit transportierte Masse:

$$dm = dF\,\varrho\,w_n\,,$$

also für die entsprechende kinetische Energie:

$$dE = dF\,\varrho\,w_n\,\frac{w^2}{2}\,.$$

Anderseits ist die Leistung zu berücksichtigen, die vom Druck herrührt, während die flüssige Fläche sich in der Zeiteinheit verschiebt:

$$dA = -\,p\,dF\,w_n\,.$$

Der Energiesatz würde also für den stationären Fall ergeben:

$$\oint dE = \oint dA$$

oder

$$0 = \oint \varrho\,w_n\left(\frac{w^2}{2} + \frac{p}{\varrho}\right)dF\,.$$

Der Klammerausdruck unter dem Integral ist aber für volumenbeständige drehungsfreie Flüssigkeitsbewegungen konstant und kann somit vor das Integral gezogen werden. Das dann verbleibende Integral stellt jedoch den Massenfluß durch das abgegrenzte Flüssigkeitsgebiet dar und muß bei vorausgesetzter Quellenfreiheit identisch gleich Null sein, so daß der Energiesatz nichts Neues ergibt.

Ist U die thermische Energie pro Masseneinheit (einschließlich der etwaigen elastischen Energie) — gemessen im mechanischen Maß —, so hat man durch das Flächenelement dF einen konvektiven Energietransport pro Zeiteinheit von der Größe:

$$\varrho\,dF\,w_n\left(\frac{w^2}{2} + U\right).$$

Anderseits ist die Druckleistung

$$-p\,dF\,w_n\,.$$

Beide Größen zusammengefaßt ergeben den Ausdruck

$$\varrho\,dF\,w_n\left(\frac{w^2}{2} + U + \frac{p}{\varrho}\right)$$

oder, wenn wir das Volumen der Masseneinheit $v = \frac{1}{\varrho}$ einführen,

$$\varrho\, dF\, w_n \left(\frac{w^2}{2} + U + p\,v\right).$$

Setzen wir adiabatische Zustandsänderungen voraus, so ist:

$$U + \int p\,dv = \text{konst.}$$

und nach Bernoulli:

$$\frac{w^2}{2} + \int \frac{dp}{\varrho} = \frac{w^2}{2} + \int v\,dp = \text{konst.}$$

Mithin:

$$\frac{w^2}{2} + U + \int (p\,dv + v\,dp) = \frac{w^2}{2} + U + p\,v = \text{konst.},$$

also derselbe Ausdruck wie oben! Da nun für eine Stromröhre $\varrho\, dF\, w_n$ = konst. ist, so sagt der Energiesatz nur die schon bekannte Tatsache aus, daß der eintretende Energiestrom + Arbeitsleistung gleich dem austretenden Energiestrom + Arbeitsleistung ist.

Für nicht stationäre Bewegungen jedoch kann der Energiesatz wohl eine Aussage ergeben, z. B. wenn durch eine nicht stationäre Bewegung eines Fremdkörpers dem System Energie zugeführt wird wie beispielsweise beim Propeller. Nimmt man in diesem Falle an, daß der Propeller eine Druckerhöhung liefert, so wird nach Druckausgleich eine Vermehrung der kinetischen Energie auftreten, die der in den Propeller hineingesteckten Arbeit entspricht, wenn der Propeller in dem Bezugssystem ruht. Für ein anderes Bezugssystem, bezüglich dessen die ungestörte Flüssigkeit ruht, ergibt sich eine andere (kleinere) kinetische Energie pro Zeiteinheit, die gleich der Differenz zwischen der hineingesteckten Leistung und der gewonnenen Schubleistung ist.

Eine andere Art der Energiebetrachtung hat man in den Fällen, wo der Fremdkörper in einer ursprünglich ruhenden Flüssigkeit ein Wirbelsystem von angebbarer Bewegung erzeugt, wie es bei fortschreitenden Tragflächen und Propellern der Fall ist. Das Bezugssystem wählt man in diesen Fällen so, daß es relativ zur ungestörten Flüssigkeit ruht; der Fremdkörper, etwa Propeller, bewege sich z. B. mit seiner Achse mit der Geschwindigkeit V und drehe sich mit der gleichförmigen Winkelgeschwindigkeit ω. Wenn M das Drehmoment an der Schraubenwelle und S den Schub bedeutet, so ist die Energiezunahme der Flüssigkeit in der Zeiteinheit, gemessen in dem Bezugssystem, in dem die ungestörte Flüssigkeit ruht (E = kinetische Energie)

$$\frac{dE}{dt} + \oint p\,dF\,w_n = M\omega - S V,$$

wobei die rechte Seite der Gleichung die Leistung des Fremdkörpers darstellt und das Integral die Arbeitsleistung auf der Kontrollfläche. Die Kontrollfläche nehmen wir so, daß wir eine hinter dem Propeller senkrecht zur Fortschreitungsgeschwindigkeit gelegene Ebene durch eine Fläche in ungestörter Flüssigkeit schließen (Abb. 178).

Da der Energieinhalt pro Längeneinheit der abgegrenzten Flüssigkeitsmasse in hinreichendem Abstand hinter dem Körper konstant ist, so ist die zeitliche Änderung der Energie gleich dem Energiefluß durch die (zu V senkrechte) ruhende Kontrollfläche, vermehrt um den Energiezuwachs zwischen der Kontrollfläche und einer mit der Geschwindigkeit V sich bewegenden Fläche (F); man erhält somit als Änderung der Energie pro Zeiteinheit:

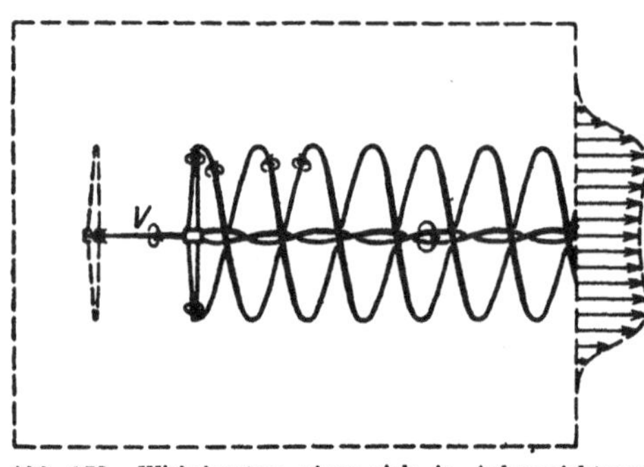

Abb. 178. Wirbelsystem eines sich in Achsenrichtung bewegenden Propellers.

$$\frac{dE}{dt} = \oint w_n \varrho \frac{w^2}{2} dF + V \oint \varrho \frac{w^2}{2} dF = \oint \frac{\varrho w^2}{2} (V + w_n)\, dF,$$

wobei die Integration über die Kontrollfläche zu nehmen ist.

Obwohl in dem Integral $\oint p\,dF\,w_n$ die Drucke umgekehrt proportional dem Quadrat der Entfernung abnehmen, die Kontrollfläche jedoch in demselben Maße zunimmt, so konvergiert — weil w_n außerhalb des Propellerstrahles gleichzeitig unbegrenzt abnimmt — das Integral hier doch gegen Null, wenn man die Schließung der Kontrollfläche durch die ungestörte Flüssigkeit ins Unendliche rücken läßt[1]. Dagegen verschwindet im allgemeinen das Druckintegral in dem Wirbelgebiet nicht. Man hat also

$$M\omega - S V = V \iint \frac{\varrho w^2}{2} dF + \iint w_n \left(\varrho \frac{w^2}{2} + p\right) dF,$$

wo beide Integrale nur noch über das Wirbelgebiet hinter dem Pro-

[1] Aus dieser Überlegung geht im übrigen hervor, daß man beim Impulssatz mit solchen Grenzübergängen sehr vorsichtig sein muß. Es ergibt sich häufig ein endlicher Impuls oder eine endliche Druckkraft als Beitrag der Kontrollfläche in der ungestörten Flüssigkeit.

peller und seine nächste Nachbarschaft zu erstrecken sind. In dem Fall eines „schwach belasteten Propellers“ ist w_n überall klein gegen V und daher in erster Näherung das zweite Integral gegenüber dem ersten zu vernachlässigen.

Im Falle eines Tragflügels oder eines Systems von Tragflügeln ist die in die Flüssigkeit hineingesteckte Leistung gleich $W \cdot V$, wo W der Widerstand ist, den der Flügel in der (reibungslos gedachten) Flüssigkeit findet. Da hier w_n meist vernachlässigbar klein ist, wird hier genähert nach Kürzung der Gleichung mit V:

$$W = \iint \frac{\varrho w^2}{2} dF,$$

wobei das Integral wieder über das Wirbelsystem und seine Umgebung zu erstrecken ist. Der Widerstand ist also hier bei Vernachlässigung der mit w_n behafteten Glieder gleich der auf einem Wege gleich der Längeneinheit zurückgelassenen kinetischen Energie.

Sachverzeichnis.